普通高等学校电子信息类系列教材

Visual Basic 程序设计

(第三版)

主　编　周耿烈　赵双萍

副主编　黄金水　杨桂珍　夏　杰

　　　　史　广　柴西林

西安电子科技大学出版社

内 容 简 介

Visual Basic由于具有效率高、功能强、简单易学等特点而成为很受欢迎的可视化软件开发工具。通过本书的学习，即使是初学者也能在掌握Visual Basic常用功能的基础上独立开发具有实用价值的小型软件。

本书共12章，主要内容包括Visual Basic 6.0程序设计概述，Visual Basic语法基础，窗体和基本控件，基本控制结构，数组，过程，常用内部控件，多功能用户界面设计，图形处理，文件处理，数据库应用基础，程序调试、错误处理与发布。

本书重点突出，在结构体系上循序渐进、深入浅出、简明精练、详略得当、图文并茂，各章节前后呼应、针对性强、可读性好，每章后面都有本章小结和相关习题，可以帮助读者巩固知识，提高学习的效率和兴趣。

本书既可作为高等学校学生的教材，亦可用作成人教育学生的教材、计算机等级考试培训教材或自学参考书。

★本书配有电子教案，有需要者可从出版社网站下载，免费提供。

图书在版编目(CIP)数据

Visual Basic程序设计 / 周耿烈，赵双萍主编. —3版. —西安：西安电子科技大学出版社，2018.8(2021.7重印)

ISBN 978-7-5606-5072-2

Ⅰ. ①V… Ⅱ. ①周… ②赵… Ⅲ. ①BASIC语言—程序设计 Ⅳ. ①TP312.8

中国版本图书馆CIP数据核字(2018)第183840号

策划编辑 杨丕勇
责任编辑 杨丕勇
出版发行 西安电子科技大学出版社(西安市太白南路2号)
电　　话 (029)88202421 88201467　　邮　　编 710071
网　　址 www.xduph.com　　电子邮箱 xdupfxb001@163.com
经　　销 新华书店
印刷单位 咸阳华盛印务有限责任公司
版　　次 2018年8月第3版 2021年7月第8次印刷
开　　本 787毫米×1092毫米 1/16 印张 20.75
字　　数 491千字
印　　数 16 501～17 500册
定　　价 45.00元
ISBN 978 - 7 - 5606 - 5072 - 2/ TP

XDUP 5374003-8

前　言

计算机技术的飞速发展，促进了计算机基础教育的发展。根据我国当前教学改革和建设的需要，教育部提出了计算机文化基础、计算机技术基础和计算机应用基础三个层次的教学体系。计算机程序设计语言是高等院校各专业的一门基础课程，属于计算机技术基础教育，是当代大学生必须掌握的知识。

随着图形用户界面的普遍使用，面向过程的程序设计语言已不能适应社会的需要，当代大学生应具备使用当今流行的系统平台和开发工具开发应用程序的初步能力。微软公司推出的 Visual Basic 是一种面向对象和采用事件驱动机制的结构化、可视化高级程序设计语言。它是在 Basic 语言的基础上发展起来的，是当前广泛使用的计算机高级程序设计语言。

本书充分考虑到高等教育的培养目标、教学现状以及长远的发展方向，结合作者多年从事 Visual Basic 教学经验编写而成。本书内容丰富、深入浅出、循序渐进，力求具有可读性、实用性和先进性。书中每章开始列出本章要点，在章末有本章小结与之呼应，有利于学生掌握完整的知识体系。书中配有大量例题，使读者能迅速掌握有关概念及一些编程技巧，这些例题都经过仔细的调试。书中每章配有大量的课后习题，供读者课外巩固所学的内容。

本书共 12 章，简单介绍如下：

第 1 章介绍了 Visual Basic 的发展概况、特点及 Visual Basic 6.0 的集成开发环境，面向对象程序设计中的几个重要概念，创建 Visual Basic 应用程序的步骤以及帮助功能的使用。

第 2 章介绍了 Visual Basic 语法基础，包括常量、变量的基本概念，运算符、表达式和内部函数的使用。

第 3 章介绍了窗体、命令按钮、标签、文本框控件等基本控件的常用属性、事件和方法及其使用，另外，本章对鼠标和键盘事件、焦点事件及设置、Tab 键顺序的设置等也做了介绍。

第 4 章介绍了 Visual Basic 6.0 语句控制结构，包括顺序结构、选择结构、循环结构的常用格式和控制语句流程的方法。

第 5 章介绍了数组的基本概念、一维数组和二维数组的定义与引用方法，控件数组的使用等。

第 6 章介绍了 Sub 过程和 Function 函数、参数的传递方法、过程的递归调用和变量及过程的作用域。

第 7 章介绍了单选按钮、复选框、框架、列表框、组合框、图片框、图像框、计时器以及滚动条等常用内部控件的使用。

第 8 章介绍了多功能用户界面设计，包括对话框、菜单、工具栏、状态栏、多重窗体和 MDI 窗体等的设计和使用。通过学习本章内容，读者将学会如何设计更为多姿多彩的用户界面。

第 9 章介绍了图形的基本概念、坐标系统、绘图属性、图形控件、绘图方法。

第 10 章介绍了文件的基本概念，文件的分类及各种文件的打开、关闭、读写方法，常用文件操作语句、函数及文件系统控件的使用方法。

第 11 章介绍了数据库的基础知识，在 Visual Basic 中创建、访问数据库和数据的添加、删除、查询方法，重点介绍了 Data 控件及 ADO 控件的使用方法。

第 12 章介绍了 Visual Basic 程序调试、错误处理和应用程序发布的基本操作。

本书以应用为中心，以初学者为对象，以提高程序设计能力为宗旨，为读者使用 Visual Basic 开发 Windows 平台下的应用程序提供了捷径。

本书配有《〈Visual Basic 程序设计(第三版)〉实训与习题指导》(赵双萍、周耿烈主编，西安电子科技大学出版社出版，2018 年)，供自学、自测用。

本书既可作为高等学校学生的教材，亦可用作成人教育学生的教材、计算机等级考试培训教材或自学参考书。

由于编者水平有限，书中难免存在疏漏和不足，敬请读者不吝指正。

编　者

目　录

第 1 章　Visual Basic 6.0 程序设计概述

本章要点：

(1) Visual Basic 6.0 的特点；
(2) 对象及其属性、方法和事件的概念；
(3) Visual Basic 6.0 集成开发环境；
(4) Visual Basic 6.0 应用程序的开发步骤；
(5) Visual Basic 6.0 的联机帮助。

1.1　Visual Basic 的发展及其特点

1.1.1　Visual Basic 的发展

Visual Basic 是 Microsoft 公司于 1991 年推出的，是为开发 Windows 应用程序而设计的强有力的编程工具，也是一种具有很好的图形用户界面(Graphic User Interface，GUI)的可视化程序设计语言。Visual Basic 最初由 Basic 语言发展而来，但从 Basic 到 Visual Basic 的变化是质的飞跃。这种变化不仅是语言功能的大大增强，更主要的是程序设计方式的改变和程序界面类型的改变，以及编程机制的改变。Basic 语言是基于过程的程序设计语言，而 Visual Basic 是基于对象的事件驱动机制的程序设计语言。Basic 语言的编程界面是字符界面，设计的程序是基于 DOS 平台的字符界面程序；Visual Basic 的程序开发界面是可视化的图形界面，开发的应用程序也是 Windows 图形界面程序。在可视化开发环境中，编程是一种更轻松、愉快和高效的智力活动。

Visual Basic 有多个版本，从 1.0、2.0、3.0、4.0、5.0 到 6.0 版本，功能不断增强。Visual Basic 6.0 于 1999 年推出，深受用户欢迎，目前仍被广泛使用。Visual Basic 6.0 版本之后就是 Visual Basic.Net，从 Visual Basic 6.0 到 Visual Basic.Net 又是一次大的变化，在概念上、框架上和编程方式上都有了变化，但这种变化没有从 Basic 到 Visual Basic 的变化那么大。掌握 Visual Basic 6.0 之后再学习 Visual Basic.Net 就不是很难的事了，而且绝大部分基于 Visual Basic 6.0 开发的程序很容易升级成 Visual Basic.Net 程序。

Visual Basic 6.0 有三个不同版本，即学习版、专业版和企业版。

学习版(Learning)：Visual Basic 的基础版本，主要是针对刚入门的初学者设计，具有建立一般 Windows 应用程序所需要的全部工具，包括所有的内部控件以及网格、选项卡和数据绑定控件。

专业版(Professional)：为专业编程人员提供的版本。专业版提供了一套功能完备的开发工具，除了包含学习版的全部功能外，还加入了 ActiveX 控件、完整的数据访问工具和数据环境等。

企业版(Enterprise)：包括专业版的全部功能以及 BackOffice 工具，用于专业编程人员以小组的形式开发程序，是强大的分布式应用程序版本。

本书以企业版为对象来介绍 Visual Basic 6.0。

1.1.2　Visual Basic 的特点

1．面向对象的可视化设计平台

Visual Basic 提供的面向对象的可视化程序设计平台将 Windows 应用程序界面设计的复杂性封装起来，程序员不必为界面设计编写大量的代码，只需按设计方案，用 Visual Basic 提供的工具箱在界面上添加各种对象即可。界面的设计代码由 Visual Basic 自动生成，程序员只需编写实现特定功能的那部分代码，从而大大提高了编程效率。

2．事件驱动的编程机制

传统的高级语言面向过程，而 Visual Basic 语言面向对象。Visual Basic 通过事件触发来执行相应的事件过程(事件驱动)，响应不同的事件执行不同的代码段。事件可以由用户操作触发，也可以由应用程序本身的消息触发，还可以由操作系统或其他应用程序的消息触发。

3．结构化的程序设计语言

Visual Basic 是在 Basic 语言的基础上发展起来的，它吸收了其他结构化设计语言的优点，具有丰富的数据类型，众多的内部函数，模块化、结构化的程序机制，结构清晰，简单易学。

4．友好的 Visual Basic 集成开发环境

在 Visual Basic 集成开发环境中，用户可设计界面、编写代码和调试程序，把应用程序编译成可执行文件，直至把应用程序制作成安装盘，以便其能够在没有 Visual Basic 系统的 Windows 环境中运行。

5．开放的数据库功能与网络支持

Visual Basic 提供了一些接口来实现网络以及数据库的连接。Visual Basic 拥有很强的数据库管理能力，利用数据控件可以访问多种数据库系统，可以通过直接访问或建立连接的方式访问并操作后台数据库。对后台数据库的访问主要是通过 ADO 控件或 ODBC 功能实现的，而对后台数据库的操作是通过 Visual Basic 提供的简单命令集实现的，也可以使用 SQL 语言以及一些高级的 Active 控件或 API 函数。

Visual Basic 6.0 提供了 DHTML(Dynamic HTML)设计工具。借助它可以使 Web 页面设计者动态地创建和编辑页面，使用户在 Visual Basic 中开发多功能的网络应用软件。

6．充分利用 Windows 资源

Visual Basic 程序开发与 Windows 系统紧密相连，充分利用了 Windows 操作系统的环境和功能。用户可以方便地调用 Windows 的函数和应用程序，利用 Windows 操作系统的环境及网络功能开发出各种类型的应用程序。

Visual Basic 提供的动态数据交换(DDE)编程技术，可以在应用程序中实现与其他Windows 应用程序建立动态数据交换和在不同的应用程序之间进行通信的功能。

Visual Basic 提供的对象链接与嵌入(OLE)技术把每个应用程序都看做一个对象，将不同的对象链接起来，嵌入到某个应用程序中，可以得到具有声音、影像、图像、动画和文字等各种信息的集合式文件。

1.2 面向对象程序设计概述

1.2.1 类与对象的概念

对象(Object)是在应用领域中有意义的、与所要解决问题有关系的任何事物。每个对象都具有描述其特征的属性及附属于它的事件和方法。把对象的信息(属性)和对象的功能(方法)集成到对象的内部，使它们在物理上和概念上都趋于统一，这就是面向对象程序设计(OOP)方法中封装的含义。封装能隐藏对象内部的细节及其复杂性，并提供了一个精心设计的简明接口，实现对象的维护功能及使用功能。

1. 对象

在 Visual Basic 中，对象是具有特殊数据(属性)和行为方式(方法)，能响应动作(事件)的基本运行实体。因此，对象可以作为一个单位来处理。对象可以是应用程序的一部分，比如可以是控件或窗体。整个应用程序也是一个对象。

在 Visual Basic 中有两类实体：一类是系统设计好的可以直接对其操作的对象，如窗体、控件和菜单项等；另一类是用户自定义的对象，如计算器、学生或教师等。

在开发一个应用程序时，必须先建立各种对象，然后围绕对象进行程序设计。

2. 类

类是一个抽象的整体概念，是对具有公共的方法和一般特性的一组基本相同对象的描述，也可解释为同类对象的抽象。

对象是类的实例化。类的描述保存在类型库中，而且可通过对象浏览器查看。类与对象是面向对象程序设计语言的基础。以“学生”为例，学生是一个笼统的名称，是整体概念，我们把学生看成一个“类”，一个个具体的学生就是这个类的实例，也就是这个类的一个个对象。

Visual Basic 中工具箱的各种控件并不是对象，而是代表了各个不同的类。通过类的实例化，可以得到真正的对象。例如在窗体上画一个控件时，就将类转换为对象，即创建了一个控件对象，也简称为控件。

对象是类的实例，是类的具体化的结果，它对应于个体。通过类的具体化可以得到对象，这意味着对象可以通过类来定义，其定义的内容包括属性、方法、事件等。

1.2.2 属性

属性是指一个对象所具有的特征和性质。这些特征可以是外在的、看得见摸得着的，也可以是内在的、不可见的。

如对某个学生而言，学号、姓名、性别、所学专业、特长、身高等都是这个学生的属性。

为对象设置属性有以下两种常用的方法。

(1) 程序设计阶段：在属性窗口中直接对属性进行修改或设置。

(2) 程序运行阶段：在程序中的相关代码处设置或动态地修改对象的属性。

一般格式如下：

对象名.属性 = 属性值

例如：在程序中，可使用下列语句设置命令按钮对象 Command1 的 Caption 属性，在命令按钮上显示“确定”两个汉字。

```
Command1.Caption = "确定"
```

1.2.3 方法

方法是指对象所具有的动作或行为。例如，人具有的动作或行为有吃饭、睡觉、看书等。Visual Basic 程序中的窗体或控件也都具有方法，如窗体具有“显示”或“隐藏”方法。从本质上讲，方法是过程或函数，只不过它是被封装在对象内部的特殊过程或函数。

方法只能在代码中使用，格式为

[对象名.]方法 [参数]

缺省对象名时，对象就默认为当前窗体；如果参数列表有多个参数，则多个参数之间用逗号分隔。

例如，调用 Cls 方法

```
Form2.cls
```

将清除由 Print 方法显示在窗体上的文字或其他图形方法显示在窗体上的图形。调用 Print 方法

```
Form2.Print "好好学习，天天向上"
```

将在窗体上显示“好好学习，天天向上”这一串文字。

1.2.4 事件

在 Visual Basic 中，事件是对象对所识别的动作的响应。例如，用脚踢球，“踢”就是球这个对象活动的动作。而在 Visual Basic 中，事件是由系统事先设定的、能够被对象识别的动作，如单击事件、双击事件等。当某事件发生后，应用程序对这个事件所做出的反应及处理就是事件过程。Visual Basic 编程的核心就是为每个要处理的事件编写响应事件的过程代码，以便使用户或系统在触发相应的事件时执行指定的操作。

事件分为用户事件和系统事件。用户事件指用户与计算机交互而产生的事件。典型的用户事件包括 Keypress、Click、DblClick、Move 等。

系统事件指由于运行环境中发生了某些事情而产生的事件，例如：计时器对象的 Timer 事件就是一个典型的系统事件。

程序的运行没有规定的顺序。对象的动作以及各个对象之间的关联完全取决于操作者所做的操作，即其事件。可以理解为事件引起程序的执行，这就是事件驱动的思想。

1.3　Visual Basic 6.0 的集成开发环境

Visual Basic 6.0 为所有用户提供了一个功能强大而且又容易操作的集成开发环境(IDE)，在这个公共环境里集成了许多不同的功能，例如设计、编辑、编译和调试。

当启动 Visual Basic 6.0 时，可以见到如图 1-1 所示的窗口，其中会提示选择要建立的工程类型。使用 Visual Basic 6.0 可以生成 13 种类型的应用程序。

图 1-1　Visual Basic 6.0 中可以建立的工程类型

在图 1-1 所示的“新建工程”对话框中有 3 个选项卡。

(1) “新建”选项卡中列出了 13 种可生成的工程类型，这些是用户可以创建的文件类型。

(2) “现存”选项卡中列出了可以选择和打开的现有工程。

(3) “最新”选项卡中列出了最近使用过的工程，用户可以选择和打开一个需要的工程。

选择“新建”选项卡中的“标准 EXE”图标并单击“打开”按钮，可以打开如图 1-2 所示的 Visual Basic 6.0 集成开发环境窗口。

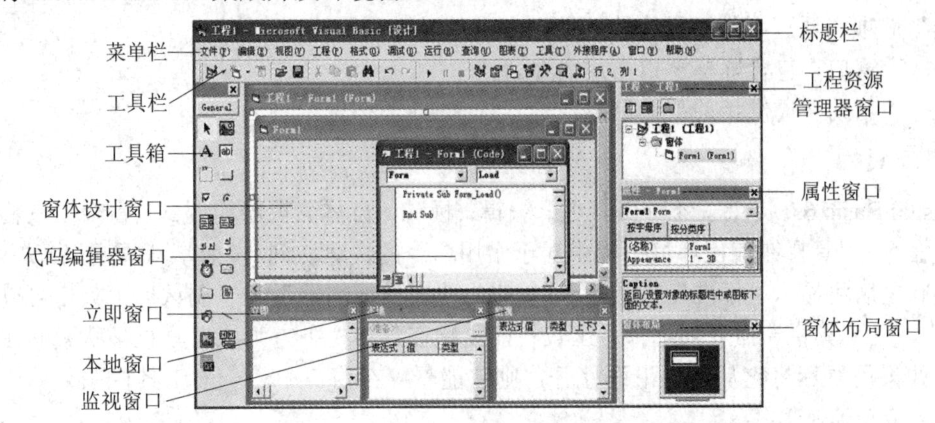

图 1-2　Visual Basic 6.0 集成开发环境

需要说明的是：一般启动时可能见不到图 1-2 中的“立即”窗口、“本地”窗口、“监视”窗口和代码编辑窗口。Visual Basic 6.0 集成环境中的窗口都可以通过“视图”菜单中的相应命令来打开和关闭。

1.3.1　Visual Basic 6.0 的主窗口

主窗口位于集成开发环境的顶部，该窗口由标题栏、菜单栏和工具栏组成。

1．标题栏

标题栏位于主窗口顶部。标题栏显示窗口标题及工作模式，启动时它显示“工程1-Microsoft Visual Basic[设计]”，表示它处于程序设计状态。随着工作状态的不同，方括号中的内容也随之改变，可能会是“运行”或“Break”，分别代表“运行状态”或“中断状态”。

2．菜单栏

Visual Basic 6.0 集成开发环境的菜单栏中包含使用 Visual Basic 所需要的命令。它除了提供标准的“文件”、“编辑”、“视图”、“窗口”和“帮助”菜单之外，还提供了编程专用的功能菜单，例如“工程”、“格式”、“调试”、“外接程序”等菜单。

Visual Basic 6.0 集成开发环境中的基本菜单如下：

(1) “文件”包含打开和保存工程以及生成可执行文件等命令。

(2) “编辑”包含编辑命令和其他一些格式化、编辑代码等命令。

(3) “视图”包含显示和隐藏 IDE 元素等命令。

(4) “工程”包含在工程中添加构件、引用 Windows 对象和工具箱新工具等命令。

(5) “格式”包含对齐窗体控件等命令。

(6) “调试”包含一些通用的调试命令。

(7) “运行”包含启动、设置断点和终止当前应用程序运行等命令。

(8) “查询”包含操作数据库表时的查询命令以及其他数据访问命令。

(9) “图表”包含操作 Visual Basic 工程时的图表处理命令。

(10) “工具”包含建立 ActiveX 控件时需要的工具命令，并可以启动菜单编辑器以及配置环境选项。

(11) “外接程序”包含可以随意增删的外接程序。默认时这个菜单中只有“可视化数据管理器”选项，通过“外接程序管理器”命令可以增删外接程序。

(12) “窗口”包含屏幕窗口布局命令。

(13) “帮助”提供相关帮助信息。

3．工具栏

Visual Basic 6.0 提供了 4 种工具栏：编辑、标准、窗体编辑器和调试。每个工具栏都有若干条命令。工具栏在编程环境下提供对于常用命令的快速访问。按照默认规定，启动 Visual Basic 6.0 之后将显示“标准”工具栏。“编辑”、“窗体编辑器”和“调试”工具栏可以通过“视图”→“工具栏”命令来选择。工具栏能紧贴在菜单栏下方，或以垂直条状紧贴在左边框上。如果用鼠标将它从某栏下面移开，则它能悬停在窗口中。一般工具栏在菜单栏的正下方。

1.3.2　其他窗口

1. 工具箱

工具箱由工具图标组成，这些图标是应用程序的构件或控件。系统启动后默认的 General 工具箱就会出现在屏幕左边，上面共有 20 个常用“部件”，如图 1-3 所示。

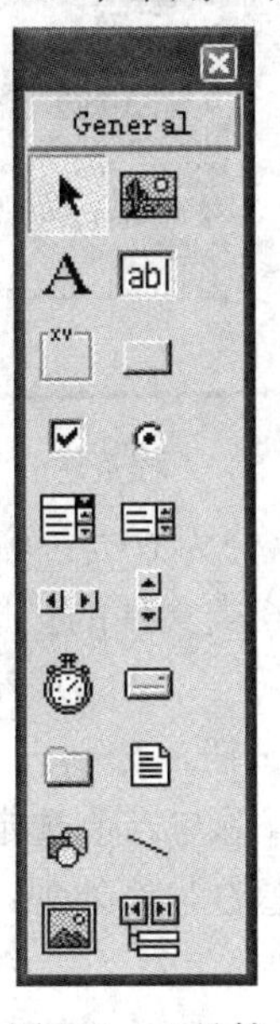

图 1-3　工具箱

用户可以将不在工具箱中的其他 ActiveX 控件放到工具箱中。通过执行“工程”→“部件”命令或从“工具箱”快捷菜单中选定“部件”选项卡，就会显示系统安装的所有 ActiveX 控件清单。要将某控件加入到当前工具箱中，只需单击所选控件前面的方框，如图 1-4 所示，然后单击“确定”按钮即可。

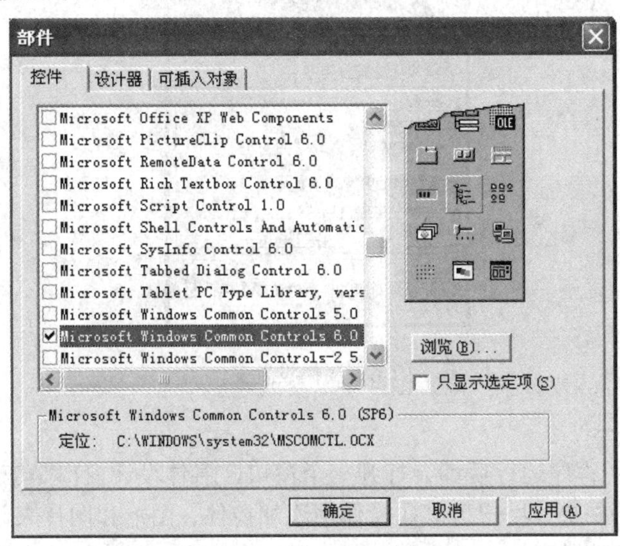

图 1-4　“部件”对话框

2. 工程资源管理器窗口

工程资源管理器又叫“工程资源浏览器”。在该窗口中列出了当前工程的所有窗体和模块，如图 1-5 所示。

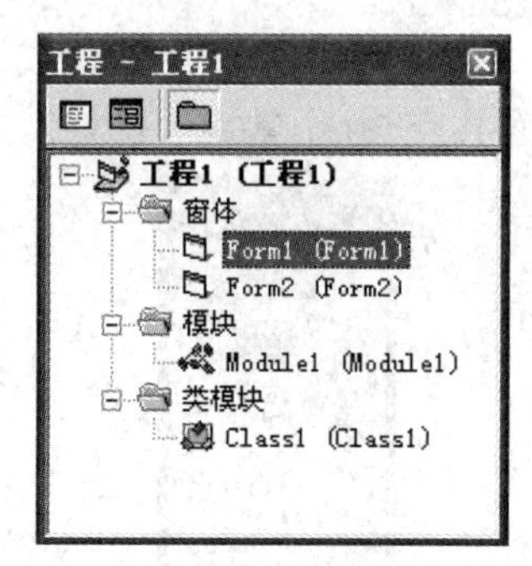

图 1-5　工程资源管理器

工程资源管理器窗口中的文件可以分为 6 类：窗体文件、程序模块文件、类模块文件、工程文件、工程组文件、资源文件。这 6 类文件的扩展名分别是：.frm、.bas、.cls、.vbp、.vbg 和 .res。

在工程资源管理器窗口中有 3 个按钮，分别表示“查看代码”、“查看对象”和“切换文件夹”。选择“查看代码”按钮可以查看与当前选定的对象相关的代码；选择“查看对象”按钮可以在“窗体设计器”中显示选定的对象外观；选择“切换文件夹”按钮则可以切换文件夹显示的方式。

3. 属性窗口

属性窗口列出了当前选定窗体或控件的属性及其值，用户可以对这些属性值进行设置。例如，要设置 Command1 命令按钮上显示的字符串，可以找到属性窗口的 Caption 属性，输入“开始”之类的字符串，如图 1-6 所示。

图 1-6　属性设置窗口

4. 窗体设计窗口

Windows 的应用程序运行后都会打开一个窗口，窗体设计窗口是应用程序最终面向用户的窗口，位于屏幕中央。用户可以在窗体中添加控件、图形和图片来创建所希望的外观。每个窗口必须有一个窗体名字，建立窗体时的默认名为 Form1、Form2 等。

5. 窗体布局窗口

窗体布局窗口显示在屏幕右下角。用户可使用表示“窗体布局”中的小图像来布置应用程序中各窗体的位置。窗体布局窗口在多窗体应用程序中很有用，因为通过它可以指定每个窗体相对于主窗体的位置。图 1-7 显示了桌面上放置的两个窗体及其相对位置。可以通过右击小屏幕的“快捷菜单”来对窗体进行设计。如要设计窗体 Form1 启动位置居于屏幕中心，其操作如图 1-8 所示。

图 1-7　窗体布局窗口

图 1-8　设计窗体的启动位置

6. 对象浏览器窗口

执行“视图”|“对象浏览器”命令打开对象浏览器窗口。通过对象浏览器可以查看 Visual Basic 系统中的所有库，包括对象库、类型库、类、方法、属性、事件及系统常数等，还可选择当前使用的工程来查看工程中有效的对象，如图 1-9 所示。用户还可以使用对象浏览器窗口浏览 Visual Basic 中的对象和其他应用程序。

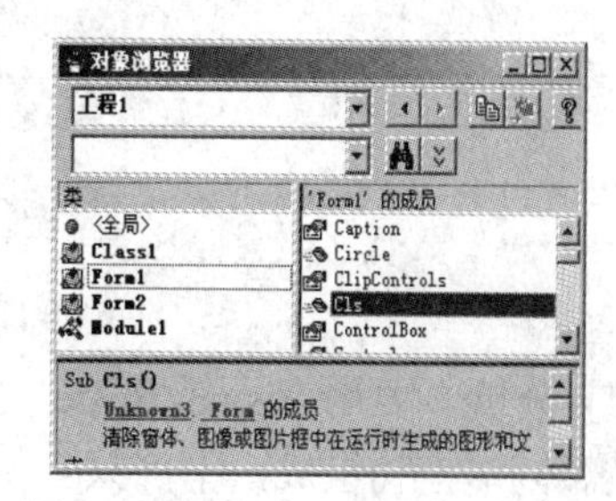

图 1-9　浏览“工程 1”中的对象

7. 代码编辑器窗口

在设计模式中，通过双击窗体或窗体上的任何对象或单击工程资源管理器窗口中的“查看代码”按钮都可打开代码编辑器窗口，如图 1-10 所示。应用程序的每个窗体或标准模块都有一个单独的代码编辑器窗口。

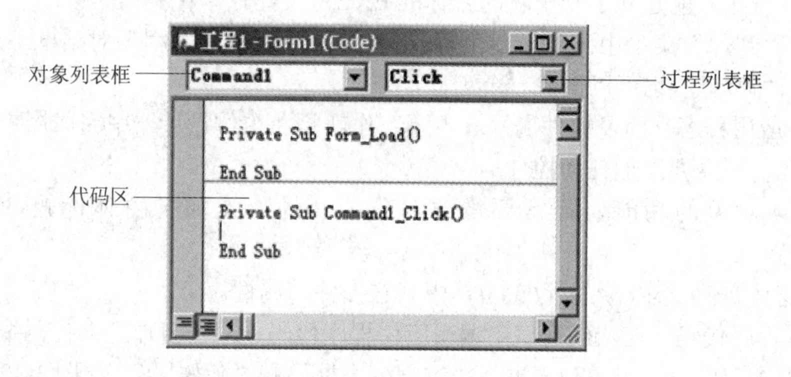

图 1-10　代码编辑器窗口

此外，Visual Basic 6.0 中还有几个非常有用的附加窗口：立即窗口、本地窗口和监视窗口。它们都是用于调试应用程序的，本地窗口和监视窗口只有运行在工作模式下才有效。

1.4 建立简单的 Visual Basic 应用程序

使用 Visual Basic 6.0 集成开发环境建立应用程序时，设计用户界面是可视的，代码的编写是面向对象的，代码执行是靠事件驱动的，这样大大降低了编程难度。下面首先通过示例了解 Visual Basic 应用程序的建立方法。

1.4.1 建立一个简单的 Visual Basic 应用程序

【例 1-1】 创建一个简单的应用程序，该程序在运行时单击窗体，窗体上会显示“欢迎您学习 Visual Basic!”。运行结果如图 1-11 所示。

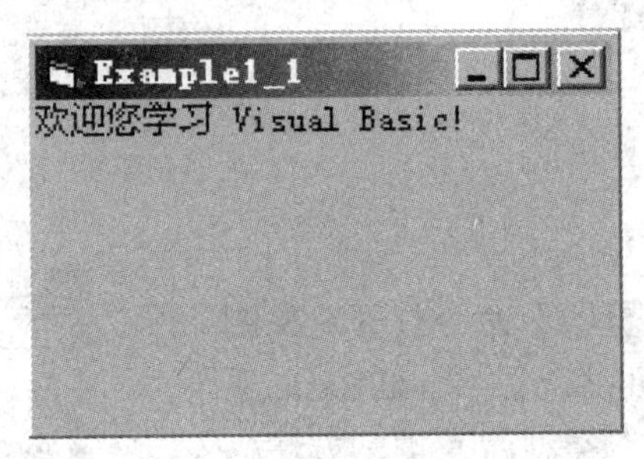

图 1-11 例 1-1 运行结果

(1) 分析。要用 Visual Basic 实现一个任务，首先要创建应用程序界面。用户界面由对象(即窗体和控件)组成。本例只有一个窗体，当然也可在窗体上添加一个命令按钮，通过命令按钮的单击事件来完成在窗体上显示一行文字的功能；其次设置窗体和控件的各个属性；再次编写代码；最后编译运行及保存。

(2) 新建一个工程。在 Visual Basic 6.0 中，一个应用程序被看做一个工程(Project)。新建一个工程有如下两种方法：

① 启动 Visual Basic 6.0，在出现的“新建工程”对话框中，选择“标准 EXE”工程，单击“确定”按钮，就建立了一个新的“标准 EXE”工程。

② 单击“文件”菜单中的“新建工程”，也会出现“新建工程”对话框。选择“标准 EXE”，单击“确定”，也可以创建一个工程。

(3) 设计应用程序界面及控件属性。主要工作就是在窗体设计器中完成用户界面设计。本例只有窗体，不需要添加任何控件。

为了体现对象的功能，经常要修改对象的属性。比如把窗体标题 Form1 换成 Example1_1。

像设置窗体属性一样，可以设置窗体中其它控件的属性。

(4) 编写程序代码。在代码窗口中编写应用程序代码。双击窗体进入代码编辑器窗口，在代码编辑器窗口中有“对象列表框”、“过程列表框”和“代码区”，如图 1-12 所示。

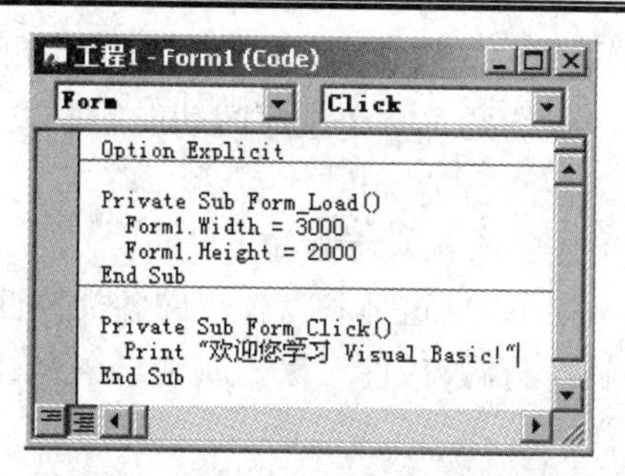

图 1-12　例 1-1 代码编辑器窗口

本例要求单击窗体，在窗体上显示一行文字，因此可以在代码窗口中选择 Form_Click，在过程框架中输入下面的语句：

```
Print "欢迎您学习 Visual Basic!"
```

(5) 运行程序。Visual Basic 提供了几种运行程序的方法，其中之一是单击工具栏上的启动按钮运行该程序。本程序进入运行状态后，用鼠标单击窗体，窗体上就会出现一行“欢迎您学习 Visual Basic!”字样，再单击一次再显示一行。图 1-13 所示为单击 5 次窗体的结果。用户单击工具栏上的结束按钮，程序运行结束。

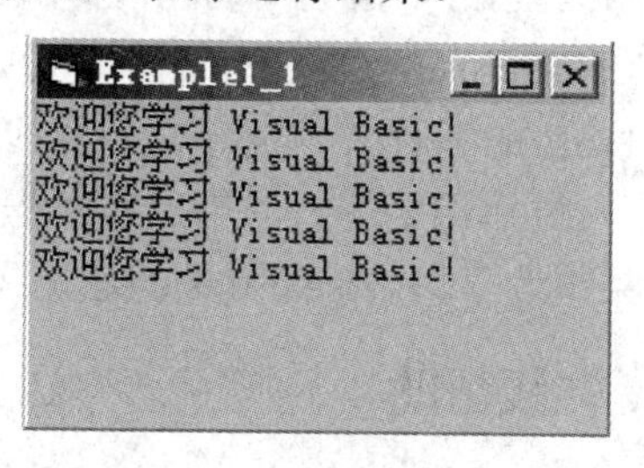

图 1-13　例 1-1 单击 5 次窗体的结果

注意：若程序有运行错误，系统通常会用对话框报告错误原因。要根据错误原因修改用户界面或代码。切记，应等程序运行结束后再修改程序。

(6) 保存并生成可执行文件。运行无误后，保存工程。可使用工具栏中的“保存”按钮，也可通过选择“文件”菜单中的“保存工程”或“工程另存为”命令，系统将打开“文件另存为”对话框，为相应的程序文件取名，单击“保存”按钮保存工程即可。

一个工程可能含有多种文件，如工程文件和窗体文件，这些文件集合在一起才能构成应用程序。保存工程时，系统会提示保存不同类型文件的对话框，这样就有选择存放位置的问题。因此，建议在保存工程时将同一工程所有类型的文件存放在同一文件夹中，以便修改和管理程序文件。

还可以将完成后的工程转换为可执行文件(.exe)，以便用户能在 Windows 环境中运行应用程序。生成可执行文件的操作为：选择“文件”菜单中的“生成工程 1.exe”命令，出现“生成工程”对话框，选择程序所保存的文件夹和文件名，单击“确定”按钮，即可生成可执行文件。

1.4.2　建立 Visual Basic 应用程序的一般步骤

Visual Basic 的最大特点是在集成开发环境(IDE)下以最快的速度和高效率开发具有良

好用户界面的应用程序。Visual Basic 的对象已被抽象为窗体和控件，因而大大简化了程序设计。在创建应用程序之前，我们要对整个程序的功能和要求有所了解，并据此确定应用程序的操作模式和用户界面。

一般来说，创建一个应用程序的一般步骤如下。

(1) 创建应用程序界面。包括建立窗体和窗体上的各类控件对象。

(2) 设置对象的属性。设置窗体及控件对象的属性。在 Visual Basic 中，对象属性也可在程序代码中用语句进行设置。

(3) 编写程序代码。为具体的过程或事件编写相应的代码。

(4) 程序的运行与调试。运行程序，如发现问题应及时调试。

(5) 保存与编译。当调试通过后，保存文件，再编译生成可执行文件。可执行文件便可脱离 Visual Basic 运行环境直接在 Windows 下独立运行。

1.5 Visual Basic 6.0 帮助系统简介

Visual Basic 系统为用户提供了非常丰富的帮助功能。从 Visual Studio 6.0 开始，所有的帮助文件都是采用全新的 MSDN(Microsoft Developer Network)文档的帮助方式，为用户提供了包括 Visual Basic 在内的近 1 GB 的编程技术信息，涉及的内容包括上百个示例代码、文档、技术文章、Microsoft 开发人员知识库等。当用户在编程过程中遇到问题时，可以随时获得有效且及时的帮助。帮助系统为学习 Visual Basic 提供了一个良好的环境。

1.5.1 使用 MSDN Library 在线帮助

对于初学者来说，使用 MSDN Library 在线帮助是一个极好的学习方式。在 Visual Basic“帮助”菜单中选择“内容”、“索引”或“搜索”命令后，可打开类似于 Internet Explorer 浏览器的 MSDN Library 在线帮助窗口，如图 1-14 所示。

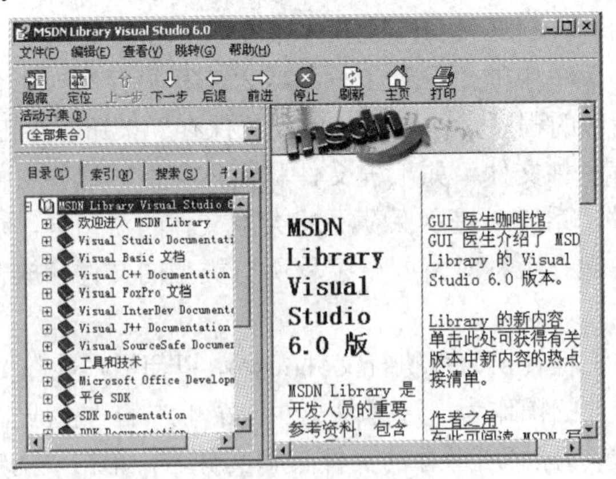

图 1-14　MSDN Library 在线帮助窗口

1. 窗口组成

该窗口由两个窗格组成：定位窗格和主题窗格。

(1) 定位窗格包含“目录”、“索引”、“搜索”和“书签”4 个选项卡；

(2) 主题窗格显示选择“目录”、“索引”、“搜索”或“书签”选项卡后的有关信息。

2．使用帮助

(1) 在定位窗格中选择“搜索”选项卡后可以键入单词或短语，以便快速获得需要的帮助信息。

(2) 单击主题窗格中带下划线的文字(超链接文字)可以获得进一步的解释和说明，或者链接到其他主题和网页。

(3) 如果用户选中主题窗格中某个词或短语后按 F1 键，可以查看“索引”中是否包含该词或短语的帮助主题。

(4) 使用“搜索”选项卡搜索主题时，可以使用逻辑运算符来优化搜索。例如，要查找的单词为“窗体”，单击“输入要查找的单词”框右边的右箭头按钮打开子菜单，从中选择逻辑运算符“AND”后，再输入“按钮”，最后单击定位窗格中的“列出主题”按钮，意为列出包含“窗体”和“按钮”两个词的主题标题。

1.5.2 上下文帮助

Visual Basic 的许多部分是上下文相关的。上下文相关意味着不必搜寻“帮助”菜单就可以直接获得有关这部分的帮助。用户在编程的过程中可以随时按 F1 键，此时系统将根据当时的状态显示相应的帮助信息。

例如，为了获得有关 Visual Basic 语言中关键词 Private 的帮助，只需将插入点置于代码窗口中的关键词 Private 上并按 F1 键，即可进入与 Private 有关的帮助内容。

使用上下文相关帮助的部分有：

(1) Visual Basic 中的每个窗口(属性窗口和代码窗口等)；

(2) 工具箱中的控件；

(3) 窗体或文档对象内的对象；

(4) 在属性窗口中的属性；

(5) Visual Basic 关键词(语句、声明、函数、属性、方法、事件和特殊对象)；

(6) 错误信息。

1.5.3 运行“帮助”中的代码示例

帮助中的许多程序主题都包含一些可以在 Visual Basic 中直接运行的代码示例，可以通过 Windows 的粘贴板将这些代码复制到代码窗口中，并按 F5 键运行它们，就可观察其运行效果，这对理解有关概念和领会控件的使用以及开拓编程思路都十分有利。但是有些示例代码需要先建立窗体和控件并设置属性后才能运行。

本 章 小 结

本章重点介绍了 Visual Basic 6.0 集成开发环境，介绍了面向对象程序设计中的 4 个重要概念：对象、属性、事件和方法，同时介绍了 Visual Basic 6.0 的特点及其帮助系统，最后通过一个简单的程序实例，介绍了在 Visual Basic 中开发一个应用程序的全过程。

通过学习本章，读者应掌握对象、属性、方法、事件和事件过程等面向对象程序设计的概念；掌握 Visual Basic 程序的工作机制；熟悉 Visual Basic 6.0 集成开发环境的菜单、工具栏和常用快捷键的使用；熟练使用工程资源管理器；能够在属性窗口中选择不同的对象并设置相关对象的属性值；能够打开代码窗口查看和编辑代码；掌握工具箱中常用控件的功能，学会向窗体中添加各种控件；掌握 Visual Basic 6.0 帮助系统的使用，能够借助帮助系统，解决在学习和使用 Visual Basic 6.0 过程中遇到的问题；掌握建立简单 Visual Basic 应用程序的过程，从中体会 Visual Basic 提供的方便的开发工具，理解可视化程序设计的特点。

习　题　1

一、选择题

1．窗体文件的扩展名为(　)。

A．*.vbp　　B．*.frm　　C．*.bas　　D．*.cls

2．表示窗体宽和高的是窗体的(　)。

A．对象　　B．事件　　C．属性　　D．方法

3．下面选项中不能运行 Visual Basic 应用程序的操作是(　)。

A．双击窗体　　B．单击工具栏启动按钮图标

C．按 F5 键　　D．从菜单“运行”中选择“全编译执行”

4．下列(　)文件不在工程资源管理器中。

A．*.txt　　B．*.frm　　C．*.bas　　D．*.cls

5．用 Visual Basic 设计的应用程序，以 .vbp 作为扩展名的文件是(　)。

A．工程文件　　B．窗体文件　　C．标准模块文件　D．可执行文件

6．启动 Visual Basic 后，系统为用户新建的工程命名的临时名称为(　)。

A．工程 1　　B．窗体 1　　C．工程　　D．窗体

7．窗体设计器用来设计(　)。

A．应用程序的代码段　　B．应用程序的界面

C．对象的属性　　D．对象的事件

二、填空题

1．Visual Basic 是一种(1)可视化程序设计语言，采取了 (2) 的编程机制。

2．一个应用程序包括四类文件，即 (3) 文件、 (4) 文件、 (5) 文件、 (6) 文件，这四类文件都有自己的文件名，但只要装入 (7) 文件，就可以自动把其他三类文件装入内存。

3．在 Visual Basic 集成开发环境中，选择“运行”|“启动”命令或按下 (8) 功能键，都可以运行程序。

4．Visual Basic 的工作模式有 (9) 、 (10) 、和 (11) 。

三、判断题（对的选“T”，错的选“F”）

1．单击工具箱中需要添加的控件后，在窗体中拖曳即可完成控件的添加。　(　)

2．除了标准控件外，还可引入其他控件及第三方厂商研制的控件。（ ）

3．有的对象属性既可在属性窗口中设定又可在程序代码中设定。（ ）

4．在 Visual Basic 的工具箱中包括了所有的 Visual Basic 控件，我们不能再加载其他的控件。（ ）

5．在设计 Visual Basic 程序时，窗体、标准模块、类模块等需要分别保存为不同类型的磁盘文件。（ ）

6．Visual Basic 应用程序不具有明显的开始和结束语句。（ ）

7．在 Visual Basic 6.0 窗口的任何上下文相关部分按 F10 键，都可显示有关该部分的帮助信息。（ ）

8．只有安装了 MSDN Library Visual Studio 6.0，才能使用 Visual Basic 6.0 的帮助功能。（ ）

四、简答题

1．简述 Visual Basic 6.0 的特点。

2．什么是对象？什么是对象的属性、方法与事件？

3．请举例说明对象、属性、事件和方法之间的关系。

4．简述事件驱动的含义。

5．Visual Basic 6.0 集成开发环境由哪些部分组成？每部分的主要用途是什么？

6．简述开发 Visual Basic 应用程序的基本步骤。

7．如何使用 Visual Basic 6.0 帮助系统？

五、编程题

1．启动 Visual Basic 创建一个“标准 EXE”类型的应用程序。运行程序时，单击窗体使窗体标题变为“VB 程序设计”，同时在窗体上输出“欢迎您使用 Visual Basic 6.0”。程序运行界面如图 1-15 所示，并将所设计的程序保存在用户磁盘的“D:\My VB Program”文件夹下，文件名为“MyProgram1”。要求写出设计步骤。

2．输入长方形的长和宽，求长方形的面积。程序设计界面如图 1-16 所示。要求写出设计步骤。

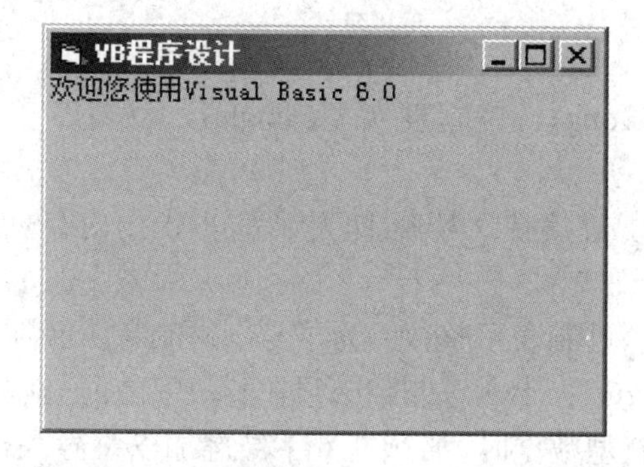

图 1-15　“VB 程序设计”的程序运行界面

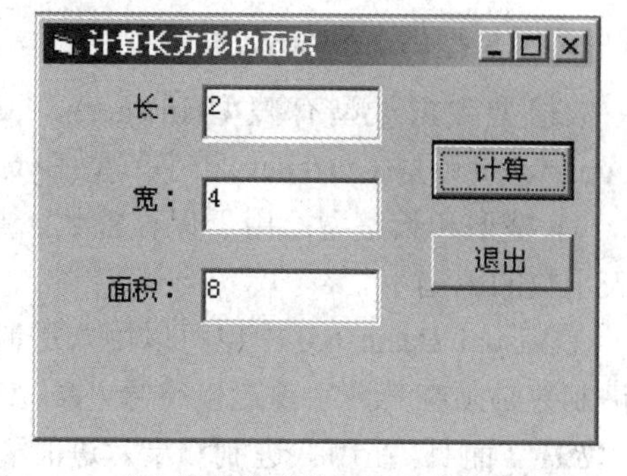

图 1-16　“计算长方形的面积”的程序运行界面

第2章　Visual Basic 语法基础

本章要点：

(1) 常用数据类型及其在内存中的存放形式；
(2) 常量和变量的概念、定义和使用；
(3) 各种运算符、表达式的使用方法；
(4) 常用内部函数的使用；
(5) 编码规则。

2.1　数 据 类 型

数据是程序的必要组成部分，也是程序处理的对象。在程序设计中会用到各种类型的数据。数据类型用来规定数据对象所占用内存空间的大小以及数据对象能够参与的运算。不同的程序设计语言，数据类型的规定和处理方法各不相同。Visual Basic 6.0 具有丰富的标准数据类型和用户自定义类型。

2.1.1　标准数据类型

标准数据类型是系统定义的数据类型，Visual Basic 6.0 所提供的标准数据类型有数值型、日期型、布尔型(即逻辑型)、字符串型、变体型以及对象型等几种。表 2.1 列出了 Visual Basic 6.0 标准数据类型。

1．数值型(Numeric)数据类型

数值型数据类型有整型(Integer)、长整型(Long)、单精度实型(Single)、双精度实型(Double)、货币型(Currency)和字节型(Byte)。

(1) 整型和长整型：用于保存整数，整数运算速度快、精确(即无误差)，占用内存少，但表示数的范围小。

在 Visual Basic 6.0 中也可以用八进制和十六进制表示整数。为了与十进制有所区别，八进制数必须在其数字前冠以符号“&”或者“&O”；十六进制数必须在其数字之前冠以符号“&H”。而且，在用八进制和十六进制表示长整型数据时，必须在数字结尾加以符号“&”。例如：&147、&O147、&147&分别是八进制整型数、八进制整型数和八进制长整型数。&H147A、&H852F& 分别是十六进制整型数和十六进制长整型数。

表 2.1　Visual Basic 6.0 标准数据类型

数据类型	关键字	类型声明符	字节数	取 值 范 围
整型	Integer	%	2	–32768～32767
长整型	Long	&	4	–2147483648～2147483647
单精度实型	Single	!	4	负数：–3.402823E38～–1.401298E–45 正数：1.401298E–45～3.402823E38
双精度实型	Double	#	8	–1.79769313486232E308～ –4.94065645841247E–324 4.94065645841247E–324～1.79769313486232E308
货币型	Currency	@	8	–922337203685477.5808～922337203685477.5807
字符串型	String	$	不确定	定长 0～65535 个字符，变长 0～2^{31}–1 个字符
字节型	Byte		1	0～255
日期型	Date		8	日期从 100 年 1 月 1 日到 9999 年 12 月 31 日 时间从 00:00:00 到 23:59:59
布尔型	Boolean		2	True 和 False
对象型	Object		4	任何对象引用
变体型	Variant		待分配	上述有效范围之一

说明：① 类型声明符加在数字的尾部，声明数据的类型。例如，2345%表示这是一个整型数据。② 单精度和双精度实型数据通常以指数的形式(科学计数法)来表示，单精度数以“E”或“e”表示指数部分，双精度数以“D”或“d”表示指数部分。

(2) 单精度实型和双精度实型：用于保存浮点数。浮点数表示数的范围大，但使用时会有误差，且运算速度慢。当要赋给单精度变量的数的有效数字超过 7 位时，超出部分会自动四舍五入。如果该数的整数部分超过 7 位，则将用科学计数法表示。当要赋给双精度变量的数的有效数字超过 15 位或者该数的整数部分超过 15 位时，处理方法与单精度数相似。需要注意，双精度实数科学计数法与单精度数有所不同，尾数与指数之间用 D 或者 d 来间隔。

(3) 货币型：定点实数，小数点左边保留 15 位，右边保留 4 位，用于货币计算中。

(4) 字节型：无符号整数，用于二进制处理。

2. 日期型(Date)数据类型

日期型数据类型表示的日期范围从公元 100 年 1 月 1 日到 9999 年 12 月 31 日，时间从 00:00:00 到 23:59:59。只要被认为是日期和时间的字符用号码符(#)括起来，都可作为日期型数据。也可以用数字序列表示(小数点左边的数字代表日期，右边代表时间，0 为午夜，0.5 为中午 12 点，负数表示是 1899 年 12 月 30 日前的日期和时间)。例如，–3.0 表示 1899 年 12 月 27 日 00:00:00；1.5 表示 1899 年 12 月 31 日 12:00:00。

3. 布尔型(Boolean)数据类型

布尔型又称逻辑型，用于逻辑判断，它只有 True(真)和 False(假)两个值。当逻辑数据转换成整型数据时，True 为 –1，False 为 0；当其他数据类型转换成逻辑数据类型时，非 0 数转换为 True，0 转换为 False。

4. 字符串型(String)数据类型

字符串型数据是用双引号括起来的一串字符组合，有定长和变长两种字符串。

例如：

```
Dim str1 As String          '声明变长字符串变量
Dim str2 As String*20       '声明定长字符串变量，能够存放 20 个字符
```

说明：对于定长字符串变量 str2，若赋予的字符少于 20，则右补空格；若赋予的字符超过 20 个，则多余部分被截去。

5. 对象型(Object)数据类型

Object 变量以 32 位的地址形式存储，该地址可以引用当前应用程序或其他应用程序中的对象。可以用 Set 语句为 Object 变量分配任何引用类型(字符串、数组、类或接口)。

Object 变量还可以引用任何值类型的数据(数值、Boolean、Char、Date、结构或枚举)。对象型在 Visual Basic 6.0 的较高层次的编程中使用。

6. 变体型(Variant)数据类型

Variant 数据类型是没有被显式声明(如用 Dim、Private、Public 或 Static 等语句)为其他类型变量的数据类型。

Variant 是一种特殊的数据类型，除了定长 String 数据及用户定义类型外，可以包含任何类型的数据。系统默认的数据类型是变体型。变体型数据有以下四个特殊的值。

(1) Empty(空)：还没有为变量赋值。它不同于数值 0、长度为 0 的字符串“”和空值 Null，后三者都是有特定的值的。

(2) Null(无效)：通常用于数据库应用程序，表示未知数据或者丢失的数据。

(3) Error(出错)：指出过程中出现了一个错误条件。

(4) Nothing(无指向)：表示数据还没有指向一个具体对象。

要检测变体型变量中保存的数值究竟是什么类型，可使用 VarType 函数。

2.1.2 自定义数据类型

Visual Basic 允许用户利用 Type 语句定义自己的数据类型，它由若干个标准数据类型组成。自定义数据类型也称记录数据类型。其格式如下：

```
[Private|Public] Type 类型名
    元素名 1 As 数据类型
    元素名 2 As 数据类型
...
End Type
```

例如：

```
Private Type Student
    Name As String
    Birth As Data
    Age As Integer
End Type
```

该例定义了一个名为 Student 的数据类型，该类型有 3 个元素 Name、Birth 和 Age，它们分别为字符串型、日期型和整型。定义了 Student 类型之后，就可以定义该类型的变量。

2.2 变量和常量

计算机在处理数据时必须先将数据装入内存。在高级语言中，通过内存单元名来访问其中的数据，命名的内存单元就是变量或常量。另外，采用内存单元名来访问数据，可以不必关心数据在内存中的具体内存单元位置，体现了高级语言的优越性。

2.2.1 变量或常量的命名规则

变量是在程序运行过程中可以改变值的量，用来暂时存储程序的数据，可以根据自己的习惯给变量命名，但还要遵守以下规则：

(1) 变量名由字母、汉字、数字或下划线组成，但必须以字母或汉字开头，不能有小数点和#、$、%、&、!、@等代表变量类型的结尾符号，长度不多于 255 个字符。

(2) 不能使用 Visual Basic 中的关键字，尽量不与 Visual Basic 中的标准函数名同名，如 If、While、String、Dim、Sin 等标准函数。

(3) Visual Basic 中不区分变量名的大小写，一般变量首字母用大写，其余用小写；而常量全部用大写字母表示。

(4) 为了增加程序的可读性，可在变量名前加一个缩写的前缀来表明该变量的数据类型。如

```
Dim strC As String        '定义变量 strC 为一个字符型变量
```

变量的命名前缀参见附录 2。

例如，以下是合法的变量名：

A、x、x3、BOOK_1、sum5、Do2、AbC

以下是非法的变量名：

3st——不能以数字开头；

wa xy——变量名中不能含空格字符；

Exp——不能用系统函数名作变量名；

S * T——出现非法字符*；

Do——不能用系统语句作变量名；

vbCrlf——不能用系统常量名作变量名。

注意：使用某些系统函数或系统常量作变量名时，系统可能不会出现错误，但程序中就不能使用系统中的同名函数或系统常量了。

2.2.2　变量声明

在 Visual Basic 中变量可以直接使用，系统会根据给变量赋值的情况决定变量的类型。但在程序比较复杂的时候容易引起混乱，所以在使用变量前，一般是遵照“先声明、后使用”的原则。

变量的声明分为显式声明和隐式声明两种。

(1) 显式声明。显式声明在变量使用之前先声明变量，其语法格式为

{Dim | Private |“Static | Public”}<变量名>[As<类型>][,<变量名 2>[As<类型 2>]]…

其中，Public 语句用来声明公有的模块级变量，Private 和 Dim 语句用来声明私有的模块级变量，Dim、Private 和 Static 语句用来声明过程级局部变量。具体的变量的作用域参见第 6 章。

说明：使用声明语句建立一个变量后，Visual Basic 自动将数值型的变量赋初值 0，将字符型或变体类型的变量赋空串，将布尔型的变量赋 False；如果没有 As<类型>，则默认为变体类型；可在变量名后加类型符来代替 As<类型>。

例如：

```
Dim vntY                                   '声明 vntY 为变体变量
Dim intX, intCout                '         声明 intX、intCout 为变体变量
Dim strMyText As String                    '声明 strMyText 为字符串变量
Dim intX, intY As Integer                  '声明 intX 为变体变量，声明 intY 为整型变量
Dim intX As Integer, sngSum As Single      '声明 intX 为整型变量，声明 sngSum 为单精度型变量
Dim intN1%, intY&, sngSum!                 '声明 intN1、intY、sngSum 分别为整型、长整型、单精度
                                           型变量
```

在定义字符串变量时，根据其存放的字符串长度是否固定，其定义方法有两种：

Dim　字符串变量名　As String

Dim　字符串变量名　As String*字符个数

其中前者定义变长字符串变量，后者定义定长字符串变量。

例如：

```
Dim strSl As String*10       '表示最多存放 10 个字符，如果赋值不足 10 个，则右补空；
                             若多于 10 个，则多余部分截去
Dim strS2 As String          '最多可存放 2 MB 个字符
```

(2) 隐式声明。变量可以不经声明直接使用，此时 Visual Basic 给该变量赋予默认的类型和值，即为隐式声明。

例如：

```
C = 1                   'C 为整型变量
MyName = "张三"         'MyName 为字符串型变量
```

虽然隐式声明使用方便，但用户一时疏忽而输错字符时(例如，将 intNumber 输入成 imtNumber)，程序运行过程中由于不能检查出错误，其执行结果就不能达到预期的效果，而且这种错误不能利用编译系统检查出来，较难查找，特别是在大型复杂的程序中更是如此。因此，要养成在使用一个变量之前先声明它(即显式声明)的良好的编程习惯。

(3) 强制显式声明变量语句 Option Explicit。声明变量可以有效地降低错误率。尽管 Visual Basic 不是强制类型语言，但提供了强制用户对变量进行显式声明的措施，从而避免程序因为写错变量名而导致错误。

强制显式声明语句要求在使用变量前先用声明语句进行声明，否则 Visual Basic 将发出“变量未定义”的警告。可采用下面的方法强制显式声明变量：

① 在代码编辑器中从对象下拉列表中选择“通用”，从过程下拉列表中选择“声明”，然后直接输入代码“Option Explicit”，如图 2-1 所示。

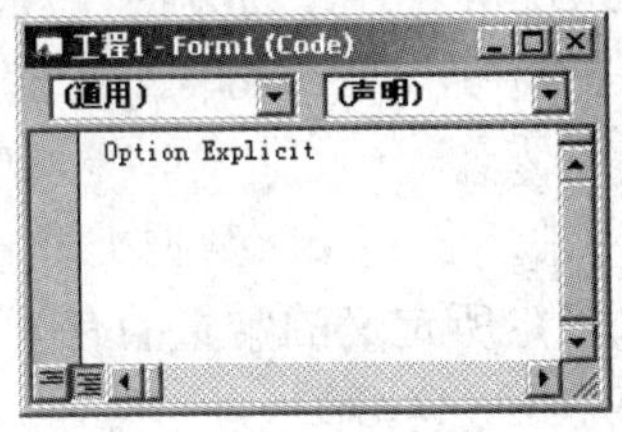

图 2-1　Option Explicit 语句

② 在“工具”菜单中选择“选项”命令，单击“编辑器”选项卡，选中“要求变量声明”复选框，就可以在任何新模块中自动插入 Option Explicit 语句了。

例如：交换变量 a、b 的值。

```
Option Explicit                         '模块级声明
Private Sub Form_Load()
    Dim a As Integer, b As Integer, Temp As Integer
    Temp = a
    a = b
    b = Tmp                             '把 Temp 错写成 Tmp
End Sub
```

运行时 Visual Basic 就会发出“变量未定义”警告(如图 2-2 所示)，代码窗口如图 2-3 所示，只有把 Tmp 改为 Temp 后才恢复正常。

图 2-2　“变量未定义”警告

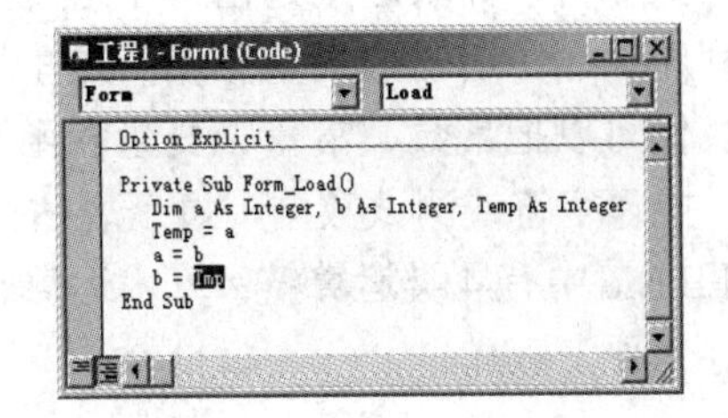

图 2-3　代码窗口

2.2.3　常量

常量指在程序运行过程中，其值不能被改变的量。在编写程序时，常会遇到一些固定不变的数值，将它声明为常量来用。利用常量可以减少输入错误，简化固定数值的修改过程，增强程序的可读性。

Visual Basic 中的常量分为两类：系统提供的内部常量和用户自定义常量。

1．系统提供的内部常量

系统内部常量是应用程序和控件提供的，可以在对象浏览器中获得。例如，如果把窗体(Form1)的背景色设置成青色，前景色设置成红色，可用下列语句：

```
Form1.BackColor = vbCyan
Form1.ForeColor = vbRed                'vbCyan 和 vbRed 都是系统提供的内部常量
```

2．用户自定义常量(符号常量)

在程序设计中除了可以使用系统常量外，为方便开发，用户还可以自己定义常量。用户自定义常量使用关键字 Const 进行声明。在声明一个常量后就可以用常量名来引用其代表的常数。常量的定义语法如下：

[Public | Private]Const <符号常量名> [As <数据类型>]=<表达式>

可选项 Public 和 Private 用来限定所定义的常量的有效范围。一行中可以定义多个符号常量，各符号常量用逗号分隔。例如：

```
Const PI = 3.14159                              '定义 PI 为单精度型
Const QUARE = 2 * PI * 30 ^ 2                   '使用已定义的符号常量
Const COUNT% = 34, FLAG As Boolean = True       '使用连续定义
```

在常量声明的同时要对常量赋值。用 Const 声明的常量在程序运行的过程中是不能被重新赋值的。实际上符号常量在程序编译时就被编译程序用表达式的值所代替了。

有一点要注意，定义符号常量时不能循环定义，例如，下面的定义是错误的：

```
Const S1 As Integer = S2 * 2
Const S2 As Integer = S1 * 2                    '错误
```

2.3　运算符和表达式

和其他语言一样，Visual Basic 中也具有丰富的运算符。运算符是用来对运算对象进行各种运算的操作符，而表达式是由多个运算对象和运算符组合在一起的合法算式。通过表达式实现程序编制中所需的大量操作。这里所说的运算对象包括常数、常量、变量和函数等。同时我们可以把常数、常量、变量和函数看做是没有运算符的表达式。表达式可用来执行运算、操作字符或测试数据，每个表达式都产生惟一确定的值和确定的数据类型。

Visual Basic 中有 4 类运算符：算术运算符、字符串运算符、关系运算符和逻辑运算符。与之对应有 4 种表达式。

2.3.1　算术运算符和算术表达式

1．算术运算符

算术运算符用来进行算术运算。

算术运算符的操作数是数值型数据(如是其它数据，Visual Basic 自动将其转换为数值类型后再运算)，运算的结果也是数值型数据。除了“－”(取负号运算)是单目运算符(一个运算对象)外，其余的算术运算符都是双目运算符(两个运算对象)。各算术运算符的运算规则及优先级见表 2.2。

表 2.2　算术运算符的运算规则及优先级

运算符	含　义	优先级	示　例	结　果
( )	括号	1	(3+2)/2	2
^	幂运算	2	−16^(1/2)	−4
−	负号	3	4*−3	−12
*	乘	4	1/3*3	1
/	除	4	10/3	3.33333333333333
\	整除	5	10\3	3
Mod	取余数	6	10 Mod 3	1
+	加	7	−3+4	1
−	减	7	6−4	2

说明：(1) 在算术运算中，如果操作数具有不同的数据精度，则 Visual Basic 规定运算结果的数据类型以精度高的数据类型为准，但也有几种特殊情况。

① 当 Long 型数据与 Single 型数据运算时，结果为 Double 型数据。

② 除法和乘方运算的结果都是 Double 型数据。

③ 整除(\)运算时，若运算量为实数，则先按四舍五入将实数转换成整数，然后相除，结果为整型数或长整型数。

(2) 求余(Mod)运算时，如果运算量不是整数，首先按四舍五入将其转换成整数，再做求余运算，求余结果的正负号始终与第一个运算量(即左操作数)的符号相同。

2．算术表达式

用算术运算符将运算对象连接起来的式子叫算术表达式。

Visual Basic 表达式的书写原则如下：

(1) 表达式中的所有运算符和操作数必须平排，不能出现上下标(如 X^2、X_2 等)和数学中的分数线。

(2) 数学表达式中省略乘号的地方(如 2ab、xy 等)，在 Visual Basic 表达式中不能省略。

(3) 要注意各种运算符的优先级。为保持运算顺序，在写 Visual Basic 表达式时需要适当添加括号()。若要用到库函数，必须按库函数要求书写。

例如：

$\frac{b-\sqrt{b^2-4ac}}{2a}$　　应写成 (b−Sqr(b*b−4*a*c))/(2*a)

$\frac{a+b}{a-b}$　　应写成 (a+b)/(a−b)

$(2\pi r+e^{-5})\ln x$　　应写成 (2*3.14159*r + Exp(−5))*Log(x)

检验算术表达式的结果可以使用 Visual Basic 的立即窗口(按快捷键 Ctrl + G)，如图 2-4 所示。

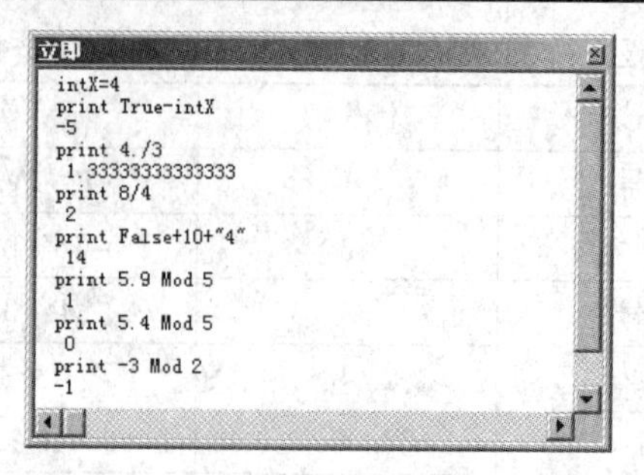

图 2-4　用立即窗口验证算术表达式

2.3.2　字符串运算符和字符串表达式

字符串运算符有“+”和“&”，它们的作用都是将两个字符串连接在一起。由字符串运算符与操作数构成的表达式称为字符串表达式。

例如：

```
"ABCD"+"EFGHI"                   '结果为 ABCDEFGHI
"Visual Basic" & "程序设计教程"   '结果为 Visual Basic 程序设计教程
```

说明：当连接符两旁的操作数都为字符串时，上述两个连接符等价。它们的区别是：

(1) 对于 + (连接运算)，两个操作数均应为字符串类型。若其中一个为数字字符串("100"、"59"等)，另一个为数值型数据，则自动将数字字符串转换为数值数据，然后进行算术加法运算；若其中一个为非数字字符型数据("Abc"，"2PX"等)，另一个为数值型数据，则出错。

(2) 对于&(连接运算)，两个操作数既可为字符型数据也可为数值型数据。当两个操作数是数值型数据时，系统自动先将其转换为数字字符，然后进行连接操作。书写“&”连接的字符串表达式时要注意，“&”与前面的变量名之间必须有空格，否则 Visual Basic 会把“&”当做长整型的数据说明符。

例如：

```
"100"+123          '结果为 223
"100"+"123"        '结果为"100123"
"Abc"+123          '出错
"100" & 123        '结果为"100123"
100 & 123          '结果为"100123"
"Abc" & "123"      '结果为"Abc123"
"Abc" & 123        '结果为"Abc123"
```

可以用 Print 方法在“立即”窗口中检验字符串表达式的结果。

2.3.3　关系运算符和关系表达式

关系运算符是双目运算符，也称比较运算符，用来对两个表达式的值进行比较，比较的结果是一个逻辑值(True 或 False)。用关系运算符连接起来的表达式叫关系表达式。当关系表达式所表达的比较关系成立时，结果为 True；否则，结果为 False。关系表达式的结果通常作为程序中语句跳转的开关。Visual Basic 中的关系运算符如表 2.3 所示。

表 2.3　关系运算符和关系表达式

运算符	含　义	关系表达式	结果	运算符	含　义	关系表达式	结果
=	等于	3*4=12	True	<=	小于等于	5/2<=10	True
>	大于	"abcde">"abr"	False	<>	不等于	"d"<>"D"	True
>=	大于等于	5*6>=24	True	Like	字符串匹配	"fist"Like"f*"	True
<	小于	"abc"<"Abc"	False	Is	比较对象		

说明：(1) 数值型数据按其数据大小进行比较。当对单精度或双精度数进行比较运算时，可能会出现非常接近但不相等的结果。例如：

```
1.0/8.0*8.0=1.0
```

在数学中上式是一个恒等式，但在计算机上执行时可能会给出假值(0)。因此，应避免对两个浮点数作“相等”或“不相等”的判断。

(2) 关系运算符“=”与赋值运算符“=”的写法一样，但却是两种不同的运算。关系运算符“=”用来判断两个运算对象是否相等，而赋值运算符则是用来将等号右边表达式的值赋值给左边的变量；赋值运算符的左边只能是变量名，关系运算符“=”的左边可以是表达式、常量、变量或函数；赋值运算符的优先级低于关系运算符。例如，语句 a = 7 = 9，先求得表达式 7 = 9 的结果为 False，再将 False 赋值给变量 a。

(3) 关系运算的运算对象可以是字符串、数值、日期、逻辑型等数据类型。数值按大小比较；日期按先后比较，早的日期小于晚的日期；False(0)大于 True(−1)；字符串按 ASCII 码排序的先后比较，也就是先比较两个字符串的第一个字符，按字符的 ASCII 码值比较大小，ASCII 码值大的字符串大，如第一个字符相等，则比较第二个字符，直到比较出大小或比较完为止；汉字字符按内码顺序比较，汉字的字符大于西文字符。

(4) 关系运算符的优先级相同。

(5) 关系运算符“Like”用于字符串的比较。如果第一个表达式属于第二个表达式所描述的字符串，则结果为真；否则为假。在第二个表达式中可以使用通配符?(表示任何一个字符)、*(表示任意个字符)、#(表示任何一个数字)、[字符列表](字符列表中用逗号分隔单个字符，表示列表中的任何字符)、[!字符列表](表示没有列表中的字符)。例如：

```
"abc" Like "a*"                              'True
123 Like "12?"                               'True
456 Like "45#"                               'True
"this is a book" Like "*a b[a,o,c]ok"        'True
```

(6) Is 运算符用来比较两个对象变量。如果它们引用的是同一个对象，那么运算的结果为真，反之为假。例如，下面的语句执行后，Result 的值为真。

```
Set obj1=Command1
Set obj2=Command1
Result=obj1 Is obj2
```

2.3.4　逻辑运算符和逻辑表达式

逻辑运算符也称布尔运算符，用于对操作数进行逻辑运算。用逻辑运算符连接的式子叫逻辑表达式。逻辑表达式的结果是逻辑型数据，即 True 或 False。逻辑表达式的运算对象为逻辑型数据或数值型数据。

在程序中逻辑运算符通常连接多个关系表达式，以表达复杂的条件描述。例如，描述条件“身高大于 1.68 米的男性或者身高大于 1.58 米的女性”，可以用以下的逻辑表达式：

length>1.68 And sex="男" Or Not sex="男" And length>1.58

如果逻辑运算的对象是数值型的数据，则按二进制位进行逻辑操作。Visual Basic 中有 6 个逻辑运算符，只有 Imp 不满足交换律。表 2.4 列出了所有的逻辑运算符。

表 2.4　逻辑运算符和逻辑表达式

逻辑运算符	含　义	优先级	逻辑表达式	结果
Not	取反，单目运算符，由真变假或由假变真	1	Not 4>5	True
And	与，两个操作数都为真，结果才为真，否则为假	2	4<=5 And 9<=8	False
Or	或者，两个操作数中只要有一个为真，结果为真	3	4<=5 Or 9<=8	True
Xor	异或，两个操作数不同时为真，否则为假	3	4<=5 Xor 9<=8	True
Eqv	等价，两个操作数相同时为真，否则为假	4	4<=5 Eqv 9<=8	False
Imp	蕴含，当第一个表达式为真且第二个表达式为假时，结果为假，否则为真	5	4<=5 Imp 9<=8	False

说明：可以用 Print 方法在“立即”窗口中验证逻辑表达式的结果。

2.3.5　运算符的优先级

任何表达式都是由运算符和操作数组成的。在表达式求值的过程中，各种运算必须按一定的规则依次进行，这种次序就是运算符的优先级。

运算符优先级高的先运算；优先级相同的按照从左至右的顺序进行运算；括号的优先级最高。

在 Visual Basic 中，不同类型运算符的优先级如下：

算术运算符>字符运算符>关系运算符>逻辑运算符

Visual Basic 中还规定不同数据类型的数值数据在运算时，按精度高的数据类型进行运算。数值数据类型的精度高低次序如下：

Integer < Long < Single < Double < Currency

比如，Integer 型与 Double 型数据运算，结果为 Double 型；Long 型与 Single 型数据运算时，结果为 Double 型。

2.4　常用的内部函数

Visual Basic 提供了大量的内部函数供用户在编程时调用。内部函数按其功能可分为数学函数、字符串函数、日期函数、类型转换函数以及格式输入输出函数等。这些函数都带有一个或几个参数。

函数的一般调用格式为

<函数名>([<参数表>])

说明：参数表可以是一个或用逗号隔开的多个参数，多数参数都可以使用表达式。函数一般作为表达式的组成部分调用。

在以下函数介绍中，用 N 表示数值表达式，用 C 表示字符表达式，用 D 表示日期表达式。

2.4.1　数学函数

数学函数主要用于各种数学运算，其格式与数学中的形式相似。常用的数学函数如表 2.5 所示。

表 2.5　常用的数学函数

函数名	功 能 说 明	示　例	结　果
Abs(N)	求绝对值	Abs(−15.8)	15.8
Exp(N)	求以 e 为底的指数	Exp(2)	7.38905609893065
Fix(N)	返回 N 的整数部分	Fix(−15.8)	−15
Int(N)	返回不大于 N 的最大整数	Int(−15.8)	−16
Log(N)	求 N 的自然对数	Log(10)	2.30258509299405
Sgn(N)	返回 N 的符号值	Sgn(−15.8)	−1
Sqr(N)	平方根函数	Sqr(64)	8
Sin(N)	正弦函数	Sin(0)	0
Cos(N)	余弦函数	Cos(0)	1
Tan(N)	正切函数	Tan(0)	0
Atn(N)	反正切函数	Atn(1)	0.79
Rnd(N)	产生一个在[0, 1)区间均匀分布的随机数，每次的值都不同	10*Rnd	产生0～10之间的随机数(不含 10)
Round(N1[,N2])	在保留 N2 位小数的情况下四舍五入取整(N2 省略则取整)	Round(15.848,2) Round(15.848)	15.85 16

说明：(1) 在使用三角函数时，角度以弧度为单位。例如 Sin(60°)可以写为 Sin(60*3.14159/180)。

(2) 符号函数 Sgn(N)，根据 N 值的符号返回一个整数(−1、0 或 1)，其中，正数返回 1，0 返回 0，负数返回−1。

(3) Rnd 函数产生[0, 1)区间的双精度随机数。当一个应用程序不断地重复使用随机数时，同一序列的随机数会反复出现，这是因为 Visual Basic 系统用于产生随机数的公式取决于称为种子(Seed)的初始值。在默认情况下，每次运行一个应用程序，Visual Basic 提供相同的种子，即用 Rnd 函数产生相同序列的随机数。Visual Basic 系统提供了一个重新设置随机数生成器的种子值的语句，即 Randomize 语句。每次运行程序时，要产生不同序列的随机数，可先执行 Randomize 语句。Randomize 语句使用形式如下：

```
Randomize [Seed]
```

其中，Seed 是随机数生成器的种子值，如果省略，系统将计时器返回的值作为新的种子值。

Rnd 经常与 Int 函数组合使用，用来产生一定范围内的随机整数。例如：

① Int(Rnd*整数 n)：产生 0，1，…，n−1 中的一个随机整数；

② Int(Rnd*整数 n) + 1：产生 1，2，…，n 中的一个随机整数；

③ Chr(Int(Rnd*26) + 65)：随机产生一个大写英文字母；

④ Chr(Int(Rnd*26) + 97)：随机产生一个小写英文字母。

如果希望产生 A～B 之间的随机整数(包括 A 和 B)，可通过下列语句实现：

Int((B−A+1)*Rnd+A)

下段程序每次运行后，将产生不同序列的 20 个[10,99]之间的随机整数：

```
Randomize
For i = 1 To 20
    Print Int(Rnd * 90) + 10;
Next i
Print
```

读者可将上段程序写入窗体的单击事件中，运行程序两次，单击窗体，看看输出和结果是否相同。如果不使用 Randomize 语句，再运行两次，看看输出和结果是否相同。

2.4.2 字符串函数

Visual Basic 提供了大量的字符串处理函数，具有强大的字符处理功能。常用的字符串函数列于表 2.6 中。

表 2.6 常用的字符串函数

函数名	功能说明	示 例	结 果
Left(C,N)	取字符串 C 左边 N 个字符	Left("VB 程序设计",2)	"VB"
Right(C,N)	取字符串 C 右边 N 个字符	Right("VB 程序设计",2)	"设计"
Mid(C,N1,N2)	从字符串 C 的 N1 位置开始取长度为 N2 的字符	Mid("VB 程序设计",3,2)	"程序"
Len(C)	返回字符串的长度	Len("VB 程序设计")	6
LenB(C)	返回字符串的字节个数	LenB("VB 程序设计")	12
String(N,C)	返回字符串 C 中由 N 个首字符组成的字符串	String(4,"Visual")	"VVVV"
Space(N)	产生 N 个空格	Space(3)	"␣␣␣"
Ltrim(C)	去掉字符串左边的空格	Ltrim("　Visual　")	"Visual　"
Rtrim(C)	去掉字符串右边的空格	Rtrim("　Visual　")	"　Visual"
Trim(C)	去掉字符串左边和右边的空格	Trim("　Visual　")	"Visual"
InStr([N,]C1,C2[,M])	在 C1 中从 N 位置开始查找 C2，并返回 C2 第一次出现的位置值，省略 N 从头开始找，找不到返 0。M=1 不区分大小写，M=0 和省略 M 区分大小写	InStr(2,"Visual","al")	5
StrComp(C1,C2[,N])	比较字符串 C1 和 C2 的大小，小于、等于和大于分别返回−1、0 和 1。C1 与 C2 为 Null 时，返回 Null。N 是可选参数，指定字符串比较的类型，详见 MSDN 帮助	StrComp("ABCDEF","CD")	−1
Replace(C,C1,C2[,N1[,N2]])	在 C 字符串中从 N1 开始用 C2 字符串替代 C1 字符串 N2 次，如果没有 N1 表示从 1 开始	Replace("ABCASAA","A","12",2,2)	"BC12S12A"
StrReverse(C)	将字符串反序	StrReverse("abcd")	"dcba"

说明：Visaul Basic 中字符串长度以字(习惯称为字符)为单位，也就是每个西文字符和每个汉字都作为一个字，占两个字节，这与传统的概念有所不同，原因是 Windows 系统对字符采用了 DBCS 编码。例如：

Len("清华大学")和 Len("ABCD")的值都是 4；

Mid("清华大学",3,2)结果为“大学”；

String(3, "清华")结果为“清清清”。

2.4.3　数据类型转换函数

在 Visaul Basic 中，一些数据类型可以自动转换，但是，多数类型不能自动转换，这就需要用类型转换函数来强制转换。常用的转换函数如表 2.7 所示。

表 2.7　常用的转换函数

函数名	功 能 说 明	示　例	结　果
Asc(C)	返回字符串首字符的 ASCII 码值	Asc("Visual")	86
Chr(N)	返回 ASCII 码值所代表的字符	Chr(86)	V
Str(N)	将数字转换成字符	Str(123)	"123"
Val(C)	将字符转换成双精度数值	Val("123")	123
LCase(C)	将大写字母转换成小写字母	LCase("Visual")	"visual"
UCase(C)	将小写字母转换成大写字母	UCase("Visual")	"VISUAL"
CBool(C | N)	将任何有效的数字字符串或数值转换成逻辑型数值	CBool(5) CBool("0")	True False
CByte(N)	将 0～255 之间的数值转换成字节型数值	CByte(8)	8
CCur(N)	将数值型数值转换成货币型数值	CCur(3.1415926)	3.1416
CDate(D)	将有效的日期字符串转换成日期型数据	CDate(#2008-10-28#)	2008-10-28
CDbl(N)	将数值型数据转换成双精度数据	CDbl(3.1415926)	3.1415926
CInt(N)	将数值型数据转换成整型数据,小数部分四舍五入	CInt(3.1415926)	3
CSng(N)	数值型数据转换成单精度数据	CSng(3.1415926)	3.141593
CVar(N)	转换成变体类型	CVar("123")+"V"	"123V"
Hex(N)	十进制转换成十六进制	Hex(76)	"4C"
Oct(N)	十进制转换成八进制	Oct(76)	"114"

说明：(1) 区别 3 个取整函数 Fix、Int 和 CInt 的使用。Fix(N)为截断取整，即去掉小数后的数。Int(N)取不大于 N 的最大整数，N>0 时，与 Fix(N)功能相同；当 N<0 时，Int(N) 与 Fix(N)−1 功能相同。CInt(N)将小数部分按四舍五入取整，但如果小数部分正好是 0.5，则按靠偶方向取整。例如：

Fix(9.59)结果是 9；　　Int(9.59)结果是 9；

Fix(−9.59)结果是−9；　　Int(−9.59)结果是−10；

CInt(9.59)结果是 10； CInt(9.49)结果是 9；

CInt(9.5)结果是 10； CInt(8.5)结果是 8

(2) Chr 和 Asc 函数为一对互反函数。可以使用 Chr 函数得到那些非显示的控制字符(ASCII 码值小于 32 的字符)。例如：

Chr(13) 回车符；

Chr(13)+ Chr(10) 回车换行符；

Chr(8) 退格符

(3) Val 用于将数字字符串转换为数值类型数据，当自变量字符中出现数值规定字符以外的字符时，只将最前面的符合数值型规定的字符转换成对应的数值。例如：

Val("1.2sa10") 值为 1.2；

Val("abc123") 值为 0(因为最前面没有符合数值型规定的数字字符)；

Val("-1.2E3Eg") 值为-1200(第一个 E 是指数符号，与下面例子中的不同)；

Val("-1.2EE3Eg") 值为-1.2

(4) Str 将数值数据转换为自变量十进制表示的对应字符串形式，字符串的第一位一定是空格(自变量为正数)或是负号(自变量为负数)，小数点最后的“0”将被去掉。例如：

Str(256) 值为" 256"；

Str(-256.65) 值为"-256.65"；

Str(-256.65000) 值为"-256.65"

2.4.4 日期和时间函数

日期和时间函数用来显示日期和时间。常用的日期和时间函数如表 2.8 所示。

表 2.8 常用的日期和时间函数

函数名	功能说明	示例	结果
Now	返回当前系统日期和时间	Now	2010-10-18 12:39:54
Date()	返回当前系统日期	Date()或 Date	2010-10-18
Year(C | N)	返回年代号(1753～2078)	Year("2010-10-18")	2010
Month(C | N)	返回月份值(1～12)	Month("2010-10-18")	10
Day(C | N)	返回日期值(1～31)	Day("2010-10-18")	18
MonthName(N)	返回月份中文名	MonthName(2)	二月
Time()	返回当前系统时间	Time()或 Time	12:39:54
WeekDay(C | N)	返回星期代号(1～7)	WeekDay("2010-10-18")	2(即星期一)
WeekDayName(N)	返回数值 N 对应的星期名称	WeekDayName(1)	星期日

说明：日期函数中，“C | N”参数表示自变量可以是字符表达式也可以是数值表达式，WeekDay(C | N)函数返回星期代号(1～7)，星期日为 1，星期一为 2。WeekDayName(N)函数根据 N 返回对应的星期名称，1 为星期日，2 为星期一。

2.4.5 测试函数

Visual Basic 提供了一些测试函数用来测试数据的类型。常用的测试函数如表 2.9 所示。

表 2.9 常用的测试函数

函数名	功 能 说 明	示 例	结 果
TypeName()	测试表达式的数据类型	TypeName("3.14")	String
IsArray	测试变量是否为数组	IsArray(变量名)	返回 Boolean 型数据
IsDate	测试表达式是否为日期型	IsDate(#2010-10-18#)	True
IsNumeric	测试表达式是否为数值型	IsNumeric("3.1415")	False
IsEmpty	测试变量是否已被初始化	IsEmpty(变量名)	返回 Boolean 型数据
IIf	测试条件表达式，返回相应表达式的值		

说明：使用 IIf 函数可以实现一些比较简单的选择结构。IIf 函数的语法结构为

IIf(<条件表达式>，<为真表达式>，<为假表达式>)

计算<条件表达式>的值，若<条件表达式>值为 True，返回<为真表达式>的值；否则，返回<为假表达式>的值。

【例 2-1】 x、y 的关系如下：

$$y=\begin{cases}1-2x & (x>=0)\\ 1+x & (x<0)\end{cases}$$

设计程序，输入 x 的值，根据 x 值的大小计算出 y 的值。

根据要求创建如图 2-5 所示的应用程序界面。

程序代码如下：

```
Private Sub cmdCalc_Click()
    Dim x As Single, y As Single
    x = Val(txtX.Text)
    y = IIf(x >= 0, 1 – 2 * x, 1 + x)
    txtY.Text = Str(y)
End Sub
```

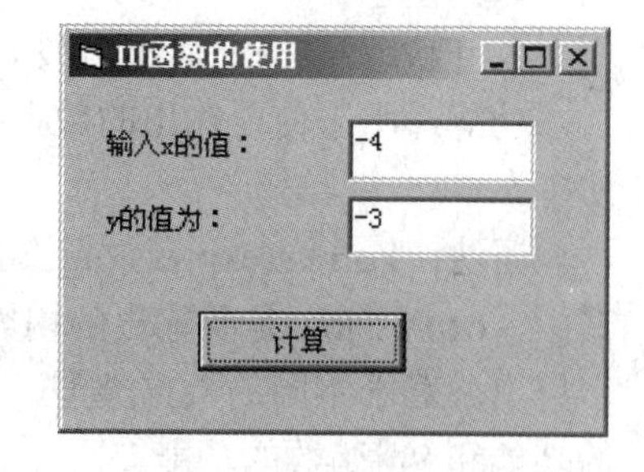

图 2-5 IIf 函数的使用

说明：代码中 txtX、txtY 分别为图 2-5 中上、下两个文本框的名称(Name)属性。

2.4.6 其他函数

1．Tab()函数

功能：与 Print 方法一起使用，可以定位输出字符位置。

语法：Tab[(n)]

其中，n 为整数，确定输出位置的列。如果当前位置大于 n 列，则在下一行的 n 列输出；如果 n 小于 1，则在第一列输出；如果 n 大于行宽，则在第(n Mod 行宽)列输出。

说明：Tab 与 Print 一起使用，可以格式化输出。

2．Spc()函数

功能：与 Print 方法一起使用，可以定位输出字符位置。

语法：Spc(n)

其中，n 为从当前位置输出的空格数。如果 n 大于行宽，则输出(n Mod 行宽)个空格。

说明：Spc()与 Tab()有类似的功能，但 n 的含义不同。

【例 2-2】 Tab 和 Spc 函数的使用示例。

```
Private Sub Form_Click()
    Print "数学"; Tab(20); "语文"
    Print "78"; Tab(20); "83"
    Print "数学"; Spc(20); "语文"
    Print "78"; Spc(22); "83"
End Sub
```

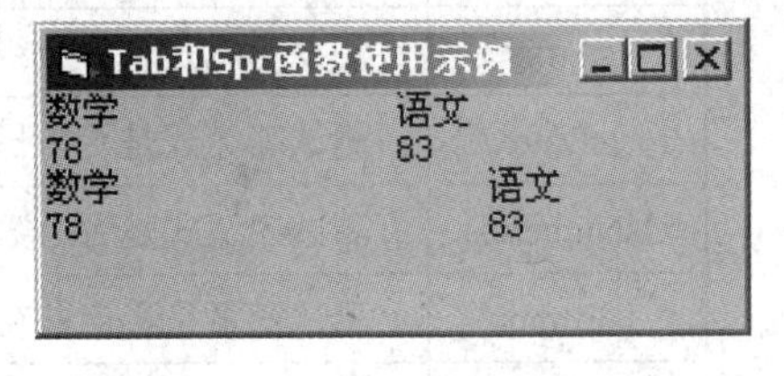

图 2-6 Tab 和 Spc 函数使用示例

程序运行结果如图 2-6 所示。

3．Space()函数

功能：与 Print 方法一起使用，可以定位输出字符位置，与 Spc 函数类似，其不同之处在于 Space 函数有返回值。

语法：Space(n)

例如：

```
Dim s As String
s=Space(10)
s=Spc(10)          'Error
```

4．Format()格式输出函数

功能：用来使要输出的数据按指定的格式输出，其返回值是字符串，一般用于 Print 方法中。

语法：Format(expression[,fmt])

其中，expression 是要输出的内容，可以是数值、日期或字符串类型数据；fmt 是输出格式字符串。对于不同的数据类型，系统定义了对应的格式字符，若省略该参数，Format 函数的功能和 Str 函数的功能差不多。

(1) 数值数据格式化。数值数据格式化是指将数值表达式的值按表 2.10 所列"格式字符"指定的格式返回。

表 2.10 常用数值数据格式化字符及举例

格式字符	意 义	举 例	结 果
0	显示一位数字，若此位置没有数字则补 0	Format(2,"00.00")	02.00
#	显示一位数字，若此位置没有数字则不显示	Format(2,"##.##")	2.
%	数字乘以 100 并在右边加上"%"号	Format(0.7,"0%")	70%
.	小数点	Format(3.568, "##.##")	3.57
,	千位的分隔符	Format(3568, "##,##")	3,568
–+ $ ()	这些字符出现在 fmt 里将原样打出	Format(3.568, "$(##.##)")	$(3.57)

说明：对于字符“0”与“#”，若要显示的数值表达式的整数部分位数多于格式字符串的位数，则按实际数值返回；若小数部分的位数多于格式字符串的位数，则按四舍五入后的结果返回。

(2) 日期和时间数据格式化。Format 函数对日期和时间数据格式化，将日期和时间数据按指定的字符串格式返回。设日期为 2008 年 10 月 18 日，时间是 22 时 18 分 50 秒，常用日期和时间数据格式字符串及含义如表 2.11 所示。

表 2.11　常用日期和时间数据格式字符串及含义

格 式 字 符	意　义	举　例
M/d/yy	按月/日/年格式输出	10/18/08
d-mmmm-yy	按日-月份全名-年格式输出	18-October-08
d-mmmm	按日-月份全名格式输出	18-October
mmmm-yy	按月份全名-年格式输出	October-08
hh:mm AM/PM	按小时:分 AM 或 PM 格式输出	10:18 PM
h:mm:ss a/p	按小时:分:秒 a 或 p 格式输出	10:18:50 p
h:mm	按小时(0～23):分格式输出	22:18
h:mm:ss	按小时(0～23):分:秒格式输出	22:18:50
m/d/yy h:mm	按月/日/年 小时(0～23):分格式输出	10/18/08 22:18

说明：上表中结果是函数 Format(Date | Time,"格式字符")的结果，其中“格式字符”是对应行中第一列中的格式字符。

(3) 字符串数据格式化。字符串数据格式化，是将字符串表达式的值按表 2.12 所列“格式字符”指定的格式返回。

表 2.12　字符串的格式字符及举例

格式字符	意　义	举　例	结　果
<	将字符串数据转换为小写	Format("THIS","<")	"this"
>	将字符串数据转换为大写	Format("this",">")	"THIS"
@	实际字符位数小于格式字符串的位数，字符串前加空格	Format("THIS","@@@@@@")	"␣␣THIS"
&	实际字符位数小于格式字符串的位数，字符串前不加空格	Format("THIS","&&&&&&")	"THIS"

5. Shell()函数

功能：执行一个可执行文件，执行成功返回任务 ID，否则返回 0。

语法：Shell(filename[,windowstyle])

其中，filename 为指明可执行文件的字符串，包括可执行文件的路径和文件名；windowstyle 可用 vbHide(0)、vbNomalFocus(1)、vbMinimizedFocus(2)、vbMaximizedFocus(3)、vbNormalNoFocus(4)和 vbMinimizedNoFocus(6)这 6 个系统常量来表示隐藏窗口、正常窗口、有输入焦点的最小化窗口、最大化窗口、正常无焦点的窗口、最小化无焦点窗口。系统默认为有输入焦点的最小化窗口。

说明：Shell()函数以异步方式运行，不等 Shell 执行完，后面的语句就开始执行。

【例 2-3】 单击窗体时用 Shell 函数启动记事本程序，使记事本程序启动后具有正常窗口，并成为当前窗口(记事本程序可执行文件的文件名为 notepad.exe，设记事本程序可执行文件所在的路径是 c:\windows\system32\)。

程序代码如下：

```
Private Sub Form_Click()
    I = Shell("c:\windows\system32\notepad.exe",1)
End Sub
```

2.5 Visual Basic 语言字符集及编码规则

2.5.1 Visual Basic 的字符集

Visual Basic 字符集就是指用 Visual Basic 语言编写程序时所能使用的所有符号的集合。若在编程时使用了超出字符集的符号，系统就会提示错误信息，因此有必要掌握 Visual Basic 的字符集。Visual Basic 的字符集与其他高级程序设计语言的字符集相似，包含字母(A～Z、a～z)、数字(0～9)和专用字符三类，共 89 个字符。其中，专用字符 27 个，如表 2.13 所示。

表 2.13　Visual Basic 中的专用字符

符　号	说　明	符　号	说　明
%	百分号(整型数据类型说明符)	=	等于号(关系运算符、赋值号)
&	和号(长整型数据类型说明符)	(	左圆括号
!	感叹号(单精度数据类型说明符)	)	右圆括号
#	磅号(双精度数据类型说明符)	'	单引号
$	美元号(字符串数据类型说明符)	"	双引号
@	花 a 号(货币数据类型说明符)	,	逗号
+	加号	;	分号
–	减号	:	冒号
*	星号(乘号)	.	实心句号(小数点)
/	斜杠(除号)	?	问号
\	反斜杠(整除号)	_	下划线(续行号)
^	上箭头(乘方号)	␣	空格符
>	大于号	<CR>	回车键
<	小于号		

2.5.2 编码规则

为了编写高质量的程序，从一开始就必须养成良好的习惯，注意培养和形成良好的程序设计风格。因此，必须了解 Visual Basic 的代码编写规则并严格遵守，否则编写出来的代码就不能被计算机正确识别，会产生编译或者运算错误。其次，遵守一些约定，有利于代码的理解、维护和交流。编码规则如下：

(1) Visual Basic 代码中不区分字母的大小写。

(2) 在同一行上可以书写多条语句，但语句间要用冒号“:”分隔。

(3) 语句行不能写下全部语句，或在特别需要时，可以换行。换行时需在本行后加入续行符，续行符由 1 个空格加下划线“_”组成。

(4) 一行最多允许 255 个字符。

(5) 注释以 Rem 开头，也可以使用单引号“'”，注释内容可直接出现在语句的后面。

(6) 在程序转向时需要用到标号，标号是以字母开始而以冒号结束的字符串。

2.5.3　命令格式中的符号约定

为了便于解释语句、方法和函数的使用，本书语句、方法和函数格式中的符号采用统一约定中使用的一些专用符号，表示相应的含义。

例如，在 Visual Basic 中声明变量的语句格式如下：

{Public | Private | Static | Dim}<变量名>[As<类型>][,<变量名 2>[As<类型 2>]]，…

语句中使用的尖括号(< >)、方括号([ ])、花括号({ })]、竖线(|)、逗号(,)、省略号(…)等符号的含义如下。

尖括号(<>)：必选参数表示符。尖括号中的提示说明由使用者根据问题的需要提供具体参数。如果缺少必选参数，则语句发生语法错误。

方括号([ ])：可选参数表示符。方括号中的内容选与不选由用户根据具体情况决定，且都不影响语句本身的功能；如省略，则为默认值。

花括号({ })：包含多项，使用时取其中的一项。

竖线(|)：多取一表示符，含义为“或者选择”。竖线分隔多个选择项，必须选择其中之一。

逗号加省略号(,…)：表示同类项目的重复出现。

省略号(…)：表示省略了在当时叙述中不涉及的部分。

这里需要说明的是，命令格式是给人看的，是为了帮助人们理解命令的使用方法，其中的专用符号和提示不是语句行或函数的组成部分。在输入具体命令或函数时，上面的符号均不可以作为语句中的成分输入计算机。它们只是语句、方法和函数格式的书面表示。

例如，在程序代码中声明 X、Y 为两个整型变量，应具体写成如下形式：

```
Dim X As Integer,Y As Integer
```

本 章 小 结

本章着重介绍了编写 Visual Basic 程序所需要掌握的基本语法知识，主要包括数据类型、常量和变量、运算符、表达式、常用内部函数及编码规则。Visual Basic 提供了非常丰富的函数，使得编程变得非常轻松。要编写实用的程序，必须熟练掌握 Visual Basic 语言的这些基础知识。

1．数据类型

在编写程序时，常常需要用到不同的数据。不同类型的数据在计算机中的存放形式不同，使用的内存空间不同，参与的运算也不同，这一点对初学者来说很难理解的。

Visual Basic 的数据类型分为标准类型和自定义类型两大类，如图 2-7 所示。

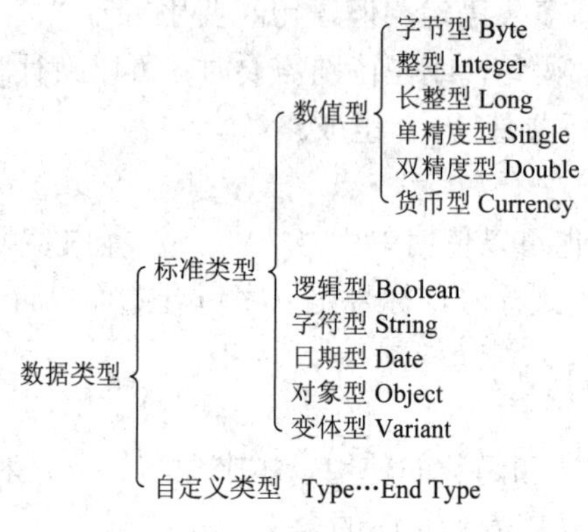

图 2-7　Visual Basic 的数据类型

2．常量与变量

(1) 变量。变量是在程序运行过程中可以改变值的量，用来暂时存储程序的数据。在 Visual Basic 中，变量使用时有显式和隐式两种声明方式。

(2) 常量。常量是指在程序运行中其值不变的量。在 Visual Basic 中有两类常量：系统提供的内部常量和用户声明的符号常量。

3．运算符

Visual Basic 中常用的运算符有 4 种：算术运算符、字符串(连接)运算符、关系运算符、逻辑运算符。

(1) 算术运算符。算术运算符有+(加)、−(减)、*(乘)、/(除)、^(幂方)、\(整除)、Mod(求余)7 种。

(2) 字符串运算符。字符串运算符有+和&两种。

(3) 关系运算符。关系运算符主要有 =(等于)、>(大于)、>=(大于等于)、<(小于)、<=(小于等于)、<>(不等于)等 6 种。

(4) 逻辑运算符。逻辑运算符有 Not(取反)、And(与)、Or(或)、Xor(异或)、Eqv(等价)、Imp(蕴含)等 6 种。

4．表达式

由运算符、括号、内部函数及数据组成的式子称为表达式。Visual Basic 表达式要按照一定的书写原则进行书写。

5．常用内部函数

Visual Basic 提供了上百种内部函数，也称库函数，用户需要掌握一些常用函数的功能及使用方法。Visual Basic 函数的调用只能出现在表达式中，目的是使用函数求得一个值。

函数的使用方法如下：

<函数名>([<参数表>])

6．编码规则

Visual Basic 语言有自己的字符集，如果使用了非 Visual Basic 字符集，系统将会出错。另外，要严格遵守 Visual Basic 的代码编写规则，注意培养和形成良好的程序设计风格。

习　题　2

一、选择题

1．以下(　)不是 Visual Basic 中合法的变量名。

A．a_1　　B．Integer　　C．sum　　D．yy

2．如果参与运算的两个表达式均为 True，结果为 True，则该逻辑运算符是(　)。

A．Or　　B．And　　C．Not　　D．Xor

3．要强制显式声明变量，可在窗体模块或标准模块的声明段中加入语句(　)。

A．Option Base　　B．Option Base0

C．Option Explicit　　D．Option Compare

4．下列为日期型常量的是(　)。

A．"1/2/02"　　B．1/2/02　　C．#1/2/02#　　D．|1/2/02|

5．产生[10,37]之间的随机整数的 Visual Basic 表达式是(　)。

A．Int(Rnd*27)+10　　B．Int(Rnd*28)+10

C．Int(Rnd*27)+11　　D．Int(Rnd*28)+11

6．数学关系式 $3 \leqslant x < 10$ 表示成正确的 Visual Basic 表达式为(　)。

A．3<=x<10　　B．3<=x And x<10

C．x>=3 Or x<10　　D．3<=x And <10

7．符号%是声明(　)类型变量的类型定义符。

A．Integer　　B．Variant　　C．Single　　D．String

8．随机函数是(　)。

A．rnd　　B．rgb　　C．val　　D．Cdbl

9．语句 Print 5*5\5/5 的输出结果是(　)。

A．5　　B．25　　C．0　　D．1

10．表达式"12345"<>"12345" & "ABC"的值为(　)。

A．True　　B．False　　C．TrueABC　　D．FalseABC

11．如果 x 是一个正实数，对 x 的第 3 位小数四舍五入的表达式是(　)。

A．0.01*Int(x+0.005)　　B．0.01*Int(100*(x+0.005))

C．0.01*Int(100*(x+0.05))　　D．0.01*Int(x+0.05)

12．数学式子 Sin47° 写成 Visual Basic 表达式为(　)。

A．Sin47　　B．Sin(47)　　C．Sin(47°)　　D．Sin(47*3.14/180)

13．双精度的保留字为(　)。

A．Float　　B．Double　　C．Integer　　D．Single

14．设 m="morning"，下列(　)表达式的值是“mor”。

A．Mid(m,5,3)　　B．Left(m,3)　　C．Right(m,4,3)　　D．Mid(m,3,1)

15．以下关系表达式中，其值为假的是(　)。

A．"XYZ"<"XYz"　　B．"VisualBasic"<"visualbasic"

C．"the"<>"XYz"　　D．"Integer"<"Int"

16．在 Visual Basic 中，下列运算符中优先级最高的是(　)。

A．*　　B．\　　C．<　　D．Not

17．关于变量名的说法中不正确的是(　)。

A．必须是字母开头，不能是数字或其他字符

B．不能是 Visual Basic 的保留字

C．可以包含字母、数字、下划线和标点符号

D．不能超过 255 个字符

18．在窗体上画一个命令按钮(名称为 Command1)，然后编写如下事件过程：

```
Private Sub Command1_Click()
    Dim b As Integer
    b = b + 1
    Print b
End Sub
```

程序运行后，单击命令按钮，输出的结果是(　)。

A．0　　B．1　　C．2　　D．3

19．在窗体上画一个命令按钮(名称为 Command1)，编写如下事件过程：

```
Private Sub Command1_Click()
    b = 5
    c = 6
    Print a = b + c
End Sub
```

程序运行后，单击命令按钮，输出的结果是(　)。

A．a=11　　B．a=b+c　　C．a=　　D．False

20．设 a=2，b=3，c=4，d=5，下列表达式的值是(　)。

a>b AND c<=d OR 2*a>c

A．True　　B．False　　C．-1　　D．1

21．表达式 Val (".1415E2") + Sgn(8)的值是(　)。

A．1415E10　　B．10　　C．22.15　　D．15.15

22．在一个语句行内写多条语句时，语句之间应该用(　)分隔。

A．逗号　　B．分号　　C．顿号　　D．冒号

23．如果将布尔型常量值 True 赋给一个整型变量，则整型变量的值为(　)。

A．0　　B．-1　　C．True　　D．False

24．下列对变量的定义中，不能定义 A 为变体变量的是(　)。

A．Dim A As Double　　B．Dim A As Variant

C．Dim A　　D．A=24

25．表达式 Len("123 程序设计 ABC")的值是( )。

A．10　　B．14　　C．20　　D．17

26．下面正确的赋值语句是( )。

A．x+y=30　　B．y=π*r*r　　C．y=x+30　　D．3y=x

27．赋值语句 a=123 & Mid("123456",3,2)执行后，变量 a 中的值是( )。

A．"123456"　　B．123　　C．12334　　D．157

28．设 a=6，则执行 x=IIf(a>5,–1,0)后，x 的值为( )。

A．5　　B．6　　C．0　　D．–1

二、填空题

1．已知 a=3.5，b=5.0，c=2.5，d=True，则表达式 a>=0 And a+c>b+3 Or Not d 的值是 (1) 。

2．与数学式子 2a(7+b)对应的 Visual Basic 的表达式是 (2) 。

3．表达式 Abs(Fix(–2.3)+Sgn(6)+Sqr(25))的值为 (3) 。

4．表达式 4+5\6*7/8 Mod 9 的值是 (4) 。

5．设 x=34.56，语句 Print Format(x, "000.0")的输出结果为 (5) 。

6．语句 Print Int(12345.6789*100+0.5)/100 的输出结果是 (6) 。

7．Int(–3.5)、Int(3.5)、Fix(–3.5)、Fix(3.5)的值分别是 (7) 、 (8) 、 (9) 和 (10) 。

8．数学公式 $\dfrac{2\sin 31^\circ + \sqrt{17}}{3x^2 + 17y^2}$ 的 Visual Basic 表达式为 (11) 。

9．数学公式 $\sqrt{|ab - c^3|}$ 的 Visual Basic 表达式为 (12) 。

10．在 Visual Basic 中，字符串常量要用 (13) 符号括起来，日期/时间型常量要用 (14) 符号括起来。

11． (15) 函数将返回系统的日期。

12．以下程序段执行后 y 的值是 (16) 。

```
x = 8.6
y = Int(x + 0.5)
Print y
```

13．以下程序段的输出结果是 (17) 。

```
X = 8
Print X + 1; X + 2; X + 3
```

14．在窗体上添加一个命令按钮，然后编写如下事件过程：

```
Private Sub Command1_Click()
    Dim a As Integer, b As Long, c As Double
    a = 100.1
    b = 200.2
    c = 300.3
```

```
    Print a + b + c
End Sub
```

运行上面的程序，单击命令按钮，其输出结果是 (18) 。

15．每单击一次窗体即产生一个[1,10]之间的随机数，在空格处填上适当的内容，使程序完整。

```
Private Sub Form_Click()
    Static i As Integer, m As Integer
    Randomize
    m = ____(19)____
    i = ____(20)____
    Print "第"; i; "次单击："; m
End Sub
```

16．找出 1～100 之间所有能被 3 整除但不能被 6 整除的数。在空格处填上适当的内容，使程序完整。

```
Private Sub Command1_Click()
    Dim d As Integer
    For d = 1 To 100 Step __(21)__
        If d Mod 6 <> 0 __(22)__ d Mod 3 = 0 Then Print __(23)__
    Next d
End Sub
```

17．闰年的条件是年份能被 4 整除，但不能被 100 整除；或者能被 400 整除。其 Visual Basic 逻辑表达式为 (24) 。

三、简答题

1．常量和变量有什么区别？

2． Visual Basic 定义了哪几种数据类型？声明类型的关键字分别是什么，其类型符又是什么？变量有哪几种数据类型？常量有哪几种数据类型？

3．运算符有哪些类型？其优先级如何？

4． Visual Basic 有几种表达式？根据什么确定表达式的类型？请对各种类型的表达式各举一例。

四、综合题

1．指出下列 Visual Basic 表达式中的错误，并写出正确的形式。

① CONTT.DE+Cos(28°)
② −3/8+8 · Int24.8
③ (8+6)^(4÷−2)+Sin(2*π)
④ [(x+y)+z]×80−5(C+D)

2．将下列数学式子写成 Visual Basic 表达式。

① $\cos^2(c+d)$
② $5+(a+b)^2$
③ cosx(sinx+1)
④ e^2+2
⑤ 2a(7+b)
⑥ $8e^3 \cdot \ln 2$

3．设 a = 2，b = 3，c = 4，d = 5，求下列表达式的值。

① a>b And C<=d Or 2*a>c

② 3>2*b Or a=c And b<>c Or c>d

③ Not a<=c Or 4*c=b^2 And b<>a+c

4．在“立即”窗口中验证下列函数操作。

① print Chr(65)<CR> (<CR>为回车，下同)
print Chr(&hcea2)<CR> (用汉字内码显示汉字)

② print sgn(2) <CR>
print sqr(2) <CR>

③ a="Good "<CR>
b="Morning"<CR>
print a+b<CR>
print a & b<CR>

④ s="ABCDEFGHIJK"<CR>
print Left(s,2) <CR>
print Right(s,2) <CR>
print Mid(s,3,4) <CR>
print Len(s) <CR>
print instr(s,"efg")<CR>
print Lcase(s) <CR>

⑤ print now<CR>
print day(now) <CR>
print month(now) <CR>
print year(now) <CR>
print weekday(now) <CR>

⑥ print rnd<CR>
for I=1 to 5:print rnd:next<CR>

第 3 章　窗体和基本控件

本章要点：

(1) 窗体的主要属性、事件和方法及其使用；
(2) 鼠标和键盘两种外部事件的触发条件及其编程方法和使用技巧；
(3) 焦点事件及设置方法，Tab 键顺序设置；
(4) 命令按钮、标签、文本框控件的使用。

3.1　窗　　体

用 Visual Basic 创建应用程序的第一步就是创建用户界面。窗体是用户界面的载体，它就像一块“画布”，是所有控件的容器。编程人员可以根据自己的需要利用工具箱中的控件在“画布”上画出用户界面。

Visual Basic 的窗体结构与 Windows 下的窗口类似，如图 3-1 所示，包括图标、控制菜单、标题栏、控制按钮(包括最小化、最大化及关闭按钮)和工作区(容器)。

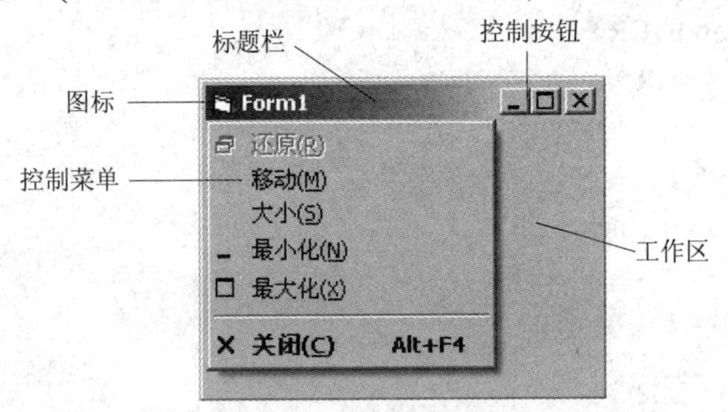

图 3-1　窗体

一个窗体由属性定义其外观和位置等，由方法定义其行为，由事件定义其与用户的交互。通过设置窗体的属性并且编写相应事件的 Visual Basic 代码，就能够完成对窗体的操作。

3.1.1　窗体的建立与保存

1. 创建窗体

虽然建立新工程时系统会自动创建一个窗体，但是许多应用程序需要使用多个窗体，因此创建新窗体是应用程序开发过程中不可缺少的步骤之一。下面给出创建新窗体的操作步骤。

(1) 在 Visual Basic 主窗口中依次选择“工程”→“添加窗体”。在默认情况下系统将显示如图 3-2 所示的“添加窗体”对话框。

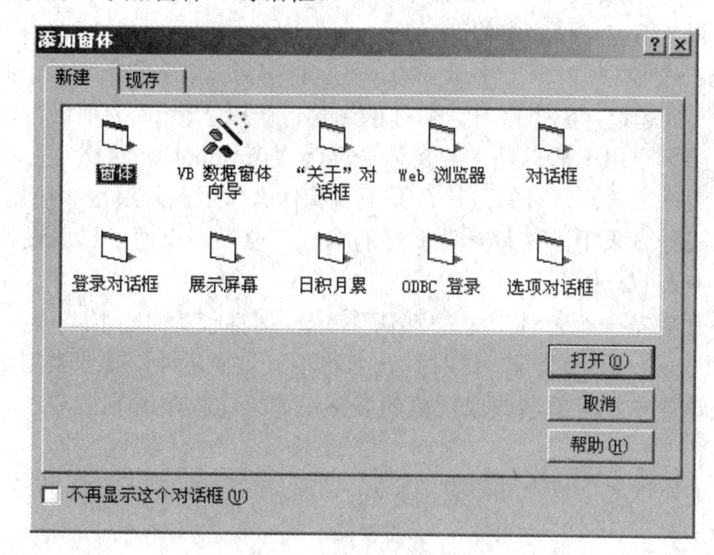

图 3-2　“添加窗体”对话框

(2) 该对话框的“新建”选项卡用于创建一个新窗体，列表框中列出了各种新窗体的类型。选择“窗体”选项，则建立一个空白的新窗体；选择其他选项，则建立一个预备定义某些功能的窗体。

(3) 单击“打开”按钮，一个新的空白窗体加入到当前工程中，同时显示在屏幕上。建立新窗体后，它的大小、背景颜色、标题以及窗体名称等特征需要根据应用程序的要求在属性窗口中设置。

窗体加入之后，可以使用鼠标拖动窗体 4 条边或 4 个边角以调整窗体的高度和宽度。

程序运行时，窗体在屏幕上的位置通过窗体布局窗口进行设置。

2．保存窗体

保存窗体有几种方法：可以从“文件”菜单中选择“保存 Form*”或“Form *另存为”命令，这里“*”表示刚刚创建的窗体编号；也可以在工程资源管理器中选择要保存的窗体文件，然后按鼠标右键，在出现的快捷菜单中选择“保存 Form *”或“Form *另存为”命令；当然，还可以通过保存工程来保存窗体。

3.1.2　窗体的基本属性

窗体的特征是通过其属性体现的。在 Visual Basic 中，一个窗体拥有 51 个属性，全部列于属性窗口中。当使用鼠标单击某一属性时，在属性窗口的下部就会显示对该属性的简要解释。

在某些情况下，系统提供一组固定的属性选项，只能从一个下拉列表框中选定；而对另一些属性，它的设置值可以直接输入。大部分属性既可以在程序设计阶段通过属性窗口设置，也可以编写程序，在程序运行时设置，但是有些属性只能在设计时设置，有些只能在运行时设置。以下仅对一些主要的属性进行简单介绍。

(1) Name 属性。Name 属性的值就是对象的名称，简称对象名。每个对象(不论是窗体还是各种控件)，除了有类型之外，还要有一个名称。名称是程序中识别对象的标识符，只能在属性窗口设置，不能在程序中修改。

窗体的 Name 属性必须以一个字母开始，可包括字母、数字和下划线，但不能包括标点符号或者空格，不能超过 40 个字符。窗体的名称一般以“frm”为前缀，后接具有描述性的单词。例如，给一个用于信息输入的窗体命名为“frmInput”。这样，在程序代码中，通过对象名就可以大体知道一个对象是什么类型，起什么作用。附录 1 中给出了每类对象的约定前缀，建议设计者采用，这是一种良好的编程习惯，不仅便于日后设计者本人读懂程序，也有利于与他人的合作。

在工程中添加的第一个窗体对象的默认 Name 属性值为 Form1，第二个窗体的默认 Name 属性值为 Form2，依此类推。这种默认名称不具备描述性，其他类型的对象也有这个问题，编程者应该尽早把对象名改成规范的名称，如果在程序编制很多之后再更改对象名就非常不方便了。

在属性窗口的属性名一栏中并没有“Name”项，对象的 Name 属性是以“(名称)”标出的。

(2) Caption 属性。Caption 属性用于确定显示在窗体标题栏中的文本(标题)。当窗体为最小化时，该文本被显示在窗体图标的下面。

当创建一个新的窗体时，Caption 的默认属性值为 Name 的默认属性值。为了获得一个描述更清楚的标题，应该对 Caption 属性进行设置。在设计时，通过属性窗口把新的文本赋给 Caption 属性，可以立即在对象窗口中看到窗体标题栏上文本的变化。此属性的值可以是任意的字符串。在属性窗口中给字符串类型的属性赋值时，不必在字符串两边加引号。

除窗体外，许多可视控件(如标签、命令按钮等)也具有 Caption 属性，决定控件表面显示的文字。该属性的默认值与对象的默认名称相同，正因为如此，初学者最容易将它与 Name(名称)属性混淆。Caption 属性与 Name 属性是完全不同的属性，用户在窗体对象上看不到名称，而标题随时可见，它总是显示在标题栏中。标题属性既可以在界面设计时修改，也可以在代码中设置。

在代码中访问窗体的 Caption 属性(其他属性和方法与之相似)有以下几种形式：

```
Form1.Caption = "Hello"      '用窗体对象的名称访问其属性
Me.Caption = "Hello"         'Me 关键字指当前窗体对象
Caption = "Hello"            '省略对象名称默认为访问当前窗体的属性
```

Me 关键字在编程时经常使用，它既可以简化代码，也可以提高程序的可读性。

(3) AutoRedraw 属性。AutoRedraw 是一个很重要的属性，它的取值为逻辑型数据，只能是 True 或 False。当一个窗体被重绘(刷新显示)时，它决定了在窗体中显示的信息是否继续存在。例如，如果 AutoRedraw 的设置值为 False(默认设置)，那么当该窗体被别的窗体覆盖之后又重新不被覆盖时，该窗体上的所有内容都不可见；如果设置值为 True，那么重新显示时窗体上的所有内容都可见。

(4) BackColor 和 ForeColor 属性。BackColor 属性设置窗体的背景色。ForeColor 属性设置窗体的前景色，即显示在窗体中的文字和图形颜色。大部分可视控件都具有这两个属性。单击属性窗口中这两个属性值右边的小箭头，打开下拉列表框即可进行设置。此外，Visual

Basic 提供了 8 个颜色常数，可在代码中直接用于颜色设置：vbBlack(黑色)、vbRed(红色)、vbGreen(绿色)、vbYellow(黄色)、vbBlue(蓝色)、vbMagenta(洋红)、vbCyan(青色)和 vbWhite(白色)。例如：

```
Form1.BackColor = vbWhite        '设背景色为白色
Me.ForeColor = vbBlue            '设前景色为蓝色
```

有关颜色设置的详细内容将在第 9 章介绍。

(5) Enabled 属性。Enabled 属性返回或设置一个值，该值用来确定一个窗体或控件是否能够对用户产生的事件作出反应。它的取值为逻辑型数据，只能是 True 或 False。属性值为 True，窗体可以响应用户的鼠标或键盘操作；属性值为 False，窗体将不会响应用户的操作。当窗体的 Enabled 属性值为 False 时，窗体上所有的控件都不响应用户的操作。

应该注意：当一个对象的 Enabled 属性为 False 时，只是用户不能直接通过鼠标或键盘操作它，通过程序仍然可以控制它。

(6) BorderStyle 属性。Borderstyle 属性用于决定窗体的边框风格。边框风格决定了窗体的标题栏状态与可缩放性。BorderStyle 属性的取值为 0～5 之间的整数，具体意义如表 3.1 所示。

表 3.1　窗体对象 BorderStyle 属性的取值与意义

常　量	属性值	意　义
vbNone	0	窗体没有边框和标题栏
vbFixedSingle	1	窗体边框是固定的单边框，运行时不能改变大小；可以包含控制菜单框、标题栏、关闭按钮
vbSizable	2	窗体大小是可调整的边框，即在运行时可以改变(默认值)；可以使用属性值1列出的任何可选边框元素重新改变尺寸
vbFixedDialog	3	窗体为对话框风格，大小不能改变；可以包含控制菜单框和标题栏，但不包含最大化按钮和最小化按钮
vbFixedToolWindow	4	窗体为工具栏风格，大小不能改变；显示关闭按钮并用缩小的字体显示标题栏，窗体在 Windows 的任务栏中不显示
vbSizableToolWindow	5	窗体为工具栏风格，大小可以改变；显示关闭按钮并用缩小的字体显示标题栏，窗体在 Windows 的任务栏中不显示

BorderStyle 属性在运行时只读。

(7) Left、Top、Height 和 Width 属性。几乎所有可视控件都具有这几个属性。Left 和 Top 分别表示对象距容器左边界和顶边界的距离，它们决定了对象在容器中的位置。实质上，Left 属性和 Top 属性就是窗体的左上角在屏幕上的位置坐标。坐标原点在屏幕显示区的左上角，水平方向(x)向右为正方向，垂直方向向下为正方向。

Height 属性和 Width 属性分别指定对象的高度和宽度。这 4 个属性的默认计量单位为缇(twip，1 厘米 = 567 缇)。

【例 3-1】 改变窗体大小示例。

```
Private Sub Form_Click()
    Width = Screen.Width *.75           '设置窗体的宽度
```

```
    Height = Screen.Height * .75              '设置窗体的高度
    Left = (Screen.Width – Width) / 2         '在水平方向上居中显示
    Top = (Screen.Height – Height) / 2        '在垂直方向上居中显示
End Sub
```

应该注意：一般的窗体都有一个最小宽度和高度值，所以 Height 和 Width 属性的值不能太小，更不能为负数；而 Left 属性和 Top 属性的值可以是负数，也可以是大于屏幕显示区域的值，因此，可以通过给这两个属性设置适当的值达到部分或全部隐藏窗体的目的。

(8) ControlBox、MaxButton 和 MinButton 属性。ControlBox 属性决定窗体是否具有控制菜单。MaxButton 属性和 MinButton 属性决定窗体的标题栏中是否具有“最大化”、“最小化”按钮。这三项的取值为逻辑型数据，只能是 True 或 False，属性值为 True 时可用，属性值为 False 时不可用(以灰色显示)。当 MaxButton 和 MinButton 属性值均为 False 时，最大化按钮和最小化按钮从标题栏上消失。当 ControlBox 属性值为 False 时，则无论 MaxButton 属性和 MinButton 属性的取值如何都不显示最大化按钮和最小化按钮。应该注意：这三项属性在运行时只读，即直到运行时才能在窗体的外观上反映出来。

(9) Font 属性。Font 属性用于设置窗体上所显示文字的字体，包括大小、样式、字形等。在设计时，通过双击“窗体”属性中的“字体”，可以任意设置字体属性，然后在如图 3-3 所示的“字体”对话框中进行属性的设定。在运行时，通过设置各个窗体和控件的 Font 对象的属性，可以设定字体。

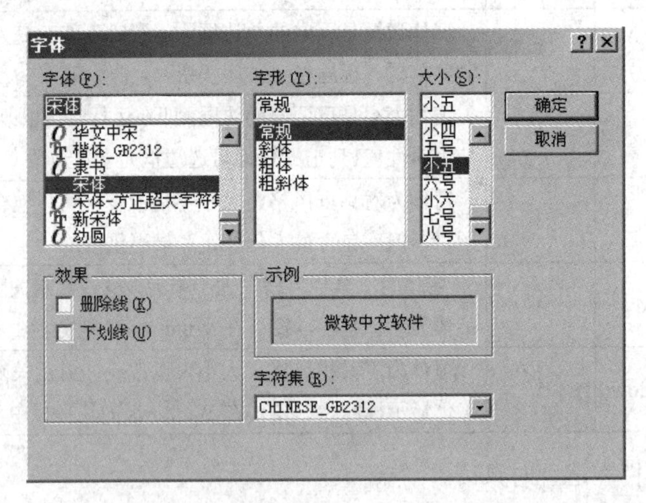

图 3-3　“字体”对话框

程序代码中，Font 属性设置有两种格式：

格式一　对象.Font.属性 = 属性值

格式二　对象.Font 属性 = 属性值

例如：

```
Form1.Font.Name = "隶书"
Form1.FontName = "隶书"
```

表 3.2 说明了 Font 对象的一些属性。

表 3.2　Font 对象的属性及说明

属　性	类　型	意　义
Name	String	设置字体的名称，例如Arial、Courier或宋体等
Size	Single	设置字体的大小，以磅为单位
Bold	Boolean	设置为True，文本的字体为粗体
Italic	Boolean	设置为True，文本的字体为斜体
StrikeThrough	Boolean	设置为True，在文本中画一条删除线
Underline	Boolean	设置为True，文本带下划线
Weight	Integer	设置文本的粗细，设置字体的粗细后，Bold属性将被强制为True

【例 3-2】 字体设置示例。

```
Private Sub Form_Click()
    Font.Name = "隶书"
    Font.Size = 20
    Font.Bold = True             '粗体
    Font.Italic = True           '斜体
    Font.Underline = True        '下划线
    ForeColor = &HFF0000         '蓝色
    Print "程序设计"
End Sub
```

图 3-4　例 3-2 运行结果

程序运行结果如图 3-4 所示。

(10) Icon 属性。Icon 属性用于设置在运行时窗体处于最小化时显示的图标。单击属性窗口中此属性值右边的省略号按钮，屏幕上将弹出“加载图标”对话框，允许查找并且打开一个图标文件(以 .ico 或 .cur 为扩展名)作为这个属性的值。如果不指定图标，窗体会使用 Visual Basic 默认图标。

(11) Visible 属性。Visible 属性用来指定窗体是否可见。它的取值为逻辑型数据，只能是 True 或 False。当属性值为 True 时，窗体可见；当属性值为 False 时，窗体隐藏。

应该注意：Visible 属性的设置只有在运行时才生效，一个 Visible 属性设置为 False 的对象在设计时仍然可见。

(12) Moveable 属性。Moveable 属性用来指定窗体在运行时是否可以移动。它的取值为逻辑型数据，只能是 True 或 False。当属性值为 True 时，窗体在运行时可以被用户通过拖动标题栏的方法进行移动；当属性值为 False 时，不能被拖动。

(13) Picture 属性。Picture 属性用于设置窗体中要显示的背景图片。在属性窗口中，可以单击 Picture 设置框右边的...按钮，打开“加载图片”对话框，选择一个图形文件装入；也可以在程序代码中通过 LoadPicture 函数加载一个图形文件。用该属性可以显示多种格式的图形文件，包括 .bmp、.dib、.gif、.jpg、.wmf、.emf、.ico、.cur 等格式。该属性适用于窗体、图像框、OLE 对象和图片框。例如：

```
Form1.Picture = LoadPicture("C:\Windows\Forest.bmp")
```

注意，双引号中文件名包含完整的路径。

(14) WindowState 属性设置。WindowState 属性用来指定在运行时窗体是正常、最小化还是最大化状态。此属性有三种取值，如表 3.3 所示。

表 3.3　WindowState 属性设置

常　量	属 性 值	意　义
vbNormal	0	窗体以正常方式打开(默认值)
vbMinimized	1	窗体以最小化方式打开
vbMaximized	2	窗体以最大化方式打开

应该注意：在窗体处于最大化或最小化状态时，不能改变其 Left、Top、Width 和 Height 属性的值。无论窗体的 MaxButton 和 MinButton 属性的取值如何，都可以通过程序设置 WindowState 属性值来使窗体最大化或最小化。

对象的属性反映了它某方面的特性，同一个对象的不同属性之间可能相互影响。程序设计阶段可以在属性窗口中对属性的值进行设置；在程序运行过程中，可以读取或重新设置属性的值。有些属性只能在设计阶段设置，程序运行过程中这些属性是只读的，比如所有对象的 Name 属性与窗体对象的 BorderStyle 属性就是这一类。有些属性不能在设计时设置，只有在运行时才可用，它们就不被列在属性窗口中了。

3.1.3　窗体的主要事件

Visual Basic 应用程序建立在事件驱动的基础上，事件的作用在于能够对用户的行为作出响应。对 Visual Basic 而言，引发事件的外部刺激可能来自于用户的操作或程序自身，也可能来自于操作系统。在 Visual Basic 中，每一类对象能够支持什么事件是已经定义好的，并且每个事件都有事件名。某个对象支持某一事件，就说明它能够识别这一事件，要让它对这个事件作出反应以及如何反应，就必须编写这个对象相应的“事件过程”。

1. 事件驱动机制

每个事件过程都是相互独立的。在代码窗口中，事件过程排列的前后顺序无关紧要，哪一个事件先发生就先执行哪一个事件过程。这是和面向过程语言最大的区别，也即所谓的“事件驱动机制”。

Visual Basic 的程序设计既是面向对象的，又是事件驱动的。

对过程的执行又称为“调用”。虽然各个事件过程之间相互独立，并且一般也不相互调用，但是一个事件过程的执行结果可能会对另一个事件过程的执行有影响，这些影响在程序设计时就应该考虑到。从这点上讲，面向对象的编程比面向过程的编程对程序设计者的要求更高。

2. 事件过程及语法

事件过程是一个程序段，是应用程序代码的重要组成部分。程序设计者在工程中添加了窗体的控件等对象并设置了它们的初始属性值之后，就应该编写它们的事件过程。这样，在程序运行时，各种对象才能对用户的操作作出反应，并完成程序指定的任务。双击窗体(比如 Form1 窗体)，屏幕上将显示一个可供输入程序的代码窗口。

对象的事件过程有严格的语法，所以学习事件不但要记住事件名，而且要记住事件过程的语法结构。

在 Visual Basic 中，所有对象事件过程的语法结构形式如下：

```
Private Sub 过程名(参数)
…                          'Visual Basic 语句
End Sub
```

其中，过程名不是随便给定的。对于窗体对象，事件过程名是“Form_事件名”；对于各种控件对象，事件过程名是“对象名_事件名”。事件名是否有参数、有几个参数，因事件的不同而不同。事件过程的最后一句总是“End Sub”，表示一个过程的结束。事件过程格式的定义如此严格，是因为只有按照这样的规则，当某个对象的某个事件发生时，Visual Basic 才能找到相应的事件过程并执行它，作出对该事件的反应。

虽然大多数对象都支持很多事件，但是并不要求在程序中编写所有事件的事件过程。如果程序中没有编写某个对象某个事件的事件过程，当这个事件发生时，程序不作任何反应。如果有事件过程，但是事件过程中没有任何语句，其效果与没有事件过程相同。

在一个对象的事件过程中，可以通过语句来设置其自身的或其他对象的属性，执行其自身或其他对象的方法。

3．窗体的主要事件

与窗体有关的事件有近 30 个，现将几个主要的事件介绍如下。

(1) Initialize 事件。Initialize 事件是窗体的初始化事件，只在窗体第一次创建时触发。一般把设置窗体初始属性的代码放在 Initialize 事件中。

(2) Load 事件。当装载一个窗体到内存中准备显示时，就会触发 Load 事件。Load 事件不是由用户的操作引发的，而是由操作系统发送的。Load 事件是窗体的一个“生存周期”(从装载到卸载即关闭)中除了 Initialize 事件外第一个接收到的事件，一般在 Load 事件过程中加入窗体的初始化代码或对变量进行初始化。

因为 Load 事件发生时，窗体并未显示，所以不应该在 Load 事件过程中有绘图方法的调用，也不应该有焦点的设置行为(焦点就是在任何时候接收鼠标单击或键盘输入的能力)。

【例 3-3】 在 Load 事件中通过代码为窗体和命令按钮的属性设置初始值。运行界面如图 3-5 所示。

```
Private Sub Form_Load()
'设置窗体的属性
    Me.Caption = "在窗体上显示文字"
    Me.FontSize = 12
    Me.FontName = "黑体"
    Me.ForeColor = vbBlue
    Me.Left = 300              '设置窗体位置的初始坐标
    Me.Top = 300
    cmdMoveWindows.Caption = "改变属性值移动窗体"
End Sub
```

图 3-5　例 3-3 运行界面

程序中 cmdMoveWindows 为命令按钮的 Name(名称)属性。

(3) Activate 和 Deactivate 事件。当一个窗体被激活变成为活动窗口时，产生 Activate 事件。Deactivate 事件与 Activate 事件相对，在窗体由活动窗体变为非活动窗体时产生。

与 Initialize 和 Load 事件不同，Activate 事件在窗体的一个“生存周期”中可以触发多次。除了第一次显示窗体外，每次窗体由非活动窗体变为活动窗体时，都会触发此事件。可以在窗体 Activate 事件过程中进行绘画操作和输入焦点的设置。

除了卸载(即关闭)时会触发 Deactivate 事件外，当窗体变为非激活窗体的时候也会接收到此事件。

(4) QueryUnload 事件。在一个窗体卸载之前，引发 QueryUnload 事件。

QueryUnload 事件的典型用法是在卸载一个应用程序之前用来保护包含在该应用程序中的窗体中未完成的任务。例如，如果还没有保存某一窗体中的新数据，则应用程序会在屏幕上弹出对话框提示保存该数据。可以通过事件过程的 Cancel 参数来终止窗体的卸载。在 QueryUnload 事件过程中给 Cancel 赋一个非 0 值，则会停止卸载；赋 0 值(或不赋值)则继续卸载。

【例 3-4】 下面的事件过程提示用户保存文件。

```
Private Sub Form_QueryUnload(Cancel As Integer, UnloadMode As Integer)
    Dim Reply As Integer
    Reply = MsgBox("文件尚未保存，是否保存？", vbYesNoCancel)
    If Reply = vbYes Then           '选择“是”则执行保存代码
        Save                        '进行相应的保存操作，具体代码略
    ElseIf Reply = vbCancel Then    '选择“取消”则停止卸载
        Cancel = 1
    End If
End Sub
```

被终止卸载的窗体仍然显示在屏幕上并保持激活状态。

(5) Unload 事件。如果 QueryUnload 事件过程未终止窗体的卸载过程，那么当窗体从屏幕上消失时会继续引发 Unload 事件。

在 Unload 事件过程中，适合进行关闭文件、清除所占系统资源等工作。

(6) Click 事件。当用户在窗体的空白区域单击鼠标左键或右键时，触发 Click 事件，即鼠标单击事件。如果希望程序在用户单击时作出某种反应，就需要在设计时给窗体对象编写 Click 事件过程。

(7) DblClick 事件。当用户在窗体的空白区域双击鼠标时，触发 DblClick 事件。

应该注意：当在窗体上双击时，首先触发的是窗体的 Click 事件，然后才是 DblClick 事件。因此，如果两个事件过程都编写了程序代码，则会被依次执行。

(8) Resize 事件。在程序运行时，当窗体的大小发生改变或窗体刚刚显示时，会引发 Resize 事件。窗体的大小改变可以是下列原因之一：

① 通过程序重新设置了窗体的 Width 或 Height 属性的值；

② 使用 Move 方法改变了窗体的大小；

③ 用户通过鼠标拖动边框调整了窗体大小；

④ 用户使用了窗体最大化、最小化或还原按钮。

注意：在窗体的 Resize 事件过程中，不要放置可能改变窗体大小的语句，比如对 Width 和 Height 属性值的更改。因为执行这个过程的时候，要是更改了窗体的大小，就会引发这个事件，又要执行这个过程，这样的循环执行会造成不可预料的后果，甚至“死机”。

3.1.4 窗体的主要方法

方法是指对象具有的行为和能执行的动作。比如，“行驶”是汽车的行为，要让一辆汽车行驶，还要指定方向和速度等参数。对象的方法也是这样，许多方法除了有方法名之外，还要有相应的参数。执行方法的一般形式是：

对象名.方法名 [参数]

与窗体有关的方法有 15 个。下面介绍几种常用的方法。

(1) Move 方法。Move 方法的功能是用来移动对象。

Move 方法的语法格式为

对象名．Move Left [,Top][,Width][,Height]

Move 方法将指定的对象移动到 Left 参数和 Top 参数所指定的新位置，同时可以改变该对象的大小。Width 参数和 Height 参数为新的宽度和高度值。其中，Left 参数必须指定，其他三个参数是可选的，调用时可以不提供。

如果省略对象名，说明移动的是当前窗体。例如：

```
frmFirst.Move 1000,1000,1200,1200
```

将名为 frmFirst 的窗体移动到新位置，并改变大小。

(2) Show 方法。Show 方法的功能是显示窗体，并将窗体的 Visible 属性设为 True。

Show 方法的语法格式为

窗体名．Show[,style][,ownerform]

其中，style 参数是整数，它用以决定窗体是模式的还是无模式的。如果 style 参数为 0 或被省略，则显示窗体之后继续执行后面的语句，这时窗体是无模式的，无模式窗体不会影响用户对同一程序中其他窗体的操作。如果 style 参数为 1，则显示窗体并暂停执行后面的语句，这时窗体是模式的，模式窗体阻止用户操作本程序中的其他窗体，只有隐藏或卸载了模式窗体之后，Show 方法之后的语句才继续执行，其他的窗体才可以被使用。

一般应用程序的各种对话框大多是模式窗体，只有关闭了这些对话框才能使用主窗体。只有为数很少的对话框，比如“查找/替换”对话框是无模式窗体，用户不必关闭它就可以操作主程序。

ownerform 参数是字符串表达式，指出控件所属的窗体被显示。对于标准的 Visual Basic 窗体，使用关键字 Me。下面的例子说明如何使用 ownerform 参数：

```
Private Sub cmdshowResults_Click()                '显示模式窗体 frmResults
  frmResults.Show vbModal,Me
End Sub
```

如果调用 Show 方法之前窗体尚未加载到内存中，则此方法会先加载窗体，随后显示它。

为了加快窗体的显示速度，应该事先在某个恰当的时候把窗体加载到内存中，然后再显示它。

(3) Hide 方法。Hide 方法仅仅隐藏窗体对象，但是不能使其卸载(即并不退出内存)。隐藏窗体时，窗体就从屏幕上被删除，并将其 Visible 属性设置为 False，用户将无法访问隐藏窗体上的控件。窗体被隐藏时，用户只有等到被隐藏窗体的事件过程的全部代码执行完后才能够与该应用程序交互。如果调用 Hide 方法时窗体还没有加载，那么 Hide 方法将加载该窗体但不显示它。

Hide 方法的语法格式为

窗体名．Hide

【例 3-5】 窗体的隐藏与显示示例。

```
Private Sub Form_Click ()
    Dim Msg             '声明变量
    Hide                '隐藏窗体
    Msg="选择确定按钮，重新显示这个窗体"
    MsgBox Msg          '显示信息
    Show                '使窗体重现
End Sub
```

程序运行结果如图 3-6(a)、(b)所示。

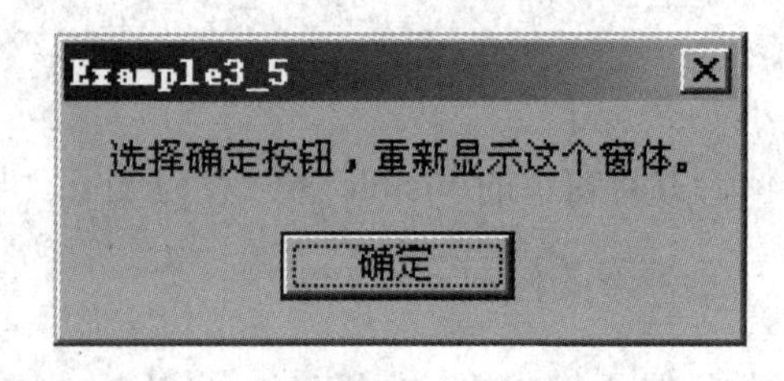

(a) 提示信息对话框

(b) 使窗体重现

图 3-6　窗体的隐藏与显示

(4) Refresh 方法。Refresh 方法强制全部重绘(刷新显示)一个窗体。通常，如果没有事件发生，窗体的绘制是自动处理的。但是，有些情况下希望窗体立即更新。例如，如果使用文件列表框、目录列表框或者驱动器列表框显示当前的目录结构状态，则当目录结构发生变化时可以使用 Refresh 方法更新列表。

Refresh 方法的语法格式为

窗体名．Refresh

(5) Print 方法。使用 Print 方法可以在窗体和图片框上显示文字，也可在立即窗口中显示文本，还可以在打印机(Printer)上输出。此方法允许有多个参数，依次显示多个数据项的内容。一般情况下，每调用一次 Print 方法，会在窗体上产生一个新的输出行。关于 Print 方法，在第 4 章还有更详细的讲解。

Print 方法的语法格式为

对象．Print

【例 3-6】 用 Print 方法显示窗体的当前位置。界面设计如图 3-7(a)所示，有关属性如表 3.4 所示。

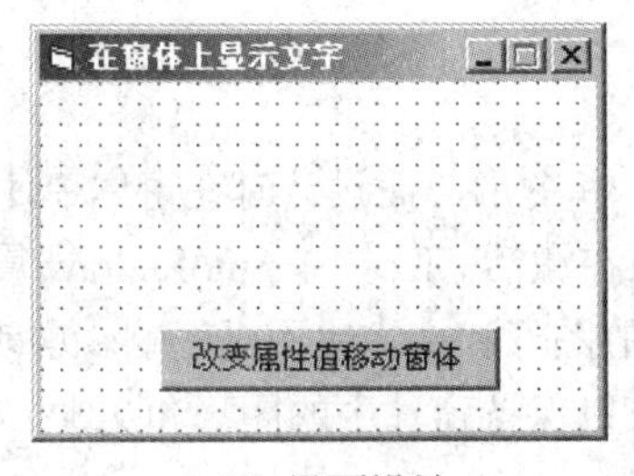

(a) 界面设计

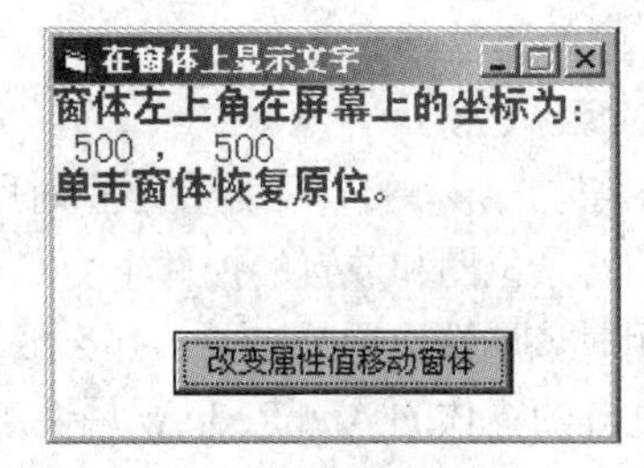

(b) 运行时的界面

图 3-7　Print 方法显示窗体的当前位置

表 3.4　对象属性设置

对　象	属　性	属 性 值	对　象	属　性	属 性 值
窗体	Name	frmChange	窗体	Top	300
	Caption	在窗体上显示文字		FontName	黑体
	BackColor	&H80000005(白色)		FontSize	12
	ForeColor	&HFF0000(蓝色)	命令按钮	Name	cmdMoveWindows
	Left	300		Caption	改变属性值移动窗体

程序代码的任务是单击命令按钮和窗体时改变或恢复窗体位置，并显示窗体坐标。要求：

① 在命令按钮的 Click 事件中通过改变 Left 和 Top 属性，使窗体右移、下移各 200 缇。
② 在窗体的 Click 事件中通过改变 Left 和 Top 属性，使窗体恢复原位。
③ 每次移动窗体以及窗体复位时，用 Print 方法在窗体上显示窗体的当前坐标。

程序代码如下：

```
Private Sub cmdMoveWindows_Click()       '命令按钮的单击事件
    '改变 Left 和 Top 属性值移动窗体
    Me.Left = Me.Left + 200
    Me.Top = Me.Top + 200
    Cls                                  '清屏
    Print "窗体左上角在屏幕上的坐标为："
    Print Me.Left; "，"; Me.Top
    Print "单击窗体恢复原位。"
End Sub
Private Sub Form_Click()                 '窗体的单击事件
    Me.Left = 300                        '恢复窗体初始位置
    Me.Top = 300
    Cls
    Print "窗体左上角在屏幕上的坐标为："
    Print Me.Left; "，"; Me.Top
End Sub
```

程序运行界面如图 3-7(b)所示。

(6) Cls 方法。Cls 方法用于清除运行时窗体或图片框所生成的图形和文本。

Cls 方法的语法格式为

对象. Cls

Cls 将清除图形和打印语句在运行时所产生的文本和图形，而设计时在窗体中使用 Picture 属性设置的背景位图和放置的控件不受 Cls 影响。如果在激活 Cls 之前 AutoRedraw 属性设置为 False，调用时该属性设置为 True，那么放置在窗体中的图形和文本也不受影响。这就是说，通过对正在处理的窗体的 AutoRedraw 属性进行操作，可以保持窗体中的图形和文本。

3.2 鼠 标 事 件

在图形界面环境下，用户主要通过鼠标操作应用程序，因此，处理窗体和各种控件的鼠标事件是创建应用程序时的一项主要工作。

Visual Basic 提供了许多鼠标事件，主要有 Click、DblClick、MouseDown、MouseMove 和 MouseUp 事件，大多数控件都能够识别它们。通过这些事件，应用程序能够对鼠标位置及状态变化作出响应。需要说明的是，MouseDown、MouseMove 和 MouseUp 事件与 Click 和 DblClick 事件不同，前三个事件可以区分按下的鼠标按钮以及是否同时按下 Shift、Ctrl 和 Alt 键。

1. Click 事件

在 Visual Basic 应用程序中，使用最为普遍的就是 Click 事件，当用户在窗体或控件上单击鼠标时，将引发此事件。如果希望程序在用户单击鼠标时作出某种反应，就需要给窗体或控件编写 Click 事件过程。例如：

```
Private Sub Form_Click()
    lblWelcome.Caption = "欢迎！"
End Sub
```

当用户单击窗体时，会使标签控件 lblWelcome 显示“欢迎！”字样。

```
Private Sub cmdExit_Click()
    Unload Me
End Sub
```

当用户单击 cmdExit 命令按钮时，会卸载当前窗体。

不仅单击鼠标会发生 Click 事件，使用代码也能激发 Click 事件。也就是说，语句 cmd1.Value =True 与调用 cmd1_Click()事件作用相同。例如：

```
Private Sub cmd1_Click()
    cmd2.Value = True
End Sub
Private Sub cmd2_Click()
    MsgBox "激发了 cmd2 的 Click 事件"
End Sub
```

在程序运行时无论是单击 cmd1，还是单击 cmd2，都会显示 MsgBox 信息框。

2. DblClick 事件

DblClick 事件是鼠标双击事件。在系统限定的时间内，连续按下两次鼠标左键将引发所击对象的 DblClick 事件。例如，在窗体的代码中有以下两个事件过程：

```
Private Sub Form_Click()
    frmStart.Caption = "欢迎！"
    frmStart.Move 0, 0
End Sub
Private Sub Form_DblClick()
    frmStart.Caption = "再见！"
End Sub
```

在程序运行时双击窗体，窗体会移动到屏幕的左上角，标题栏上的文字变为“再见！”。其实，在程序运行的过程中，Click 事件过程也执行过了，只是马上又被 DblClick 事件过程的执行结果替代，所以刚一显示“欢迎！”，又立刻变为“再见！”了。

一般使用 DblClick 事件来直接执行命令，这样比使用菜单或命令按钮更方便、快捷。

3. MouseDown、MouseMove 和 MouseUp 事件

当用户在窗体上按下鼠标键时会激发窗体的 MouseDown 事件，当用户在窗体上释放鼠标键时会激发窗体的 MouseUp 事件，当用户在窗体上移动鼠标时会激发窗体的 MouseMove 事件。这三个事件过程的语法如下：

```
Private Sub Object_MouseDown(Button As Integer,Shift As Integer,
                              X As Single,Y As Single)
Private Sub Object_MouseUp(Button As Integer,Shift As Integer,
                            X As Single,Y As Single)
Private Sub Object_MouseMove(Button As Integer,Shift As Integer,
                              X As Single,Y As Single)
```

其中，Object 指窗体或控件对象。

在这三个事件过程中，有 4 个相同的参数。通过这些参数，可以在程序中确定事件发生时的详细信息。这 4 个参数的取值和意义如下。

① Button 参数。Button 参数的值是一个整型数，也可以使用 Visual Basic 常量表示。Button 参数的值可以反映出事件发生时用户按下了哪个鼠标键，如表 3.5 所示。

表 3.5 Button 参数的取值

常 量	值	意 义
vbLeftButton	1	鼠标左键被按下
vbRightButton	2	鼠标右键被按下
vbMiddleButton	4	鼠标中键被按下，一般情况下不用此参数

当 MouseMove 事件发生时，可能同时有两个或三个鼠标键被按下，这时 Button 参数是相应的两个或三个值的和。例如，如果 MouseMove 事件发生时，左键和右键都被按下，则参数 Button 传递的值为 3(=1+2)；移动鼠标时，也可以不按下任何鼠标键，所以对于

MouseMove 事件，这个参数可以为 0。

② Shift 参数。Shift 参数的值表明在这三个鼠标事件发生时，键盘上哪个控制键被按下，1 表示 Shift 键，2 表示 Ctrl 键，4 表示 Alt 键。如果同时有两个或三个控制键被按下，则 Shift 参数是相应键的数值之和。如果事件发生时没有任何控制键被按下，则这个参数的值为 0。Shift 参数既可以用一个正整数表示，也可以用 Visual Basic 常量表示，如表 3.6 所示。

表 3.6　Shift 参数的取值

常　量	值	意　义
vbShiftMask	1	同时按下 Shift 键和鼠标键
vbCtrlMask	2	同时按下 Ctrl 键和鼠标键
vbAltMask	4	同时按下 Alt 键和鼠标键

【例 3-7】 编写一个程序，当按下鼠标左键时，在窗体上画出一个黑色的圆点；当同时按下 Alt 键和鼠标左键时，在窗体上画出一个白色的圆点。

在这里，使用 Pset 方法执行画点的操作。Pset 方法的语法为

　　对象名.Pset(x,y)[,Color]

Pset 方法用来将对象上的点设置为指定颜色，如果不指定 Color 参数，则使用对象的前景色。点的大小需要使用窗体的 DrawWidth 属性确定。

程序如下：

```
Private Sub Form_Load()
    frmDraw.MousePointer = 2              '将鼠标的形状改为十字形
    frmDraw.DrawWidth = 10                '设置绘图线条的宽度为 10 个像素
End Sub
Private Sub Form_MouseDown(Button As Integer, Shift As Integer, X As Single, Y As Single)
    If Button = vbLeftButton Then         '按下 Mouse 左键
      If Shift = vbAltMask Then           '同时按下 Alt 键
          PSet (X, Y), vbWhite            '画白色点
      Else
          PSet (X, Y), vbBlack            '画黑色点
      End If
    End If
End Sub
```

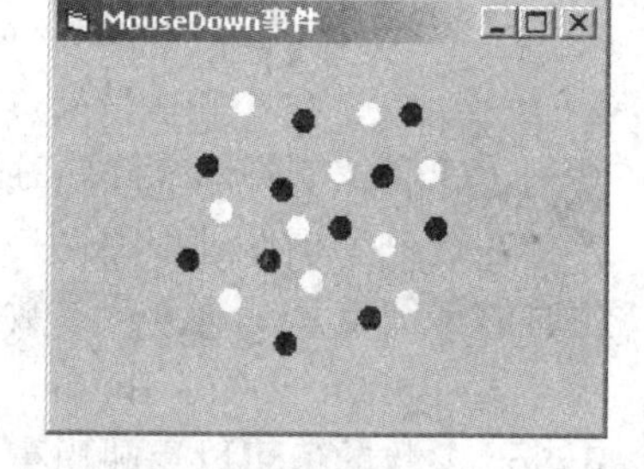

图 3-8　例 3-7 的运行结果

运行结果如图 3-8 所示。

值得注意的是，当用户用鼠标单击命令按钮时，将顺次激发 MouseDown、Click、MouseUp 三个事件，要注意三个事件的发生次序。下面的程序说明了这一点。

【例 3-8】 在命令按钮 cmd 测试的 Click、MouseDown 和 MouseUp 事件中分别输入以下代码：

```
Private Sub cmd 测试_Click()
    Print "产生了 Click 事件"
    Print
```

```
End Sub
Private Sub cmd 测试_MouseDown(Button As Integer, Shift As Integer, X As Single, Y As Single)
    Print "产生了 MouseDown 事件"
    Print
End Sub
Private Sub cmd 测试_MouseUp(Button As Integer, Shift As Integer, X As Single, Y As Single)
    Print "产生了 MouseUp 事件"
    Print
End Sub
```

按 F5 键运行这个程序，运行结果如图 3-9 所示。

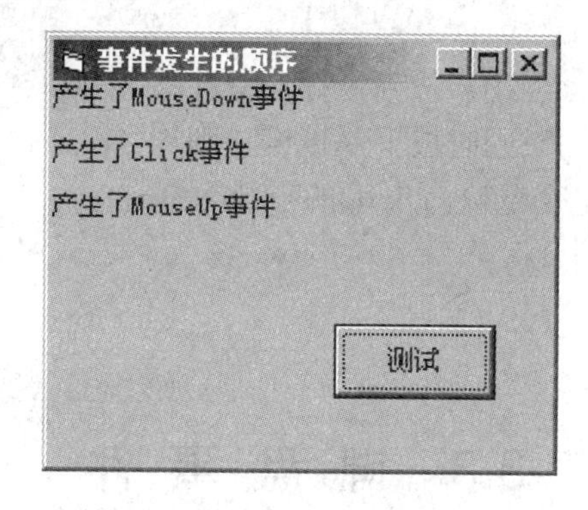

图 3-9　例 3-8 的运行结果

在窗体或失效的控件上移动鼠标，将引发 Form 的 MouseMove 事件。如果鼠标的移动被其他控件捕捉到，则会引发该控件的 MouseMove 事件。如果想改变当前鼠标所指控件的状态，可用这个事件。

例如，要实现当鼠标在标签 Label1 上移动时标签上的文字变成红色，当鼠标移出标签控件时文字又恢复为原来的蓝色，可使用以下代码：

```
Private Sub Label1_MouseMove(Button As Integer, Shift As Integer, X As Single, Y As Single)
    Label1.ForeColor = vbRed
End Sub
Private Sub Form_MouseMove(Button As Integer, Shift As Integer, X As Single, Y As Single)
    Label1.ForeColor = vbBlue
End Sub
```

这里要指出的是，当用户移动鼠标时，会不断地引发 MouseMove 事件。但是，并不是每经过一点都会发生 MouseMove 事件，而是在移动过程中每隔一段很短的时间发送一个事件。因此，相同距离的情况下，鼠标移动得越快，产生的 MouseMove 事件就越少。

【例 3-9】 将上面使用 MouseUp、MouseDown 画点的代码写在 MouseMove 事件中，观察程序执行结果。

```
Private Sub Form_Load()
    frmDraw.MousePointer = 2            '将鼠标的形状改为十字形
```

```
        frmDraw.DrawWidth = 10              '设置绘图线条的宽度为 10 个像素
    End Sub
    Private Sub Form_MouseMove(Button As Integer, Shift As Integer, X As Single, Y As Single)
        If Button = vbLeftButton Then       '按下 Mouse 左键
            If Shift = vbAltMask Then       '同时按下 Alt 键
                PSet (X, Y), vbWhite        '画白色点
            Else
                PSet (X, Y), vbBlack        '画黑色点
            End If
        End If
    End Sub
```

运行结果如图 3-10 所示。当用户按下鼠标左键并移动鼠标时，连续出现黑点，如果同时按下 Alt 键，则连续画出白点，并且移动的速度越快，出现的点排列越稀疏。

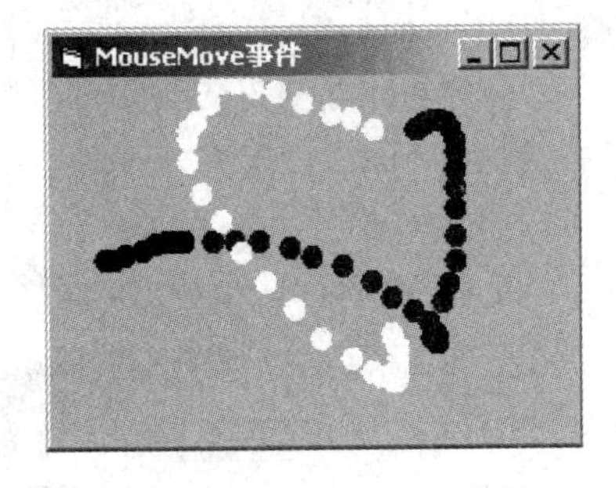

图 3-10　例 3-9 的运行结果

3.3　键 盘 事 件

键盘是另一个重要的数据输入工具。鼠标具有移动和定位特性，而键盘则提供了众多的字符按钮及功能键。在程序开发过程中，应当考虑到这两种工具不同的输入特性，妥善周到地设计代码，使用户更便利地操作程序。

在处理键盘事件时，焦点 Focus 具有重要意义。只有获得焦点的对象才能接收键盘事件。Windows 应用程序在运行时，只有一个窗体或其中一个控件可以接收鼠标或键盘的输入动作。

用鼠标直接单击可使被单击的窗体和控件立即得到焦点。在程序代码中，可以用 SetFocus 方法使指定的对象得到焦点。例如：

```
    Private Sub Form_Activate()
        Command1.SetFocus
    End Sub
```

当窗体被激活时，命令按钮 Command1 获得焦点。

1. KeyPress 事件

按下并抬起一个会产生 ASCII 码的键，会引发当前具有焦点的窗体或控件的 KeyPress 事件。

KeyPress 事件只对能产生 ASCII 码的按键(ANSI 键)有反应，包括数字、大小写字母、Enter、Tab、Esc 和 Backspace 键等，对于方向键等不会产生 ASCII 码的按键，KeyPress 事件不会被触发。KeyPress 事件返回一个 KeyAscii 参数，参数的值就是所按键的 ASCII 编码，

可以用来判断用户按下了什么键。由于大小写字母的 ASCII 编码不同，因此 KeyPress 事件可以识别出大小写字母。KeyPress 事件常用于编写文本框的事件处理器，因为这个事件发生在字符按下和显示于文本框之前。KeyPress 事件过程的语法格式如下：

```
Private Sub Form_KeyPress(KeyAscii As Integer)                          '窗体的事件过程
Private Sub Object_KeyPress([Index As Integer,] KeyAscii As Integer)    '控件数组的事件过程
```

其中，Object 为可以产生 KeyPress 事件的控件的控件名；Index 是一个整数，用来惟一标识一个在控件数组中的控件，此参数是控件数组元素下标。

在程序中，使用 Chr(KeyAscii)函数将事件返回的 KeyAscii 参数转变为一个字符。例如：

```
Private Sub Form_KeyPress(KeyAscii As Integer)
    Print "用户按了" & Chr(KeyAscii) & "键"
End Sub
```

程序执行结果如图 3-11 所示，用户按一下字母键，窗体中就可以显示出用户按下的字符。

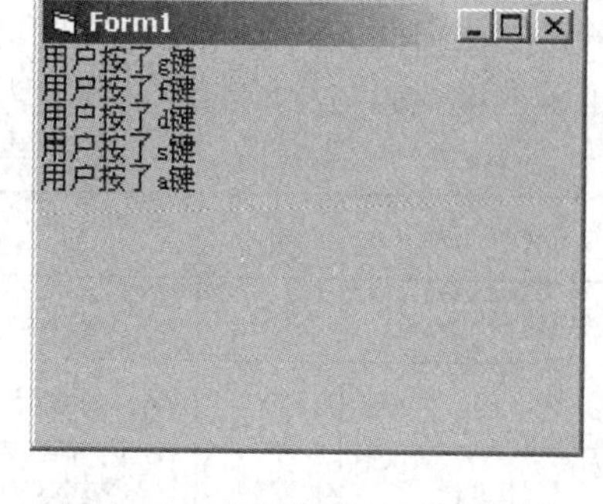

图 3-11　显示用户按下的字母键

KeyPress 事件在判断用户的击键操作时非常有用。它可以立即测试用户输入的有效性，并在字符输入时对其进行处理。改变 KeyAscii 参数的值会改变实际输入的字符；将 KeyAscii 参数改为 0 可以取消击键，这样对象便接收不到所按键的字符。因此，可以利用 KeyPress 事件规范用户的输入。

【例 3-10】 下例程序使用 KeyPress 事件限定用户只能输入 0～9 的数字。如果用户输入非数字的字符，将取消输入。

```
Private Sub txtInput_KeyPress(KeyAscii As Integer)
    If KeyAscii < 48 Or KeyAscii > 57 Then
        KeyAscii = 0
    End If
End Sub
```

其中，48 是字符“0”的 ASCII 码，57 是字符“9”的 ASCII 码。

【例 3-11】 编写代码，使输入到文本框 txtInput 中的字符都改为大写形式。

使用 Chr 函数可以将 KeyAscii 参数转换为相应的字母，使用 UCase 函数将字母变为大写，再使用 Asc 函数将大写字母转换为 ASCII 码赋给 KeyAscii 参数。

```
Private Sub txtInput_KeyPress(KeyAscii As Integer)
    KeyAscii = Asc(UCase(Chr(KeyAscii)))
End Sub
```

运行结果如图 3-12 所示。

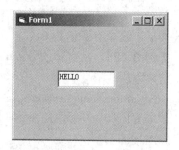

图 3-12　例 3-11 的运行结果

在程序中，还经常使用 KeyPress 事件判断用户是否按下了回车键或者退格键，以决定下一步的操作。

2. KeyDown、KeyUp 事件

KeyPress 事件只能识别控制键中的 Enter 键、Tab 键、Esc 键和 Backspace 键，要检查其他控制键、功能键和定位键，则要用 KeyDown 和 KeyUp 事件。通常只有在 KeyPress 的事件功能不够用时才使用 KeyUp 和 KeyDown 事件。

一个对象具有焦点时，用户按下或松开一个键盘键将发生这个对象的 KeyDown 或 KeyUp 事件。事件过程的语法是：

```
Private Sub Object_KeyDown(KeyCode As Integer, Shift As Integer)
Private Sub Object _KeyUp(KeyCode As Integer, Shift As Integer)
```

其中，Object 为窗体或控件的控件名，这两个事件都会返回 KeyCode 和 Shift 这两个参数。

KeyCode 是一个整型参数，表示按键的代码。键盘上每一个按键都有相应的键代码，Visual Basic 还为每个键代码声明了一个内部常量。例如，F1 键的键代码为 112，相应的内部常量为 vbKeyF1；Home 键的键代码为 36，内部常量为 vbKeyHome。键盘上字母与数字键的键代码与其 ASCII 码是相同的。例如，字母 A 的 KeyCode 值为 65，内部常量为 vbKeyA。常用键的键代码与相应的常量列于表 3.7 中。附录 3 中列出了所有按键的代码。

表 3.7 常用按键代码

按 键	值	常 量	按 键	值	常 量
BackSpace	8	vbKeyBack	←	37	vbKeyLeft
Tab	9	vbKeyTab	↑	38	vbKeyUp
Enter	13	vbKeyReturn	→	39	vbKeyRight
Esc	27	vbKeyEscape	↓	40	vbKeyDown
SpaceBar	32	vbKeySpace	Insert	45	vbKeyInsert
PageUp	33	vbKeyPageUp	Delete	46	vbKeyDelete
PageDown	34	vbKeyPageDown	A～Z	65～90	vbKeyA～vbKeyZ
End	35	vbKeyEnd	F1～F12	112～123	vbKeyF1～vbKeyF12
Home	36	vbKeyHome			

Shift 参数也是一个整型参数，反映在按下一个键时是否已经按下了 Shift、Ctrl 或 Alt 键。此参数为 1 时，表示按下了 Shift 键；为 2 时，表示按下了 Ctrl 键；4 则代表按下了 Alt 键。若这三个键中有不止一个键被按下，则参数是被按下键相应数值之和。如果三个键均未被按下，这个参数值为 0。

【例 3-12】 在窗体的 KeyDown 事件中编程，当用户按下 Ctrl+Home 键时就卸载窗体，结束程序。

```
Private Sub Form_KeyDown(KeyCode As Integer, Shift As Integer)
    If KeyCode = 36 And Shift = 2 Then Unload Me
End Sub
```

当用户按下 Ctrl+Home 键时就卸载窗体。

3.4　焦点与 Tab 顺序

当对象具有焦点时，可接收用户的鼠标或键盘输入。Windows 界面上任一时刻均可运行多个应用程序，但只有具有焦点的应用程序才有活动标题栏，才能接收用户输入。

不同种类的控件拥有焦点后的表现形式不同。具有焦点后，命令按钮表面会显示一个矩形虚线框，文本框会显示插入点光标，单选框与复选框的标题文字会被一个虚线框围住，列表框的当前条目也有虚线框，组合框中会显示光标或突出显示文字。还有一些控件不支持焦点。

1. 焦点事件及方法

当对象得到或失去焦点时，会产生 GotFocus 或 LostFocus 事件。

(1) GotFocus 事件，即对象获得焦点事件。当运行程序时用 Tab 键或用鼠标选择对象，或用 SetFocus 方法使光标定位在对象上时，会触发该事件。

GotFocus 事件的语法：

```
Private Sub Object_GotFocus([Index As Integer])
```

其中，Object 为窗体或控件的控件名；Index 为整数，它惟一地标识控件数组中的一个控件。

GotFocus 事件过程通常用于指定当控件或窗体首次接收焦点时发生的操作。

注意：控件只有在它的 Enabled 属性和 Visible 属性都设为 True 时才能接收焦点。

(2) LostFocus 事件，即对象失去焦点事件。当 Tab 键切换或用鼠标选择其他对象使光标离开当前对象，或是在编码时使用 SetFocus 方法使对象失去焦点时，触发该事件。

LostFocus 事件的语法：

```
Private Sub Object_LostFocus([Index As Integer])
```

其中，Object 为窗体或控件的控件名；Index 为整数，它惟一地标识控件数组中的一个控件。

LostFocus 事件过程主要用来实现对对象的更新进行验证和确认。例如，在焦点移离文本框时，利用 LostFocus 事件验证输入数据的有效性或是改变数据的格式等。

(3) SetFocus 方法。SetFocus 方法的作用是设置指定的对象获得焦点。使用该方法之前，必须要保证对象当前处于可见和可用状态，即其 Visible 和 Enabled 属性应设置为 True。

有下列多种方法可以使控件拥有焦点：

① 当用户用鼠标单击某个控件时，这个控件就会拥有焦点；

② 使用快捷键(标题中有下划线的字符)，可以使指定控件拥有焦点；

③ 使用 Tab 键或 Shift+Tab 组合键可以在各个控件上循环移动焦点；

④ 在同一组中的单选框之间使用方向键移动焦点；

⑤ 在程序中使用 SetFocus 方法设置焦点。

2. Tab 键顺序

按下 Tab 键或 Shift + Tab 组合键后，焦点从一个控件移动到另一个控件的次序就是 Tab 键顺序。

控件的 TabIndex 属性决定了控件在 Tab 键顺序中的位置。默认时，第一个建立的控件

TabIndex 值为 0，第二个的 TabIndex 值为 1，依此类推。当改变了一个控件的 Tab 键顺序时，Visual Basic 自动对其他控件的 Tab 键顺序重新编号，以反映插入和删除的次序。设置控件的 TabIndex 属性可以改变控件的 Tab 键顺序。

例如，在窗体上建立名为 Text1 和 Text2 的文本框，再建立一个名为 Command1 的命令按钮。程序启动时，Text1 具有焦点。按 Tab 键将使焦点按控件建立的顺序在控件间移动。如果使 Command1 变为 Tab 键顺序中的首位，即 TabIndex = 0，则其他控件的 TabIndex 值将自动调整：Text1.TabIndex = 1，Text2.TabIndex = 2。

注意：不能获得焦点的控件以及无效的和不可见的控件不具有 TabIndex 属性，因而不包含在 Tab 键顺序中。按 Tab 键时，这些控件将被跳过。

【例 3-13】 本例的功能是在 TextBox 获得或失去焦点(用鼠标或 Tab 键选择)时改变颜色，并在 Label 控件中显示相应的文字。

在窗体中建立两个 TextBox 控件和一个 Label 控件。在代码窗口中添加以下代码：

```
Private Sub Text1_GotFocus()
    Text1.BackColor = vbRed                '获得焦点用红色表示
    Label1.Caption = "Text1 has the focus."
End Sub
Private Sub Text1_LostFocus()
    Text1.BackColor = vbWhite              '失去焦点用白色表示
    Label1.Caption = "Text1 does not have the focus."
End Sub
Private Sub Text2_GotFocus()
    Text2.BackColor = vbRed                '获得焦点用红色表示
    Label1.Caption = "Text2 has the focus."
End Sub
Private Sub Text2_LostFocus()
    Text2.BackColor = vbWhite              '失去焦点用白色表示
    Label1.Caption = "Text2 does not have the focus."
End Sub
```

程序运行时窗体界面如图 3-13 所示。使用鼠标和 Tab 键分别进行焦点的变换，观察其变化。

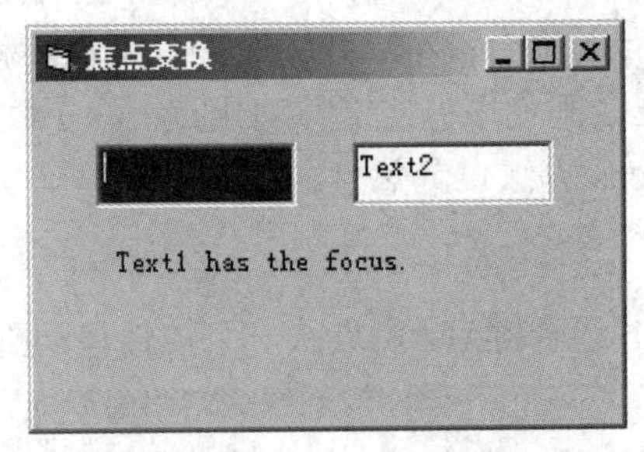

图 3-13　例 3-13 焦点变换

3.5　基 本 控 件

控件是 Visual Basic 中建立图形用户界面的基本要素，Visual Basic 6.0 中的控件用来获取用户的输入信息以及显示输出信息。在窗体上绘制的常用控件放置在 Visual Basic 工具箱中，它包括文本框、命令按钮和列表框等。每个控件都有一组属性、方法和事件，为使用 Visual Basic 6.0 进行程序设计提供了丰富的控件及编程方法。

3.5.1　控件分类及命名

1. 控件的分类

Visual Basic 中，控件不仅提供了一些事件过程，供程序员编写代码，实现程序功能，而且通过其自身的属性设置，还为应用程序提供了图形化界面。Visual Basic 6.0 的控件分为以下三类。

(1) 标准控件(内部控件)。此类控件由 Visual Basic 的“.exe”文件提供，例如，图片框控件(PictureBox)和标签控件(Label)等。启动 Visual Basic 后，内部控件就自动出现在工具箱中，既不能添加，也不能删除。

(2) ActiveX 控件。除基本控件外，用户可以向工具箱中添加或删除 ActiveX 控件，例如通用对话框(CommonDialog)等。ActiveX 控件文件的扩展名为“.ocx”。

(3) 可插入对象。因为这些对象能添加到工具箱中，所以可把它们当作控件使用，例如一个包含公司所有雇员列表的 Microsoft Excel 工作表对象。使用这类控件可在 Visual Basic 应用程序中控制另一个应用程序中的对象。

2. 控件的命名规则

在程序代码中使用控件时，要使用它的名字。对象名字(Name)是控件的属性之一。把控件放到窗体中时，Visual Basic 将赋予控件一个默认的名字。例如，建立一个标签控件时，系统默认的 Name 属性为 Label1；当在同一窗体中建立第二个标签控件时，默认的 Name 属性为 Label2，第三个为 Label3，等等。为了能见名知义，提高程序的可读性，最好用有一定意义的名字作为对象的 Name 属性值，可以从名字上看出对象的类型。为此，Microsoft 建议(不是硬性规定)用三个小写字母作为每类对象 Name 属性的前缀。附录 1 列出了窗体和内部控件建议使用的前缀。

当引用控件的 Name 属性时，请不要和控件的 Caption 属性混淆。Caption 属性是控件在界面上显示的符号文字，可以使用中文或其他的文字。Name 属性的命名遵循以下规则：

(1) 必须以字母开头。

(2) 只能包含字母、数字和下划线字符(_)，不允许有标点符号和空格。

(3) 不能超过 40 个字符。

3.5.2　命令按钮

在 Visual Basic 应用程序中，命令按钮(CommandButton)是使用最多的控件对象之一，常常用它来接收用户的操作信息，触发某些事件，实现一个命令的启动、中断和结束等操作。

1．命令按钮的常用属性

命令按钮除了具有 Name、Height、Width、Top、Left、Enabled、Visible、Font 等与窗体相同的属性外，其他常用的主要属性还有：

(1) Caption 属性。该属性用于设置命令按钮上显示的文本。它既可以在属性窗口中设置，也可以在程序运行时设置。在运行时设置 Caption 属性将动态更新按钮文本。Caption 属性最多包含 255 个字符。若标题超过了命令按钮的宽度，文本将会折到下一行。如果内容超过 255 个字符，则标题超出部分被截去。

在给命令按钮设置 Caption 属性时，还可以给命令按钮指定一个快捷键，用户同时按下 Alt 键和快捷字母键就等于使用鼠标单击该命令按钮。具体做法是：设置 Caption 属性时在想使用的快捷字母键前添加一个“&”符号，程序运行时“&”符号不会显示在按钮上，但快捷键字母下方会出现一个下划线。例如，将“退出”命令按钮的 Caption 属性设为“退出(&T)”，运行时的效果如图 3-14 所示。

图 3-14　命令按钮的快捷键

Caption 属性也可以通过代码进行设置。例如，可以通过以下语句设置 cmdExit 命令按钮的 Caption 属性：

```
cmdExit.Caption="退出(&T)"
```

(2) Style 属性。Style 属性可以设置命令按钮控件的外观。它有两个可选值：0(Standard) 和 1(Graphical)。默认状态是 Standard，即标准状态。如果将命令按钮的 Style 属性设为 Graphical，就可以在命令按钮上显示自定义图片，显示的图片通过命令按钮的 Picture 属性设置。

(3) Picture 属性。按钮可显示图片文件(.bmp 和 .ico)，只有当 Style 属性值设为 1 时才有效。

(4) Default 属性和 Cancel 属性。通常，在一组按钮中，对于“确定”和“取消”操作按钮，Windows 应用程序使用 Enter 键和 Esc 键来进行选择，而 Visual Basic 通过对命令按钮的 Default 属性和 Cancel 属性的设置来实现这一功能。

指定一个默认命令按钮，应将其 Default 属性设置为 True，程序运行时，只要焦点不在其他命令按钮上，用户按 Enter 键，就相当于单击此默认命令按钮。同样，通过 Cancel 属性可以指定默认的取消按钮。在把命令按钮的 Cancel 属性设置为 True 后，不管窗体当前哪个控件有焦点，按 Esc 键，就相当于单击此默认按钮。

注意：一个窗体只能有一个命令按钮的 Default 属性设置为 True，也只能有一个命令按钮的 Cancel 属性设置为 True。

(5) ToolTipText 属性。使用过 Windows 应用软件的用户都非常熟悉这种情况：把光标移到某些图标按钮上停留片刻，在这个图标按钮的下方就会显示一个简短的文字提示行，说明这个图标按钮的作用；把光标移开后，提示行立刻消失。Visual Basic 给命令按钮提供了一项提示行属性“ToolTipText”，在运行或设计时，只需将该项属性设置为需要的提示行文本即可。

例如，在命令按钮的属性窗口，将一命令按钮的 Style 属性值设为 1，Caption 属性设置为空，给 Picture 属性加载一个图形文件，ToolTipText 属性值设置为“单击此命令按钮开始安装”。程序运行后，将鼠标指针移动到命令按钮上的情况如图 3-15 所示。

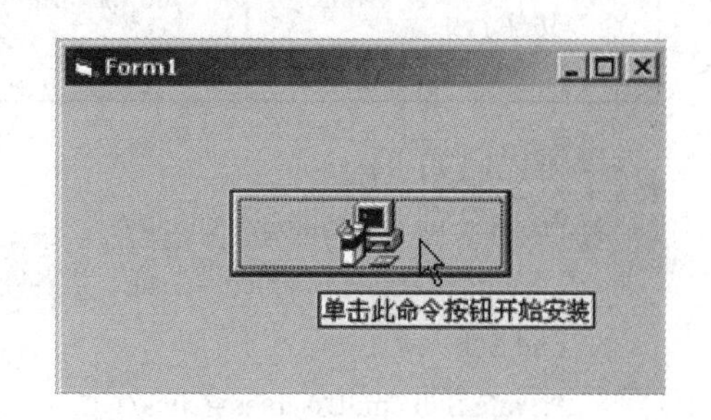

图 3-15　命令按钮提示行

2．命令按钮的常用事件

对于命令按钮来说，最重要的事件是 Click 事件。在命令按钮的 Click 事件中编写代码，用户使用鼠标左键单击命令按钮就能执行一定的操作。

在 Visual Basic 应用程序运行过程中，除了单击鼠标左键之外，也可以使用以下几种方法激发命令按钮的 Click 事件，执行事先规定的动作：

① 用 Tab 键将输入焦点移至相应的命令按钮，然后按回车键。

② 用命令按钮上标注的快捷键(Atl + 下划线字符)。

③ 在程序中使用代码“命令按钮名.Value =True”激发该命令按钮的 Click 事件，例如：

```
cmdOK.Value =True
```

④ 如果命令按钮的 Default 属性为 True，按下回车键就激发该命令按钮的 Click 事件；如果命令按钮的 Cancel 属性为 True，按下 Esc 键就激发该命令按钮的 Click 事件。

【例 3-14】 设计一段程序，使用两个命令按钮控制第三个命令按钮是否可用。窗体运行界面如图 3-16 所示，对象属性如表 3.8 所示。

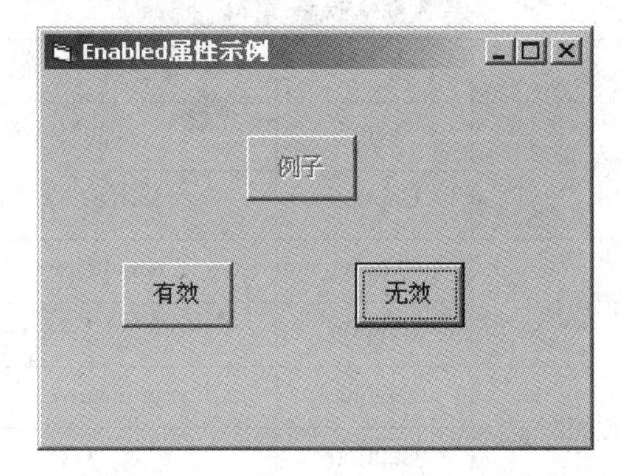

图 3-16　Enabled 属性示例

表 3.8　对象属性设置

对　象	属　性	属 性 值	对　象	属　性	属 性 值
窗体	Name	frmEnabled	命令按钮2	Name	cmdEnabled
	Caption	Enabled属性示例		Caption	有效
命令按钮1	Name	cmdExample	命令按钮3	Name	cmdDisabled
	Caption	例子		Caption	无效

程序代码如下：

```
Private Sub cmdEnabled_Click()
    cmdExample.Enabled = True
End Sub
Private Sub cmdDisabled_Click()
    cmdExample.Enabled = False
End Sub
```

单击右下方的“无效”按钮，就发生了一个 Click 事件，“无效”按钮的名字是“cmdDisabled”，于是系统就执行从 Private Sub cmdDisabled_Click()到 End Sub 之间的代码。“cmdExample_Enabled=False”，即名字为“cmdExample”的按钮的“Enabled”属性变为假，所以 cmdExample 按钮变为灰色，即不可用。单击左下方“有效”按钮，“例子”按钮复原。

单击上面的“例子”按钮时，虽然也发生了 Click 事件，但这个事件没有对应的代码，所以没有相应的动作执行。

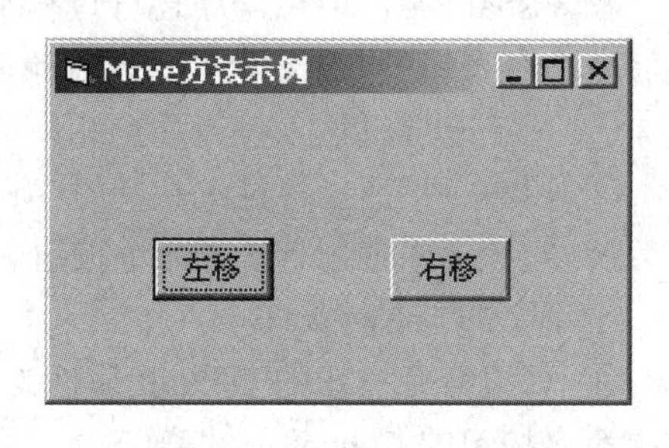

图 3-17　例 3-15 的运行界面

【例 3-15】 建立一个如图 3-17 所示的窗体。当单击“左移”按钮时，窗体向左移动 200 个单位；当单击“右移”按钮时，窗体向右移动 200 个单位。

对象属性如表 3.9 所示。

表 3.9　对象属性设置

对　象	属　性	属 性 值
窗体	Name	frmMove
	Caption	Move方法示例
命令按钮1	Name	cmdMoveLeft
	Caption	左移
命令按钮2	Name	cmdMoveRight
	Caption	右移

程序代码如下：

```
Private Sub cmdMoveLeft_Click()
    frmMove.Left = frmMove.Left – 200
End Sub
Private Sub cmdMoveRight_Click()
    frmMove.Move frmMove.Left + 200
End Sub
```

这里要注意，两个事件过程都是移动窗体对象，却使用了不同的方法。前者通过设置窗体的 Left 属性值，后者则执行了窗体的 Move 方法。“frmMove.Left=frmMove.Left–200”是一个赋值语句，它的作用是把窗体 frmMove 的 Left 属性的当前值减去 200，得出的结果作为新值再赋予 Left 属性。在“frmMove.Move frmMove.Left +200”语句中，“frmMove.Left +200”是 Move 方法的第一个参数，相当于把窗体水平移动到当前水平位置右边 200 个单位处。

另外需要说明的是，命令按钮不支持鼠标双击事件，不能对命令按钮的 DblClick 事件编程。

3．命令按钮的常用方法

与命令按钮相关的常用方法主要有 Move 方法和 SetFocus 方法。其中，Move 方法的使用与在窗体中的使用类似。与窗体不同的是，窗体的移动是对屏幕而言的，而控件的移动则是相对其“容器”对象而言的。SetFocus 方法使指定的命令按钮获得焦点。

3.5.3　标签控件

标签控件是用来显示文本的控件，该控件和文本框控件都是专门对文本进行处理的控件，但标签控件不具有文本输入的功能。

标签控件在界面设计中的用途十分广泛，它主要用来标注和显示提示信息，通常标识那些本身不具有标题(Caption)属性的控件。例如，可用 Label 控件为文本框、列表框、组合框的控件添加描述性的文字或者用来显示如处理结果、事件进程等信息。

标签控件显示的内容既可以在设计时通过属性窗口设定，也可以在程序运行时通过程序代码修改其标题属性来改变。

1．标签的常用属性

命令按钮除了具有 Name、Height、Width、Top、Left、Enabled、Visible、Font、ForeColor、BackColor 等与窗体相同的属性外，其常用的主要属性还有：

(1) Caption 属性。Caption 属性用来改变 Label 控件中显示的文本。Caption 属性允许文本的长度最多为1024B。默认情况下，当文本超过控件宽度时，文本会自动换行，而当文本超过控件高度时，超出部分将被裁剪掉。

(2) Alignment 属性。Alignment 属性用于设置 Caption 属性中文本的对齐方式，共有三种可选值：值为 0 时，左对齐(Left Justify)；值为 1 时，右对齐(Right Justify)；值为 2 时，居中对齐(Center Justify)。

(3) BackStyle 属性。该属性用于确定标签的背景是否透明。有两种可选值：值为 0 时，表示背景透明，标签后的背景和图形可见；值为 1 时，表示不透明，标签后的背景和图形不可见。

(4) Borderstyle 属性。标签控件也可以有边框。Borderstyle 属性值为 0 时，标签控件无边框，Borderstyle 属性值为 1 时，标签控件有边框。默认值是 0。

(5) Appearance 属性。该属性用于设置标签控件是否具有平面或三维效果。当 Appearance 属性值为 1(默认值)时，文本框控件以三维立体效果显示；属性值为 0 时，以二维平面效果显示。

(6) AutoSize 属性。AutoSize 属性确定标签是否会随标题内容的多少自动变化。如果值为 True，则随 Caption 内容的大小自动调整控件本身的大小，且不换行；值为 False，表示标签的尺寸不能自动调整，超出尺寸范围的内容不予显示。

(7) WordWrap 属性。当标签的 AutoSize 属性为 True 时，如果 WordWrap 属性为 True，则标签中的文字可根据标签设置的宽度自动换行，保持标签的原有宽度，在垂直方向变化；如果 WordWrap 属性为 False，则标签在水平方向扩展，文字不换行。当标签的 AutoSize 属性为 False 时，WordWrap 属性无意义。

【例 3-16】在窗体上添加两个 Label 控件和一个 Command 控件，界面设计如图 3-18(a)所示。运行程序时单击命令按钮后，标签控件能自动调整大小以适应显示内容，并且自动换行且加上边框，背景色变为白色以突出显示文字。

按表 3.10 设置各控件属性。

表 3.10　对象属性设置

对　象	属　性	属 性 值
窗体	Name	frmLabel
	Caption	标签控件应用举例
标签1	Name	lblPrompt
	Caption	单击“改变”按钮使标签控件自动适应显示内容
标签2	Name	lblDisplay
	WordWrap	True
	AutoSize	True
命令按钮	Name	cmdChange
	Caption	改变

程序代码如下：

```
Private Sub cmdDisplay_Click()
    lblDisplay.Caption = "将 WordWrap 属性设置为 True，则 Caption 属性的内容自动"&  _
    "换行并垂直扩充；将 AutoSize 属性设置为 True，控件自动适应内容。"
    lblDisplay.BorderStyle = 1
    lblDisplay.BackColor = vbWhite
End Sub
```

运行程序，单击“改变”按钮后的运行结果如图 3-18(b)所示。

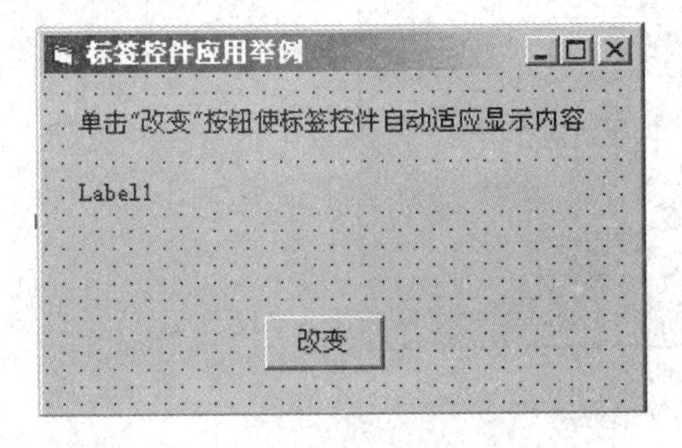

(a) 设计界面

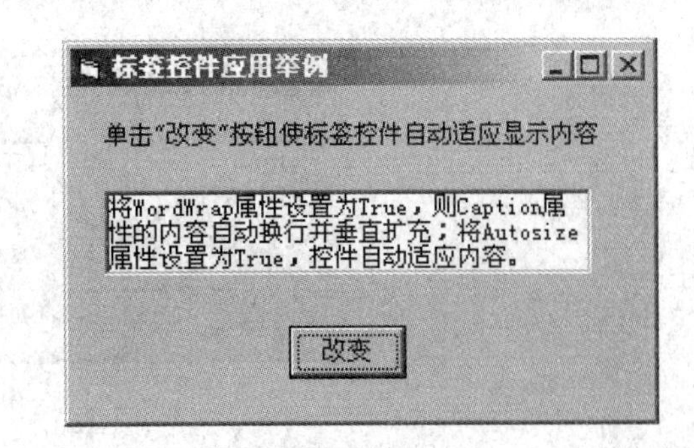

(b) 运行结果

图 3-18　利用标签控件输出文本信息

2. 标签的事件和方法

标签可以识别 Click、DblClick 和 Change 等事件。但在实际应用中，用户很少对标签进行操作，所以标签事件很少被使用。

标签控件的常用方法有 Move、Refresh 等。Refresh 用于刷新标签的内容。

3.5.4　文本框控件

文本框(TextBox)是 Visual Basic 应用程序中进行输入输出操作的重要控件。文本框控件既可以显示文本信息，也可以接收用户的输入和编辑操作。显示文本信息时，文本框控件的作用与标签控件相同。在应用程序中，主要利用文本框控件接收用户的输入信息。

文本框控件支持一般的编辑功能，如显示闪烁的插入点光标，支持键盘输入以及支持插入、删除、复制与粘贴等编辑操作，还支持使用鼠标拖动选择内容。这些功能已经由 Visual Basic 封装在文本框控件中了。

使用文本框接收用户输入，通常是在用户输入完成后(可以通过回车键或某按钮事件等通知程序)，在代码中读取其 Text 属性来进行的。

1. 文本框的常用属性

文本框除了具有 Name、Height、Width、Top、Left、Enabled、Visible、Font、ForeColor、BackColor、Alignment、Appearance、BorderStyle 等与标签控件相同的属性外，其常用的主要属性还有：

(1) Text 属性。Text 属性是文本框控件最重要的属性，其值就是文本框控件内显示的内容。当文本内容改变时，Text 属性也会随之变化。通常，Text 属性所包含字符串中字符的个数不超过 2048 个。当 MultiLine 属性为 True 时，字符串长度可以达到 32 KB。允许在文本框中进行多行输入，通过 Enter 键进行换行。

Text 属性可以使用以下三种方式设置：

① 设计状态在属性窗口中设置；

② 设计状态在程序中用代码设置；

③ 运行状态由用户输入。

【例 3-17】 用文本框制作如图 3-19 所示的加法器。

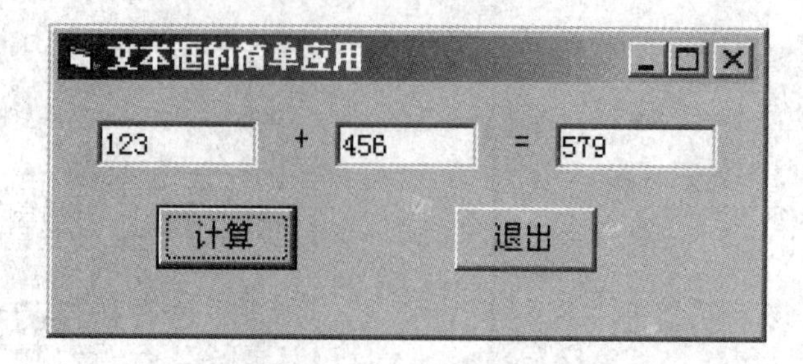

图 3-19　文本框的简单应用

按表 3.11 设置各控件属性。

表 3.11　对象属性设置

对　象	属　性	属 性 值	对　象	属　性	属 性 值
窗体	Name	frmText	标签1	Caption	+
	Caption	文本框的简单应用	标签2	Caption	=
文本框1	Name	txtAdd1	命令按钮1	Name	cmdCalc
	Text	""(空)		Caption	计算
文本框2	Name	txtAdd2	命令按钮2	Name	cmdEnd
	Text	""(空)		Caption	退出
文本框3	Name	txtResult			
	Text	""(空)			

程序代码如下：

```
Private Sub cmdCalc_Click()
    txtResult.Text = Val(txtAdd1.Text) + Val(txtAdd2.Text)
End Sub
Private Sub cmdEnd_Click()
    End
End Sub
```

(2) MultiLine 属性。通常，文本框中的文本只能够单行输入，当文本框的宽度受到限制时，无法完整地观看文本内容。为了更方便地显示文本，文本框控件提供了多行输入的功能，这是通过 MultiLine 属性实现的。MultiLine 属性默认为 False，表示只允许单行输入，并忽略 Enter 键的作用；当 MultiLine 属性为 True 时，表示允许多行输入。当文本长度超过文本框宽度时，文本内容会自动换行，同时，允许输入的文本容量也大大增加。

(3) ScrollBars 属性。当文本框的 MultiLine 属性为 True 时，仍可能出现因文本框的尺寸限制而无法完全显示文本内容的情况，ScrollBars 属性为浏览全部文本提供了方便。ScrollBars 属性指定是否在文本框中添加水平和垂直滚动条。

0—None：表示无滚动条；

1—Horizontal：表示只使用水平滚动条；

2—Vertical：表示只使用垂直滚动条；

3—Both：表示在文本框中同时添加水平和垂直滚动条。

注意：ScrollBars 属性生效的前提是设置 MultiLine 属性为 True。一旦设置 ScrollBars 属性为非零值，文本框中的自动换行功能就失效，要在文本框中换行，必须键入 Enter 键。

(4) MaxLength 属性。该属性用于设置文本框所允许输入的最大字符数，默认值为 0，表示无字符限制。若给该属性赋一个具体的值，该数值就作为文本的长度限制，当输入的字符数超过设定值时，文本框将不接收超出部分的字符，并发出警告。该属性常与 PasswordChar 属性配合使用。

(5) PasswordChar 属性。该属性用来指定显示在文本框中的字符。默认情况下，此属性的值是“”(空字符)，表示该文本框是普通文本框。当此属性被设为某一字符时(如字符“*”)，这时输入的文字都以“*”的形式出现，因此 PasswordChar 属性可用来隐藏用户的输入内容。这个属性主要用于文本框作为密码输入控件时，仍然可以在程序中使用代码，通过 Text 属性获得用户输入的实际内容，也即 PasswordChar 属性的设置不会影响 Text 属性的内容，它只会影响 Text 属性在文本框中的显示方式。

只有当 MultiLine 属性为 False 时，此属性的值才有效。

(6) Locked 属性。该属性设置文本框的内容是否可以编辑。如果 Locked 属性设为 True，则文本框中的文本成为只读文本，这时和标签控件类似，文本框只能用于显示，不能进行输入和编辑操作。

(7) SelStart、SelLength 和 SelText 属性。SelStart、SelLength 和 SelText 属性是文本框中对文本的编辑属性。

在我们日常使用的各种文本编辑工具中，都可以选择全部或部分内容进行复制、剪切等操作，被选定的内容通常以黑(或蓝)底白字显示，称为反相(突出、高亮)显示。

文本框控件实际是一个简单的文本编辑器，它提供了 SelStart、SelLength 和 SelText 三个特殊属性，可控制文本框中的插入点和文本选定操作。这些属性只能在运行时使用(设置)。此外，为了使文本框失去焦点时仍能反相显示选定内容，可使用 HideSelection 属性。

① SelStart 属性。SelStart 属性值是一个数字，用于指示选定文本块的起始位置。如果没有选定的文本，则该属性指示插入点的位置。若设置值为 0，则插入点被置于文本框中第一个字符之前。若设置值大于或等于文本框中文本的长度，则插入点被置于最后一个字符之后。

② SelLength 属性。该属性值为所选文本块中的字符个数。若将该属性设置为大于 0 的值 n，则选中并反相显示从当前插入点开始的 n 个字符。

特别地，若设置 SelStart 等于 0，SelLength 大于等于文本框中的字符数，则可将文本框中的内容全部选定。

③ SelText 属性。SelText 属性是一个字符串，含有选定的文本，如果没有字符被选定，则为空字符串。对该属性赋值可以替换当前选中的文本；如果没有选中的文本，则在当前插入点处插入文本。

设置了 SelStart 和 SelLength 属性后，Visual Basic 会自动将选定的文本送入 SelText 中存放。

(8) HideSelection 属性。该属性用于指定当控件失去焦点时选定的文本是否突出显示。

True(默认值)表示当控件失去焦点时，选定的文本不突出显示；False 表示当控件失去焦点时，选定的文本仍突出显示。该属性运行时只读。

【例 3-18】 编程实现文本框 txtPassword1 中以“*”字符替代用户实际输入的任意字符串。当用户输入完毕按回车键后，在文本框 txtPassword2 中立即显示用户在文本框 txtPassword1 中实际输入的字符串。界面设计如图 3-20(a)所示。

对象属性如表 3.12 所示。

表 3.12　对象属性设置

对　象	属　性	属 性 值	对　象	属　性	属 性 值
窗体	Name	frmPassword	文本框1	Name	txtPassword1
	Caption	创建密码文本框		PasswordChar	*
文本框2	Name	txtPassword2		Text	""(空)
	Text	""(空)			

程序代码如下：

```
Private Sub txtPassword1_KeyPress(KeyAscii As Integer)
    If KeyAscii = 13 Then txtPassword2.Text = txtPassword1.Text        '13 为 Enter 键的 ASCII 码
End Sub
```

运行程序，结果如图 3-20(b)所示。

(a) 设计界面

(b) 运行结果

图 3-20　创建密码文本框

【例 3-19】 在文本框 txtSource 中选定文本，通过命令按钮将选定的内容复制或剪切到文本框 txtDestination 中。程序运行界面如图 3-21 所示。

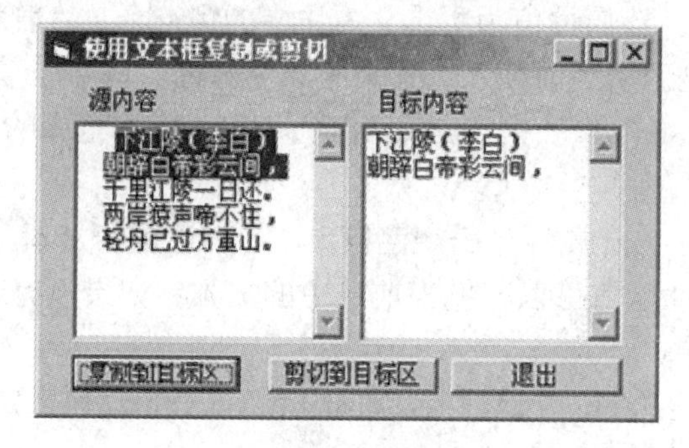

图 3-21　使用文本框复制或剪切

对象属性设置如表 3.13 所示。

表 3.13　对象属性设置

对　象	属　性	属 性 值
窗体	Name	frmText
	Caption	使用文本框复制或剪切
文本框1	Name	txtSource
	Text	下江陵(李白) 朝辞白帝彩云间， 千里江陵一日还。 两岸猿声啼不住， 轻舟已过万重山。
	MultiLine	True
	ScrollBars	2
	HideSelection	False
	Alignment	2

对　象	属　性	属 性 值
文本框2	Name	txtDestination
	Text	""（空）
	MultiLine	True
	ScrollBars	2
	HideSelection	False
标签1	Caption	源内容
标签2	Caption	目标内容
命令按钮1	Name	cmdCopy
	Caption	复制到目标区
命令按钮2	Name	cmdCut
	Caption	剪切到目标区
命令按钮3	Name	cmdExit
	Caption	退出

程序代码如下：

```
Private Sub Form_Load()
  txtSource.Text= "下江陵(李白)" & Chr(13) + Chr(10)&"朝辞白帝彩云间，"& vbCrLf &_
  "千里江陵一日还。"& vbCrLf &"两岸猿声啼不住，" & vbCrLf &"轻舟已过万重山。"
End Sub
Private Sub cmdCopy_Click()                    '复制
   txtDestination.SelText = txtSource.SelText  '将选中的文本复制到 txtDestination 中
End Sub
Private Sub cmdCut_Click()                     '剪切
   txtDestination.SelText = txtSource.SelText  '将选中的文本复制到 txtDestination 中
   txtSource.SelText = ""
End Sub
Private Sub cmdExit_Click()
   End
End Sub
```

代码中，vbCrLf 是 Visual Basic 常数，表示回车换行；也可以通过插入一个回车符和换行符的组合符号 Chr(13)和 Chr(10)来产生一个行断点；&为字符串连接运算符。

2．文本框的常用事件和方法

文本框支持的事件和方法较多，除了支持鼠标的 Click、Dblclick 事件外，还支持 Change、GotFocus、LostFocus、KeyPress 等事件和 SetFocus 方法。

本 章 小 结

本章介绍了窗体对象和三个最常用的控件，即命令按钮、标签和文本框，要熟练掌握它们的常用属性、事件和方法。

本章还介绍了键盘和鼠标事件。此外，焦点、访问键和 Tab 键次序也是可视化程序设计中较常用的概念，本章也进行了较为详细的介绍。

窗体是用户界面的载体，也是应用程序中最常用的基本对象，熟练掌握窗体的各个属性、方法和事件是进行可视化程序设计的基础。窗体的常用属性大多用于设计窗体的外观。在窗体的常用方法中，Print 方法是 Visual Basic 的突出特色，调用该方法可以非常方便地在窗体上输出文字。窗体能够识别的事件很多，其中最常用的是窗体的加载、卸载、激活、改变窗体大小以及鼠标事件等。一个实用的应用程序通常含有多个窗体，在多窗体程序中应注意启动窗体的设置，并学会使用 Show 方法将一个窗体显示为模式窗体或非模式窗体。

控件应用的好坏直接影响应用程序界面的美观和操作的方便。除本章外，第 7 章还将详细介绍 Visual Basic 的其他常用内部控件。

命令按钮是应用程序中最常用的控件，应注意掌握其特殊属性(如 Default、Cancel 等)的功能及应用。要想使命令按钮发挥作用，必须为其 Click 事件编写代码。

标签是最简单的文字显示控件，可通过 Caption 属性显示文字。利用标签还可以为不具有 Caption 属性的控件设置访问键。

文本框是最常用的字符输入输出控件，控件中的文本存放在 Text 属性中。根据实际需要，可通过 MultiLine 属性将文本框设置为单行或多行；通过对 PasswordChar 属性的改变，可以将单行文本框设置为密码文本框。文本框有三个以 Sel 为前缀的属性，它们与选定文本的操作有关，应熟练掌握其应用。

Visual Basic 定义了三个键盘事件过程，分别为 KeyPress(按下再松开)、KeyDown(按下)和 KeyUp(松开)事件。

Visual Basic 提供了许多鼠标事件过程，主要有 MouseDown、MouseMove 和 MouseUp 事件，大多数控件能够识别它们。通过这些事件，应用程序能够对鼠标位置及状态的变化作出响应。这三个事件与 Click 和 DblClick 不同，它们可以区分按下的鼠标按钮以及是否同时按下 Shift、Ctrl 和 Alt 键。

只有对象具有焦点时，才可接受用户输入。对象得到焦点或失去焦点时，会产生 GotFocus 或 LostFocus 事件。利用 SetFocus 方法可以使对象获得焦点。焦点从一个控件移动到另一个控件的次序就是 Tab 键顺序。控件的 TabIndex 属性决定了它在 Tab 键顺序中的位置。

习 题 3

一、选择题

1. 每个窗体对应一个窗体文件，窗体文件的扩展名是(　)。

   A. .bas　　B. .cls　　C. .frm　　D. .vbp

2．对于一个窗体对象，最先发生的事件是(　)。

A．Click　B．DblClick　C．Load　D．Unload

3．用来设置粗体字的属性是(　)。

A．FontItalic　B．FontName　C．FontBold　D．FontSize

4．每当窗体失去焦点时会触发的事件是(　)。

A．Active　B．Load　C．LostFocus　D．GotFocus

5．为了取消窗体的最大化功能，需要把它的一个属性设置为 False，这个属性是(　)。

A．ControlBox　B．MinButton　C．Enabled　D．MaxButton

6．确定一个窗体或控件大小的属性是(　)。

A．Width 或 Height　B．Width 和 Height

C．Top 或 Left　D．Top 和 Left

7．假定窗体的名称(Name 属性)为 Form1，则把窗体的标题设置为“VBTEST”的语句正确的是(　)。

A．Form1="VBTEST"　B．Caption="VBTEST"

C．Form1.test="VBTEST"　D．Form1.name="VBTEST"

8．为了使标签覆盖背景，应把 BackStyle 属性设置为(　)。

A．0　B．1　C．True　D．False

9．以下能触发文本框 Change 事件的操作是(　)。

A．文本框失去焦点　B．文本框获得焦点

C．设置文本框的焦点　D．改变文本框的内容

10．假定窗体上有一个标签，名为 Label1，为了使该标签没有边框，则正确的属性设置为(　)。

A．Label1.BorderStyle=0　B．Label1.BorderStyle=1

C．Label1.BorderStyle=True　D．Label1.BorderStyle=False

11．若要求在文本框中输入密码时在文本框中显示#号，则应在此文本框的属性窗口中设置(　)。

A．Text 属性值为#　B．Caption 属性值为#

C．PasswordChar 属性值为#　D．PasswordChar 属性值为真

12．使文本框获得焦点的方法是(　)。

A．Change　B．GotFocus　C．SetFocus　D．LostFocus

13．为了使标签中的内容居中显示，应把 Alignment 属性设置为(　)。

A．0　B．1　C．2　D．3

14．假定窗体上有一个文本框，名为 Txt1，为了使该文本框的内容能够换行，并且具有水平和垂直滚动条，正确的属性设置为(　)。

A．Txt1.MultiLine=True
Txt1.ScrollBars=0　B．Txt1.MultiLine=True
Txt1.ScrollBars=3

C．Txt1.MultiLine=False
Txt1.ScrollBars=0　D．Txt1.MultiLine= False
Txt1.ScrollBars=3

15．要把控件设置为不可见，应该将(　)属性设置为 False。

A．Font　　B．Caption　　C．Enabled　　D．Visible

16．下列语句中，定义窗体单击事件的头语句是(　)。

A．Private Sub Form_DblClick()　　B．Private Sub Text_DblClick()

C．Private Sub Form_Click()　　D．Private Sub Text_Click()

17．下述在窗体中建立对象的操作中，错误的是(　)。

A．先打开“窗体设计”窗口，才能在窗体中建立对象

B．单击工具箱中的控件图标，然后在窗体上画出对应的对象

C．双击工具箱中的控件图标，便可在窗体上画出对应的对象

D．打开窗体布局窗口，也可以在该窗口中建立窗体对象

18．在有关窗体控件的基本操作中，错误的是(　)。

A．按下一次 Del 键只能删除一个控件

B．按下一次 Del 键可以同时删除多个控件

C．按住 Shift 键，然后单击每个要选择的控件，可以同时选中多个控件

D．按住 Alt 键，然后单击每个要选择的控件，可以同时选中多个控件

19．应用程序设计完成后，应将程序保存，方法是(　)。

A．只保存窗体文件即可

B．只保存工程文件即可

C．先保存工程文件，之后还要保存窗体文件

D．先保存窗体文件(或标准模块文件)，之后还要保存工程文件

20．若在一个应用程序窗体上依次创建了 CommandButton、TextBox、Label 等控件，则运行该程序显示窗体时，首先获得焦点的是(　)。

A．窗体　　B．Label　　C．TextBox　　D．CommandButton

21．当用户(　)时，会引发焦点所在控件的 KeyPress 事件。

A．按下键盘上的一个 ANSI 键　　B．释放键盘上的一个 ANSI 键

C．单击鼠标左键　　D．单击鼠标右键

22．在文本框中，当用户键入一个字符时，能同时引发的事件是(　)。

A．KeyPress 和 Click　　B．KeyPress 和 LostFocus

C．KeyPress 和 Change　　D．Change 和 LostFocus

23．当用户按下并且释放一个键后触发 KeyPress、KeyUp 和 KeyDown 事件，这三个事件发生的顺序是(　)。

A．没有规律　　B．KeyDown、KeyUp、KeyPress

C．KeyPress、KeyUp、KeyDown　　D．KeyDown、KeyPress、KeyUp

24．以下表述正确的是(　)。

A．Load 语句与 Show 方法的功能相同

B．Unload 语句与 Hide 方法的功能完全相同

C．Load 语句与 Unload 语句的功能完全相反

D．以上三种说法都不正确

25．控件是(　)。

A．建立对象的工具　　B．设置对象属性的工具

C．编写程序的编辑器　　D．建立图形界面的编辑窗口

二、填空题

1．Visual Basic 是__(1)__环境下的应用程序。

2．在 Visual Basic 中，修改窗体的__(2)__和__(3)__属性值，可以改变窗体的大小。

3．如果要在双击窗体时执行一段代码，应将这段代码写在窗体的__(4)__事件过程中。

4．双击工具箱中的控件图标，可在窗体的__(5)__出现一个尺寸为缺省值的控件。

5．要同时选定窗体上的多个控件，可以按住__(6)__或__(7)__键，然后依次单击窗体上的各个控件。

6．当窗体最小化时缩小为一个图标，设置这个图标的属性是__(8)__。

7．假定一个文本框的 Name 属性为 Text1，为了在该文本框中显示“Hello!”，所使用的语句为__(9)__。

8．为了把一个窗体装入内存，所使用的语句为__(10)__；而为了清除内存中指定的窗体，所使用的语句为__(11)__。

9．为了显示一个窗体，所使用的方法为__(12)__；而为了隐藏一个窗体，所使用的方法为__(13)__。

10．文本框控件的常用事件和方法有__(14)__、__(15)__和__(16)__。

11．在 KeyDown/KeyUp 事件过程中，Shift 参数值为__(17)__表示按下 Ctrl 键。

12．控件的__(18)__属性是对象的名字，其值在程序运行中只能被引用，不能被修改。

13．要使某个命令按钮不起作用，应将该按钮的__(19)__属性设置为 False。

14．使用“上下文相关帮助”的操作方法是：选择一个对象或关键字，然后按下__(20)__。

三、简答题

1．Name 和 Caption 属性有何区别？

2．标签和文本框的区别是什么？

3．请指出何时发生对象的 MouseDown、MouseUp 和 MouseMove 事件?

4．KeyDown 与 KeyPress 事件的区别是什么?

5．如果在 KeyDown 事件过程中将 KeyCode 设置为 0，KeyPress 的 KeyAscii 参数会不会受影响？如果输入的对象是文本框，那文本框的内容是否有影响？

6．请说明键盘扫描代码(KeyCode)与键盘 ASCII 码(KeyAscii)的区别。

四、综合题

1．在窗体中添加两个命令按钮，分别为 Command1 和 Command2，窗体加载时要求 Command1 不可用，Command2 可用，单击 Command2 后，Command1 可用。在空格处填入适当的内容，将程序补充完整。

```
Private Sub Command2_Click()
```

```
    ______(1)______
End Sub
Private Sub Form_Load()
    ______(2)______
End Sub
```

2．设计一个窗体，其中有“改变窗体高度”、“改变窗体宽度”和“改变窗体颜色”三个命令按钮。程序要求如下：

(1) 单击窗体时，在窗体上出现“请单击右面的命令按钮”，如图 3-22 所示。

(2) 单击“改变窗体高度”按钮，可使当前窗体的高度减少 400。

(3) 单击“改变窗体宽度”按钮，可使当前窗体的宽度减少 400。

(4) 单击“改变窗体颜色”按钮，可将当前窗体的背景色设置为黄色。

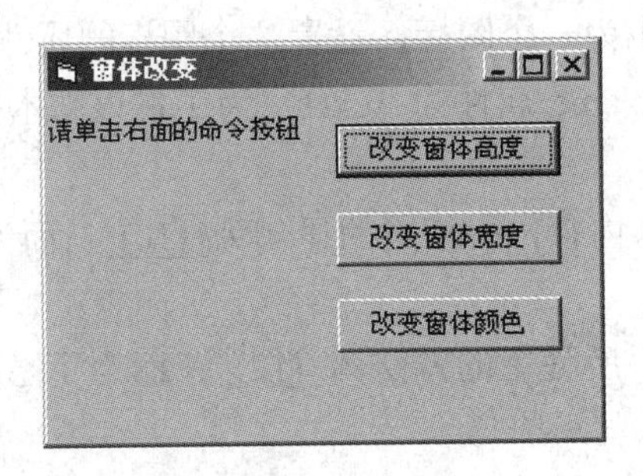

图 3-22　命令按钮单击事件改变窗体属性

3．在窗体上画两个命令按钮和一个标签，把两个命令按钮的标题分别设置为“缩小”和“扩大”；把标签的 AutoSize 属性设置为 True，标题设置为“Visual Basic 程序设计”。程序运行后，如果单击第一个命令按钮，则可使标签中标题的字缩小为原来的 80%；如果单击第二个命令按钮，则可使标签中标题的字扩大 1.2 倍。编程完成以上功能。

4．编写程序，使窗体位于屏幕中心显示，文本框位于窗体中心显示。

5．编写程序实现以下功能：设计界面如图 3-23(a)所示，输入姓名并单击“输入”按钮后，显示如图 3-23(b)所示的界面。

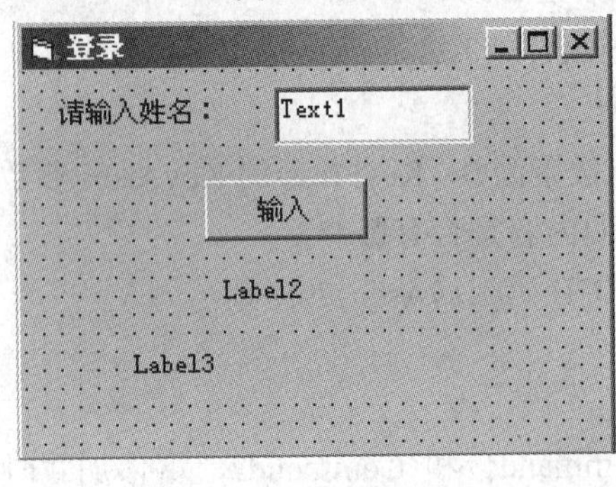

(a) 设计界面

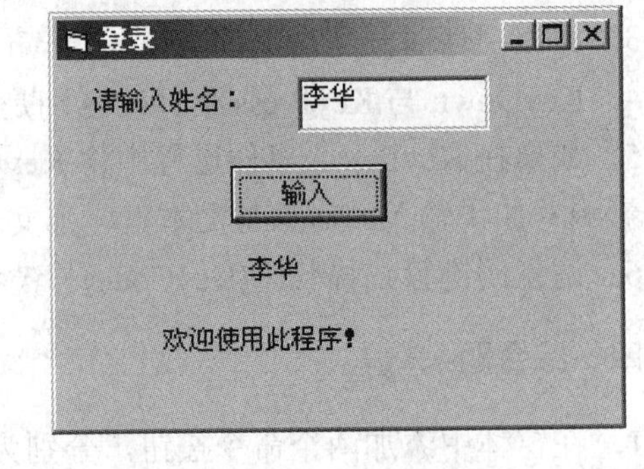

(b) 运行界面

图 3-23　“登录”程序的设计和运行界面

6．编写一个简单程序。要求：在窗体上创建一个文本框控件，两个命令按钮控件。命令按钮的标题分别设置为“隐藏”和“结束”。单击“隐藏”按钮后文本框消失，该按钮变成“显示”；单击“显示”按钮则显示出文本框，该按钮为“显示/隐藏”切换按钮。单击“结束”按钮结束程序运行。设计如图 3-24(a)、(b)所示的运行界面。

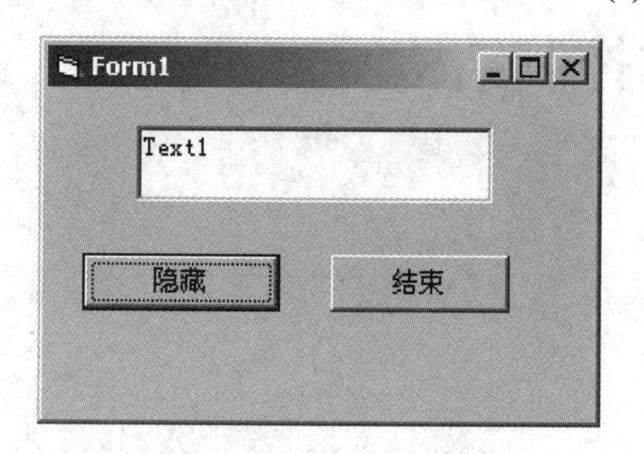

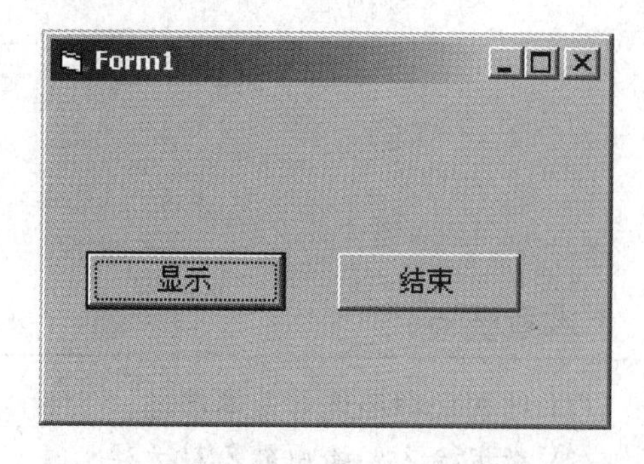

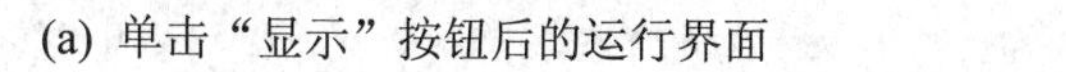

(a) 单击“显示”按钮后的运行界面　　(b) 单击“隐藏”按钮后的运行界面

图 3-24　运行界面

提示：本题需要判断“显示/隐藏”按钮的标题属性，因此会用到条件判断语句，可参考第 4 章有关内容。

7．编写程序，用文本框检查口令输入。在窗体上建立一个文本框、一个标签框和三个命令按钮。把三个命令按钮的标题分别设置为“开始”、“检查口令”和“结束”。程序运行后，单击第一个命令按钮，清除文本框中的信息，并把焦点移到文本框中。接着在文本框中输入口令，然后单击第二个命令按钮，检查输入的口令是否正确。如果正确，则在标签框中显示字符串“口令正确，继续执行”，否则显示一个信息框，要求重新输入，此时将调用第一个命令按钮的 Click 事件过程，再一次在文本框中输入口令，直到输入正确口令为止。如果单击“结束”按钮，则结束程序。程序的运行情况如图 3-25(a)、(b)所示。

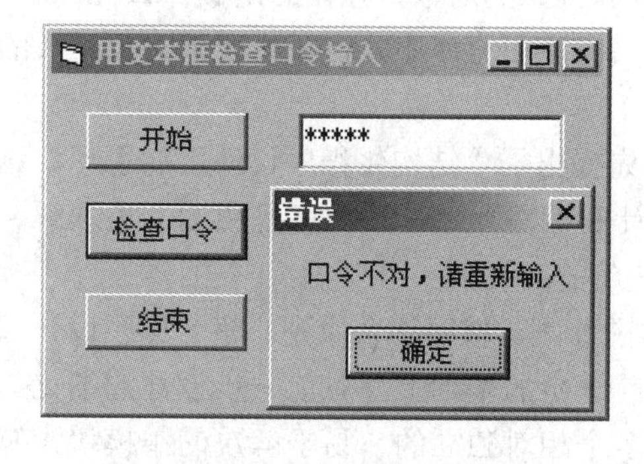

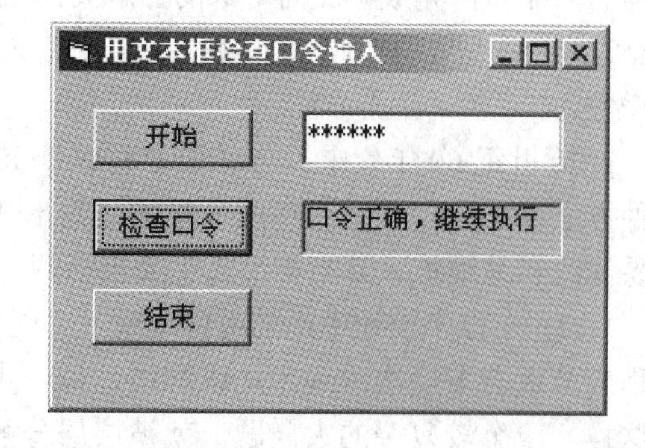

(a) 口令输入错误时的运行情况　　(b) 口令输入正确时的运行情况

图 3-25　用文本框检查口令输入

提示：本题需要用到信息框和事件过程调用，请分别参考第 4 章、第 6 章的有关内容。另外，本题同样也会用到条件判断语句。

8．编写程序，利用此程序能够轻松显示出键盘上各键的 ASCII 码值。

第 4 章　基本控制结构

本章要点：

(1) 结构化程序设计基本思想；
(2) 数据输入、输出的各种方法；
(3) 选择结构程序设计的方法及应用；
(4) 循环结构程序设计的方法及应用。

4.1　结构化程序设计概述

Visual Basic 是面向对象的程序设计语言。面向对象的程序设计并不是要抛弃结构化程序设计方法，而是站在比结构化程序设计更高、更抽象的层次上去解决问题，当它被分解为低级代码模块时，仍需要结构化编程的方法和技巧，只是它分解大问题为小问题时采取的思路与结构化方法是不同的。结构化的分解突出过程，强调的是如何做(How to do?)，代码的功能如何完成；面向对象的分解突出现实世界和抽象的对象，强调的是做什么(What to do?)，它将大量的工作由相应的对象来完成，程序员在应用程序中只需说明要求对象完成的任务。

20 世纪 60 年代末，著名学者 E.W.Dijkstra 首先提出了“结构化程序设计”的思想。这种方法要求程序设计者按照一定的结构形式来设计和编写程序，使程序易阅读、易理解、易修改和易维护。其结构形式主要包括两方面的内容：

(1) 在程序设计中，采用自顶向下、逐步细化的原则。按照这个原则，整个程序设计过程应分成若干层次，逐步加以解决。每一步是在前一步的基础上，对前一步设计的细化。这样，一个较复杂的大问题，就被层层分解成为多个相对独立的、易于解决的小模块，有利于程序设计工作的分工和组织，也使调试工作比较容易进行。

(2) 在程序设计中，编写程序的控制结构仅由 3 种基本的控制结构(顺序结构、选择结构和循环结构)组成，避免使用可能造成程序结构混乱的 GoTo 语句。

所谓程序的控制结构，是指用于规定程序流程的方法和手段。它是一种逻辑结构，描述程序执行的顺序，也是一种形式结构，描述程序的编写规则。按照结构化程序设计方法，使设计编写的程序的控制结构由 3 种基本控制结构组成，这样的程序就是结构化程序。

4.2 顺序结构

顺序结构是最简单的一种结构，顺序结构的程序在执行时，自顶向下顺序执行各条语句，程序只有一个入口和一个出口。图 4-1 表示了一个顺序结构，图中 a 是入口，b 是出口。

顺序结构主要由输入输出语句、赋值语句、终止语句和注释语句构成。

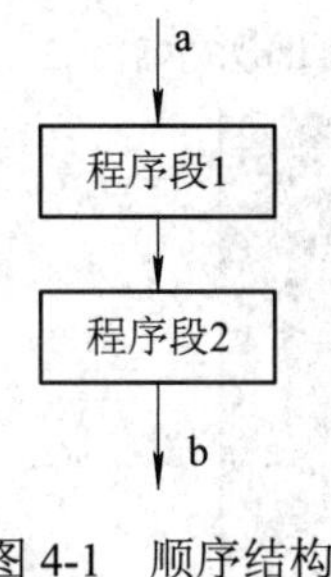

图 4-1　顺序结构

4.2.1 赋值语句

赋值语句是程序中最基本的语句，其作用是执行赋值运算。

赋值语句的形式为

　　变量名=表达式

表示将表达式的值存储在变量中。赋值语句的作用是获取赋值运算符(=)右侧的值，并将该值存储到赋值运算符左侧的元素中。例如：

```
v = 42          '将文本值 42 存储到变量 v 中
t=w*3           '计算 w*3 的值，然后将值存储到 t 中
```

说明：

(1) 在这里“=”是赋值号，不是数学上的等号“=”，例如 x = x + 1，这在数学上是不成立的，但对于赋值语句是成立的，表示将 x 的值加 1，然后再将值赋给 x。

(2) 赋值号左边可以是变量、数组元素、变长数组，右边可以是任何常数、字符串、变量、表达式或返回值的函数调用。注意，例如 3 = x，sin(x) = 0.5 这样的写法是不正确的。

(3) 赋值号左右两边的数据类型要保持一致，如果出现不一致，系统强制转换为左边的数据类型。

(4) 赋值号左边的变量名还可以是对象的属性名，这时右边就是属性值。例如 Form1.Caption="我的程序"，用在程序中给对象的属性赋值，若对象名省略，则表示当前窗体。

(5) 赋值语句遵循“先计算，后赋值”的原则。

【例 4-1】 赋值语句示例。

用户设计界面如图 4-2(a)所示。命令按钮 Command1 的 Click 事件过程如下：

```
Private Sub Command1_Click()
    Dim value1 As Integer
    Dim value2 As Single
```

```
    Dim stringname As String
    Form1.Caption = "我的第一个程序"
    value1 = 10
    value2 = Sin(3.14 / 4)
    stringname = "lili"
    Print value1, value2, stringname
End Sub
```

程序执行后，运行界面如图 4-2(b)所示。

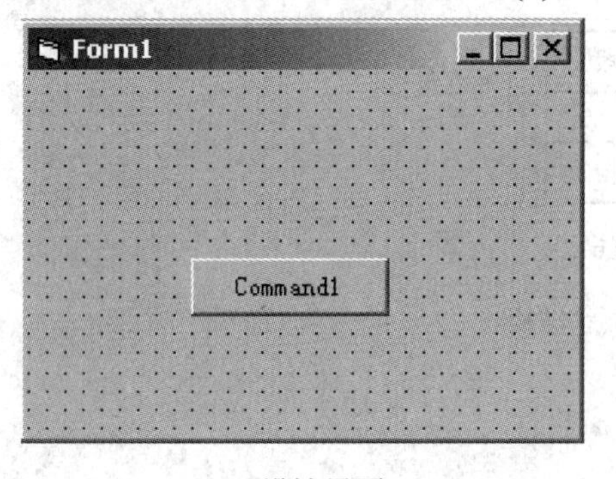

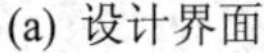

(a) 设计界面

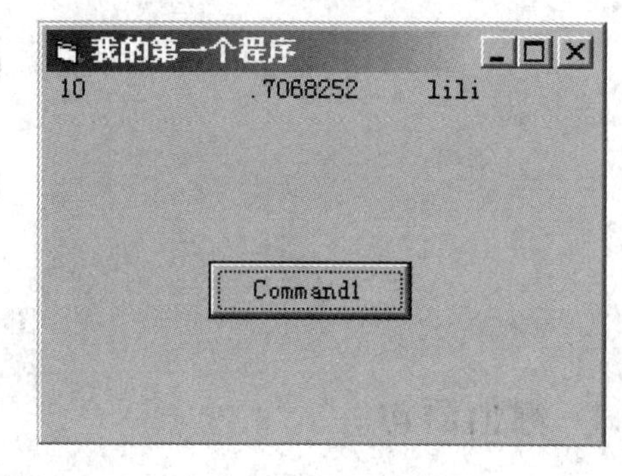

(b) 运行界面

图 4-2　例 4-1 程序界面

4.2.2　数据的输入

程序执行过程中输入数据的方法有很多种，可以用文本框、对话框以及 Visual Basic 提供的函数和语句等。文本框输入数据的方法已经在第 3 章作了详细介绍，对话框输入数据的方法将在第 8 章讨论，这里主要介绍利用 InputBox 函数进行数据输入的方法。

InputBox 函数显示一个能接收用户输入的对话框，并返回用户在对话框中输入的信息。其语法格式为

InputBox(<提示>[,<标题>][,<默认值>][,<X 坐标>][,<Y 坐标>])

该函数五个参数中只有<提示>是必须有的，其他的都可以省略。各参数含义如下：

(1) 提示。这是对话框中的提示信息，用以提示用户输入数据。如果需要多行显示，可以将回车符(Chr(13))或换行符(Chr(10))连接到字符串中，也可以自动换行。

(2) 标题。其内容将作为标题出现在对话框的标题栏里，若缺省则标题为程序名。

(3) 默认值。其内容将作为默认值出现在对话框的输入区中，此时若默认值为空，则返回空字符串。

(4) X 坐标。此参数用于指定对话框左端与屏幕左边界的距离。若省略此项，对话框会在水平方向上居中。

(5) Y 坐标。此参数用于指定对话框顶端与屏幕上边界的距离。若省略此项，对话框会在垂直方向距底端三分之一处。此参数必须与参数[X]同时出现或省略。

【例 4-2】 InputBox 函数举例。

创建一新工程，在窗体上添加一命令按钮 Command1，设 Command1 的 Click 事件过程

如下：

```
Private Sub Command1_Click()
    Dim stuname As String
    Dim stunum As String
    Dim stuscore As String
    Dim title As String
    Dim msg1 As String, msg2 As String, msg3 As String
    title = "学生信息输入框"
    msg1 = "请输入学生姓名"
    msg2 = "请输入学生学号"
    msg3 = "请输入学生成绩"
    stuname = InputBox(msg1, title)         '输入学生姓名
    stunum = InputBox(msg2, title)          '输入学生学号
    stuscore = InputBox(msg3, title)        '输入学生成绩
    MsgBox "姓名：" & stuname & "  学号" & stunum & "  成绩" & stuscore
End Sub
```

程序运行时，单击 Command 1 按钮，将出现如图 4-3 所示的对话框，在对话框中输入“李明”，按回车键或“确定”按钮以后，将出现要求输入学号的第二个对话框。在本程序中，共调用了三个 InputBox 函数，会依次出现三个对话框，分别输入学生的姓名、学号和成绩。单击最后一个对话框的“确定”按钮后，输入的全部信息将会被显示出来，如图 4-4 所示。

图 4-3　例 4-2 输入信息对话框

图 4-4　例 4-2 程序运行界面

上例程序用到的输出语句 MsgBox 将在下一节介绍。

在使用 InputBox 函数时，应注意以下几点：

(1) 该函数的返回值是一个字符串类型的数据。若输入的数值参加运算，则必须在进行运算前用转换函数将其转换为相应类型，否则可能会得到不正确的结果。

(2) 对话框中输入的数据作为函数的返回值赋给一个变量，否则，输入无意义，而且每执行一次函数，用户只能输入一个数据，若要输入多个数据，必须要多次调用该函数。

(3) 在执行 InputBox 函数所产生的对话框中有两个按钮，单击“确定”按钮表示确认输入的数据，函数返回输入的数据；单击“取消”按钮，表示输入无效，函数返回一个空字符串。

(4) 如果要省略某些位置的参数，则必须加入相应的逗号，例如：

```
InputBox("请输入数据",, 18)
```

(5) InputBox 函数也可以写成 InputBox$的形式，两种形式等价。

4.2.3 数据的输出

上一节介绍了在程序中输入数据的方法，本节将介绍数据的输出方法，关于图形的输出将在第 9 章中介绍。

在第 3 章中介绍过的“文本框”控件和“标签”控件都有输出数据的功能，本节还将介绍另外的数据输出方法：Print 方法和 MsgBox 函数方法。

1. 用 Print 方法输出数据

Print 方法可以在窗体上显示文本和表达式的值，并且可以在其他图形对象或打印机上输出信息。格式为

[对象名.] Print [<表达式列表>][{,/;}]

说明：

(1) “对象”可以是窗体(Form)、图片框(PictureBox)和打印机(Printer)，也可以是立即窗口(Debug)。若省略则表示在当前窗体上输出。例如：

```
Print "这是我的 Visual Basic 程序"
```

表示把字符串在当前窗体上显示出来。

```
Picture1.Print "这是我的 VB 程序"
```

表示把字符串在图片框中显示出来。

(2) “表达式列表”是一个或多个表达式，可以是数值表达式或字符串。数值表达式输出表达式的值，字符串照原样输出。若省略，则输出一个空行。例如：

```
Print 1+1
Print
Print "1+1"
```

输出结果为

```
2
                    '输出一个空行
1+1
```

(3) 当有多个表达式或字符串时，各表达式用逗号或分号隔开。逗号表示按标准格式输出，即分区显示数据，Visual Basic 中以 14 个字符单位把一行分为若干个区，逗号后面的表达式在下一个区段输出。分号表示按紧凑格式输出，即连续输出。例如：

```
Print 1 + 1; "1+1"
Print 1 + 1, "1+1"
```

输出结果为

```
2 1+1
2             1+1
```

当输出数值时，数值前面有一符号位，后面有一空格，字符串前后都没有空格。

(4) Print 方法遵循“先计算，后输出”的原则。例如：

```
Print 2 ^ 3 + 6 * 9
```

输出结果为 62，即先计算表达式的值，然后输出该值。

(5) 每执行一条 Print 语句后自动换行，但是若 Print 语句最后一个输出项后有逗号或分号，则按标准或紧凑格式输出。

【例 4-3】 用 Print 方法输出。

```
Private Sub Form_Click()
    Print "Hello!"
    Print 267; 43 * 12; 312 / 55 * 4 ^ 2
    Print "Taipei", "HsinChu", "67.8 Km"
    Print "HsinChu", "TaiChung", "84.3 Km"
    Print "TaiChung", "Tainan", "148.7 Km"
    Print "Tainan", "KaoHsiung", "34.9 Km"
End Sub
```

输出结果如图 4-5 所示。

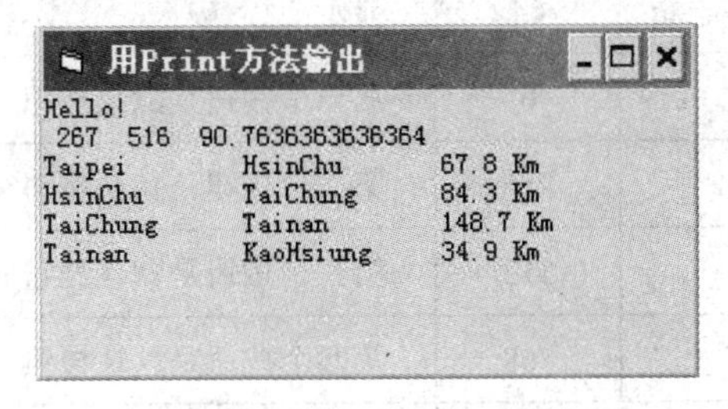

图 4-5　Print 方法应用示例

为了更灵活地输出数据，Visual Basic 提供了几个与 Print 配合使用的函数：Tab 函数、Spc 函数、Space 函数以及 Format 函数，以上几个函数在第 2 章均已介绍，在此不再赘述。

2. MsgBox 函数和 MsgBox 语句

MsgBox 函数和 MsgBox 语句可以向用户传递信息，通过用户对弹出对话框上按钮的选择来决定程序怎样继续执行。

(1) MsgBox 函数。MsgBox 函数的格式为

变量[%]=Msgbox(<提示信息>[，按钮类型>][，<标题>])

功能：该函数被执行后会弹出一个对话框，等待用户单击按钮，并且返回一个整型数值，告诉程序用户单击了哪一个按钮，以决定程序的走向。

说明：

① 提示信息和标题参数的含义与 InputBox 函数一致。

② 按钮类型参数用于指定弹出对话框上按钮的数目、类型、使用的图标样式、默认按钮是什么以及强制返回等。表 4.1 列出了按钮类型参数的设置值及其描述。其中：第一组

值(0～5)表述对话框中显示的按钮的数目和类型；第二组值(16、32、48、64)表述对话框中图标的样式；第三组值(0、256、512、768)说明哪一个按钮是默认按钮；第四组值(0、4096)决定消息框强制返回模式。

表 4.1　按钮类型参数设置值及其描述

系统常量	值	描　述
vbOKOnly	0	只显示“确定”按钮
vbOKCancel	1	显示“确定”和“取消”按钮
vbAbortRetryIgnore	2	显示“终止”、“重试”及“忽略”按钮
vbYesNoCancel	3	显示“是”、“否”及“取消”按钮
vbYesNo	4	显示“是”和“否”按钮
vbRetryCancel	5	显示“重试”和“取消”按钮
vbCritical	16	显示图标
vbQuestion	32	显示图标
vbExclaimation	48	显示图标
vbInformation	64	显示图标
vbDefaultButton1	0	第一个按钮是默认按钮
vbDefaultButton2	256	第二个按钮是默认按钮
vbDefaultButton3	512	第三个按钮是默认按钮
vbDefaultButton4	768	第四个按钮是默认按钮
vbApplicationModal	0	应用程序强制返回；当前 Visual Basic 应用程序被挂起，直到用户对消息框作出响应
vbSystemModal	4096	系统强制返回；系统全部应用程序都被挂起，直到用户对消息框作出响应

按钮类型参数可以从每组值(通常只用前三组)中选取一个数字相加之后得到，也可以用相应的系统常量相加组成。例如：

16 = 0 + 16 + 0——显示“确定”按钮；“ ”图标；默认按钮为“确定”。其等价于 vbOKOnly+vbCritical+vbDefaultButton1。

35 = 3 + 32 + 0——显示“是”、“否”及“取消”按钮；“ ”图标；默认按钮为“是”。其等价于 vbYesNoCancel+vbQuestion+vbDefaultButton1。

③ MsgBox 函数返回值是一个整型数值，该数值与所选按钮有关，MsgBox 函数所显示的对话框共有 7 种按钮，分别对应 1～7 的整数，如表 4.2 所示。

表 4.2　MsgBox 函数的返回值

系统常量	整数值	用户的操作(单击或按下的按钮)
vbOK	1	确定
vbCancel	2	取消
vbAbort	3	终止
vbRetry	4	重试
vbIgnore	5	忽略
vbYes	6	是
vbNo	7	否

【例 4-4】 测试 MsgBox 函数。

```
Private Sub Form_Click()
    msg1 = "你是否要继续？"
    msg2 = "测试 MsgBox 函数"
    r = MsgBox(msg1, 34, msg2)
    Print r
End Sub
```

执行上面的程序后，出现如图 4-6 所示的界面，当用户作出选择时，程序把函数的返回值赋给变量 r，并把 r 的值在窗体上输出。当选择“终止”时，窗体上显示 3；选择“重试”时，显示 4；选择“忽略”时，显示 5。

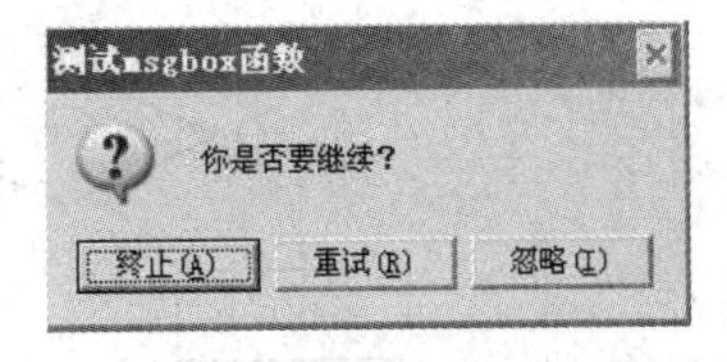

图 4-6　测试 MsgBox 函数

上面的第 4 行语句等价于：

```
r=MsgBox(msg1,vbAbortRetryIgnore+vbQuestion+ vbDefaultButton1, msg2)
```

(2) MsgBox 语句。MsgBox 函数也可以写成语句的形式，格式为

MsgBox <提示信息>

参数的含义与 MsgBox 函数相同。由于 MsgBox 语句没有返回值，因此常用于简单的提示。例如：

```
MsgBox"输入完毕！"
```

执行上面的语句后，将出现如图 4-7 所示的界面。

图 4-7　MsgBox 语句

MsgBox 对话框出现后，用户必须作出选择，程序才能继续执行。这样的窗口或对话框称为模态窗口。

4.3　分 支 结 构

在日常生活和工作中，常常需要对某个条件进行分析和判断，然后根据分析判断得到的结果来决定下一步要做什么。在 Visual Basic 中这类问题是通过分支结构(也称为选择结构)来解决的。Visual Basic 中提供了 If 语句、Select 语句来实现分支结构。

4.3.1　If 语句

1. 单行结构的 If 语句

单行结构的 If 语句比较简单，其格式如下：

If <条件> Then <语句块 1> [Else 语句块 2]

功能：如果条件表达式为 True，则执行语句块 1，否则执行语句块 2。

说明：(1) 格式中的“条件”是关系表达式或逻辑表达式，也可以是数值型的表达式。当为数值型表达式时，非 0 值为 True，0 值为 False；当为关系表达式或逻辑表达式时，–1 值为 True，0 值为 False。“语句块 1”和“语句块 2”是一条或多条 Visual Basic 语句，当含有多条语句时，各语句之间用冒号隔开。

(2) 单行结构的 If 语句必须写在一行上。

(3) 执行过程：先计算表达式的值，若值为 True，则执行语句块 1，否则执行语句块 2，如图 4-8(a)所示。在该结构中，Else 部分可以省略，那么执行过程如图 4-8(b)所示，即当条件表达式的值为 False 时，直接执行后续语句。

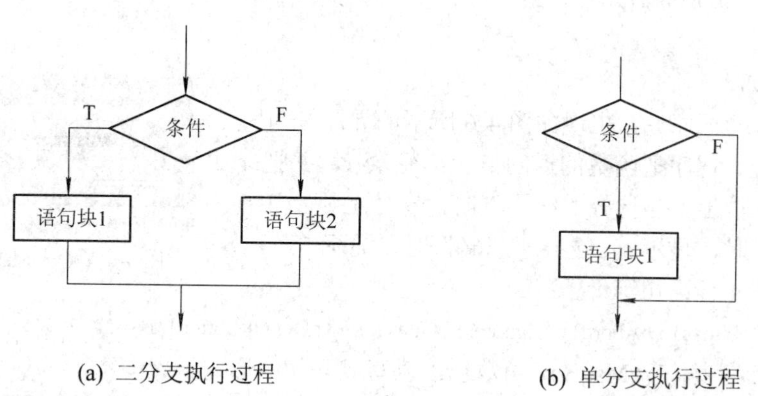

(a) 二分支执行过程　　(b) 单分支执行过程

图 4-8　单行结构 If 语句流程

【例 4-5】 输入三个数 a、b、c，求最大值。

设计界面如图 4-9(a)所示。

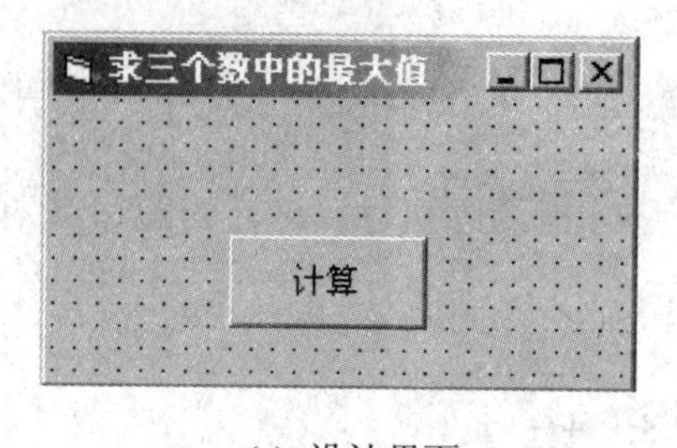

(a) 设计界面

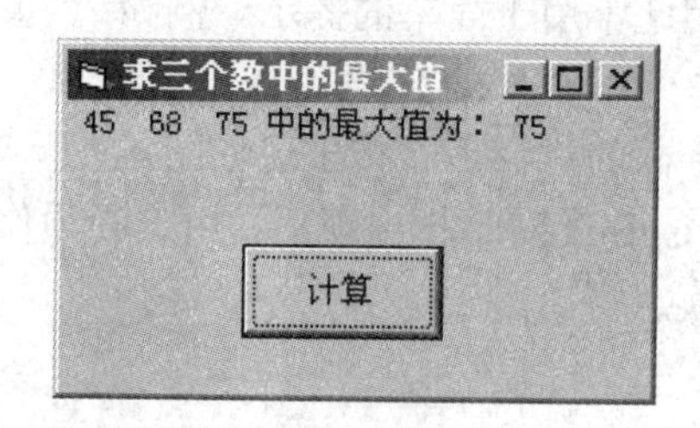

(b) 运行结果

图 4-9　求三个数中的最大值

分析提示：可用 InputBox 函数输入三个数，找出其中的最大值，用 Print 输出最大值。

具体实现：先把三个数中任意一个放在变量 max 中，然后 max 分别与 b、c 比较，将较大的值放在 max 中，比较完成以后，三个数中的最大值在 max 中。

程序流程如图 4-10 所示。

事件过程如下：

```
Private Sub Command1_Click()
    Dim a As Integer, b As Integer, c As Integer
    Dim max As Integer
    a = Val(InputBox("请输入第一个数"))
    b = Val(InputBox("请输入第二个数"))
    c = Val(InputBox("请输入第三个数"))
    max = a
    If b > max Then max = b
    If c > max Then max = c
    Print a; b; c; "中的最大值为："; max
End Sub
```

程序运行结果如图 4-9(b)所示。

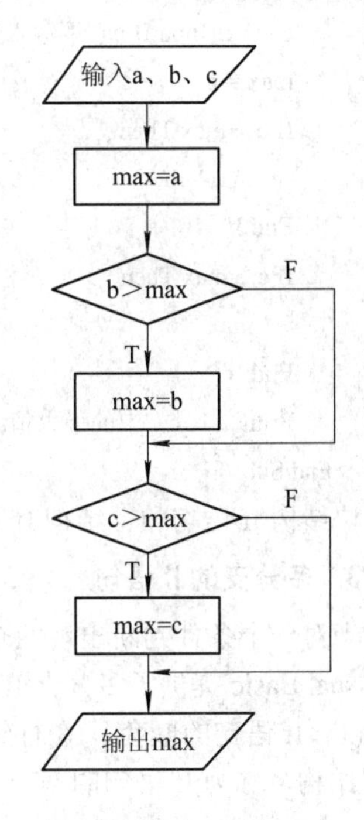

图 4-10　求三个数中最大值

2. 块结构的 If 语句

由于行结构的 If 语句受到每行能显示的最大字符数的限制，使得某些复杂的分支程序无法实现，因而 Visual Basic 还提供了一种 If 语句，即块结构的 If 语句。其格式如下：

```
If  条件  Then
    语句块 1
[Else
    语句块 2]
End If
```

块结构的 If 语句中“条件”、“语句块 1”、“语句块 2”的含义与行结构 If 语句完全一致，并且其功能和执行过程也与行结构 If 语句一致。但是要注意以下几点：

(1) If 与 Then 以及“条件”位于同一行，其他语句不能与它们同行。

(2) 在块结构 If 语句的最后必须加上 End If 以示块结构 If 语句的结束。

(3) Else 部分可以省略，但 End If 不能省略。

(4) 当语句块 1、语句块 2 有多条语句时，可以写在不同的行，也可以写在同一行，若写在同一行则各语句之间用冒号隔开。

用块结构 If 语句改写上面的例 4-5，事件过程如下：

```
Private Sub Command1_Click()
    Dim a As Integer, b As Integer, c As Integer
    Dim max As Integer
    a = Val(InputBox("请输入第一个数"))
    b = Val(InputBox("请输入第二个数"))
```

```
    c = Val(InputBox("请输入第三个数"))
    max = a
    If b > max Then
        max = b
    End If
    If c > max Then
        max = c
    End If
    Print a; b; c; "中的最大值为："; max
End Sub
```

块结构 If 语句和行结构 If 语句可以相互替代。

3. 多分支的 If 语句

当对一个条件判断出现两个以上的结果时，用上面的两种结构实现就会出现困难，为此 Visual Basic 提供了多分支 If 语句。

(1) If 语句的嵌套。在行结构 If 语句和块结构 If 语句的语句块部分又嵌套了一个完整的 If 结构，称为 If 语句的嵌套。例如：

```
If x > 0 Then y = 1 Else If x = 0 Then y = 0 Else y = –1
```

又如：

```
If x > 0 Then
    y = 1
Else
    If x = 0 Then
        y = 0
    Else
        y = –1
    End If
End If
```

说明：

① 在嵌套时，嵌套的 If 语句必须是完整的，可以嵌套在 Then 部分也可以嵌套在 Else 部分，但注意不能交叉嵌套。

② 在嵌套的层数较多时，要注意嵌套的正确性，一般原则是：每一个“Else”与距它最近的且未与其他“Else”配对的“If…Then”配对。

③ 必须保证每一个 If 都有 End If 与之配对，配对原则同 Else。

【例 4-6】 设计一程序，从键盘输入学生成绩，然后判断其等级：优秀(90～100)、良好(80～89)、中等(70～79)、及格(60～69)和不及格(0～59)。

使用 If 语句的嵌套来完成。事件过程如下：

```
Private Sub Command1_Click()
    Dim score As Single
```

```
    score = Val(InputBox("请输入一个数："))
    If score < 0 Or score > 100 Then MsgBox "请正确输入成绩": End     '保证输入的成绩有效
    If score >= 90 Then
        Print "优秀"
    Else
        If score >= 80 Then
            Print "良好"
        Else
            If score >= 70 Then
                Print "中等"
            Else
                If score >= 60 Then
                    Print "及格"
                Else
                    Print "不及格"
                End If
            End If
        End If
    End If
End Sub
```

该程序在执行时，依次判断 If 语句中的“条件”，只要有一个“条件”满足，执行其后的 Then 语句部分，然后跳出 If 结构，执行后续语句。

在使用 If 语句的嵌套时，对条件的判断往往是复杂的，当各条件之间有关联时，尤其要注意条件语句的设计。如例 4-6 中，若条件按从小到大的顺序排列，则得到的结果就只有两种：“及格”和“不及格”。

(2) If…Then…ElseIf…结构。其格式如下：

```
If 条件 1 Then
    语句块 1
ElseIf 条件 2 Then
    语句块 2
    …
[Else
    语句块 n+1]
End If
```

功能：当“条件 1”为 True 时，执行“语句块 1”；若“条件 2”为 True，执行“语句块 2”。依此类推，直到找到一个为 True 的条件时，就执行相应的语句块。若所有条件都不成立，则执行 Else 语句后的“语句块 n+1”。

If…Then…ElseIf…结构的执行流程如图 4-11 所示。

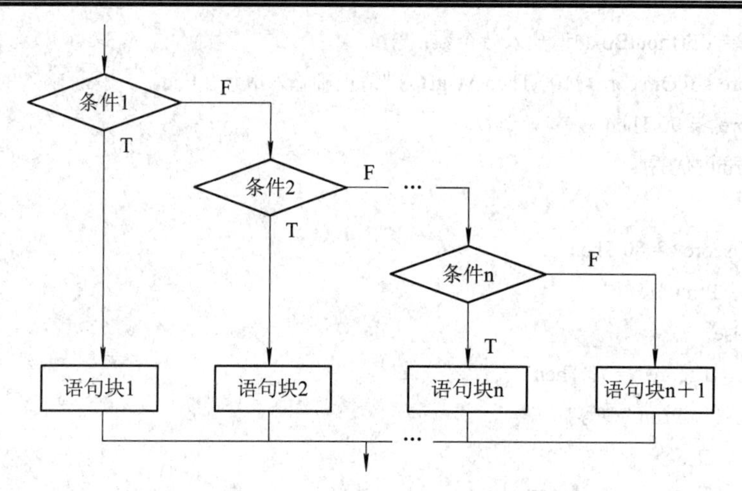

图 4-11　If…Then…ElseIf…结构的执行流程

说明：

① ElseIf 没有个数限制，可以加任意多个。

② 结构中只有一个 If 和 End If 语句。

③ 当结构中多个“条件”满足时，只执行第一个“条件”后的“语句块”，因此，在使用这种结构时，要注意条件的排列顺序。

【例 4-7】 用 If…Then…ElseIf…结构实现例 4-6。

事件过程如下：

```
Private Sub Command1_Click()
    Dim score As Single
    score = Val(InputBox("请输入一个数："))
    If score >= 90 Then
        Print "优秀"
    ElseIf score >= 80 Then
        Print "良好"
    ElseIf score >= 70 Then
        Print "中等"
    ElseIf score >= 60 Then
        Print "及格"
    Else
        Print "不及格"
    End If
End Sub
```

4.3.2　Select Case 语句

Select Case 语句又被称为情况语句，可以实现多分支结构程序设计，它根据一个表达式的值，在一组相互独立的可选语句序列中选择要执行的语句。其一般格式如下：

```
Select Case 测试表达式
      Case 表达式列表 1
   语句块 1
      Case 表达式列表 2
   语句块 2
      …
      [Case Else
   语句块 n]
End Select
```

功能：根据“测试表达式”的值，找到与之相应的 Case 子句的“表达式列表”，然后执行其后的“语句块”；若无与之相应的“表达式列表”，则执行 Case Else 后的“语句块”。其执行过程如图 4-12 所示。

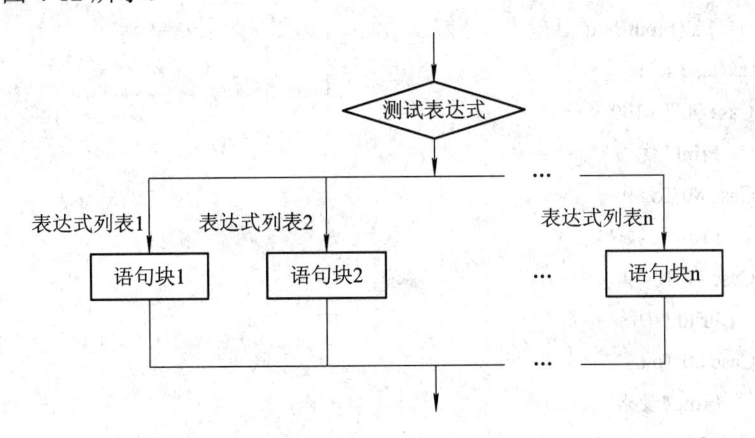

图 4-12　Select Case 语句执行过程

说明：

(1) 测试表达式可以是数值表达式或字符串表达式，通常为变量或常量。

(2) 语句块由一行或多行 Visual Basic 语句组成。

(3) 表达式列表中，表达式的类型必须与测试表达式的类型相同，可以是下列 3 种表示形式之一：

① 表达式 1，表达式 2，…，表达式 n。若测试表达式的值与其中之一相同，就执行该 Case 语句。例如：

```
Case 1,2,3,4,5
```

② 表达式 1 To 表达式 n。这里的 To 用来指定一个范围，必须把较小的值写在前面，较大的值写在后面，字符串常量的范围按字母顺序写。该范围包括边界值。若测试表达式的值在该范围内，就执行该 Case 语句。例如：

```
Case 1 To 5
```

③ Is <比较运算符> <表达式>。这里的 Is 表示当测试表达式的值与给定的表达式进行比较运算的结果为真时，就执行该 Case 语句。例如：

```
Case Is>10
```

以上三种格式可以混合使用，中间用逗号隔开。例如：

```
Case 1,2,3,4,5, 10 To 20,Is>40
```

(4) Select Case 语句与 If…Then…ElseIf…语句的功能类似。

(5) 如果多个 Case 语句与测试表达式相匹配，则只执行第一个与之相配的 Case 后的语句块。

(6) Case Else 子句必须放在所有的 Case 子句之后，如果在 Select Case 结构中没有一个 Case 子句与测试表达式相匹配，则执行 Case Else 之后的语句块 n。Case Else 是可选的，若没有 Case Else 部分，则直接执行 End Select 之后的语句。

【例 4-8】 用 Select Case 语句改写例 4-6。

事件过程如下：

```
Private Sub Command1_Click()
    Dim score As Single
    score = Val(InputBox("请输入一个数："))
    Select Case score
        Case 90 To 100
            Print "优秀"
        Case 80 To 89
            Print "良好"
        Case 70 To 79
            Print "中等"
        Case 60 To 69
            Print "及格"
        Case Else
            Print "不及格"
    End Select
End Sub
```

【例 4-9】 编写程序计算货物运费。设货物运费每吨单价 P(元)与运输距离 d(千米)之间的关系如下：

$$P=\begin{cases}30 & d<100\\27.5 & 100\leqslant d<200\\25 & 200\leqslant d<300\\22.5 & 300\leqslant d<400\\20 & d\geqslant 400\end{cases}$$

输入托运的货物重量为 W 吨，托运的距离为 d 千米，计算总费用 T：

$$T = P*W*d$$

程序如下：

```
Private Sub Command1_Click()
    Dim w As Single, d As Single
    Dim p As Single, t As Single
```

```
    w = Val(InputBox("请输入货物重量(吨)"))
    d = Val(InputBox("请输入托运距离(千米)"))
    Select Case d
        Case Is < 100
            p = 30
        Case Is < 200
            p = 27.5
        Case Is < 300
            p = 25
        Case Is < 400
            p = 22.5
        Case Else
            p = 20
    End Select
    t = p * w * d
    Print "货物重量"; w; "吨"; "托运距离"; d; "千米"
    Print "总费用"; t; "元"
End Sub
```

4.4 循 环 结 构

在实际应用中，经常会遇到诸如人口增长统计、银行利率计算等操作并不复杂，但需要反复多次重复处理的问题，如果用顺序语句来实现，将十分繁琐，而且可能难以实现。为此，Visual Basic 提供了循环语句，利用循环语句实现循环程序设计。

Visual Basic 提供了三种循环语句：For…Next 语句、Do…Loop 循环语句和 While…Wend 语句，相应地，就有三种循环结构。

4.4.1 For…Next 循环结构

For…Next 循环结构也称为计数循环，通常用于循环次数已知的程序结构中。其格式如下：

```
For 循环控制变量=初值 To 终值[Step 步长]
    [循环体]
Next 循环控制变量
```

说明：(1) 循环控制变量也称为“循环计数器”，是数值型变量，但不能是下标变量或记录元素。

(2) 初值、终值均为数值型表达式，可以是整数或实数，分别表示循环控制变量的初值和终值。

(3) 步长为循环控制变量的增量，是数值型表达式，可以是整数或实数。其值可以为正也可以为负，为正表示递增循环，要求初值不大于终值；为负表示递减循环，要求终值不大于初值，但是不能为 0。如果步长为 1，可以省略。

(4) 循环体是循环反复执行的部分，由 Visual Basic 语句组成，可以是一条语句，也可以是多条语句。

若初值、终值和步长不是整数，则 Visual Basic 自动取整。

(5) For 与 Next 必须成对出现，缺一不可，且 For 必须在 Next 的前面，其后的循环控制变量必须一致。

(6) For 循环语句的执行过程为：先把“初值”赋给“循环控制变量”，再判断“循环控制变量”的值是否超过“终值”，若超过了，则跳出 For 结构，执行后续语句，否则执行一次“循环体”，然后把“循环控制变量＋步长”赋给“循环控制变量”，重复上述过程。

值得注意的是，这里的“超过”有两种含义，若“步长”为正，则判断“循环变量”是否大于终值；若“步长”为负，则判断“循环变量”是否小于终值。当“循环变量”等于“终值”时，“循环体”还要被执行一次。For…Next 循环执行流程如图 4-13 所示。

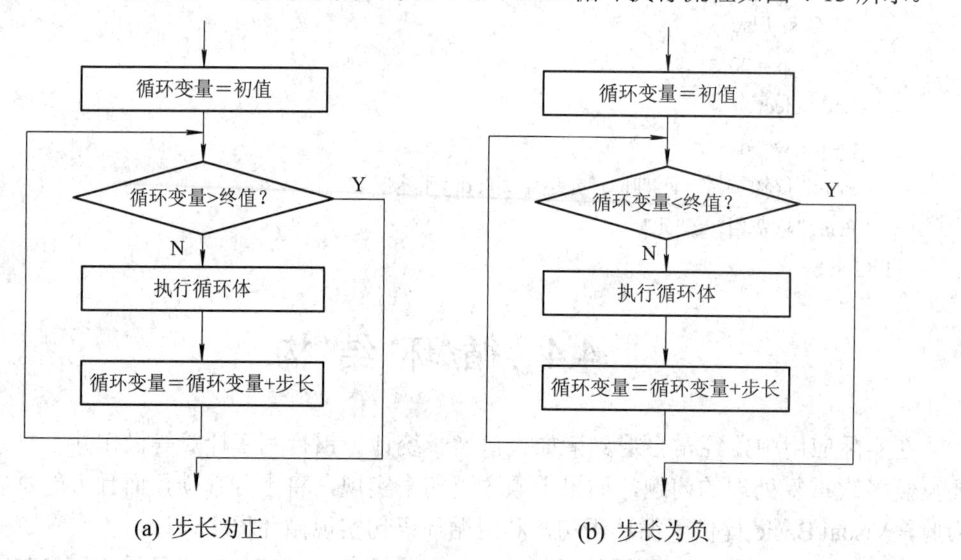

图 4-13　For…Next 循环执行流程

(7) 在 Visual Basic 中，For 循环遵循“先判断，后执行”的原则，即先检查循环控制变量与终值的关系，然后再决定是否执行循环体。若循环控制变量一开始就超过终值，则循环一次都不执行，直接执行后续语句。若终值等于初值，则循环体被执行一次。

(8) 循环执行次数由初值、终值和步长决定，计算公式如下：

$$循环次数 = Int(终值 - 初值)/步长 + 1$$

(9) 循环控制变量可以在程序中使用，也可以不在程序中使用。若不在程序中使用，则循环控制变量只有计数的作用。

【例 4-10】 计算并输出 1 + 2 + 3 + … + 100 的值。

程序如下：

```
Private Sub Command1_Click()
    Dim s As Single
    Dim i As Integer
    s = 0
For i = 1 To 100
```

```
        s = s + i
    Next i
    Print "1+2+3+…+100="; s
End Sub
```

也可写为

```
Private Sub Command1_Click()
    Dim s As Single
    Dim i As Integer, j As Integer
    j = 1: s = 0
    For i = 101 To 200
        s = s + j
        j = j + 1
    Next i
    Print "1+2+3+…+100="; s
End Sub
```

上面两段程序的运行结果都为 1 + 2 + 3 + … + 100 = 5050。

注意：第一段程序中的变量 i 既控制循环执行的次数，又作为累加变量；而第二段程序中的变量 i 只控制循环执行的次数，变量 j 是累加变量。

(10) 在有些情况下，需要提前跳出循环，即循环变量还未到达终值时，循环就结束，这需要用 Exit For 语句来实现。例如：

```
For i = 1 To 100
    s = s + i
    If s > 1000 Then Exit For
Next i
```

上面的程序中，当 s 的值大于 1000 时，跳出循环结构，执行后续语句。

(11) 在 For 循环中，“循环体”可以为空。若为空，则表示程序暂停。

4.4.2 While…Wend 循环结构

While…Wend 循环结构又称为当型循环结构，其功能为根据某条件进行判断，决定是否执行循环。其格式为

```
While　条件
    循环体
Wend
```

说明：(1) “条件”为布尔表达式、数值表达式或字符表达式。

(2) “循环体”是循环反复执行的部分，由 Visual Basic 语句组成，可以是一条语句，也可以是多条语句。

(3) 执行过程为先判断“条件”的值，若为 True，则执行“循环体”，当遇到“Wend”语句时，程序返回 While 语句，再判断“条件”，若仍为 True，则重复上述过程，若为 False，则跳出循环体，执行后续语句，如图 4-14 所示。

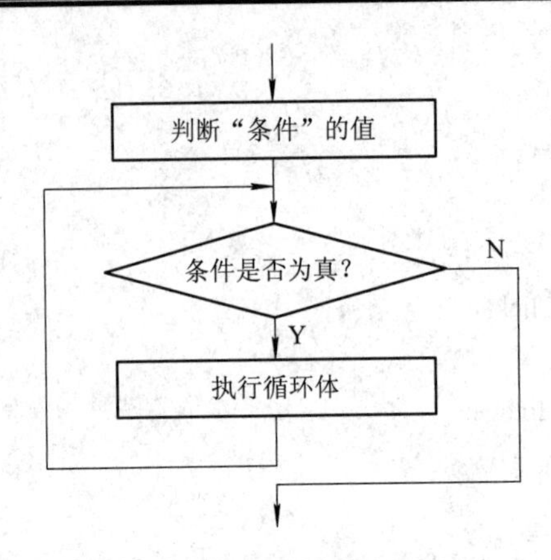

图 4-14　While…Wend 循环流程

【例 4-11】 利用 While…Wend 语句实现 1 + 2 + 3 + … + 100。

事件过程如下：

```
Private Sub Command1_Click()
    Dim s As Single, i As Integer
    i = 1: s = 0
    While i <= 100
        s = s + i
        i = i + 1
    Wend
    Print "1+2+3+…+100="; s
End Sub
```

在使用当型循环时，应注意以下几点：

(1) While 循环先判断“条件”，再根据条件决定循环是否执行，若一开始“条件”就不成立，那么循环一次都不执行，直接执行后续语句，因此应该正确设计“条件”。

(2) 在 While 循环体内，必须要有改变循环条件的语句，例如上例中的 i = i + 1，使循环有结束的可能，否则循环将变成“死循环”。这是程序设计中容易出现的问题，应当尽量避免。

4.4.3　Do…Loop 循环结构

Do…Loop 循环的功能也是根据条件判断循环是否执行，但其结构更灵活。其一般格式有如下四种：

格式一：

```
Do
    循环体
Loop [While 循环条件]
```

功能：先执行一次循环体，然后判断循环条件，若条件为真，则继续执行循环体，否则跳出循环结构。执行过程如图 4-15 所示。

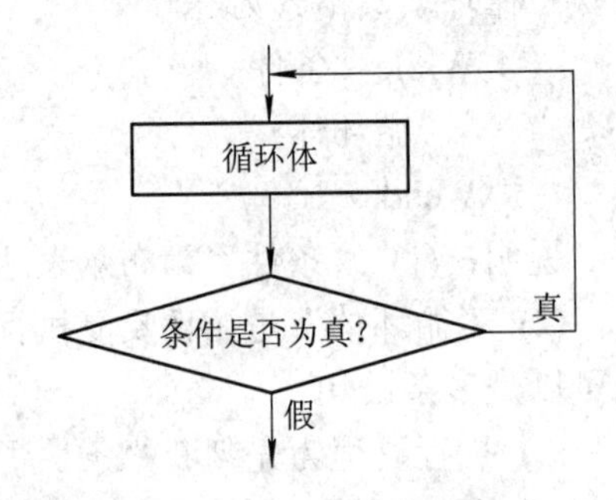

图 4-15　Do…Loop While 语句执行流程

格式二：

```
Do
    循环体
Loop [Until 循环条件]
```

功能：先执行一次循环体，然后判断循环条件，若条件为假，则继续执行循环体，直到条件为真跳出循环结构。执行过程如图 4-16 所示。

格式三：

```
Do [While 循环条件]
    循环体
Loop
```

功能：先判断循环条件，若条件为真，则继续执行循环体，否则跳出循环结构。执行过程如图 4-17 所示。

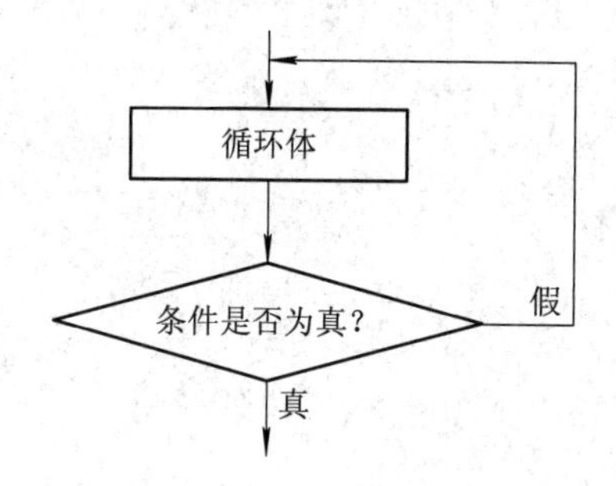

图 4-16　Do…Loop Until 语句执行流程

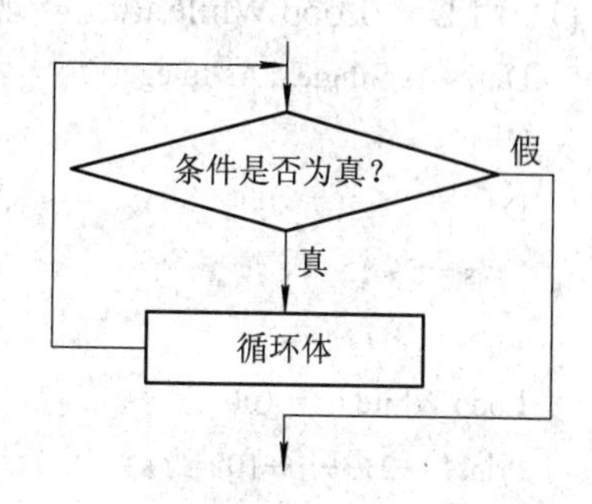

图 4-17　Do While…Loop 语句执行流程

格式四：

```
Do [Until 循环条件]
    循环体
Loop
```

功能：先判断循环条件，若条件为假，则继续执行循环体，直到条件为真跳出循环结构。执行过程如图 4-18 所示。

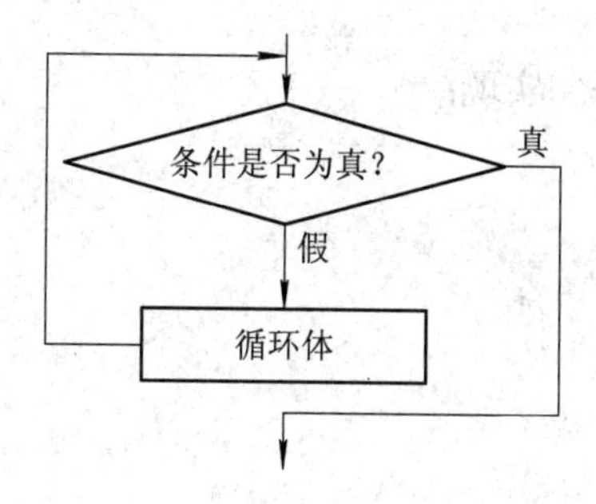

图 4-18　Do Until…Loop 语句执行流程

说明：

(1) 上面四种结构中的各参数具有相同的含义。“条件”为关系表达式或逻辑表达式；“循环体”为反复执行的一条或多条语句。

(2) 当只有 Do 和 Loop 这两个关键字时，构成了最简单的 Do…Loop 循环，格式为

```
Do
    循环体
Loop
```

在该结构中需要在循环体中加入 Exit Do 语句来结束循环，否则将陷入“死循环”。例如：

```
Do
    s = s + i
    i = i + 1
    If i = 101 Then Exit Do
Loop
```

在“循环体”中使用 Exit Do 语句可以提前结束循环，与 Exit For 语句的作用相同。

【例 4-12】 用 Do…Loop 语句的四种结构来编写程序实现 1 + 2 + 3 + … + 100。

(1) 用 Do…Loop While 语句实现：

```
Dim s As Single, i As Integer
i = 1: s = 0
Do
    s = s + i
    i = i + 1
Loop While i <= 100
Print "1+2+3+…+100="; s
```

(2) 用 Do…Loop Until 语句实现：

```
Dim s As Single, i As Integer
i = 1: s = 0
Do
    s = s + i
    i = i + 1
Loop Until i > 100
Print "1+2+3+…+100="; s
```

(3) 用 Do While…Loop 语句实现：

```
Dim s As Single, i As Integer
i = 1: s = 0
Do While i <= 100
    s = s + i
    i = i + 1
Loop
Print "1+2+3+…+100="; s
```

(4) 用 Do Until…Loop 语句实现：

```
Dim s As Single, i As Integer
i = 1: s = 0
```

```
Do Until i > 100
   s = s + i
   i = i + 1
Loop
Print "1+2+3+…+100="; s
```

【例 4-13】 目前我国人口为 13 亿，如果以每年 1.4%的速度增长，多少年后将达到或超过 15 亿。

程序如下：

```
Private Sub Command1_Click()
    Dim p As Double, r As Single, n As Integer
    p = 1300000000#: r = 0.014: n = 0
    Do Until p >= 1500000000#
        p = p * (1 + r)
        n = n + 1
    Loop
    Print n; "年后"; "我国人口达"; p
End Sub
```

运行程序后输出为

```
11 年后我国人口达 1514819403.15011
```

4.4.4　循环结构的嵌套

一个循环体内又包含另一个循环，称为循环的嵌套。嵌套的循环在循环体内还可以再嵌套循环，形成了多重循环。

下面举一个简单例子来说明循环的嵌套。

【例 4-14】 二重循环举例。

```
Private Sub form_Click()
   Dim i As Integer, j As Integer
   For i = 1 To 3
       For j = 1 To 2
           Print i, j
       Next j
   Next i
End Sub
```

图 4-19　例 4-13 运行结果

程序执行结果如图 4-19 所示。

在本例中，外层循环的循环体就是整个内层循环。从结果可以看出，外层循环每执行一次，内层循环执行两次(j = 1，j = 2)循环体的语句：Print i, j。所以内层循环的循环体总共执行了 6(2 × 3)次，循环才结束。

关于循环嵌套的几点说明：

(1) 各种形式的循环语句都可以互相嵌套，而且嵌套的层数没有限制。但是，在嵌套循环时，嵌套的循环结构必须是完整的，不能交叉嵌套。例如，下面的嵌套是错误的：

```
For i=1 To 2
    For j=1 To 3
        …
    Next i
    …
Next j
```

(2) 对于 For 循环的嵌套，要求每层循环必须有一个惟一的循环变量，内外层循环不能交叉。For 循环的嵌套有如下 3 种形式。

① 一般形式：

```
For i=
    For j=
        …
    Next j
    …
Next i
```

② 省略 Next 后面的循环变量：

```
For i=
    For j=
        …
    Next
    …
Next
```

③ 当内外层循环有相同的终点时，可以共用一个 Next 语句，但循环变量不能省略，此时，Next 后的循环变量的顺序为从内层循环到外层循环。例如：

```
For i=
    For j=
        …
Next j,i
```

【例 4-15】 输出“九九乘法表”，输出结果如图 4-20 所示。

九九乘法表

九九乘法表

*	1	2	3	4	5	6	7	8	9
1	1	2	3	4	5	6	7	8	9
2	2	4	6	8	10	12	14	16	18
3	3	6	9	12	15	18	21	24	27
4	4	8	12	16	20	24	28	32	36
5	5	10	15	20	25	30	35	40	45
6	6	12	18	24	30	36	42	48	54
7	7	14	21	28	35	42	49	56	63
8	8	16	24	32	40	48	56	64	72
9	9	18	27	36	45	54			

图 4-20 输出“九九乘法表”

程序如下：

```
Private Sub Form_Click()
    Print Tab(30); "九九乘法表"              '输出标题
    Print
    Print " *";
    For i = 1 To 9                           '输出第一行
        Print Tab(i * 6); i;
    Next i
    Print
    For i = 1 To 9                           '输出表内容
        Print i; " ";
        For j = 1 To 9
            Print Tab(6 * j); i * j; " ";
        Next j
        Print
    Next i
End Sub
```

【例 4-16】 输出下图所示的图形：

```
    *
   ***
  *****
 *******
*********
```

程序如下：

```
Private Sub Form_Click()
    Dim i As Integer, j As Integer
    For i = 1 To 5                       '外层循环控制输出的行数
        Print Tab(10 –i);                '控制每行输出的起始位置
        For j = 1 To 2 * i – 1           '内层循环控制每行输出字符的个数
            Print "*";                   '控制输出的字符形状
        Next j
        Print                            '换行
    Next i
End Sub
```

在一般情况下，3 种循环是不能在循环执行中途退出循环的，但是 Visual Basic 以出口语句(Exit)的形式为循环结构提供了另外一种结束循环的机制，以使循环结构更加灵活。出口语句分为无条件形式和有条件形式两种，即：

无条件形式	有条件形式
Exit For	If 条件 Then Exit For
Exit Do	If 条件 Then Exit Do

出口语句的无条件形式不测试条件，执行过程中遇到该语句就强制退出循环，而有条件形式的出口语句先对条件进行测试，只有当条件为真时才退出循环；若条件为假，则该语句无任何意义。

出口语句给编程以极大的方便，可以在循环体的任何地方设置一条或多条循环终止的条件。出口语句还可以在过程(参见第 6 章)中使用。

4.5 辅助控制语句

4.5.1 注释语句

为了提高程序的可读性，常常在适当的位置添加必要的说明性语句，把这样的语句称为注释语句。注释语句有以下两种格式：

格式一 Rem 注释内容

格式二 '注释内容

例如：

```
x=x+1          '将 x 的值加 1 后再赋给 x
```

说明：(1) 注释语句是非执行语句，仅对程序的相关内容起说明作用。

(2) 使用格式一的注释语句只能单独占一行；使用格式二的注释语句既可以单独占一行，也可写在其他语句的末尾。

4.5.2 暂停语句(Stop 语句)

暂停语句用于暂停程序的执行。

格式：Stop

Stop 语句可以放在程序的任何位置，用来暂停程序执行，相当于在程序代码中设置断点。使用 Stop 语句，系统将自动打开立即窗口，方便对程序的跟踪调试。在调试完程序以后，应删去程序中的 Stop 语句。

4.5.3 结束语句(End 语句)

End 语句通常用来结束一个程序的执行。

格式：End

可以把它放在事件过程中。例如：

```
Private Sub Command1_Click()
    End
End Sub
```

当单击该按钮时，结束程序运行。

End 语句除了结束程序外，还有一些其他用途：

End Sub	结束一个 Sub 过程
End Function	结束一个 Function 过程
End If	结束一个 If 语句块
End Type	结束一个记录类型的定义
End Select	结束 Select 语句

4.5.4　With 语句

当我们经常使用某一对象的属性、方法时，就可以使用 With 语句。With 语句可以使代码更简洁，并能提高运行速度。它可以对某个对象执行一系列的语句，而不用重复指出对象的名称。

格式：

```
With 对象变量
…
End With
```

例如，

```
With Text1
.SelStart=0
.SelLength=Len(.Text)
.SetFocus
End With
```

相当于：

```
Text1.SelStart=0
Text1.SelLength=Len(Text1.Text)
Text1.SetFocus
```

注意：程序一旦进入 With 块，对象就不能改变。因此不能用一个 With 语句来设置多个不同的对象。

4.6　常用算法举例

4.6.1　累加、累乘

【例 4-17】 计算$1-\frac{1}{2}+\frac{1}{3}-\frac{1}{4}+\cdots+\frac{1}{99}-\frac{1}{100}$。

分析提示：该问题类似于前面的例 4-10，可以把类似这样的问题称为“累加”问题，其解决方法大体相同，程序也基本相似。

程序如下：

```
Private Sub Command1_Click()
    Dim i As Integer, Sum As Single
```

```
    Sum = 0
    For i = 1 To 100
        Sum = Sum + (−1) ^ (i + 1) / i
    Next i
    Print "Sum="; Sum
End Sub
```

可以看出，求累加和的算法的实现原理是：设置两个变量，其一如例中 Sum，用来存放结果，另一个变量如 i，用来存放每一个要加的数；Sum 中初始值置为 0(因为若干相加的数再多加一个数 0，对结果无影响)，然后反复执行 Sum = Sum + i 这样的语句，该语句称为累加语句，加数 i 可以根据不同的问题变化，如上例中 i 变化为(−1) ^ (i + 1) / i，这样执行一次后，Sum 中的新值就比原值多了一个当前 i 的值；全部可能的 i 值都加入后，Sum 中的值就是累加和。可见，累加算法可以将加数变量 i 作为循环变量。

【例 4-18】 计算 N!。N 是从键盘输入的任意数值。

分析提示：$N! = 1 \times 2 \times 3 \cdots \times (n-1) \times n = (n-1)! \times n$，也就是说，一个自然数的阶乘等于该自然数与它前一个自然数的阶乘之积，即从 1 开始连续乘以下一个自然数，直到 n 为止，因此可以采用递推法。把求许多个数相乘的乘积(类似 N!)问题称为“累乘”问题，也叫“连乘”问题。

程序如下：

```
Private Sub Command1_Click()
    Dim i As Integer, n As Integer
    Dim Sum As Long
    n = Val(InputBox("请输入一个大于 0 的数："))
    Sum = 1
    For i = 1 To n
        Sum = Sum * i
    Next i
    Print "Sum="; Sum
End Sub
```

可以看出，求累乘问题的算法的实现原理是：设置两个变量，其一如 Sum，用来存放结果，另一个变量如 i，用来存放每一个要相乘的数；Sum 中初始值置为 1(因为若干相乘的数再多乘以一个数 1，对结果无影响)，然后反复执行 Sum = Sum*i 这样的语句，该语句称为累乘语句，i 可以根据不同的问题而不同，这样执行一次后，Sum 中的新值就是原值的 i 倍(i 是当时的乘数)；全部可能的 n 值都乘入后，Sum 中的值就是累乘之总乘积。可见，累乘算法可以将乘数变量 i 作为循环变量。

设计累加、累乘算法程序时要注意：

(1) 存储累加结果的变量初始化值应该为 0，而存储累乘结果的变量初始化值应该为 1。

(2) 累乘的结果一般很大，为了防止变量发生溢出错误，故存储累乘结果的变量一般要定义为 Double(至少也得为 Long)类型。

(3) 给存储结果的变量赋初值是在循环之前进行的。

4.6.2　求素数

素数是指大于等于 2 的正整数，且它除了 1 和它本身之外不能被其他数整除。也就是说素数只有 1 和它本身两个约数。判断是否素数可以用穷举法，对一个大于等于 2 的正整数 n，用 2～n–1 去除，只要有一个约数，n 就不是素数。

【例 4-19】 从键盘输入一个数，判断该数是否为素数。

程序如下：

```
Private Sub Command1_Click()
    Dim n As Integer, d As Integer
    n = Val(InputBox("请输入一个大于 1 的整数"))
    For d = 2 To n – 1
        If n Mod d = 0 Then Exit For
    Next d
    If d = n Then
        Print n; "是素数"
    Else
        Print n; "不是素数"
    End If
End Sub
```

该程序可以改写为

```
Private Sub Command1_Click()
    Dim n As Integer, d As Integer
    n = Val(InputBox("请输入一个大于 1 的整数"))
    For d = 2 To Sqr(n)
        If n Mod d = 0 Then Exit For
    Next d
    If d > Sqr(n) Then
        Print n; "是素数"
    Else
        Print n; "不是素数"
    End If
End Sub
```

思考：为什么可以这样改写？

4.6.3　最大、最小值问题

在前面已经介绍了求三个数中最大数的方法，也可用相同的方法来求 N 个数中的最大、最小值。

【例 4-20】 从键盘输入任意 10 个数，然后找出其中的最大值。

分析提示：将其中的一个数放在最大变量 max 中，然后用其余的数与之比较，若大于其值，就将该数放在变量 max 中；依次逐一比较。用 InputBox 函数来实现 10 个数的输入。

程序如下：

```
Private Sub Command1_Click()
    Dim x As Integer, x1 As Integer, max As Integer
    x1 = Val(InputBox("请输入第 1 个数"))
    max = x1
    For i = 2 To 10
        x = Val(InputBox("请输入第" & i & "个数"))
        If x > max Then max = x
    Next i
    Print "max="; max
End Sub
```

若要求最小值，则只需把上面程序中 If 语句中的条件“大于”改为“小于”即可。

4.6.4 穷举法

“穷举法”也称为“枚举法”或“试凑法”，即将可能出现的各种情况一一测试，判断是否满足条件，一般采用循环来实现。

【例 4-21】 百元买百鸡问题。假定小鸡每只 5 角，公鸡每只 2 元，母鸡每只 3 元。现在有 100 元钱要求买 100 只鸡，编程列出所有可能的购鸡方案。

设母鸡、公鸡、小鸡各为 x、y、z 只，则列出的方程为

$$x + y + z = 100$$

$$3x + 2y + 0.5z = 100$$

程序如下：

```
Private Sub Command1_Click()
    Dim x As Integer, y As Integer
    For x = 0 To 33
        For y = 0 To 50
            If 3 * x + 2 * y + 0.5 * (100 – x – y) = 100 Then
                Print x, y, 100 – x – y
            End If
        Next y
    Next x
End Sub
```

4.6.5 递推法

“递推法”又称为“迭代法”，其基本思想是把一个复杂的计算过程转化为简单过程的多次重复。每次重复都从旧值的基础上递推出新值，并由新值代替旧值。

【例 4-22】 猴子吃桃子。小猴在一天摘了若干个桃子，当天吃掉一半多一个；第二天

接着吃了剩下的桃子的一半多一个；以后每天都吃尚存桃子的一半零一个，到第 7 天早上要吃时只剩下一个了，问小猴那天共摘了多少个桃子？

分析提示：这是一个“递推”问题，可以先从最后一天的桃子数推出倒数第二天的桃子数，再从倒数第二天的桃子数推出倒数第三天的桃子数，依此类推。

设第 n 天的桃子为 x_n，那么它是前一天的桃子数 x_{n-1} 的二分之一减一，即 $x_n = 0.5*x_{n-1} - 1$，也就是 $x_{n-1} = (x_n + 1)*2$。这个式子就是由第 n 天的桃子数推算第 n−1 天桃子数的公式，写成程序语句则为 x = (x + 1)*2，用同一个变量名，只是右边的 x 代表的是第 n 天的桃子数，而左边的 x 则代表第 n−1 天的桃子数。x 的初始值为第 7 天的桃子数(即 1)。

程序如下：

```
Private Sub Command1_Click()
    Dim n As Integer, m As Integer
    x = 1
    Print "第 7 天的桃子数为：1 只"
    For i = 6 To 1 Step -1
        x = (x + 1) * 2
    Print "第"; i; "天的桃子数为："; x; "只"
    Next i
End Sub
```

本 章 小 结

本章着重介绍了结构化程序设计方法及算法表示。程序设计初学者往往认识不到它的重要性，其实，算法是程序设计的灵魂，因为要编写一个好的程序，首先就要设计好的算法。即使一个简单程序，在编写时也要考虑先做什么，再做什么，最后做什么。

面向对象的程序设计并不是要抛弃结构化程序设计方法，而是站在比结构化程序设计更高、更抽象的层次上去解决问题。当面向对象程序被分解为低级代码模块时，仍需要结构化编程的方法和技巧。

1. 顺序程序设计

顺序程序设计是指程序在执行时按语句出现的先后顺序执行。本章主要介绍了顺序执行的语句：赋值语句、输入输出语句、注释语句、暂停语句以及结束语句。

(1) 赋值号“=”左边只能是变量或对象的属性名，一次只能对一个变量赋值。如果赋值号两边的数据类型不同，则以左边变量或对象属性的数据类型为基准，如果右边表达式结果的数据类型能够转换成左边变量或对象属性的数据类型，则先强制转换后再赋值给左边的变量或对象的属性；如果不能转换，则系统将提示出错信息。

(2) Visual Basic 中使用 Print 方法在窗体、图片框、立即窗口(Debug 对象)及打印机对象中输出数据；也可以通过 MsgBox 语句或 MsgBox 函数调用，打开输出消息框来实现数据的输出；还可有其他方式，如输出到标签、文本框中等。这些都要通过编程来实现。

(3) Visual Basic 中数据的输入可用文本框控件或系统的输入对话框函数 InputBox 来实现，但它们直接输入的都是字符串数据，要想输入数值等其他数据，应加相应的数据类型转换函数(如 Val()、CDate、CBool 等)。

2．选择结构程序设计

在 Visual Basic 程序设计中，实现选择结构的语句是：

(1) If…Else…End If 语句，它有多种使用形式。

(2) Select Case…End Select 语句。

它们的特点是：根据所给定的条件成立(为 True)或不成立(为 False)，来决定从各实际可能的不同分支中执行某一分支的相应程序块，在任何情况下总有“无论条件多寡，必择其一；虽然条件众多，仅选其一”的特性。使用选择结构要注意以下几个方面的问题：

(1) Visual Basic 中逻辑表达式书写错，不会造成语法错误，而形成逻辑错误，使程序得到错误结果。例如，要在数学上表示变量 x 在一定数值范围内，如 3<x<10，用 Visual Basic 的逻辑表达式表示应为 x>3And x<10，若在 If 语句中将条件表达式写成 3<x<10，虽然程序运行时不会出现语法错误，但程序运行结果就不对了，这要特别注意。

(2) 对于多重选择，使用 If 语句的嵌套时，一定要注意 If 与 Else 的配对关系。在分支多于 2 个的情况下，一般使用 Select Case 语句比较简单。

(3) 使用选择结构时要注意防止出现“死语句”，即永远也不可能执行的语句。

3．循环程序设计

Visual Basic 中可以使用 4 种循环控制结构，除了本章所介绍的 3 种外，还有一种即 For Each…Next 循环控制结构。读者要注意它们实现循环控制的条件。在程序中选用哪一种循环语句，通常要根据具体问题具体分析。

一般情况下，For 循环结构用于循环次数已知的循环。Do…Loop 语句也可用于循环次数确定的情况，但对于那些循环次数难确定，而控制循环的条件或循环结束的条件容易给出的问题，使用 Do…Loop 语句比较方便。While…Wend 语句与 Do While…Loop 语句实现的循环完全相同。不过在用 Do While…Loop 语句来实现的循环结构中，可用 Exit Do 语句来退出循环，而在 While…Wend 语句中却没有这样的语句可以提前结束循环。

For Each…Next 循环与 For…Next 循环类似，但它对数组或对象集合中的每一个元素重复执行一组语句，而不是重复语句一定的次数。如果不知道一个集合有多少元素，For Each…Next 循环将非常有用。For Each…Next 循环的用法将在第 5 章介绍。

使用循环要注意循环控制条件及每次执行循环体后循环控制条件如何改变。随着一次次循环的执行，控制循环的条件也应一次次被改变，使其通过有限次运行后结束循环，防止出现“死循环”。

习　题　4

一、选择题

1．下列赋值语句中，(　)是正确的。

A．x！="123"　　　　B．a%="10e"

C．x+1=5　　　　D．s$=100

2．下列选项中，不能交换 a 和 b 的值的是(　)。

A．t=b:b=a:a=t　　B．a=a+b:b=a−b:a=a−b

C．t=a:a=b:b=t　　D．a=b:b=a

3．执行下面程序后，Print 语句的输出结果是(　)。

```
A = 100
Print IIf(A > 50, "L", "M")
```

A．100　　B．True　　C．L　　D．M

4．对下面循环结构表述正确的是(　)。

```
Do Until 条件
    循环体
Loop
```

A．如果“条件”是一个为 0 的常数，则一次循环体也不执行

B．如果“条件”是一个为 0 的常数，则至少执行一次循环体

C．如果“条件”是一个不为 0 的常数，则至少执行一次循环体

D．不论“条件”是否为“真”，至少执行一次循环体

5．不正确的行结构 If 语句是(　)。

A．If x>y Then Print "x>y"

B．If x Then t=t*x

C．If x Mod 2<>0 Then Print x

D．If x<0 Then y=x+1 End If

6．给定程序段：

```
Dim a As Integer, b As Integer, c As Integer
a = 1: b = 2: c = 3
If a = c – b Then Print "#####" Else Print "*****"
```

运行以上程序后，屏幕显示(　)。

A．没有输出　　B．程序有语法错误

C．#####　　D．*****

7．有以下程序段：

```
For i = 1 To 3
    For j = 5 To 1 Step –1
        Print "$"
Next j, i
```

循环体中的 Print "$"被执行(　)次。

A．15　　B．16　　C．18　　D．17

8．下面的程序执行后，能找出 a、b 之间最大值的是(　)。

A．If a > b Then Max = a Else Max = b End If

B．
```
If a > b Then Max = a
Else
    Max = b
End If
```

C．
```
If a > b Then
    Max = a
Else
    Max = b
```

D．
```
If a > b Then
    Max = a
Else
    Max = b
End If
```

9．下列 Select Case 语句正确的是(　)。

A．
```
Select Case x
    Case 1 Or 3 Or 5
        y = x + 1
    Case Is > 0
        y = x — 1
    End Select
```

B．
```
Select Cose x
    Case 1,2,3
        y=x+1
    Case Is>0
        y=x-1
    End Select
```

C．
```
Select Case x
    Case Is < 0
        y = x + 1
    Case Is > 0
        y = x – 1
End Select
```

D．
```
Select Case x
    Case x >= 1 And x <= 5
        y = x + 1
    Case Is > 5
        y = x – 1
End Select
```

10．执行下列程序段后，i 与 x 的值为(　)。

```
x = 5
For i = 1 To 20 Step 2
    x = x + i \ 5
Next i
```

A．19 与 21　　B．20 与 22　　C．21 与 21　　D．22 与 20

11．运行下列程序段，从键盘输入 50，输出结果为(　)。

```
Private Sub Form_Load()
    a = Val(InputBox("a="))
    Select Case a
        Case Is < 100
            Print a + 1
        Case Is < 100
            Print a + 2
        Case Is < 100
            Print a + 3
        Case Else
            Print a + 4
    End Select
End Sub
```

A．51　　B．52　　C．53　　D．54

12．有如下程序段：

```
For i = 1 To 3
    For j = 1 To i
        For k = j To 3
            a = a + 1
        Next k
    Next j
Next i
```

运行上面的程序段后，a 的值为(　)。

A．12　　B．13　　C．14　　D．15

二、填空题

1．执行下列程序段后，i 的值为 (1) 。

```
i = 0
For j = 10 To 16 Step 3
    i = i + 1
Next j
```

2．有以下循环：

```
x = 1
Do
    x = x + 2
    Print x
Loop Until  (2)
```

程序运行后，要求循环体执行 3 次，请填空。

3．有以下程序段：

```
x = Val(InputBox("请输出 x 的值："))
Select Case x
    Case Is < 0
        y = -1
    Case 0
        y = 0
    Case Else
        y = 1
End Select
```

请写出该程序对应的数学函数 (3) 。

4．请把下面的程序补充完整，该程序的功能为从键盘输入若干个数，找出其中的最大数和最小数，当输入 0 时，结束输入，将结果输出。

```
Private Sub Command1_Click()
    Dim x As Integer, max As Integer, min As Integer
```

```
    x = Val(InputBox("请输入数值："))
    max = x: min = x
    Do While (4)
        If x > max Then (5)
        If (6) Then min = x
        x = Val(InputBox("请输入数值："))
    Loop
    Print "max="; max; "min="; min
End Sub
```

三、阅读下列程序，写出运行结果

1．
```
Private Sub Command1_Click()
    Print -2 * 3 / 2, "visual" & "basic", Not 1 > 5, 0.5
    Print -2 * 3 / 2; "visual" & "basic"; Not 1 > 5; 0.5
    x = 12.34
    Print "x=";
    Print x
End Sub
```

2．
```
Private Sub Command1_Click()
    x = 12.34
    Print Format(x, "##.##")
    Print Format(x, "###.##")
    Print Format(x, "00.00")
    Print Format(x, "000.000")
    Print Format(x, "0.00%")
    Print Format(x, "$##.##")
    Print Format(x, "+##.##")
    Print Format(x, "00.00E+00")
End Sub
```

3．
```
Private Sub Command1_Click()
    Dim i As Integer, t As Single
    t = 1: i = 1
    While i < 10
            t = t * i
            i = i + 2
    Wend
    Print "t="; t
End Sub
```

4．
```
Private Sub Command1_Click()
    Dim i As Integer, s As Integer
    Do
        i = i + 3
        s = s + i
    Loop While i <= 100
    Print s, i
End Sub
```

5．
```
Private Sub Command1_Click()
    Dim i As Integer, j As Integer
    j = 10
    For i = 1 To j
        i = i + 1
        j = j – i
    Next i
    Print i
    Print j
End Sub
```

四、编程题

1．编程计算 1!+2!+3!+…+10!。

2．编程计算 1～100 之间的奇数之和与偶数之和。

3．编写程序输出 1～100 之间能同时被 3 和 5 整除的数。

4．编程求一元二次方程 $ax^2 + bx + c = 0$ 的根。

5．编程输出如下图形：

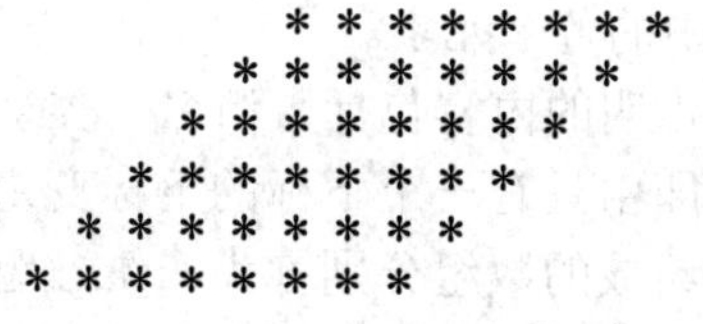

要求用 For 语句实现。

6．求出 100～999 中所有的水仙花数。所谓水仙花数，是指一个三位数，它的各位数的立方之和等于该数本身。例如，$1^3+5^3+3^3=153$，所以 153 是水仙花数。

7．编写程序，打印如下的“数字金字塔”：

```
                1
              1 2 1
            1 2 3 2 1
          1 2 3 4 3 2 1
        1 2 3 4 5 4 3 2 1
                ⋮
1 2 3 4 5 6 7 8 9 8 7 6 5 4 3 2 1
```

第5章　数　　组

本章要点：

(1) 一维数组、二维数组(静态数组)的定义及引用方法；
(2) 动态数组的定义及使用方法；
(3) 控件数组的概念、建立及应用；
(4) 用户自定义数据类型(记录类型)的数据(元素)引用及应用；
(5) 数组应用实例。

从数据存储的角度来看，前面使用的变量都是相互独立的、无关的，通常称它们为简单变量，那么，一组相关且有联系的批量数据如何在计算机中存储呢？这就需要一种特殊的数据类型——数组。比如将 200 个数排序的问题时，只使用简单变量将会非常麻烦，而利用数组却很容易实现。

5.1　数组的基本概念

数组是一种数据结构，是一组相关、有序数据的集合。每一个数组有惟一的一个名字，称为数组名。数组中的每一个元素具有惟一的索引号，称为下标。数组名加上其对应的下标用来表示数组元素。在程序中使用数组的最大好处是可用一个数组名代表逻辑上相关的一组数据，用下标表示该数组中的各个元素。

数组必须先声明后使用，声明的内容包括数组名、类型、维数和数组大小。按声明时下标的个数确定数组的维数，即由具有一个下标的下标变量组成的数组称为一维数组，而由具有两个或多个下标变量所组成的数组分别称为二维数组或多维数组；按声明时数组的大小确定与否分为静态和动态两类数组；按数组中各元素的数据类型是否相同来划分，数组又可以分为变体类型数组(又称为默认数组)和普通数据类型数组。

5.2　静 态 数 组

声明时确定了大小的数组为静态数组。

5.2.1　一维数组

1. 一维数组的声明

定义或声明一维数组的语法格式为

Dim 数组名([下界 To]上界) As 类型名称

数组名的命名方法同变量命名，下标的上、下界是常量或符号常量，不能是变量。

“下界 To”可以省略，省略下界时默认的下界为0。如果想使下标的下界默认值为1，则应先在窗体模块中的声明部分输入如下语句：

```
Option Base 1
```

例如：

```
Dim A(10) As Integer
```

定义了一个一维数组，A为数组名，类型为Integer(整型)，占据11个(0～10)整型变量的存储空间，对应A(0)～A(10)共11个数组元素，每个元素相当于一个变量。

又如：

```
Option Base 1
Dim B(10) As Integer
```

或

```
Dim B(1 to 10) As Integer
```

定义了一个一维数组，B为数组名，类型为Integer(整型)，占据10个(1～10)整型变量的存储空间，对应B(1)～B(10)共10个数组元素。

在声明语句中如果没有使用关键字“As”指明变量类型，则定义的数组为Variant类型，等价于“As Variant”的声明，这类数组中的一个数组元素就是一个变体类型的变量，可以存取不同的数据，称为变体类型数组。变体类型数组只适用于局部变量，不宜在模块级变量和全局变量中声明。

2．一维数组的引用

引用数组元素就是存取数组元素的值，对一维数组元素的引用格式为

数组名(下标)

例如：

```
Dim A(10) As Integer
A(0)=10                          '给数组元素赋值
Print   A(5)                     '输出数组元素的值
```

下标可以是一个常量，可以是一个赋过值的整型变量，也可以是表达式。例如：

```
A(5)=8
```

若i=3，则

```
A(i)=30              即 A(3)=30
A(i+2)=40            即 A(5)=40
```

如果下标表达式的值是一个实数，则Visual Basic将自动对其进行四舍五入取整。例如：

```
A(5+0.4)=40          即 A(5)=40
```

引用时必须将“表达式”所表示的有效下标用圆括号括起来，如果表达式的值超过定义的上、下界范围，则会出现运行时错误。

3．一维数组的应用

【例5-1】 利用循环语句给数组赋初值并输出。

程序代码如下：

```
Private Sub Command1_Click()
    Dim A(1 To 10) As Integer
    For i = 1 To 10
        A(i) = i
    Next i
    For i = 1 To 10
        Print A(i);
    Next i
End Sub
```

给 A(i)赋值也可以通过文本框和 InputBox()函数输入。此时，可将上面的 A(i)=i 分别换成

```
A(i)=Val(Text1.Text)
```

或

```
A(i)=InputBox("输入"&i&"的值")
```

【例 5-2】 利用数组来处理 10 个数，求平均值、最大值和最小值。

分析提示：首先输入 10 个数，假设第一个数为最大数或最小数，依次与其后的数据进行比较，从中发现更大的数或更小的数，替换目前的最大数和最小数，完全比较完成后，即可获得 10 个数中的最大值和最小值。

程序代码如下：

```
Private Sub Command1_Click()
    Dim A(1 To 10) As Integer            '在窗体代码窗口的通用部分定义一个数组
    For i = 1 To 10                      '在事件过程中添加下面的语句实现数据的输入
        A(i) = InputBox("请输入第" & Str(i) & "个数")
    Next i
    Dim Avg As Integer, sum As Integer
    Dim max As Integer, min As Integer
    sum = 0: max = A(1): min = A(1)
    For i = 1 To 10
        sum = sum + A(i)
        If A(i) > max Then max = A(i)
        If A(i) < min Then min = A(i)
    Next i
    Avg = sum / 10
    Print "平均值是："; Avg, "最大值是："; max, "最小值是："; min
End Sub
```

5.2.2 二维数组

1. 二维数组的声明

定义或声明二维数组的语法格式为

Dim 数组名([<下界>] To <上界>，[<下界> To]<上界>) [As <数据类型>]

其参数与一维数组完全相同。

例如:

```
Dim B(4,5) As Integer
```

数组名为 B，类型为 Integer，该数组有 5 行(0～4)、6 列(0～5)，占据 30 个整型变量的空间，其所表示的逻辑结构就是矩阵，即

```
B(0,0),B(0,1),···,B(0,5)
B(1,0),B(1,1),···,B(1,5)
⋮
B(4,0),B(4,1),···, B(4,5)
```

2．二维数组的引用

二维数组元素的引用格式为

数组名(下标 1，下标 2)

例如：

```
a(1,2)=10
a(i+2,j)＝a(2,3)*2
```

在程序中常常通过二重循环来操作和使用二维数组元素。

3．二维数组的应用

【例 5-3】 利用循环语句给数组赋初值并输出。

程序代码如下：

```
Private Sub Form_Click()
    Dim s(5, 5) As Integer, i As Integer, j As Integer
    For i = 1 To 5
        For j = 1 To 5
            s(i, j) = InputBox("输入 s(" & i & "," & j & ") 的值")
        Next j
    Next i
    For i = 1 To 5
        For j = 1 To 5
            Print s(i, j);
        Next j
        Print                   '换行
    Next i
End Sub
```

输出结果如图 5-1 所示。

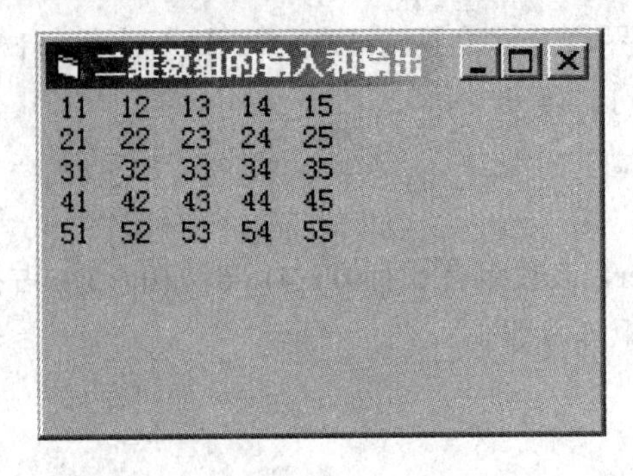

图 5-1　二维数组的输入和输出

【例 5-4】 编写一个将矩阵转置的程序。

矩阵转置就是将矩阵的行、列互换，即矩阵 A 中的元素 a_{ij} 与 a_{ji} 互换。

程序代码如下：

```
Option Base 1
Private Sub Command1_Click()
    Dim a(2, 3) As Integer, b(3, 2) As Integer
    Print "输入的矩阵为:"
    For i = 1 To 2
        For j = 1 To 3
            a(i, j) = InputBox("输入 A(" & Str(i) & "," & Str(j) & ")")
            Print a(i, j);           '输出转置前的矩阵
        Next j
        Print
    Next i
    For i = 1 To 2
        For j = 1 To 3
            b(j, i) = a(i, j)        '给转置后的矩阵赋值
        Next j
    Next i
    Print "转置后矩阵为:"
    For i = 1 To 3                   '输出转置后的矩阵
        For j = 1 To 2
            Print b(i, j);
        Next j
    Print
    Next i
End Sub
```

程序运行结果如图 5-2 所示。

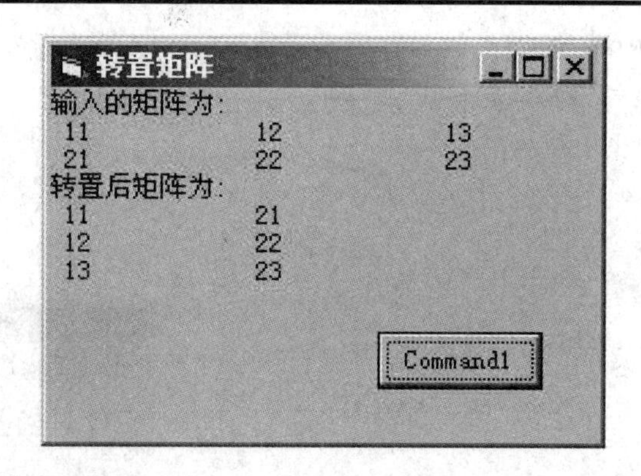

图 5-2　矩阵转置

5.3　动 态 数 组

在某些情形下，在程序设计阶段无法确定某一个数组下标值的上限应该是多大，而只能在程序运行阶段随时调整数组的大小，这样的数组就是动态数组。

动态数组在声明时未给出数组的大小，即只定义数组名，不指定数组中元素的个数和维数，省略括号中的下标定义，如 Dim A() As Integer。在程序运行过程中，再根据需要，通过 ReDim 语句来重新定义数组的大小。因此，使用动态数组，定义数组时并不为该数组分配存储空间，而要等到程序运行 ReDim 语句时再给数组分配存储空间。ReDim 语句的格式如下：

ReDim [Preserve] 数组名(下标 1，下标 2…)

功能：定义或重新定义动态数组的大小。

说明：(1) 下标可以是常量，也可以是有了确定值的变量。

(2) 如果数组名事先没有声明，ReDim 将声明一个新的动态数组。

(3) 当定义一个已经指定数据类型的动态数组的大小时，不能在 ReDim 语句中重新指定该数组的数据类型。

(4) 根据需要可多次使用 ReDim 语句重新分配存储空间。如果省略关键字 Preserve，则重新初始化数组的元素，数组中原有的数据丢失。Preserve 关键字的作用是在重新定义数组时，保存数组元素中先前存储的数据。

例如：

```
ReDim A(10)
ReDim Preserve A(20)
```

【例 5-5】 动态数组的应用示例。

程序代码如下：

```
Private Sub cmdOk_Click()
    Dim a() As Integer
    ReDim a(600)
    k = 0
```

```
    For x = 100 To 600 Step 3
        If x Mod 8 = 0 Then
            k = k + 1
            a(k) = x
        End If
    Next x
    ReDim Preserve a(k)
    For i = 1 To k
        Print a(i);
        If i Mod 5 = 0 Then
            Print
        End If
    Next i
End Sub
```

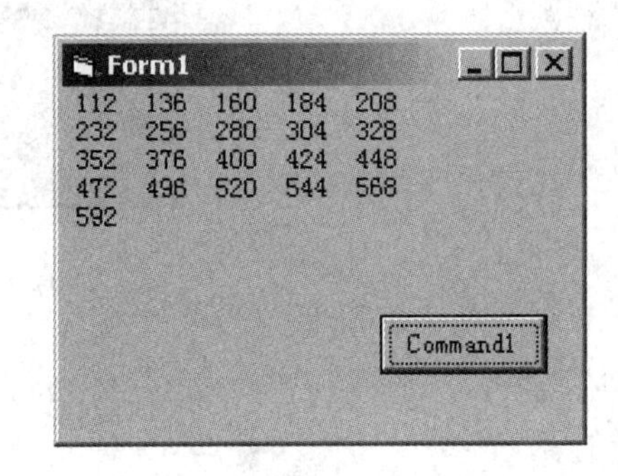

图 5-3　动态数组应用示例

程序运行结果如图 5-3 所示。

程序中首先定义了一个整型动态数组 a，然后给数组 a 分配 600 个存储空间，并将 100～600 之间所有能被 8 整除的数存在数组 a 中。再次重新定义动态数组 a，并使用关键字 Preserve，动态数组中的内容将被保留。

5.4 控件数组

控件数组由一组相同类型的控件组成，它们共用一个控件名，具有相同的属性，建立时系统给每个元素赋一个惟一的索引号(Index)。Index 属性用来区别控件数组中的不同元素(控件)。Index 属性表示数组的下标序号，最小值是 0。控件数组共享同样的事件过程，通过返回的下标值区分控件数组中的各个元素。例如，Label1(0)、Label1(1)、Label1(2)等都是标签框控件。控件数组中的对象具有相同的对象名，如 Label1。不同的对象通过下标予以区别。

建立控件数组有两种方法。

(1) “名称”属性设置方法：设置对象属性时，为相同类型的多个控件设置相同的名称属性。设置第一个同名的控件时，如已有一个 Label1 控件，将 Label2 标签控件名称设置为 Label1，则会打开如图 5-4 所示的对话框。同名对象的 Index 属性不同。

图 5-4　创建控件数组对话框

(2) 复制粘贴方法：设计界面时，在窗体上添加一个控件，然后用鼠标右键单击该控件，在弹出的快捷菜单中选择“复制”，再用右键单击窗体，选择弹出菜单中的“粘贴”命令。如复制 Label1 标签控件，再粘贴时会出现如图 5-4 所示的对话框，选择“是”，则建立控件数组。也可以用快捷键 Ctrl+C 复制要建立控件数组的控件，再用 Ctrl+V 键粘贴。

控件数组是一个整体，是一组相同的控件，具有相同的名称。控件数组中的对象共享相同的事件过程。只要单击任何一个控件，就会响应同一个 Click 事件，不过事件过程定义中增加了一个参数 Index。控件数组中对象引用不能直接引用控件名称，假如 Label1 是控件数组，就不能用 Label1.Caption 访问或设置属性，只能写成 Label1(0).Caption 的数组引用形式。

(3) 通过 Load 方法可以添加若干个控件数组元素，也可以通过 Unload 方法删除添加的元素。Load 方法和 Unload 方法的使用格式为

　　Load 控件数组名(<表达式>)

　　Unload 控件数组名(<表达式>)

其中，<表达式>为整型数据，表示控件数组的某个元素。通过 Left 和 Top 属性确定每个新添加的控件数组元素在窗体的位置，并将 Visible 属性设置为 True。

例如：

```
Load Label1(4)                      '为控件数组 Label1 添加一个元素
Label1(4).Top=Label1(3).Top+450     '设置添加数组在窗体中的位置
Label1(4).Left=Label1(3).Left+450
Unload Label1(4)                    '删除控件数组 Label1 的一个元素
```

【例 5-6】 按图 5-5 设计窗体，其中一组(共 6 个)单选按钮构成控件数组，要求当单击某个单选按钮时，能够改变文本框中文字的大小。

(1) 界面设计。设计控件数组(Opt1)，其中包含 6 个单选按钮对象；建立一个文本框(txtBox)和一个标签(lblPrompt)。

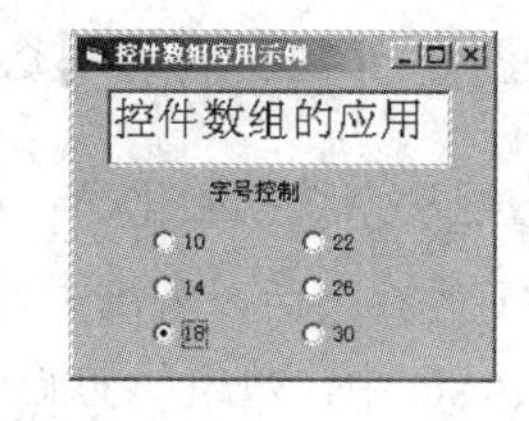

图 5-5　控件数组的应用示例

(2) 各控件属性设置如表 5.1 所示。

表 5.1　对象属性设置

对象(名称)	属　性	属 性 值
窗体(Form1)	Caption	控件数组应用示例
文本框(txtBox)	FontSize	5号
	Text	控件数组的应用
标签(lblPrompt)	Caption	字号控制
单选按钮数组(Opt1(0)～Opt1(5))	Caption	分别设为10，14，18，22，26，30

(3) 编写程序代码如下：

```
Private Sub Form_Load()
    Opt1(0).Value = True                '选定第一个单选按钮
    txtBox.FontSize = 10                '设定文本框中的字号
End Sub
Private Sub Opt1_Click(Index As Integer)
```

```
    Select Case Index                          '系统自动返回 Index 值
        Case 0
            txtBox.FontSize = 10
        Case 1
            txtBox.FontSize = 14
        Case 2
            txtBox.FontSize = 18
        Case 3
            txtBox.FontSize = 22
        Case 4
            txtBox.FontSize = 26
        Case 5
            txtBox.FontSize = 30
    End Select
End Sub
```

5.5　数组的特殊操作

5.5.1　使用 Erase 语句对数组重新初始化

1．数组的系统初始化

声明了数组之后，若尚未对数组元素赋值，系统会将数组中各元素初始化为默认值。在 Visual Basic 中，数组的初始化与变量初始化相似，不同数据类型的数组元素被赋予不同的默认初值。其中，数值型数组各元素被初始化为 0；变长字符串型数组各元素被初始化为零长度的字符串("")；定长字符串型数组各元素中的每个字符均被填充为 ASCII 码值为 0 的字符(即 Chr(0)，等价于 vbNullChar)；变体型数组各元素被初始化为 Empty；对象型数组各元素均用 Nothing 填充。

2．使用 Erase 语句对数组重新初始化

使用 Erase 语句可以对静态数组重新初始化，其结果与系统初始化相同。语法如下：

　　Erase 数组列表

其中，“数组列表”可以是一个数组名，也可以是多个用逗号隔开的数组名。

对于动态数组，Erase 语句的作用是释放其所使用的内存。在下次引用该动态数组之前，必须用 ReDim 语句重新定义后才能使用。

Erase 语句中，数组名后的括号可以省略，不能清除数组元素。

例如：

```
Dim NumArray1(10) As Integer
Dim NumArray2() As Single
ReDim NumArray2(3,14)
```

```
    ...
    Erase NumArray1,NumArray2                '重新初始化，将每个元素设置为 0
```

【例 5-7】 数组的重新初始化应用举例。

```
Private Sub Command1_Click()
    Dim arry1(4) As Integer                  '定义静态数组
    Dim arry2() As Integer                   '定义动态数组
    ReDim arry2(2 To 6)
    Dim j As Integer
    For j = 0 To 4                           '给静态数组和动态数组赋值
        arry1(j) = j
        arry2(j + 2) = j + 2
    Next j
    Print
    Print "输出被赋值的数组"
    For j = 0 To 4
        Print arry1(j), arry2(j + 2)
    Next j
    Print
    Erase arry1, arry2                       '初始化静态数组 arry1 的值为 0，释放动态数组 arry2 的
                                             存储空间
    ReDim arry2(1 To 3, 2 To 5)              '重新定义动态数组
    Print "输出重新初始化后的数组"
    For j = 0 To 4                           '输出数组 arry1 的值全为 0
        Print arry1(j);
    Next j
End Sub
```

程序运行结果如图 5-6 所示。

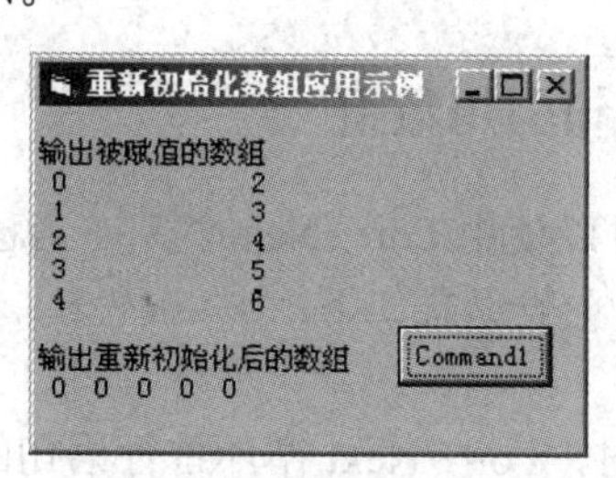

图 5-6　例 5-7 的运行结果

5.5.2　使用 Array 函数为数组赋值

1. Array 函数

使用 Array 函数可以给一个 Variant 类型的动态数组赋值(初始化)，同时确定数组大小。

其语法格式为

Array[(<值 1>,<值 2>,…,<值 n>)]

说明：(1) 函数参数是一个用逗号隔开的值表，类型可以相同，也可以不同；

(2) 使用 Array 函数给动态数组赋值后，该数组被确定为一维数组，其下标下界由 Option Base 语句决定，下标上界由参数个数决定。

(3) 使用 Array 函数还可以给 Variant 类型的变量赋值，此时该变量也表示一个 Variant 类型的动态数组。

(4) 在赋值时如果不提供参数，则创建一个长度为 0 的数组。

例如：

```
Dim a() As Variant, b As Variant          '定义变体类型动态数组 a 和变体类型变量 b
a = Array(1, "abc", 3)
b = Array(5, 6)
Print a(0); a(1); a(2); b(0); b(1)        '输出 1 abc 3 5 6
a = Array(9, 8, 7, 6)                     '重新改变数组 a 的元素个数
Print a(0); a(1); a(2); a(3)              '输出 9 8 7 6
ReDim Preserve a(2), b(1 To 5)            '改变数组 a、b 的大小，并保留原来的数据
Print a(1); b(1)                          '输出 8 5
```

2．LBound 函数和 UBound 函数

使用动态数组和静态数组一样要防止出现下标越界错误。Visual Basic 提供的 LBound 函数和 UBound 函数可以帮助用户确定数组每一维下标的变化范围。LBound 函数返回下界，UBound 函数返回上界，其语法格式如下：

LBound(数组名[，N])和 UBound(数组名[，N])

其中，N 表示维数，为 1 表示第一维，为 2 表示第二维，依此类推。如果省略 N，则默认为 1。

例如，输出一维数组 a 的各个元素，可通过以下代码实现：

```
For i = LBound(a) To UBound(a)
    Print a(i)
Next i
```

5.5.3　For Each…Next 语句引用数组

如前所述，遍历数组元素可以使用 For…Next 循环。当已知数组下标的下界 m 和上界 n 时，For…Next 循环首行语句的一般形式如下：

For i=m To n

当数组下标的上下界未知时，For…Next 循环首行语句的一般形式如下：

For i = LBound(a) To UBound(a)　　'a 为数组名

此外，Visual Basic 还提供了一条 For Each…Next 语句，可以遍历数组或集合中的每个元素，对元素进行查询、显示或读取等操作。语句格式为：

```
For Each <成员> In  <数组名或集合名>
    语句块
    [Exit For]
```

语句块

Next <成员>

其中，“成员”是用来遍历数组或集合中所有元素的变量。对于数组而言，它只能是变体型变量；对于集合来说，它可以是变体型变量、通用对象变量或任何特殊对象变量。

例如，引用数组A中的数据，比如求A中的平均值、最大值和最小值，可以用下面的循环实现：

```
Dim A
A=Array(89,80,54,78,90,87,67,98,79,68)
Dim x                                        'x 必须是一个变体类型的变量
  For Each x In A
      Avg = Avg + x
      If x > max Then max = x
      If x < min Then min = x
  Next x
  Print  "平均值："; Avg/10, "最大值："; max,"最小值："; min
```

For Each…Next 循环的作用是对数组或集合中的每一个元素执行循环体。使用该语句不必指定循环的起始和终止条件，因此在未知数组下标上、下界时尤为适用。

5.5.4　数组的复制

在 Visual Basic 6.0 中，要将一个数组全部元素的值复制到另一个数组中，只用一行简单的赋值语句即可，无需借助于 For…Next 循环实现。例如：

```
Dim i As Integer, a(3) As Integer, b() As Integer, c, d, e
For i = 0 To 3
    a(i) = i * 10
Next
b = a
c = b
d = Array(1, 2, 3)
e = d
```

赋值数组时应遵循以下规定：

(1) 赋值号左侧必须是动态数组，或者是变体型变量，不能是静态数组。

(2) 如果赋值号左侧是动态数组，则必须与右侧数组的数据类型相同。

(3) 赋值号右侧可以是任意类型和形式的数组。

5.6　数 组 的 应 用

5.6.1　排序算法

排序是计算机程序设计的基本应用之一。排序的方法有插入排序、选择排序、冒泡排序、堆排序等。本节介绍常用的两种排序方法，即选择排序和冒泡排序。

所谓排序，是指将一组有逻辑关系的数据改变成为从大到小或从小到大的新的逻辑关系，顺序存储结构是表示这种逻辑关系的最好方式。排序时，应先将要排序的数据存放到数组中。本节所讲的排序方法是建立在顺序存储结构基础上的。

例如，下面的程序段将得到 10 个数据的数组元素，在此基础上实现选择排序和冒泡排序：

```
Dim a(10) As Integer
n=10
for i=1 to n
    a(i)=int(rnd*90) +10                    '通过随机函数生成10～100之间的数
Next i
```

【例 5-8】 选择排序。

假设对 n 个数按升序排列，则选择排序的基本思想如下：将 n 个元素放在 a(1)，a(2)⋯，a(n)中，第一趟在 a(1)～a(n)中找出一个最小值，设它是 a(p)，则把 a(p)和 a(1)交换，使得 a(1)最小；第二趟在 a(2)～a(n)中找出一个最小值 a(p)，把 a(p)和 a(2)交换；依此类推，直到在 a(n−1)～a(n)中找出一个最小值，最终得到递增序列。

实现第 i 趟排序的方法是：

(1) p 指向 i，即 p = i。

(2) p 所指的元素值和其后的每个元素值比较，如果其后的元素值较小，则 p 指向较小的元素。比较完所有的元素，则 p 指向当前最小的元素。

(3) 如果 p<>i 表明找到新的最小数，进行交换；否则，第 i 个数是最小数，无需交换。

下面对随机产生的 10 个两位整数，使用选择法按递增排序后输出。

程序代码如下：

```
Private Sub Command1_Click()
Const n = 10
Dim a(1 To n) As Integer
Dim i As Integer, j As Integer, p As Integer, t As Integer
Randomize
For i = 1 To n
    a(i) = Int(90 * Rnd) + 10               '用随机函数初始化数组
Next i
  Print "随机产生的10个数"
For i = 1 To n
  Print a(i);                               '输出原始序列
Next i
Print
For i = 1 To n – 1                          '对数组排序
    p =i                                    'p代表最小元素下标
    For j = i + 1 To n                      '寻找最小元素
```

```
            If a(j) < a(p) Then p = j
        Next j
        If p <> i Then                      '交换数组元素
            t = a(i)
            a(i) = a(p)
            a(p) = t
        End If
    Next i
    Print "排序后的 10 个数"
    For i = 1 To n                          '输出排序后的序列
    Print a(i);
    Next i
End Sub
```

【例 5-9】 冒泡排序。

假设对 n 个数按升序排列，则冒泡排序的基本思想如下：

(1) 将 n 个元素存放在数组 a(n)中，第一趟将每相邻两个数比较(第 1 个和第 2 个，第 2 个和第 3 个，…，第 n−1 个和第 n 个)，将小的调整到前面，经 n−1 次两两相邻比较后，最大的数已“沉底”，放在最后一个位置，小数上升“浮起”。

(2) 第二趟对除去最后一个数外的剩余的 n−1 个数(最大的数已“沉底”)按上法比较，经 n−2 次两两相邻比较后得次大的数。

(3) 依此类推，n 个数共进行 n−1 趟比较，在第 j 趟中要进行 n−j 次两两比较。

下面对随机产生的 10 个两位整数，使用冒泡法按递增排序后输出。

程序代码如下：

```
Private Sub Command1_Click()
    Const n = 10
    Dim a(1 To n) As Integer
    Dim i As Integer, j As Integer, t As Integer
    Randomize
    For i = 1 To n
        a(i) = Int(90 * Rnd) + 10           '用随机数初始化数组
    Next i
    Print "随机产生的 10 个数"
    For i = 1 To n
        Print a(i);                         '输出原始序列
    Next i
    Print
    For i = 1 To n – 1                      '对数组排序
        For j = 1 To n - i
            If a(j) > a(j + 1) Then
```

```
            t = a(j): a(j) = a(j + 1): a(j + 1) = t
          End If
        Next j
      Next i
      Print "排序后的 10 个数"
      For i = 1 To n
        Print a(i);                        '输出排序后序列
      Next i
    End Sub
```

5.6.2 程序举例

【例 5-10】 编写程序，输出杨辉三角形。

杨辉三角形如下：

```
1
1 1
1 2   1
1 3   3   1
1 4   6   4   1
1 5   10  10  5   1
```

分析提示：对角线和每行的第一个数均为 1，其余各项是它的上一行中前一个元素和上一行的同一列元素之和，可以写一个通式为

$$A(i,j) = a(i - 1,j - 1) + a(i - 1,j)$$

程序代码如下：

```
Private Sub Command1_Click()
  Dim i As Integer, j As Integer, n As Integer
  Dim yh()
  n = InputBox("输入 n 的值")
  ReDim yh(1 To n, 1 To n)
  For i = 1 To n
    yh(i, 1) = 1: yh(i, i) = 1
  Next i
  For i = 3 To n
    For j = 2 To i - 1
      yh(i, j) = yh(i - 1, j - 1) + yh(i - 1, j)
    Next j
  Next i
  For i = 1 To n
  For j = 1 To i
        Print yh(i, j); Spc(2);
```

```
        Next j
      Print
    Next i
  End Sub
```

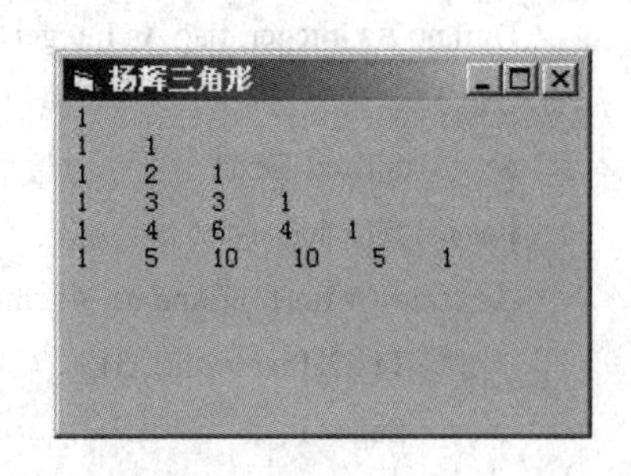

图 5-7　杨辉三角形

程序运行后，单击窗体，结果如图 5-7 所示。

【例 5-11】 查找考场教室号。

某课程统考凭准考证入场，考场教室安排见表 5.2。编写程序，查找准考证号码所对应的教室号码。

表 5.2　考 场 安 排

准考证号码	2101～2147	1741～1802	1201～1287	3333～3387	1803～1829	2511～2576
考场号码	1102	1203	1303	1404	1505	1606

分析提示：为便于查找，通过二维数组 rm 建立这两种号码的对照表。数组 rm 由 Form_Load 事件过程来建立，它的每一行存放了一个教室的准考证号码范围和教室号码，所有准考证号码范围和教室号码用 6×3 数组即可。当判断某个给定准考证号码落在某一行的准考证号码范围内时，则该行中的教室号码即为所求。

创建应用程序的用户界面并设置对象属性，如图 5-8 所示。

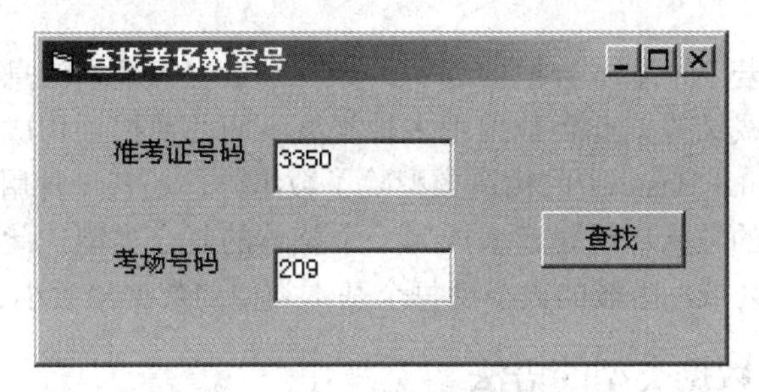

图 5-8　用户界面设置

功能要求：用户在文本框 Text1 中输入准考证号码，单击“查找”按钮(Command1)后，则查找出对应的教室，并将教室号码输出在文本框 Text2 中。

程序代码如下：

```
Dim rm(6, 3) As Integer
Private Sub Form_Load()                          '输入数组数据
    rm(1, 1) = 2101: rm(1, 2) = 2147: rm(1, 3) = 1102
    rm(2, 1) = 1741: rm(2, 2) = 1802: rm(2, 3) = 1203
    rm(3, 1) = 1201: rm(3, 2) = 1287: rm(3, 3) = 1303
    rm(4, 1) = 3333: rm(4, 2) = 3387: rm(4, 3) = 1404
    rm(5, 1) = 1803: rm(5, 2) = 1829: rm(5, 3) = 1505
    rm(6, 1) = 2511: rm(6, 2) = 2576: rm(6, 3) = 1606
End Sub
Private Sub Command1_Click()
```

```
    Dim no As Integer, flag As Integer
    flag = 0                                        '设置查找标记，0 表示未找到
    no = Val(Text1.Text)
    For i = 1 To 6
        If no >= rm(i, 1) And no <= rm(i, 2) Then
            Text2.Text = rm(i, 3)                   '显示教室号码
            flag = 1                                '1 表示找到
            Exit For
        End If
    Next i
    If flag = 0 Then
        Text2.Text = "无此准考证号码"
    End If
    Text1.SetFocus                                  '文本框获得焦点
End Sub
```

5.7　用户自定义数据类型

有一种数据是由若干个基本数据构成的，如一个学生的基本信息数据，包括姓名、性别、出生日期、入学成绩等，此类数据由多种类型不同的数据项构成，显然用数组解决这个问题不太方便。Visual Basic 中的构造类型除了数组外，还有一种用户自定义类型，即将若干个基本数据类型的数据项组合起来成为一个整体的复合类型。此类型的一个变量占用一块地址连续的存储区域，区域的大小由每个基本类型的数据项大小之和确定。

5.7.1　用户自定义数据类型的语法

Type 语句用来定义用户自定义数据类型。它的一般形式为

```
[Private | Public]Type 类型名称
    数据项 1 As  数据类型
    数据项 2 As  数据类型
  ⋮
End Type
```

数据项又称为字段。

例如，定义一个学生信息的自定义类型如下：

```
Private Type Student
    No As Integer
    Name As String*8
    Sex As Boolean                      '定义性别为逻辑类型
    BirthDay As Date                    '定义出生日期为日期型
```

```
    Score As Single                    '定义成绩为单精度型
End Type
```

自定义了一个类型，就确定了这种类型所需要的存储空间或存储结构，如：Student 类型确定的存储控件的大小为 2 + 8 + 2 + 8 + 4 = 24(字节)。

5.7.2　自定义类型的引用

Type 语句的作用只是声明了一种数据类型，使用用户自定义数据类型必须先定义这种类型的变量或数组。下面的语句分别定义了一个 Student 类型的变量和数组：

```
Dim Stu1 As Student
Dim Stu(50) As Student
```

定义一个 Stu1 变量，运行时开辟 24 个字节的内存单元，用于存放一个学生信息，而数组 Stu(50)可以存放 50 个学生的信息。

用户自定义类型的引用格式为

<变量名>.<数据项名>

如给变量 Stu1 赋一个学生信息，可使用下面的语句：

```
Stu1.No=34
Stu1.Name = "张斌"
Stu1.Sex = True  或 False
Stu1.BirthDay = #1997-10-20#
Stu1.Score = 480
```

使用 With 和 End With 关键字在引用时可以省略变量或对象名，形式为

```
With  变量名
    .数据项=表达式
End With
```

这种形式即为第 4 章所介绍的 With 语句。

【例 5-12】 设计如图 5-9 所示的窗体，利用文本框输入 5 个学生的学生序号(1～5)、姓名、数学成绩、英语成绩、Visual Basic 程序设计成绩的信息。“输入成绩(Command1)”命令按钮事件过程用于输入 5 个学生的信息，“显示成绩(Command2)”命令按钮事件过程显示输入的 5 个学生的信息。

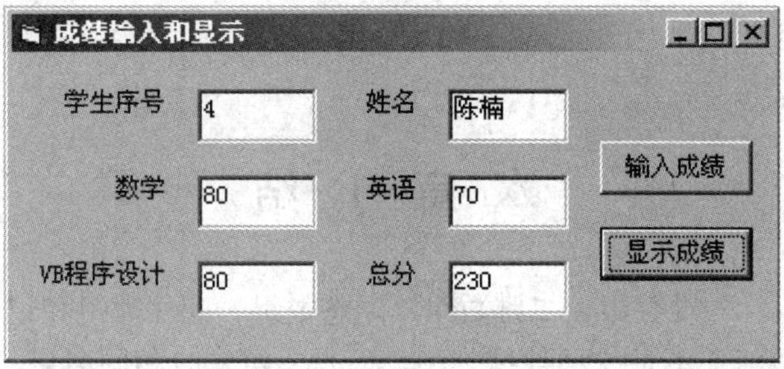

图 5-9　成绩输入和显示

程序代码如下：

```
Private Type score                           '通用部分的代码
    number    As Integer
    name As String * 8
    maths As Integer
    english    As Integer
    VBprogramming As Integer
    total    As Integer
End Type
Dim stu(1 To 5) As score
Dim i As Integer
Private Sub Command1_Click()  '单击"输入成绩"命令按钮，将文本框中的数据输入到数组元素中
    i = i + 1                    'i 表示第 i 个学生的信息，即将数据写到下标为 i 的数组元素中
    stu(i).number =Val(Text1.Text)
    stu(i).name = Text2.Text
    stu(i).maths = Val(Text3.Text)
    stu(i).english = Val(Text4.Text)
    stu(i).VBprogramming = Val(Text5.Text)
    stu(i).total = stu(i).maths + stu(i).english + stu(i).VBprogramming
End Sub
```

此事件过程执行一次，输入一个学生的信息，因此 5 个学生的信息总共需执行 5 次，输入完成后将 5 个学生的信息保存在数组变量 stu(1)～stu(5)中。

```
Private Sub Command2_Click()  '单击"显示成绩"命令按钮显示刚刚输入的第 j 个学生的信息
    Static j As Integer
    j = Val(InputBox("输入查看的学生学号(<=5):"))
    Text1.Text = stu(j).number
    Text2.Text = stu(j).name
    Text3.Text = stu(j).maths
    Text4.Text = stu(j).english
    Text5.Text = stu(j).VBprogramming
    Text6.Text = stu(j).total
End Sub
```

本 章 小 结

本章介绍了数组、一维数组、二维数组、动态数组、控件数组和记录类型数据的定义、声明和访问形式。数组并不是一种数据类型，而是一组具有相同名字、不同下标的变量的集合。数组必须先声明后使用。

在声明时，数组只有一个下标，则该数组为一维数组；数组有两个下标，则该数组为

二维数组。在利用一维数组、二维数组编写程序时，通常与单重 For 循环或双重 For 循环结合使用，每重 For 语句中的循环变量分别作为数组元素的一个或两个下标，通过循环变量的不断改变，达到对数组中每个数组元素依次进行访问、处理的目的。

动态数组也叫可调数组或可变长数组，其在声明数组时未给出数组的大小(省略括号中的下标)，当要使用它时，随时用 ReDim 语句重新指出数组大小。使用动态数组的优点是可以有效地利用内存的存储空间。

控件数组是由一组相同类型的控件组成的。它们共用一个控件名，属性基本相同，只有 Index 属性的值不同。当建立控件数组时，系统给每个元素赋一个惟一的索引号(Index)。控件数组共享同样的事件过程。控件数组的建立有两种方法：一是在设计时建立，二是在运行时通过添加控件数组元素的方法来建立。

使用 Erase 语句可以对数组重新初始化。使用 Array 函数可以为变体型动态数组或变体型变量赋值。使用 For Each…Next 语句可以遍历数组或集合中的元素。用赋值语句可以将一个数组的全部元素复制到另一个同类型的动态数组或变体型变量中。

应用数组解决的常用问题有：复杂统计、求平均值、排序、查找、插入、删除等。

习　题　5

一、选择题

1．下列数组说明语句中正确的是(　)。

A．Dim a(–1 To 5, 8) As Single

B．Dim a(n , n) As Integer

C．Dim a(0 To 8, 5 To –1) As Single

D．Dim a(10, –10) As Double

2．下列声明的数组中不是动态数组的是(　)。

A．Dim X()　　B．Dim X(8)

C．ReDim X(8)　　D．ReDim Preserve X(8)

3．以下(　)是 Visual Basic 合法的数组元素表示。

A．X[0]　　B．X(I+1)　　C．X10　　D．X(1 to 10)

4．下面选项中，错误的是(　)。

A．Dim s As variant:s= Array("one", "two", "Three")

B．Dim b : b=Array(1,2,3)

C．Dim b As Integer : b=Array(1,2,3)

D．Dim b As variant : b=Array(1,2,3)

5．设有数组说明语句 Dim b (–1 To 2, –2 To 2)，则数组 b 中元素的个数是(　)。

A．12　　B．15　　C．16　　D．20

6．使用 Array 函数给某 X 赋值时，X 必须是(　)。

A．已经声明的静态数组

B．Variant 类型变量

C．已经声明的动态数组且该动态数组的类型为 Variant

D．已经声明的动态数组

7．在窗体上画一个命令按钮，然后编写如下事件过程：

```
Option base 1
Private Sub Command1_Click()
    Dim a
     a=Array(3,4,5)
     j=1
     For i=1 To 3
          s=s+a(i)*j
          j=j*10
    next i
     print s
End Sub
```

运行上面的程序，单击命令按钮，其输出结果是(　)。

A．345　　B．456　　C．543　　D．012

8．用复制、粘贴的方法建立了一个命令按钮数组 Command1，以下说法错误的是(　)。

A．该控件数组的所有 Caption 属性均为 Command1

B．在代码中访问其中的命令按钮时只需使用名称 Command1

C．该控件数组的大小相同

D．该命令按钮数组共享相同的事件过程

9．下面程序的输出结果是(　)。

```
Dim A(5) As Integer, I As Integer, M As Integer
For I = 0 To 4
    A(I) = I + 1
    M = I + 1
    If M = 3 Then A(M – 1) = A(I – 2) Else A(M) = A(I)
    If I = 3 Then A(I + 1) = A(M – 4)
    Print A(I);
Next I
```

A．1 1 1 2 2　　B．2 1 1 4 4　　C．1 2 1 4 5　　D．2 2 1 4 1

10．在 Visual Basic 中，要遍历一个对象集合中的元素，应使用(　)语句。

A．For…Next　　B．For Each…Next

C．With…End With　　D．Do…Loop

11．已知说明语句：

```
Type Dat
     year As Integer
     month As Integer
     day As Integer
```

```
        End Type
    Type emp
        no As Integer
        name As String *10
        sex As String * 1
        Birthday As Dat
        Salary As Single
        End Type
    Dim programmer As emp
```

假设变量 programmer 所表示职工的出生日期是“1978 年 10 月 1 日”，下列正确的赋值语句是(　)。

A．year=1978 : month=10 : day=1

B．Birthday =1978 : Birthday. month=10 : Birthday. Day=1

C．programmer. year=1978 : programmer. month=10 : programmer. day=1

D．programmer. Birthday. year=1978 programmer. Birthday. month=10 : programmer. Birthday. day=1

二、填空题

1．用 Dim 声明数组时，默认情况下，数组下界为__(1)__。如果需要数组下界为 1，可以在通用声明中使用__(2)__选项加以说明。

2．若要定义一个元素为整型数据的二维数组 A，且第一维的下标从 0 到 5，第二维的下标从–3 到 6，则数组的声明语句为__(3)__。

3．假设 Dim a(8) As Double，则该数组声明了__(4)__个元素可供使用。如果设 Dim b(4, 1 To 9) As Single，则它声明了具有__(5)__个元素的__(6)__维数组。

4．利用 Array 函数给数组元素输入初值，数组应该声明为__(7)__数组，数组的数据类型为__(8)__类型。

5．要保留动态数组原有的值，应使用的关键字是__(9)__。

6．定义数组时，数组的下界一定不能__(10)__上界。

7．定义静态数组时，未指定数据类型，则该数组是__(11)__类型数组。

8．控件数组由一组__(12)__相同的控件组成，它们具有一个共同的__(13)__，相同的__(14)__，而且它们实现的功能基本相似。

9．可以利用函数__(15)__及__(16)__分别求出数组的上、下界。

三、阅读程序，输出结果

1．
```
Private Sub Command1_Click()
    Dim a(10) As Integer, i As Integer
    For i = 0 To 10
      a(i) = 2 * i + 1
```

```
        Next i
        Print a(a(3))
    End Sub
```

2．

```
    Private Sub Command1_Click()
        Dim f (10) As Integer
        f(0)=0:f(1)=1
        For i= 2 To 10
            f(i)= f(i−2)+f(i−l)
        Next i
        For i=0 To 10
            If i Mod 4=0 Then Print
            Print f(i);
        Next i
    End Sub
```

3．

```
    Private Sub Command1_Click()
        Dim x(3, 5) As Integer, i As Integer, j As Integer
        For i = 1 To 3
            For j = 1 To 5
                x(i, j) = x(i − 1, j − 1) + i + j
            Next j
        Next i
        Print x(3, 4); x(1, 5)
    End Sub
```

4．

```
    Option Base 1
    Private Sub Command1_Click()
        Dim m(3, 3) As Integer, s(3) As Integer
        Dim i As Integer, j As Integer
        Dim x As Variant, n As Integer
        For i = 1 To 3
            s(i) = 0
            For j = 1 To 3
                m(i, j) = i + j
                s(i) = s(i) + m(i, j)
```

```
        Next j
    Next i
    Print
    For Each x In s
        Print x;
    Next x
    Print
    For Each x In m
        Print x;
        n = n + 1
        If n Mod 3 = 0 Then Print
    Next x
End Sub
```

5.
```
Option Base 1
Private Sub Command1_Click()
    Dim a(4, 4) As Integer, m As Integer, n As Integer
    For m = 1 To 4
        For n = 1 To 4
            If n = m Or n = 4 – m + 1 Then a(m, n) = 1 Else a(m, n) = 0
        Next n
    Next m
    For m = 1 To 4
        For n = 1 To 4
            Print a(m, n);
        Next n
        Print
    Next m
End Sub
```

6.
```
Private Sub Command1_Click()
    Dim a(1 To 9) As Integer
    Dim b(1 To 3, 1 To 3) As Integer
    Dim i As Integer, j As Integer
    For i = 1 To 9
```

```
        a(i) = i
    Next i
    For i = 1 To 3
        For j = 1 To 3
            b(i, j) = a(i * j)
            If j <= i Then Print b(i, j)
        Next j
        Print
    Next i
End Sub
```

四、编程题

1．编写程序，使用随机函数产生 10 个两位整数存放到一维数组中，并且输出该数组，然后求这组数中的最大值及最大值在数组中的位置。

2．设有如下两组数据：

A：2，4，6，8，12，24，56，80

B：79，45，34，56，70，4，23，30

编写一个程序，把上面两组数据分别读入两个数组中，然后把两个数组中对应下标的元素相加，并把相应的结果放入第三个数组中，最后输出第三个数组的值。

3．利用随机函数产生 10 个 1～100 之间的整数，要求按从大到小的顺序打印出这 10 个整数。

4．一个一维数组中有 N 个整数，编写程序，将数组的数按逆序重新存放。例如：原来的顺序是 1，2，3，4，5，6，7；重新存放后的数据是 7，6，5，4，3，2，1。

5．求一个 3 × 3 矩阵主对角线元素之和。

6．编程输出如下所示的杨辉三角形，图形输出的行数由用户决定。

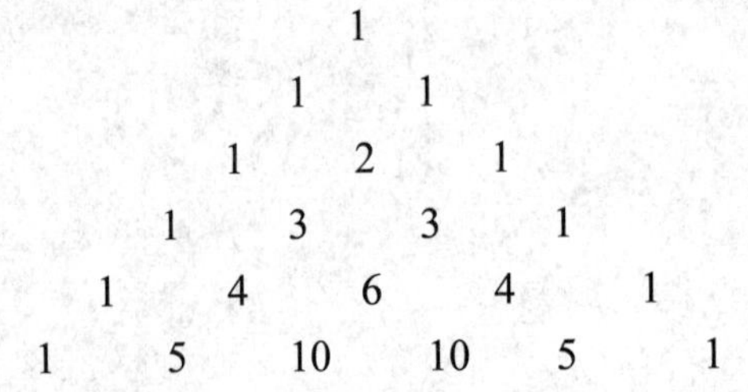

7．分别计算 5 个学生和 3 门课的平均分。

提示：设一个 5 行 3 列的二维数组，用来存放 5 个学生三门课的成绩。

第6章 过 程

本章要点：

(1) 过程的概念，Sub 过程与 Function 过程的建立与调用方法；
(2) 传址和传值两种参数传递方式的区别及用途；
(3) 数组参数的使用方法；
(4) 递归调用的执行过程；
(5) 变量及过程的作用域。

在 Visual Basic 6.0 中，常用的过程主要有两类：一类由系统提供，包括事件过程和内部函数过程，这是在前面的章节中多次使用的过程；另一类是自定义过程，由程序设计者根据需要自行编制，主要包括通用过程和自定义函数过程。事件过程和通用过程合称为 Sub 过程(子过程)，自定义函数过程简称 Function 过程(函数过程)。

使用过程是体现结构化(模块化)程序设计思想的重要手段。当问题比较复杂时，可根据功能将程序分解为若干个小模块。若程序中有多处使用相同的代码段，也可以将其编写为一个过程，程序中的其他部分可以调用这些过程，而无需重新编写代码。过程的应用大大提高了代码的可复用性，简化了编程任务，并使程序更具可读性。运用过程还可以把大的程序分成相对独立的子程序，便于调试和维护。

使用过程进行程序设计时，一个完整的程序由一个主过程和若干个子过程组成，由主过程根据需要调用子过程来实现相应的功能，调用的关键在于主过程与子过程之间的数据传递。对于每一个过程，它仍然由顺序、选择和循环三种基本结构组成。

6.1 Sub 过程

Visual Basic 中的 Sub 过程分事件过程和通用过程两类。通用过程属于用户自定义过程。

事件过程是当发生某个事件时，对该事件作出响应的程序段，是 Visual Basic 应用程序的主体。窗体的事件过程名称为“Form_事件名”，如 Form_Click；控件的事件过程名称为“控件名_事件名”，如 Command1_Click。

有时多个不同的事件过程可能要使用同一段程序代码，这时可将这段程序代码独立出来，编写为一个共用的过程，称为通用过程。它独立于事件过程之外，可供其他事件过程、通用过程或函数过程调用。

本节将主要介绍通用过程的建立和使用。在后面的叙述中，若非特别说明，也主要指通用过程。

6.1.1 Sub 过程的定义

1．Sub 过程的语法格式

定义 Sub 程序的简单语法格式如下：

```
[Public | Private][Static] Sub  过程名([形参表])
    [局部变量或常数声明]
    <语句块>
    [Exit Sub]
    <语句块>
End Sub
```

说明：(1) [Public | Private]为可选项，指定过程的作用范围是“公用”的还是“私用”的。Private 过程能被本窗体的所有过程调用。Public 过程可在整个程序范围内被调用，但需要指明该子程序所在的窗体对象名。

(2) Static 为可选项，指定本过程内的所有局部变量均为静态变量。

(3) 过程名的命名规则与变量命名规则相同。无参数时，过程名后的括号不能省略。

(4) 形参表类似于变量声明，指明本过程被调用时传送给本程序的变量个数和类型。若有多个变量，各变量之间用逗号分隔。形参表中出现的参数称为形式参数，简称形参。每个形参的格式为

```
[ByVal | ByRef]  形参名[()][As  类型]
```

其中，ByVal 表示该参数按值传递；ByRef 表示该参数按地址传递(默认)；形参名必须是合法的变量名或数组名(后面加括号)；类型代表该参数的数据类型，默认为 Variant。不能用定长字符串变量或定长字符串数组作为形式参数，但是可以在调用过程时用简单定长字符串变量作为实际参数，Visual Basic 将其转换为变长字符串变量传递给过程。

(5) Exit Sub 语句表示立即退出该过程，通常将其置于选择结构中。

(6) Sub 和 End Sub 是一个 Sub 过程的开始和结束标志。介于 Sub 和 End Sub 之间的代码是用来描述过程操作的语句块，称为“子程序体”或“过程体”。

(7) 在过程内不能再定义过程，但可以调用其他过程。

2．Sub 过程的创建

建立过程框架的方法有两种：使用“添加过程”对话框；直接在代码编辑器窗口中输入过程代码。

(1) 使用“添加过程”对话框。进入代码窗口后，单击主窗口中菜单条的“工具”菜单，选择“添加过程”后系统会打开一个对话框，如图 6-1 所示，按对话框中的提示键入相应的内容。例如，要建立一个名为 Add 的子程序，在“名称”后面键入子程序名 Add，在“类型”中选择“子程序”，在“范围”中选择“私有的”，确认后退出对话框，系统自动给出子程序的框架，此时可以输入子程序的具体内容语句。

(2) 直接在代码编辑器窗口中输入。在窗体模块中，进入代码窗口后，在左侧显示对象名的下拉列表框中选择“通用”，在右侧显示过程的下拉列表框中选择“声明”，然后键入 Sub(或 Function)及子程序名，按回车键后，Visual Basic 系统会自动加上其后的一对括号和

结束行的 End Sub 语句，如图 6-2 所示。此时就建立了一个过程框架。如果在标准模块中可直接键入。

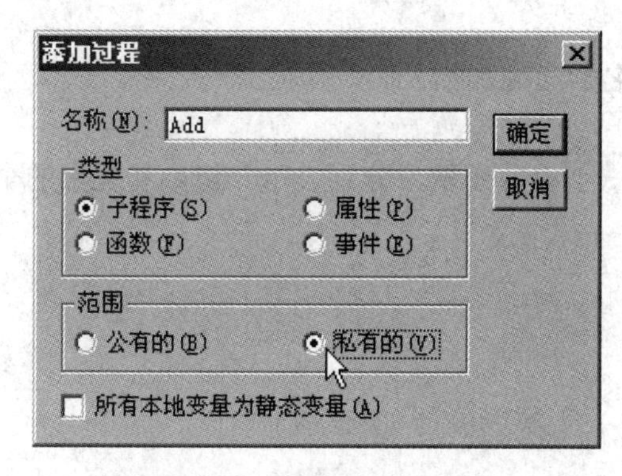

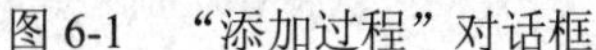
图 6-1　“添加过程”对话框

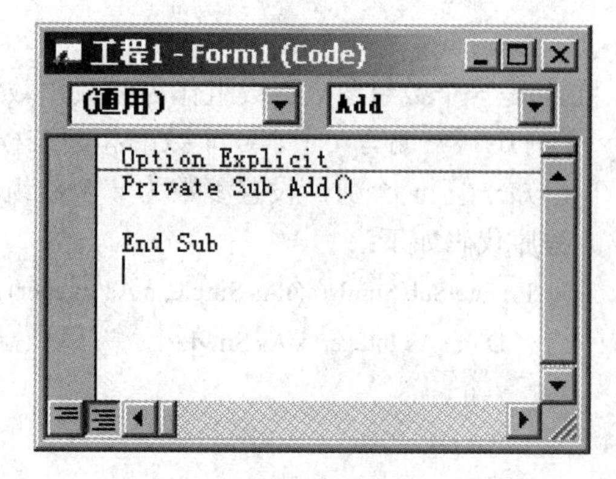

图 6-2　过程模板

3. Sub 过程的编写

编写过程的关键是首先确定过程要实现的功能，根据功能确定过程的形式参数，这对初学者来说是难点，需要对下面的解释加以体会。

参数就是已知条件，过程就是根据已知条件解决问题的方法和步骤。例如已知两个数，若交换两个数的值，须先确定两个数值型的参数，程序就是对这两个数的操作，具体如下：

```
Private Sub Swap(a As Integer, b As Integer)
    Dim temp As Integer
    temp = a: a = b: b = temp
End Sub
```

将此程序写成过程名为 Swap 的无参数过程(简称无参过程)，这说明在程序执行之前没有已知条件，程序在处理过程中必须给出已知数，否则无法求解，具体程序如下：

```
Private Sub Swap1()
  Dim a As Integer, b As Integer
  Dim temp As Integer
  a=InputBox("请输入 a 的值")
  b= InputBox("请输入 b 的值")
  temp = a: a = b: b = temp
End Sub
```

再比如对一组数据排序，参数应是一个数组名，排序时必须知道该组数中有几个数，所以还缺少一个已知条件。一般排序算法的参数是两个。具体程序如下：

```
Private Sub Sort (a() As Single, n As Integer)
   For i = 1 To n – 1
      For j = 1 To n – i
         If a(j) > a(j + 1) Then
            x = a(j): a(j) = a(j + 1): a(j + 1) = x
         End If
```

```
        Next j
      Next i
    End Sub
```

参数 a()是一个数组参数。数组作为参数，数组名后必须加括号。

【例 6-1】 编写一个求 n 个数的和的过程。

已知一组 n 个数，设置参数为一个数组和一个整数变量，分别表示一组数和元素的个数。程序代码如下：

```
Private Sub SumN(a() As Single, n As Integer)
    Dim i As Integer, x As Single
    x=0
    For i = 1 To n
        x=x+a(i)
    Next i
    Print x
End Sub
```

在循环体中，可以使用语句 Exit For 或 Exit Do 直接退出循环过程。同样在过程中，用 Exit Sub 可以直接退出 Sub 过程。

下面的例子计算已知两个数的加减乘除，说明了 Exit Sub 语句的应用。

```
Private Sub Compute(a As Single, b As Single)
    If b=0 Then Exit Sub
    c1 = a + b : c2 = a – b : c3 = a * b : c4 = a / b
    Print "c1="; c1, "c2="; c2, "c3="; c3, "c4="; c4
End Sub
```

首先测试变量 b 的值是否等于 0，如果 b 的值为 0 立即退出 Compute 过程；否则，在执行过程中会出现错误(被零除)。

6.1.2 Sub 过程的调用

1. 调用通用过程

过程的调用就是使用过程的功能，运行时执行被调用的程序，此时调用程序称为主程序，被调用程序称为子程序。在 Visual Basic 中可以用两种方法调用 Sub 过程(即子程序)。

(1) Call 语句调用。Call 语句调用 Sub 过程的一般格式如下：

Call 过程名([实参表列])

需要注意的是，实参的个数、顺序、数据类型都要与过程定义中的参数一一对应。例如下面是调用 Swap 子程序的语句：

```
a1 = 7
b1 = 9
Call swap(a1,b1)
```

如果 Sub 过程不带参数，Call 语句中过程名后的一对括号可以省去，例如无参过程 swap1

不带参数，调用语句只有一行：

```
Call swap1
```

(2) 直接使用子程序名调用 Sub 过程，而不必有 Call，其一般格式如下：

子程序名 [实参[，实参]…]

例如：

```
Swap a1,b1
```

不带参数的子程序可以直接写子程序名。以下调用是符合 Visual Basic 语法的：

```
Swap1
```

可以在事件过程或者在通用过程中调用，例如 Command1 事件过程中调用过程 swap：

```
Private Sub Command1_Click()
Dim va As Integer, vb As Integer
    va = InputBox("请输入 va 的值")
    vb = InputBox("请输入 vb 的值")
    Call Swap(va, vb)
End Sub
```

2．调用事件过程

在程序中不但可以调用通用过程，也可以调用事件过程，二者的语法格式相同。在前面有关章节的例题中已经见过调用事件过程的语句。例如：

```
Form_Load                    '执行窗体加载事件过程的语句
```

或

```
Call Form_Load
cmdAdd_Click
```

或

```
Call cmdAdd_Click            '调用命令按钮 cmdAdd 的单击事件过程
```

调用事件过程实际上就是执行事件过程中的语句序列，如同通用过程一样，亦可起到复用和简化代码的作用。需要注意的是，如果事件过程有参数，则调用时必须提供合法参数，这对初学者来说可能有一定困难。

6.2 Function 过程

6.2.1 Function 过程的定义

Function 过程(函数过程)与 Sub 过程相似，也是用来完成特定功能的独立程序代码，可以作为独立的基本语句被调用。它与 Sub 过程不同的是，函数过程可以给“调用程序”返回一个值。如何将计算的结果带到主程序中？函数过程就是类似于标准函数的由用户定义的过程，它能够返回一个函数值，从而将结果带到主程序中，例如 Sin(x)，给定一个弧度参数，返回一个正弦值。函数的简单语法格式如下：

[Public | Private][Static] Function 函数名([形参表])[As 类型]

```
    [语句块 A]
    [函数名=表达式]
    [Exit Function]
    [语句块 B]
    [函数名=表达式]
End Function
```

说明：(1) 函数名即函数过程的名称，其命名规则与变量相同。

(2) “As 类型”指定函数过程返回值的类型，可以是 Integer、Long、Single、Double、Currency、String 或 Boolean 等；若省略，则默认的数据类型为 Variant。

(3) “表达式”的值是函数返回的结果，通过赋值语句将其赋给函数名。若在函数过程中省略“函数名= 表达式”，则该过程返回一个默认值。数值函数过程返回 0，字符串函数返回空字符串。因此，为了能使一个函数过程完成所指定的操作并获取返回值，通常要在过程中为函数名赋值。

(4) 函数过程语法中其他参数的含义与子过程相同。

与子过程一样，可以在代码编辑器窗口中直接输入代码来创建函数过程，也可以使用“添加过程”对话框来创建函数过程，只是在选择类型时要选择“函数”。

例如，定义一个函数 Add 过程来完成加法功能：

```
Private Function Add(a As Single, b As Single) As Single
    Add = a + b
End Function
```

如果要想在过程中调用一个函数，只需在表达式中引用函数名和相应的参数即可。例如有一个过程调用上述 Add 函数：

```
Private Sub Command1_Click()
    Dim x As Single,y As Single
    x= InputBox("请输入 x 的值")
    y= InputBox("请输入 y 的值")
    Print "Sum="; Add(x,y)
End Sub
```

使用 Exit Function 语句可以从当前调用的函数中直接退出函数过程。例如修改上面 Add 函数如下：

```
Public Function Add(a As Single, b As Single) As Single
    If a = 0 Or b = 0 Then
        Exit Function
    End If
    Add = a + b
End Function
```

当 a = 0 或 b = 0 时，不作加法运算，直接退出函数，返回值是 0。

【例 6-2】 计算 1～10 阶乘之和，运行结果如图 6-3 所示。

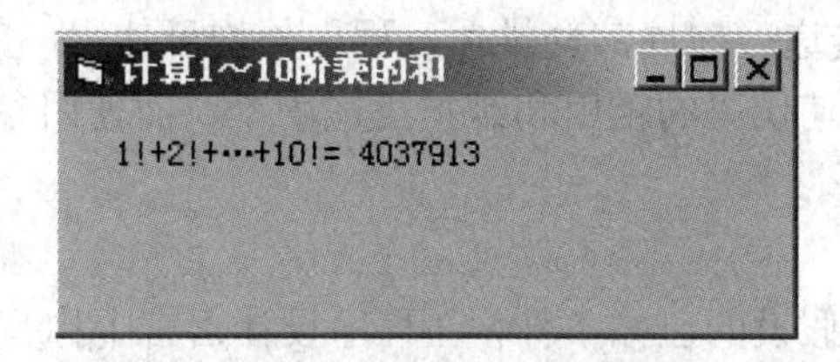

图 6-3　计算 1～10 阶乘之和

分析提示：首先编制一个求阶乘(N!)的函数过程，在窗体的单击事件中调用此过程，依次求出 1!，2!，…，10! 的值，并将其累加。程序代码如下：

```
'求阶乘(N!)的函数过程
Private Function Factorial(N As Integer) As Long
    Dim i As Integer, p As Long
    p = 1
    For i = 1 To N
        p = p * i                       '累乘
    Next
    Factorial = p                       '对函数名赋值，返回函数值
End Function
Private Sub Form_Click()
    Dim Sum As Long, i As Integer
    For i = 1 To 10                     '在循环中调用函数过程求 1～10 的阶乘并累加
        Sum = Sum + Factorial(i)
    Next
    Print
    Print "    1!+2!+…+10!="; Sum       '显示结果
End Sub
```

6.2.2　Sub 过程与 Function 过程的区别

Sub 过程与 Function 过程的主要区别有：

(1) 定义中关键字 Sub 和 Function 决定过程的类型。

(2) 函数有返回值，所以函数具有类型，参数后一般指明函数的类型，否则，由函数值的类型确定函数的类型。

(3) 函数过程中必须有给函数赋值的语句，如 Add=a+b，否则，返回空值(Empty)。

(4) 函数与过程的调用方式不同。函数只能用于表达式中，或者，函数就可以称为函数表达式，但表达式不能作语句用。

6.3　参 数 传 递

Visual Basic 中过程与过程(外界)的数据传递方式有两种：通过非局部变量(模块级或全

局变量)传递；通过参数传递。非局部变量在过程内外均可使用，数据传输不成问题。但过多的使用非局部变量将会使代码的重用和维护更加困难，而使用参数则不必为此担心。

6.3.1　形参与实参

过程定义时的参数是假设的已知条件，在程序设计语言中称为形式参数(简称形参)，而调用时的参数是给定求解的已知条件，称为实际参数(简称实参)。两者之间在名称上相互对应，逻辑上是相互联系的。

1. 形参

形参又称为形式参数、虚参，是在定义过程时出现在 Sub 或 Function 语句圆括号中的参数。在过程被调用前，形参仅仅是一个记号并无实际的值，其作用为说明在过程体中需要用到一个什么类型的数据，需要对这个数据进行怎样的处理。

2. 实参

实参又称为实际参数，是在调用过程时出现在过程名后的参数。实参可以是常量、变量、表达式、数组名。实参必须有具体的值，其作用是向对应的形参传递数据。

参数传递是指主调过程将实参的相关数据传递给被调过程中的形参，这一过程也称作“虚实结合”。在传递过程中需要注意以下几点：

(1) 实参与形参数量相同；

(2) 实参与形参按顺序逐一对应；

(3) 对应实参和形参的类型一致；

(4) Function 过程的参数传递与 Sub 过程的参数传递相同。

事实上，在过程被调用前系统并未给形参分配存储空间，直到调用时才分配。此时，形参存储空间中的内容就是从对应实参传递过来的数据。当过程调用结束后，形参的存储空间又被系统收回，形参又恢复为无值状态。

6.3.2　传址与传值

在调用过程时，形参获得从实参传递过来的数据，此数据可能是一个具体的数值，也可能是一个变量的地址，关键取决于参数传递的形式。Visual Basic 支持两种参数传递方式：地址传递(传址)和值传递(传值)。

1. 传址

传址又称引用，是默认的参数传递方式。也可以在形参前面加上 ByRef 关键字说明该参数的传递方式为传址。

例如：

```
Private Sub swap(ByRef a As Integer, ByRef b As Integer)
```

等价于

```
Private Sub swap(a As Integer, b As Integer)
```

在调用时将实参的地址传递给对应的形参，下面举例说明传址参数传递的执行过程。

在窗体模块的通用部分，定义 Swap2 过程，在 Command1 的事件过程中调用它，程序代码如下(过程 Swap2 中的参数是地址形参)：

```
Sub Swap2(ByRef x As Integer, ByRef y As Integer)
  Dim Temp as Integer
  Temp = x: x = y: y = Temp
End Sub
```

Command1 的单击事件过程代码如下：

```
Private Sub Command1_Click()
   Dim a As Integer
   Dim b As Integer
   a= 10
   b = 20
   Call Swap2(a, b)
   Print a; b                '输出的结果是 20  10，子程序中改变了形参的值
End Sub
```

参数传递过程如图 6-4 所示。

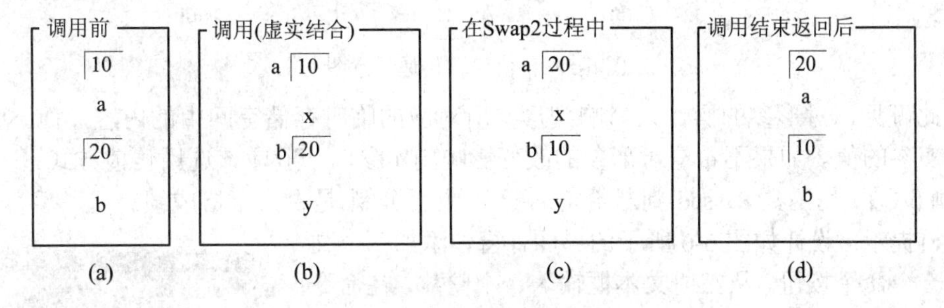

图 6-4 传址参数传递示意图

(1) 调用前，实参 a 和实参 b 对应的存储空间中分别存放着 10 和 20，形参 x 和形参 y 尚未分配存储空间，如图 6-4(a)所示。

(2) 当调用子过程 Swap2 时，通过虚实结合，形参 x、y 获得实参 a、b 的地址，即 x 和 a 使用同一个存储单元，y 和 b 使用同一个存储单元，如图 6-4(b)所示。

(3) 在被调子过程 Swap2 中，x、y 通过临时变量 Temp 实现交换后，实参 a 和实参 b 的值也同样被交换，如图 6-4(c)所示。

(4) 调用结束运行返回后，x、y 被释放，实参 a、b 的值就是交换后的值，如图 6-4(d)所示。

需要说明的是，当传址方式为参数传递时，仅当实参为变量时，实参才会随形参的改变而改变。如果实参是常量或表达式，则调用过程将以传值方式传递，这时对形参的改变并不会影响到实参的值。

2．传值

如果在形参前面加上 ByVal 关键字，则该参数即采用传值方式进行参数传递，在调用时将实参的值“复制”一份传递给对应的形参。

将上例中的过程定义改为 Sub Swap1(ByVal x As Integer,ByVal y As Integer)，过程体保持不变，重新执行 Command1_Click 事件过程，调用改变后的 Swap1 过程，其执行的输出结果为 a = 10，b = 20，即调用 Swap1 过程并没有交换两个变量的值。值传递的执行过程可

用图 7-5 来说明。

(1) 调用前，实参 a 和实参 b 对应的存储空间中分别存放着 10 和 20，形参 x 和 y 尚未分配存储空间，如图 6-5(a)所示。

(2) 过程被调用时系统给形参 x 和 y 分配临时内存单元，将实参 a 和 b 的值分别传递(赋值)给 x 和 y，如图 6-5(b)所示。

(3) 在过程 Swap1 中，变量 a、b 不可使用，x、y 通过临时变量 Temp 实现交换，如图 6-5(c)所示。

(4) 调用结束返回主调过程后，形参 x、y 的临时内存单元将释放，实参单元 a 和 b 仍保留原值，如图 6-5(d)所示。

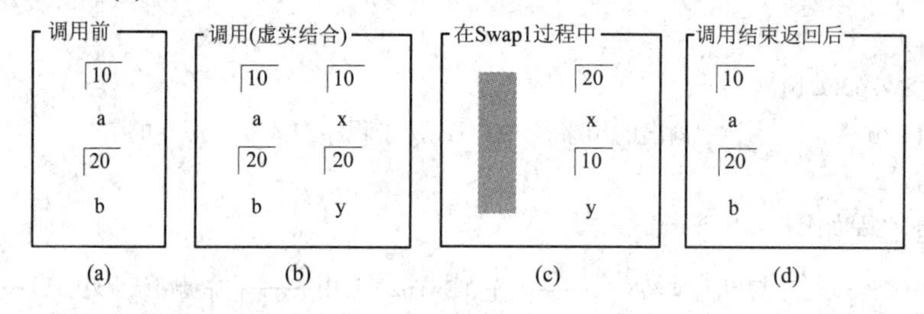

图 6-5　传值参数传递示意图

由此可见，对形参的操作只影响到形参所对应的临时存储空间中的内容，而不会影响到对应实参的值。如果不希望对形参的改变影响到实参，一般应该选用传值方式。

【例 6-3】 用函数 Passed 判断给定的一个数(百分制)是否为合格成绩。

分析提示：设计如图 6-6 所示的界面，窗体添加两个文本框和一个命令按钮。从左边文本框输入一个整数，在命令按钮的单击事件过程中调用自定义函数 passed 对该整数进行判断。若该数大于等于 0 且小于 60，则在右边文本框显示“不及格”；若该数大于 60 且小于等于 100，则在右边文本框显示“及格”。否则，在右边文本框显示“数据错!”。

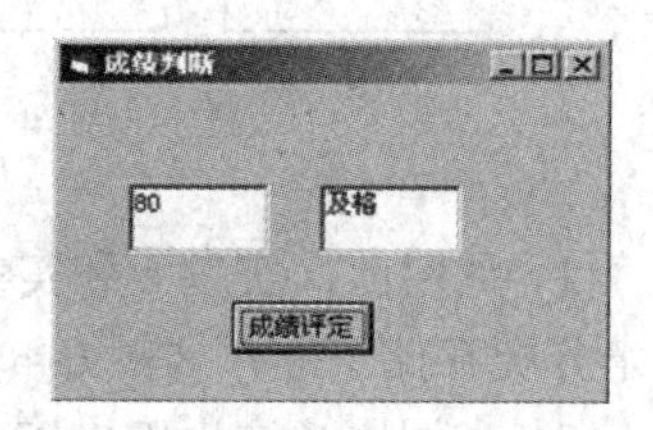

图 6-6　例 6-3 程序运行界面

程序代码如下：

```
Private Sub Command1_Click()
    Text2 = passed(Val(Text1))
End Sub
Private Function passed(ByVal score%) As String
    Select Case score
        Case 0 To 59
            passed = "不及格"
        Case 60 To 100
            passed = "及格"
        Case Else
            passed = "数据错!"
    End Select
End Function
```

6.4　过程的嵌套和递归调用

6.4.1　过程的嵌套调用

Visual Basic 中的过程都是相互平行和相对独立的，也就是说，在定义过程时，一个过程内不能包含另一个过程。Visual Basic 虽然不能嵌套定义过程，但可以嵌套调用过程，也就是主程序可以调用子过程，在子过程中还可以调用另外的子过程。

例如，有一 Form_Click 事件过程调用 Sort(排序)过程，而在 Sort 过程中又调用 Swap(交换)过程来完成排序中两个数的交换，其嵌套调用执行过程如图 6-7 所示。

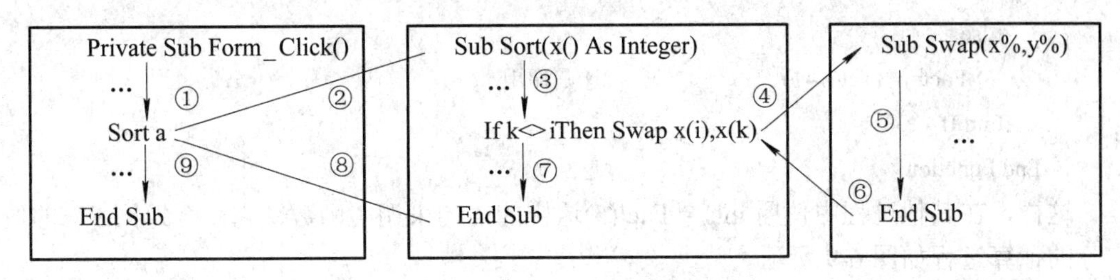

图 6-7　嵌套调用过程示意图

6.4.2　过程的递归调用

过程的递归调用是指一个过程直接或间接地调用其自身。把直接调用自己的递归称为直接递归调用，如图 6-8(a)所示；把间接调用自己的递归称为间接递归调用，如图 6-8(b)所示。

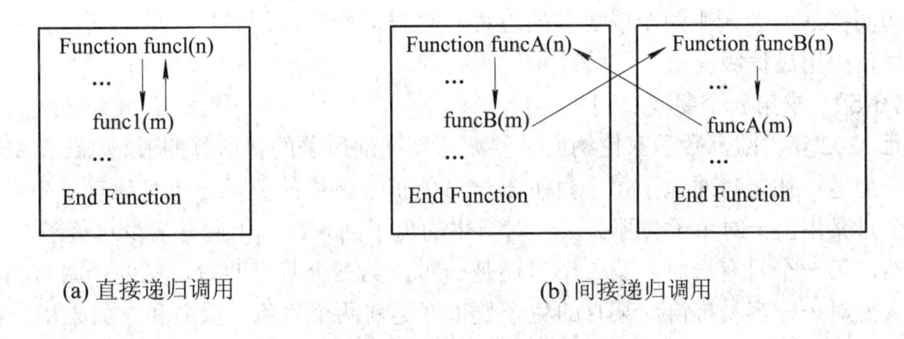

图 6-8　递归调用过程示意图

利用递归本身的特点，可以解决一些复杂的问题，甚至有些问题非得使用递归来解决不可。能够使用递归的方法来求解问题，必须满足以下两个基本条件：

(1) 存在递归结束条件及结束时的值。如阶乘递归运算的结束条件即 n = 1，结束时的值为 1。

(2) 能用递归形式表示，且递归向终止条件发展。如阶乘递归运算形式为 n！=n(n−1)!，每递归一次 n 的值减 1，直到终止条件 n = 1。

【例 6-4】 编写计算阶乘递归函数过程 Fact(n)。

分析提示：阶乘运算的递归形式为

$$n!=\begin{cases}1 & (n=1)\\ n(n-1)! & (n>1)\end{cases} \text{ 即 } Fact(n)=\begin{cases}1 & n=1\\ n*Fact(n-1) & n>1\end{cases}$$

其规律就是：Fact(n)=n*Fact(n−1)。这个式子很容易用递归函数实现，关键在于当调用到 Fact(1)时，必须停止递归调用，返回值。

程序代码如下，代码中使用了递归函数 Fact：

```
Private Function Fact(n As Integer) As Long
    If n=1 Then
        Fact=1
    Else
        Fact=n*Fact(n−1)                '递归调用
    End If
End Function                            '返回
```

这样，在其他过程中使用 int1 = Fact(5)这样的语句来调用函数，它就会返回 5！的值。实际的计算过程如图 6-9 所示。

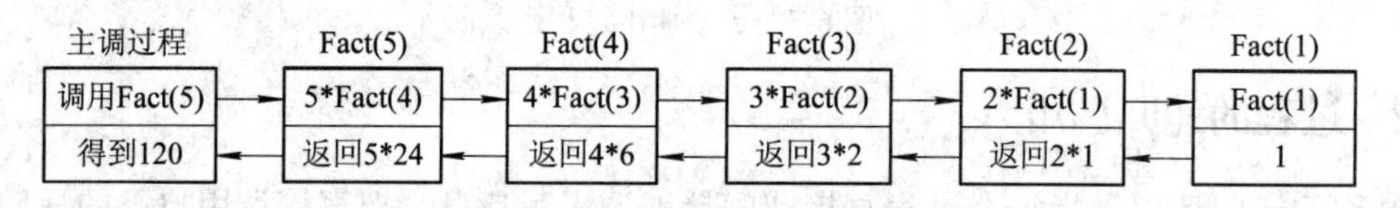

图 6-9　递归调用示意图

递归过程可以简化程序，但一般不能提高程序的执行性能。直接递归过程不断地调用其本身，而间接递归会调用两个或更多的过程，这样对内存占用是巨大的，所以，在递归过程中应尽量少用过程级变量。

【例 6-5】 求第 n 个斐波那契数。

公元 1202 年，欧洲数学家伦纳德·斐波那契在他所著的《珠算的书》(Liber Abbaci)中有这样一道题：假定每对兔子每个月生出一对兔子。新生的兔子一个月后有了生育能力，再过一个月又生出一对兔子。那么买一对新生的兔子回来，一年后有多少对兔子？

显然，第一个月有一对，第二个月还是一对，第三个月有两对，第四个月有三对，第五个月有五对……容易推得，某月的兔子数正好是前两个月兔子数之和。如果用 F(n)表示第 n 个月的兔子数，则当 n>2 时有：

$$F(n)=F(n-1)+F(n-2) \quad n\geqslant 3$$
$$F(1)=F(2)=1$$

若定义 F(0)=0，则可以写成：

$$F(n)=F(n-1)+F(n-2) \quad n\geqslant 2$$
$$F(0)=0$$
$$F(1)=1$$

这个数列称为斐波那契数列。上面的表达式是该数的递归定义，其终止条件是 n = 0 和 n = 1，递归形式是 F(n) = F(n−1) + F(n−2)。即当 n≥2 时，函数 F(n)用它本身在自变量较小的两个点处的值来(递归)表示，这个递归表示向着终止条件(n = 0，n = 1)变化，所以这个问题可以求解。以下是计算第 n 个斐波那契数的 Visual Basic 函数过程：

```
Private Function Fibo(ByVal n As Integer) As Integer
    If (n = 0) Then
        Fibo = 0
    ElseIf n = 1 Then
        Fibo = 1
    Else
        Fibo = Fibo(n – 1) + Fibo(n – 2)
    End If
End Function
```

6.5　其他形式的参数

6.5.1　数组参数

数组作为过程的参数有两种情形：传递数组元素，传递整个数组。

1. 数组整体作为参数

为了将一组数据传递给形参，应使用数组名作为函数的参数。如下的排序过程中定义了一个数组参数：

```
Private Sub Sort (a() As Single, n As Integer)
```

参数 a 后带一对空括号，表示此参数是数组参数，数组参数只能是地址形参，不能使用 ByVal 定义成值形参；参数传递过程中传送同类型实参数组的首地址。

例如，编写一个计算数组中 n 个元素的和的函数，程序代码如下：

```
Private Function SumN(a() As Single, n As Integer) As Single
    Dim i As Integer, s As Single
    For i = 1 To n
        s = s + a (i)
    Next i
    SumN = s
End Sub
```

在 Command1 的单击事件过程中的调用程序如下：

```
Private Sub Command1_Click()
    Dim x(10) As Single
    For i = 1 To 10
        x(i) = i + 1
    Next i
```

```
    Print SumN(x, 10)
End Sub
```

定义中的数组形参必须加空括号，调用时的实参可以只写数组名。

2．数组元素作为参数

数组元素作为参数，也就是下标变量作为过程参数，与基本类型参数的情形一致。

【例 6-6】 数组元素作为参数应用举例。

定义两个函数 funary1 和 funary2，其中 funary1 为值形参，funary2 为传址形参。

```
Public Sub funary1(ByVal x%, ByVal y%)
    x = x + 1
    y = y + 1
    Print "x="; x, "y="; y
End Sub
Public Sub funary2(x%, y%)
    x = x + 1
    y = y + 1
    Print "x="; x, "y="; y
End Sub
```

Command1 的单击事件过程代码如下：

```
Private Sub Command1_Click()
    Dim a(1 To 3) As Integer
    Dim i As Integer
    For i = 1 To 3
        a(i) = i
    Next i
    For i = 1 To 3
        Print "a("; i; ")="; a(i);
    Next i
    Print
    Call funary1(a(1), a(3))
    For i = 1 To 3
        Print "a("; i; ")="; a(i);
    Next i
    Print
    Call funary2(a(1), a(3))
    For i = 1 To 3
            Print "a("; i; ")="; a(i);
    Next i
End Sub
```

图 6-10 是程序的运行结果。

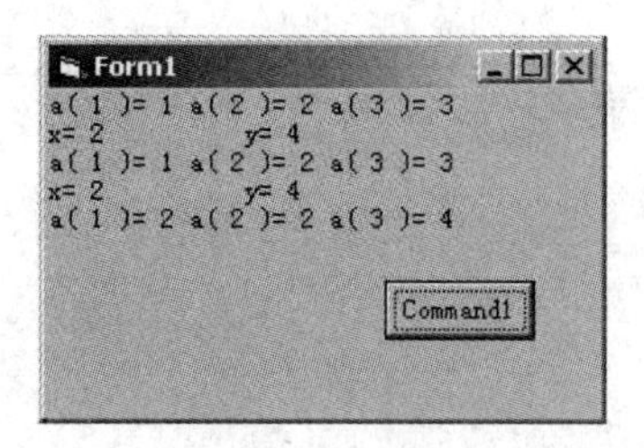

图 6-10　数组元素作为过程参数

6.5.2　可选参数与可变参数

1. 可选参数

为了定义带可选参数的过程，必须在参数表中使用 Optional 关键字，并在过程体中通过 IsMissing 函数测试调用时是否传送可选参数。

可选参数必须放在参数表的最后，而且必须是 Variant 类型。例如：

```
Private Sub a(a As Single, Optional b)
    If IsMissing (b) Then   Print a Else   Print a * b
End Sub
Private Sub Command1_Click()
    Dim x As Single, y As Single
    x = 5 : y = 6
    Call a(x)                         '输出结果是 5
    Call a(x, y)                      '输出结果是 30
End Sub
```

2. 可变参数

一般地，过程调用中的参数个数应等于过程说明中的参数个数。如果过程中可接受的参数是任意多个，使用 ParamArray 关键字定义参数，格式为

```
Sub 过程名(ParamArray 数组名())
```

格式中数组的类型必须为 Variant，或者不指定类型，数组名后必须加空括号。

6.5.3　对象参数

1. 窗体参数

用窗体作为参数时，过程的格式为

```
Sub 过程名(形参表)
    语句块
    [Exit Sub]
    …
End Sub
```

“形参表”中形参的类型为 Form，在调用时，只能通过传地址方式传送。

2．控件参数

用控件作为参数时，过程的格式为

```
Sub 过程名(形参表)
    语句块
    [Exit Sub]
    …
End Sub
```

“形参表”中形参的类型为 Control，在过程中，用 TypeOf 语句来限定控件参数的类型，逻辑表达式的格式为

```
TypeOf 控件名称 Is 控件类型
```

6.6　变量和过程的作用域

作用域体现了变量或过程的作用范围，即它们能发挥作用的有效区域。如果超出了作用的范围，它们便不能发挥作用。换句话讲就是，变量或过程必须在特定的范围内才有意义。

6.6.1　Visual Basic 工程的组成

一个工程文件可以包含若干不同类型的模块文件。Visual Basic 中将代码存储在三种模块中：窗体模块、标准模块和类模块。这三种模块均可包含声明(常数、变量和动态链接库 DLL 的声明)和过程。窗体模块保存在扩展名为 .frm 的文件中，每个窗体对应一个窗体模块，它是大多数 Visual Basic 应用程序的基础，读者已比较熟悉。类模块(.cls)超出了本书的讨论范围，故不作介绍。

1．窗体模块

窗体模块是窗体代码窗口中全部代码的总称，由声明部分、通用过程(用户自定义过程或函数)和事件(窗体及窗体内控件的事件)过程等几部分组成。窗体模块中除了事件过程外，还有函数过程和用户自定义过程，这些过程统称为过程或程序模块。

2．标准模块

在只有一个窗体的简单程序中，所有代码都存放在该窗体模块中。在复杂的多窗体应用程序中，有些通用过程或函数过程常需在多个不同窗体中共用，为了不在各窗体中重复编写代码，就需要创建标准模块，将多窗体共用的过程放到标准模块中。

工程资源管理器中的“模块”称为标准模块。标准模块包括全局变量声明、用户自定义 Sub 过程和 Function 过程。一般将常用的子程序、函数过程等写在模块文件中。例如，可以把实现与数组操作相关的排序、查找、插入、删除过程放在一个模块文件中，如果以后编程中涉及此类操作，就可以把此模块添加到工程中，从而提高了代码编写效率。

与窗体模块不同的是，标准模块中没有事件过程，但标准模块的作用范围比窗体模块大，可作用于整个工程，二者包含的过程和函数的定义及程序设计方法是相同的。

6.6.2　Sub Main 过程

默认的程序执行过程是：如果一个应用程序只包含一个窗体，则程序从执行窗体的Form_Load 过程开始；如果有多个窗体，则从设计阶段建立的第一个窗体开始执行。

有时，希望在运行窗体程序之前先执行一些操作，如初始化操作，此时可以将这些操作写在 Sub Main 过程中。

Sub Main 是在标准模块中定义的，无论一个工程中有几个标准模块，在一个应用程序中只允许有一个 Sub Main 过程。默认情况下，程序启动时不会自动执行 Sub Main 过程。指定程序从一个窗体或是 Sub Main 开始执行的方法是：打开“工程属性”对话框，单击“通用”选项卡的“启动对象”框右端的箭头，在列表中选择“Sub Main”。如果选择了 Sub Main，则程序运行时从模块的 Sub Main 过程开始。

例如，在模块中有以下说明和 Sub Main 过程：

```
Public d As String
Sub Main()
    Dim d As Date
    d = Date
    If   Left(d,4) = "2000" Then
Form1.Show
        Form1.Print d
    Else
Form2.Show
    End If
End Sub
```

则程序开始运行后，先启动 Sub Main 过程，调用日期函数 Date()，如果其前 4 个字符为“2000”(即 2000 年)，则显示窗体 1，并在窗体上输出当前日期，否则显示窗体 2，然后用户可以继续在窗口进行操作。

Sub Main 也可以被其他过程调用，如 Call Main。

6.6.3　变量的作用域

在 Visual Basic 中，根据变量的有效范围的不同，可将变量分为过程级变量(或称局部变量)、模块级变量(包括窗体模块和标准模块)和全局变量。通常用 Dim 或 Private 定义的变量称为局部变量或私有变量，用 Public 定义的变量称为全局变量或公有变量，用 Static 定义的变量为静态变量。

1. 过程级变量

在一个过程(例如 Command1_Click 事件过程)内部定义的变量只能是局部变量(用 Dim 关键字声明)或静态变量(用 Static 关键字声明)，这个变量只能在定义它的过程内有效。一个窗体中可以包括许多过程，在不同过程中定义的局部变量可以同名，因为它们是互相独立的、互不干扰的。

如果变量是用 Static 定义的，则该变量称为静态变量。静态变量在过程结束后不释放内存变量，即变量的值一直保留，直到应用程序结束为止。

如果用 Static 定义过程，则过程内用 Dim 定义的变量都是静态变量。例如，将 Command1 的事件过程改为 Static 过程：

```
Static Sub Command1_Click()
    Dim i As Integer
    Dim j As Integer
    Static k As Integer
    i=i+1 : j=i+j : k=j+k
    Print i,j,k
End Sub
```

过程中的 i、j、k 都是静态变量，第一次执行该程序时输出 1，1，1；第二次执行该程序时输出 2，3，4；第三次执行该程序时输出 3，6，10。

注意：过程级的变量不能用 Public 和 Private 来定义。

2. 模块级变量

如果一个窗体模块或标准模块(简称模块)中所有子过程或函数都要使用同一个变量，就应该把它声明为模块级变量。窗体模块级变量在整个窗体模块中有效，即其作用域为整个窗体模块；标准模块级变量在本模块范围内有效。声明模块级变量用 Dim 或 Private 关键字。窗体模块级变量的声明通过窗体代码窗口中的“通用—声明”来完成。模块级变量的定义方法与窗体级变量类似，只是变量的定义位置是模块的代码编辑窗口，而不是窗体的代码编辑窗口。

例如，在“通用—声明”段声明如下变量：

```
Private s As String
Dim a As Integer，b As Single
```

3. 全局变量

全局变量就是在整个工程的所有过程中均可使用的变量。在一个多窗体、多模块的应用程序中，全局变量为所有窗体、模块中的所有过程所共享。全局变量在应用程序运行过程中一直存在，始终不会消失，也就不会重新初始化为 0。只有在应用程序结束时，全局变量所占用的内存空间才会自动消失。

全局变量与窗体级或模块级变量的定义十分相似，只能在窗体或模块的“通用—声明”段进行定义，且使用的关键字是 Public 或 Global。如：

```
Public X As Single          '定义单精度的全局变量 X
```

在窗体中定义的全局变量在被其他窗体或模块引用时，引用语句中对全局变量名要在前面加变量所属窗体的窗体名。如 Form1 中定义的变量 X (Public X As Single)，在另一个窗体 Form2 或模块中要引用该变量(给它赋值 12)，则应该这样写语句 Fom1.X=12；又如在 Form2 中要把该变量的值赋给 Form2 中的变量 Z，则应该这样写语句 Z=Fom1.X。

在模块中定义的全局变量，在别的模块和窗体中被引用时，则不需要加全局变量所属的模块名，也就是变量前面不需要有限定词。

变量声明及使用规则如表 6.1 所示。

表 6.1　变量声明及使用规则

作用范围	局部变量	窗体/模块级变量	全局变量	
			窗体	标准模块
声明方式	Dim，Static	Dim，Private	Public	
声明位置	在过程中	窗体模块的“通用声明”段	窗体或标准模块的“通用声明”段	
被本模块的其他过程存取	不能	能	能	
被本应用程序中的其他模块存取	不能	不能	能，但在变量名前加窗体名	能

6.6.4　过程的作用域

与变量一样，过程也有不同的作用范围(作用域)。根据作用范围的不同，过程的作用域分为窗体(或模块)级和全局级两种。

1. 窗体(或模块)级过程

窗体级过程是指在某个窗体或标准模块内，由 Private 关键字声明的过程。该过程仅仅在本模块中有效，在其他模块中是不可见的。

例如，如下代码在窗体 Form1 内定义过程 Sub Add：

```
Private Sub Add(a As Single, b As Single)
    …
End Sub
```

因为该过程在定义时，其前面加了一个关键字 Private，所以这个过程只能被窗体 Form1 内的过程调用，不能被其他窗体或标准模块中的过程调用。

又如，如下代码在标准模块 Module1 内定义 Function 函数过程：

```
Private Function Add(a As Single, b As Single) As Single
    …
End Function
```

这个函数过程只能被标准模块 Module1 内的过程调用，不能被其他窗体或标准模块中的过程调用。

2. 全局级过程

全局级过程是指在某个窗体或标准模块内，由 Public 关键字或省略该关键字声明的过程。该过程可供应用程序内所有窗体和所有标准模块中的过程调用。但根据过程所处的位置不同，其调用方法有所区别。

与全局变量使用类似，窗体模块内定义的全局级过程若被外部过程调用，则必须指明过程所在的窗体名称，即在调用过程名前加上窗体名并用点号分隔开。例如，在窗体 Form2 中调用窗体 Form1 的 Add 过程，其语句形式是：

```
Call Form1.Add(x,y)
```

或

```
Form1.Add x, y
```

标准模块中的公用过程作用于整个工程，可以直接调用。如果在两个标准模块中有同名的过程，调用时就要指明过程所在的模块名称，格式同上。

过程的作用域概括为表 6.2 所示。

表 6.2　过程的作用域

作用范围	模 块 级		全 局 级	
	窗体	标准模块	窗体	标准模块
定义方式	过程名前加 Private 例: Private Sub MySub1(形参表)		过程名前加 Public 或缺省 例: Public Sub My2(形参表)	
能否被本模块其他过程调用	能	能	能	能
能否被本应用程序其他模块调用	不能	不能	能，但必须在过程名前加窗体名，例：Call 窗体名.My2 (实参表)	能，但过程名必须唯一，否则要加标准模块名，例：Call 标准模块名.My2(实参表)

6.7　应 用 举 例

查找是从一组数据中查找指定的数据，它是数组的一类基本操作。常用的查找方法有顺序查找法和二分查找法。

(1) 顺序查找法。顺序查找的基本思想是根据查找的关键值从数组中的第一个元素开始逐个比较，如果相同，返回该元素的下标；如果均不相同，则数组中不存在要查找的元素。数组中的数与查找到的数相等，即找到此数。

【例 6-7】 使用顺序查找法，编写查找函数 Find，在一维数组 a 中查找某给定的数 x，若找到返回下标值，否则返回−1。

程序代码如下：

```
Private Sub Command1_Click()
    Dim a(1 To 50)  As Integer
    Dim j As Integer, i As Integer
    Dim Key As Integer
    Dim flag As Integer
    For i = 1 To 50
        a(i) = Int(Rnd * 91 + 10)
    Next
    For i = 1 To 50
        j = j + 1
        Print a(i);
        If j Mod 10 = 0 Then Print
```

```
        Next
        Key = Val(InputBox("请输入要查找的关键字"))
        Call search(a, Key, flag)
        If flag = -1 Then
            MsgBox "没有您要查找的关键字,输出：" & flag, vbInformation + vbOKOnly, "查询结果"
        Else
            MsgBox "您要查找的关键字位置为：" & flag, vbInformation + vbOKOnly, "查询结果"
        End If
    End Sub
    Public Sub search(p() As Integer, ByVal Key1 As Integer, flag1 As Integer)
        Dim x As Integer
        flag1 = -1
        For x = LBound(p) To UBound(p)
            If p(x) = Key1 Then
                flag1 = x: Exit For            '找到关键字退出过程
            End If
        Next x
    End Sub
```

程序运行结果如图6-11所示。

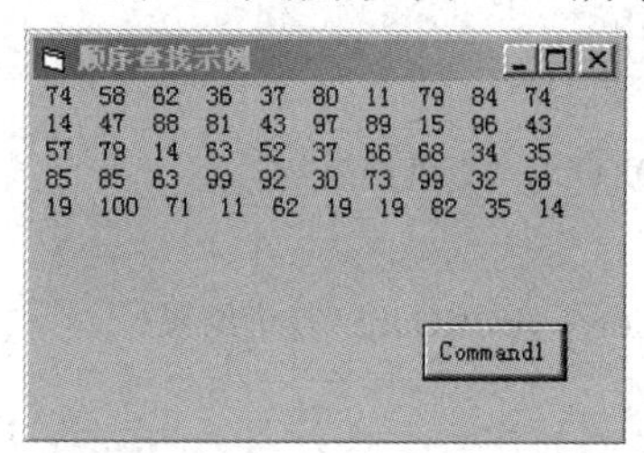

(a) 生成数组

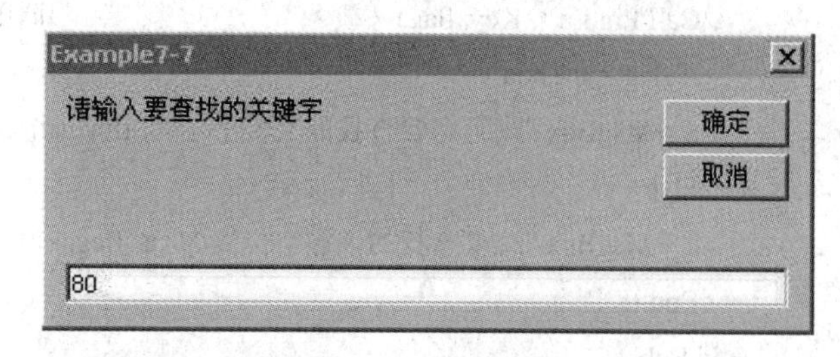

(b) 输入要查找的数

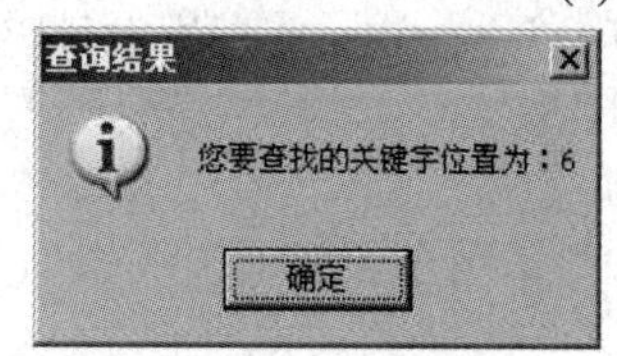

(c) 显示查找结果

图6-11 顺序查找应用示例

(2) 二分查找法。顺序查找法的效率很低，当数组中元素较多时，一般采用二分查找法。二分查找的前提是所查找的数组必须已经排好序。算法表述如下：首先取其中间位置上的一个数，用它和要查找的数进行比较；如果两数相等，该中间位置上的数就是要查找的数，查找结束；如果中间位置上的数大于(或小于)要查找的数，在数组有序的情况下，可判定要查找的数位于该数组的后(或前)半部，然后再取其后(或前)半部中间位置上的数与要查找的数进行比较；如此一直重复，直到找到该数或者确认该数不存在为止。

【例 6-8】 使用二分查找法，编写查找函数 Find，在一维数组 a 中查找某给定的数 x，若找到返回下标值，找不到输出提示信息。

本程序设计一个命令按钮 Command1_Click 事件；两个过程：一个排序过程和一个查找过程；在 Command1_Click 事件中产生随机数组，调用排序过程对产生的随机数组进行排序，然后再调用二分查找过程对已排好序的数组进行查找操作，并输出查找结果。

```
Dim a(10) As Integer                                    '在通用段声明，模块级数组
Private Sub Command1_Click()
   '产生随机数组并排序
   For i = 1 To 10
     a(i) = Int(Rnd * 91 + 10): Print a(i);
   Next i
   Print
   Call Sort(a(), 10)                                   '调用排序函数
   For i = 1 To 10
      Print a(i);
   Next i
   '输入查找关键字，并显示查找结果
   Dim Key As Integer, flag As Integer
   Key = Val(InputBox("请输入要查找的关键字"))  '给出关键字
   Call Find(a(), Key, flag)                            '调用查询函数
   If flag = 0 Then
      MsgBox "没有您要查找的关键字", vbInformation + vbOKOnly, "查询结果"
   Else
      MsgBox "您要查找的关键字位置为" & flag, vbInformation + vbOKOnly, "查询结果"
   End If
End Sub
Public Sub Sort(x() As Integer, n As Integer)           '选择排序过程
   For i = 1 To n – 1
      k = i
      For j = i + 1 To n
         If x(j) < x(k) Then k = j
      Next j
      If k <> i Then
         t = x(i): x(i) = x(k): x(k) = t
      End If
   Next i
End Sub
Public Sub Find(x() As Integer, ByVal Key1 As Integer, flag1 As Integer)        '二分查找过程
   Dim mid As Integer, low As Integer, high As Integer
```

```
        low = LBound(x)
        high = UBound(x)
        Do While high >= low
            mid = (low + high) / 2
            If x(mid) = Key1 Then
                flag1 = mid: Exit Sub                        '找到关键字退出过程
            ElseIf Key1 < x(mid) Then
                high = mid – 1                               '取前半部
            Else
                low = mid + 1                                '取后半部
            End If
        Loop
    End Sub
```

程序运行结果如图 6-12 所示。

(a) 生成数组并排序

(b) 输入要查找的数

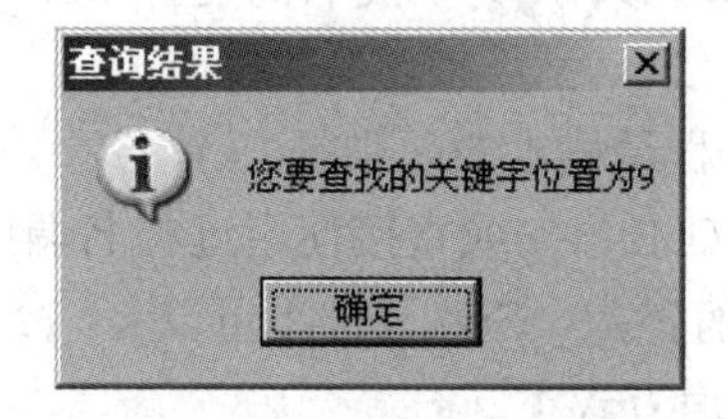

(c) 显示查找结果

图 6-12　二分查找应用示例

本 章 小 结

面对一个复杂的问题，最好的处理方法就是将其分解成若干个小的功能模块，然后编写过程去实现每一个模块的功能，最终通过一个主程序调用这些过程来实现总体目标。

本章主要介绍了 Sub 过程和 Function 过程的定义、调用，参数传递的两种方式(传址和传值)、工程组成以及 Sub Main 过程、变量和过程的作用范围(作用域)。熟练掌握本章内容可以编写实用有效的过程，增加代码的重用性。

Sub 过程分为事件过程和通用过程两类。

事件过程是当发生某个事件时，对该事件作出响应的程序段，是 Visual Basic 应用程序的主体。控件的事件过程名称为“控件名_事件名”。

有时多个不同的事件过程可能要使用同一段程序代码，这时可将这段程序代码独立出来，编写为一个共用的过程，称为通用过程，它独立于事件过程之外，可供其他事件过程、通用过程或函数过程调用。

Function 过程也是一个独立的过程，可读取参数、执行一系列语句并改变其参数的值。Function 过程有返回值，既可以出现在表达式中，也可以作为独立的语句被调用。

程序通过参数与过程传递信息。过程定义的参数称为形式参数；调用时的参数称为实际参数。实参和形参要在个数、位置和类型上一一对应，与名字无关。参数类型可以是基本类型、数组参数以及对象参数、用户定义类型。在 Visual Basic 6.0 中，调用过程时的参数传递有两种方式：按值传递(ByVal，简称传值)和按地址传递(ByRef，简称传址)。其中传址又称为引用，是默认方式。

变量和过程都有其作用范围(作用域)，根据变量的有效范围的不同，可将变量分为过程级变量(或称局部变量)、模块级变量(包括窗体模块和标准模块)和全局变量。而根据过程作用范围的不同，过程的作用域分为窗体(或模块)级和全局级两种。要根据实际情况正确设置变量的类型，正确掌握过程定义、调用特别是参数的传递过程。

过程可以嵌套调用和递归调用。递归是通过直接或间接地调用过程本身来实现的。

习　题　6

一、选择题

1．标准模块中的代码存放在以(　)为扩展名的文件中。

A．.frm　　B．.bas　　C．.cls　　D．.txt

2．Sub 过程与 Function 过程最根本的区别是(　)。

A．Sub 过程可以使用 Call 语句或直接使用过程名调用，而 Function 过程不可以

B．Function 过程可以有参数，Sub 过程不可以

C．两种过程参数的传递方式不同

D．Sub 过程的过程名不能返回值，而 Function 过程能通过过程名返回值

3．下面过程定义语句中合法的是(　)。

A．Sub P1(ByVal x)　　B．Sub P1(x) As Single

C．Function P1(P1)　　D．Function P1(ByVal x)

4．设已定义函数过程 f，它有三个实型传值参数；设 a、b 和 c 为实型变量，则调用该函数的正确表达式为(　)。

A．f　　B．f(a+b，b+c)

C．f(a+b，b+c，c+a)　　D．f a+b，b+c，c+a

5．在 Sub 过程体中退出过程的语句是(　)。

A．Exit Do　　B．Exit For

C．Exit Sub　　D．Exit Function

6．在过程的形式参数的前面加上关键字(　)，则该参数说明为传值参数。

A．Val　　　　B．ByVal

C．ByRef　　　　D．Value

7．关于过程作用域，错误的描述是(　)。

A．全局级过程的作用域为整个工程

B．在某个窗体模块中定义的全局级过程，若被该模块外的模块所调用，则必须在该过程名前加上窗体对象名称

C．在不同模块中定义的模块级过程可以同名

D．模块级过程与工程级过程不能同名

8．关于变量的作用域，正确的描述是(　)。

A．在模块内定义的变量，其作用域必定为所在模块

B．同一模块中不同级的变量不能同名

C．模块中所有在过程之外用 Dim 定义的变量为全局变量

D．不同模块中定义的变量名字可以相同

9．阅读程序：

```
Function F(a As Integer)
    b=0
    Static c
    b=b+1
    c=c+1
    F=a+b+c
End Function
Private Sub Command1_Click()
    Dim a As Integer
    a=2
    For I=1 to 3
        Print F(a)
    Next I
End Sub
```

运行上面的程序，单击命令按钮，输出结果为(　)。

A．	B．	C．	D．
4	4	4	4
4	5	6	7
4	6	9	9

10．阅读程序：

```
Private Sub Command1_Click()
    Dim a As Integer,Dim b As Integer
    a = 10
    b = 20
    Call proc(a,b)
    Print a, b
```

```
End Sub
Sub proc(ByVal x As Integer, y As Integer)
    x=x*2
    y = y–5
    print x;y
End Sub
```

运行上面的程序，单击命令按钮，输出结果为(　)。

A．20　15　　B．20　15　　C．20　15　　D．20　15
　　10　15　　　　20　15　　　　10　20　　　　20　20

二、填空题

1．在 Visual Basic 中，参数的传递方式有__(1)__和__(2)__两种，使用它们时应分别在形参前加上关键字__(3)__和__(4)__。

2．函数过程定义中至少有一个赋值语句把表达式的值赋给__(5)__。

3．若窗体模块或标准模块中以关键字 Private 定义函数过程，则该函数过程只能在__(6)__中使用。

4．如果希望自定义的过程可以在本应用程序的任何地方被调用，则必须在过程名前加上关键字__(7)__。

5．如果在 Function 过程和 Sub 过程的定义语句前加上__(8)__关键字，则表明该过程内所有的__(9)__变量均为静态变量。

6．Visual Basic 应用程序由__(10)__模块、__(11)__模块和__(12)__模块组成。

7．Visual Basic 应用程序中的过程分为__(13)__过程和通用过程，通用过程又包括__(14)__过程和__(15)__过程。

8．数组作为函数的参数，在定义时数组名的后面要加上__(16)__。

三、阅读程序，写出输出结果

1．
```
Private Sub P(ByVal i As Integer)
Dim j, k
For j= 0 To 7–i
  Print "    ";
Next j
For k = 0 To 2 * i – 1
  Print "*";
Next k
  Print
End Sub
Private sub Command1_Click()
   Dim i
   For i = 1 To 2
```

```
        Call P(i)
    Next i
    For i =3 To 1 Step -1
        Call P(i)
    Next i
End Sub
```

2.
```
Private Sub Command1_Click()
    Dim s As Integer
    s = p(1) + p(2) + p(3) + p(4)
    Print s;
End Sub
Private Function p(n As Integer)
    Static sum As Integer
    Dim i As Integer
For i = 1 To n
    sum = sum + i
Next i
    p = sum
End Function
```

3.
```
Private Sub Form_Click()
    Dim a As Integer, b As Integer, c As Integer
    a = 1: b = 2: c = 3
    ss a, b, c
    Print a; b; c
End Sub
Sub ss(ByVal x, ByRef y, z)
    x = x + 1
    y = y + 2
    z = z + 3
End Sub
```

4.
```
Private Sub Command1_Click()
    Dim i As Integer
    Const n = 10
    Dim a(1 To n) As Integer
    For i = 1 To n
        a(i) = i*2+3
    Next i
    Print
    Call s(a, n)
```

```
End Sub
Private Sub s(a()As Integer, ByVal n As Integer)
    Dim i, k
    For i = 1 To n
        If a(i) Mod 3 =2 Then
            Print a(i)
            k=k+1
        End If
        If k Mod 4=0 Then Print
    Next i
End Sub
```

5．

```
Private Sub Command1_Click()
    Dim s1 As String, s2 As String
    s1 = "uvwxyz"
    Call invert(s1, s2)
    Print s2
End Sub
Private Sub invert(ByVal str1 As String, str2 As String)
    Dim temp As String
    Dim i As Integer
    i = Len(str1)
    Do While i >= 1
        temp = temp + Mid(str1, i, 1)
        i = i – 1
    Loop
    str2 = temp
End Sub
```

四、编程题

1．自定义函数，求 1 + (1 + 2) + (1 + 2 + 3) + … + (1 + 2 + 3 + … + n)的值。

2．编写一个计算阶乘的函数，利用函数在事件过程中计算 3!+5!+6!。

3．编写求两数中较大数的 Function 过程，利用该函数过程求 3 个数的最大数。

4．编写判断 1 个数是否同时被 3、5、7 整除的 Function 过程。输出 1～100 之间所有能同时被 3、5、7 整除的数。

5．编写求两数最大公约数的过程。在主程序中输入 2 个整数，调用过程求出 2 个整数的最大公约数。

6．编写一个过程，该过程向数组中的指定位置插入新元素，即将新添加的元素放到数组的指定位置。

7．编写程序，要求利用文本框检查用户口令，使用静态变量来限制输入口令的次数。

第 7 章　常用内部控件

本章要点：

(1) 选择类控件(单选按钮、复选框)和框架的常用属性、事件及其应用；
(2) 列表类控件(列表框、组合框)的功能、主要属性、方法、事件及其应用；
(3) 图形控件(图片框、图像框)的主要属性、方法，图片框和图像框的异同点及其应用；
(4) 定时器(又称时钟)的基本属性和应用；
(5) 滚动条的常用属性、事件及应用。

Visual Basic 为我们设计程序界面、调用系统资源提供了很多的内部控件(或称标准控件)，如前面所介绍的命令按钮、标签、文本框等。内部控件是包含在 Visual Basic 系统内、可以直接使用的控件，因此具有较好的运行性能。

控件是 Visual Basic 程序设计的基础，也是 Visual Basic 提供给我们的一种可视化编程工具。

本章重点介绍单选按钮、复选框、框架、列表框、组合框、图片框、图像框、定时器以及滚动条这几种内部控件及其使用方法。控件的某些属性，如 Name 属性、Caption 属性、Font 属性、Enabled 属性等，以及某些方法，如 Move 等，均为多数控件所共有，其意义和用法与窗体、标签、文本框控件的对应属性相同，故不再赘述。

7.1　选择类控件与框架

单选按钮(OptionButton)和复选框(CheckBox)都具有选择作用，称之为选择类控件。框架(Frame)是一个容器，可以在其上放置其他控件对象，能够把一些控件组织在一起形成控件组。

7.1.1　单选按钮

单选按钮(OptionButton)的作用是显示一个可以表示“打开/关闭”的选项，使用户在多个选项中只能选择其一。

例如学生性别的输入，代表性别的“男”、“女”是相互排斥的，故可以使用两个单选按钮实现，如图 7-1 所示。

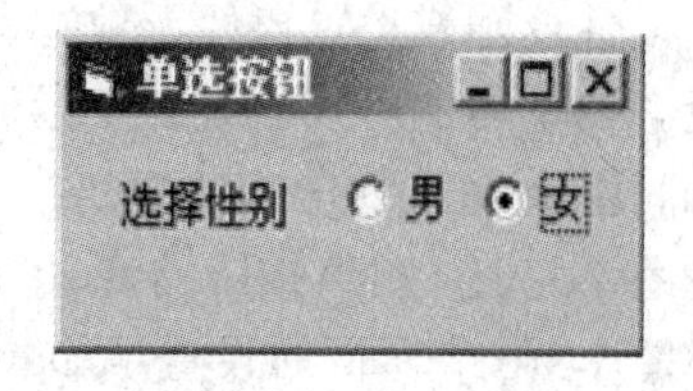

图 7-1　单选按钮

1．常用属性

(1) Value 属性。单选按钮的属性除了 Caption、Enabled、Visible、Font、ForeColor、BackColor 等外，主要是 Value 属性。

Value 属性表示单选按钮被选中或不被选中的状态。

在设计阶段，设置单选按钮的 Value 属性为 True 表示选中，为 False 表示不被选中；在程序运行时，单击单选按钮，使其单选框中出现一个黑色圆点，就表示选中了该项。也可以通过将 Value 设置为 True，使单选按钮被选中。

因此，程序中可以通过单选按钮的 Click 事件过程进行选中后的某些处理。例如，若单选按钮名称为 Option1，则程序格式如下：

```
Private Sub Option1_Click ( )
'此时单选按钮 Option1 已经被选中
End Sub
```

程序中也可以通过判断单选按钮的 Value 属性的值来确定其是否被选中，进而执行相应的操作，程序格式如下：

```
If Option1.Value = True   Then
    '单选按钮 Option1 已经被选中
Else
    '单选按钮 Option1 没有被选中
End If
```

Value 属性是单选按钮控件的默认属性(或称控件值)。所有控件都有一个属性，只需引用控件名而无需使用属性名即可访问这个属性，此属性被称为控件的默认属性。例如，Option1.Value = True 与 Option1 = True 等效。其他常用控件，如文本框控件的默认属性为 Text，标签控件的默认属性为 Caption。使用默认属性时，代码的可读性略受影响，所以在不引起代码阅读困难时方可考虑使用默认属性。

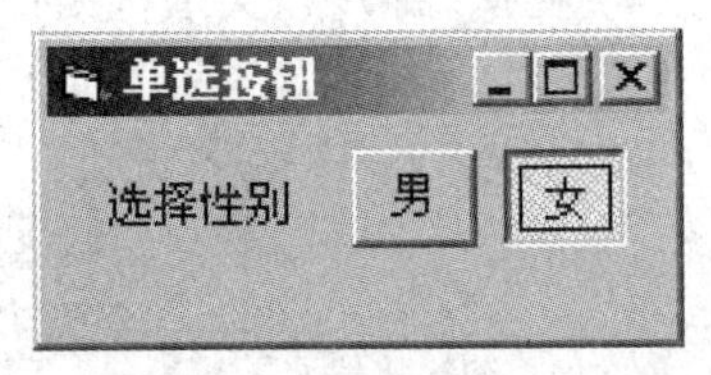

图 7-2　单选按钮的图形样式

(2) Style 属性。单选按钮的 Style 属性用于设置控件的外观。当值为 0 时，控件外观显示如图 7-1 所示的标准样式；当值为 1 时，控件外观显示如图 7-2 所示的图形样式，其外观类似命令按钮。

(3) Picture、DownPicture 和 DisabledPicture 属性。Style 属性值为 1 时，这三个属性均有效，从而使得单选按钮的外观更加形象直观。其中：Picture 属性返回或设置控件中要显示的图像；DownPicture 属性返回或设置控件被选中后(即单击后)要显示的图像；Disabled Picture 属性返回或设置控件无效时显示的图像，即控件的 Enabled 属性为 False 时控件的外观图像。三个属性可以在设计阶段通过“属性”窗口直接设置为某个图像文件，也可以在运行期间由函数 LoadPicture()加载。

在图 7-3 中，单选按钮的 Style 属性已经设置为 1，图 7-3(a)表示设置了 Picture 属性的情况，图 7-3(b)表示同时设置了 DownPicture 属性的情况。

(a) 单选按钮的 Picture 属性

(b) 单选按钮的 DownPicture 属性

图 7-3　单选按钮 Picturet 和 DownPicture 属性

2. 常用事件

单选按钮可以识别的常用事件是 Click(单击)事件。

【例 7-1】 控制文本框中文本的字体变化。字体可以使用“宋体”、“隶书”或“黑体”。程序的运行结果如图 7-4 所示。

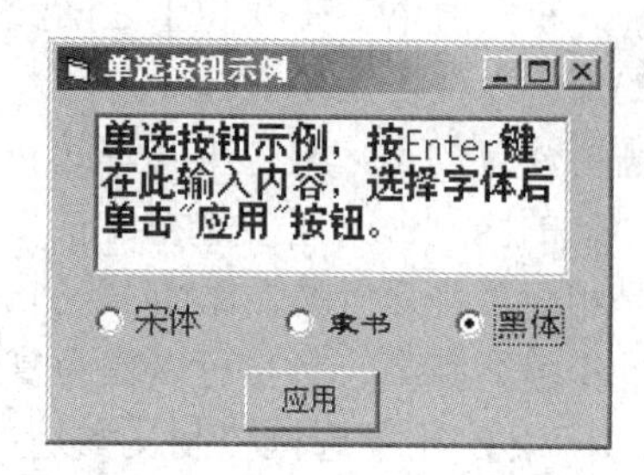

图 7-4　例 7-1 的运行结果

本例通过三个单选按钮选中字体名称，相应的属性设置见表 7.1。其中，将文本框 Text1 的 Multiline 属性设置为 True 的目的是使其允许多行显示。此时，在属性窗口中设置文本框的 Text 属性时，需通过组合键 Ctrl+Enter 来分行输入文本内容。

表 7.1　对象及其属性设置

对象(名称)	属　性	属 性 值	对象(名称)	属　性	属 性 值
窗体(Form1)	Caption	单选按钮示例	文本框(Text1)	Multiline	True
单选按钮(optFont1)	Caption	宋体		Text	单选按钮示例，按 Enter 键在此输入内容，选择字体后单击“应用”按钮
单选按钮(optFont2)	Caption	隶书			
单选按钮(optFont3)	Caption	黑体			
命令按钮(cmdOk)	Caption	应用			

程序代码如下：

```
Private Sub Form_Load()
    Text1.FontName = "宋体"
    Text1.FontSize = 12
    OptFont1 = True
End Sub
Private Sub cmdOk_Click()
    If OptFont1 = True Then Text1.FontName = "宋体"
```

```
    If OptFont2 = True Then Text1.FontName = "隶书"
    If OptFont3 = True Then Text1.FontName = "黑体"
End Sub
```

7.1.2 复选框

复选框(CheckBox)也称为选择框、检查框，通常用于提供 Yes/No 或 True/False 的逻辑选择。一个复选框主要有两种状态：选中状态，又称打开状态，复选框上出现“√”标志；未选中状态，又称关闭状态，复选框上不出现“√”标志。

复选框的属性和单选按钮的属性基本相似，其主要属性是 Value 属性。Value 属性指示其所处的状态：0 表示该项没有被选中，1 表示该项被选中，2 表示该项禁止使用。

复选框可以识别的主要事件是单击(Click)事件。程序运行中，当用户单击复选框时将触发其 Click 事件，每单击一次其状态就在“没有选中”和“选中”之间变换一次，相应地，其 Value 属性值也就在 0 和 1 之间变换。因此，当发生了 Click 事件时，程序要判断 Value 属性的值，以便确定是否选中。

需要注意的是，复选框与单选按钮都可以表示一种状态，因此两者有相似之处，但又有着本质的区别：一组复选框中的多个项目是相互“兼容”的，一组单选按钮中的多个项目却是相互“排斥”的。比如，一个人的性别(男、女)，可以作为单选按钮中的项目；而一个人的年龄、身高、籍贯可以作为复选框中的项目，因为它们相互并不排斥。

【例 7-2】 用复选框控制文本是否加下划线和斜体显示。

如果选定“斜体”复选框，则文本框中的文字字形就变成斜体；如果清除“斜体”复选框，则文本框中的文字字形就为正体。在本例程序执行过程中，如果选中了“下划线”复选框，则文本框中的内容就加上了下划线；如果清除“下划线”复选框，则文本框中的内容就没有下划线。

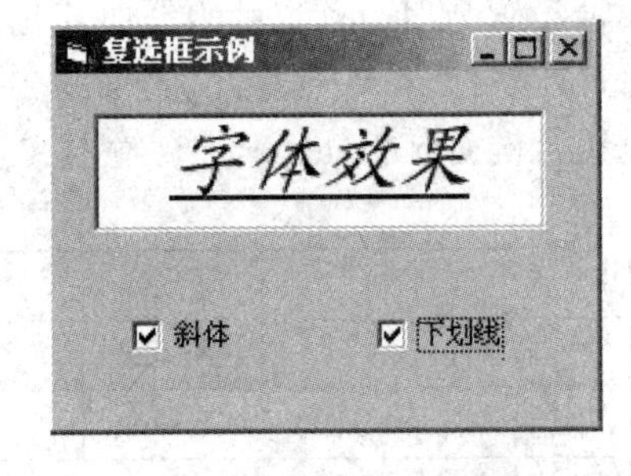

图 7-5 例 7-2 运行界面

在窗体上添加一个文本框，两个复选框。属性设置见表 7.2，运行界面如图 7-5 所示。

表 7.2 对象及其属性设置

对象(名称)	属 性	属 性 值	对象(名称)	属 性	属 性 值
窗体(Form1)	Caption	复选框示例	复选框(Check2)	Caption	斜体
复选框(Check1)	Caption	下划线	文本框(Text1)	Text	字体效果

为窗体的 Load 事件及两个复选框的单击事件编写如下事件过程：

```
Private Sub Form_Load()
    Text1.FontSize = 24
End Sub
Private Sub Check1_Click()
    If Check1.Value = 1 Then
```

```
        Text1.FontItalic = True
    Else
        Text1.FontItalic = False
    End If
End Sub
Private Sub Check2_Click()
If Check2.Value = 1 Then
        Text1.FontUnderline = True
    Else
        Text1.FontUnderline = False
    End If
End Sub
```

【例 7-3】 用户信息的收集是一类常见的应用程序。本例要求编写程序收集用户选择的专业类别和选修课程。其中，可选择的专业类别有“计算机软件”和“建筑工程技术”，可选择的课程有“Visual Basic 程序设计”、“大学英语”和“高等数学”。窗体运行界面如图 7-6(a)所示。

显然，本例中专业的所属类别之间具有排斥性，可以用单选按钮实现；而选修课程之间具有兼容性，应该用复选框实现。对象及其属性设置见表 7.3，其中将 optFont1 的 Value 属性设置为 True，默认为选中计算机软件专业。

表 7.3　对象及其属性设置

对象(名称)	属　性	属 性 值	对象(名称)	属　性	属 性 值
窗体(Form1)	Caption	信息采集	复选框(Check1)	Caption	VB 程序设计
单选按钮(optFont1)	Caption	计算机软件	复选框(Check2)	Caption	大学英语
	Value	True	复选框(Check3)	Caption	高等数学
单选按钮(optFont2)	Caption	建筑工程技术	标签(Label1)	Caption	专业类别:
命令按钮(Command1)	Caption	确定	标签(Label2)	Caption	选修课程:

程序代码如下，其中的 Chr(13)、Chr(10)表示回车换行(亦可用 Visual Basic 常数 vbCrLf)。为了简化代码，将所收集到的用户选择信息用 MsgBox 函数显示出来。

```
Private Sub Command1_Click()
    Dim str As String, link As String
    link = Chr(13) & Chr(10)
    If opt Font1.Value = True Then
      str = "计算机软件"
    Else
      str = "建筑工程技术"
    End If
    str = str & "选择了：" & link
```

```
    If Check1.Value = 1 Then str = str & link & "VB 程序设计"
    If Check2.Value = 1 Then str = str & link & "大学英语"
    If Check3.Value = 1 Then str = str & link & "高等数学"
    MsgBox str, vbYesNo, "采集到信息为："
End Sub
```

单击“确定”按钮后的运行结果如图 7-6(b)所示。

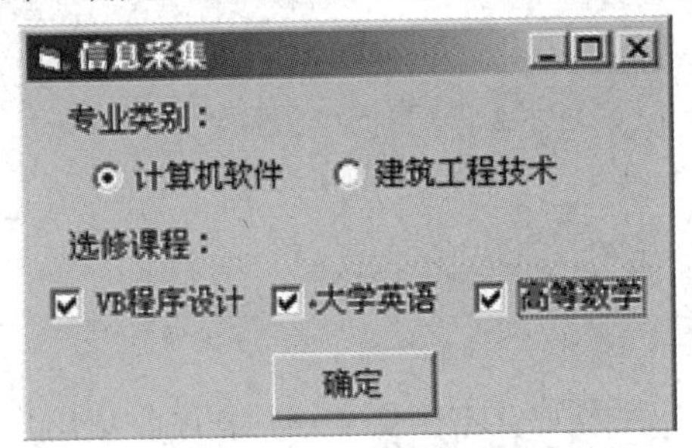

(a) 窗体运行界面

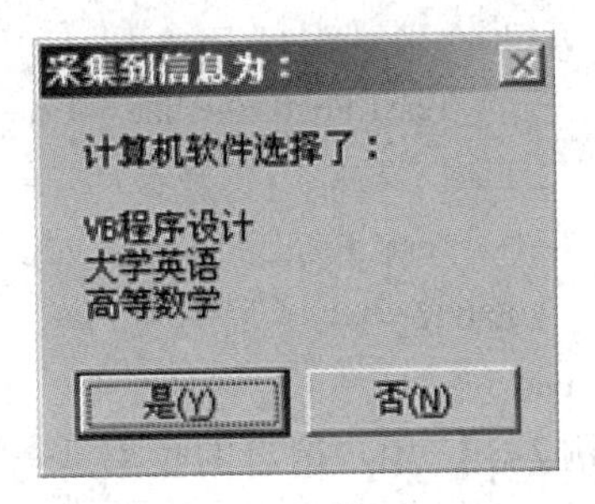

(b) 消息框显示结果

图 7-6　例 7-3 运行结果

7.1.3　框架

框架是一个容器，可以在其上放置其他控件对象，主要作用是能够把一些控件组织在一起形成控件组。分组的用途有两个：一是单纯地对其他控件分组，使功能上密切相关的控件在一个框定的区域内，以便用户分类识别；二是用于为单选按钮分组。如前所述，用户在多个单选按钮选项中只能选择其一，如果要实现单选按钮的多项选择，就必须使用框架。位于同一个框架内的多个单选按钮为一组，用户在同一组内只能选择其一；但在不同的组内却可以选择不同的项目，从而实现多项选择。

当不使用框架时，窗体上的单选按钮均视为在同一组。在图 7-7 中，(a)图未使用框架，则 4 个按钮中只能有一个被选择；(b)图使用了两个框架 Frame1 和 Frame2，将 4 个单选按钮分成了两组，一组用于选择系别，另一组用于选择职业，于是用户可以在框架 Frame1 和框架 Frame2 中各选择一项。

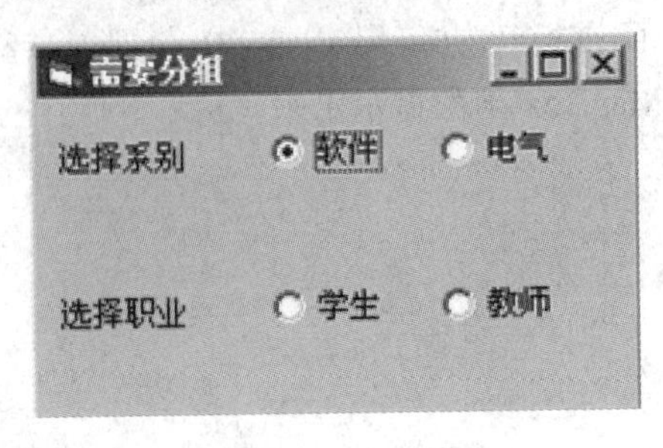

(a) 没用框架分组

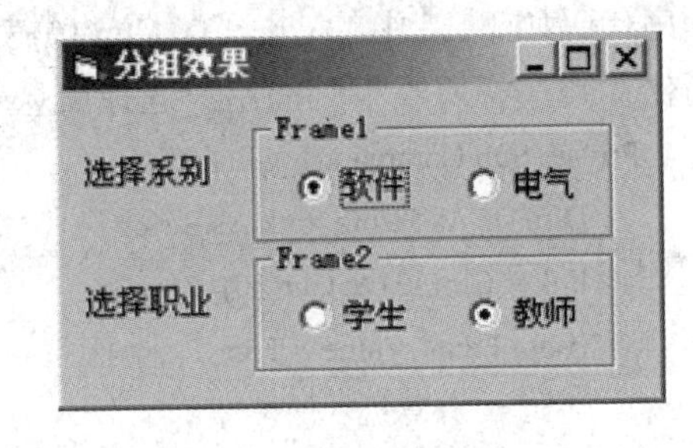

(b) 用框架分组

图 7-7　框架的分组效果

为了实现分组，首先画出框架，然后在框架内画出所需的控件。如果希望将已经存在的若干控件放在某个框架中，可以先选择这些控件，将它们剪切到剪贴板上，然后选定框架控件并把它们粘贴到框架上。位于一个框架内的控件会随框架整体移动、隐藏、删除。

框架的常用属性有 Caption 属性(设置框架标题，位于框架左上角)、Enabled 属性(设置框架是否有效)、Visible 属性(设置框架是否可见)。当框架的 Enabled 属性为 False 时，框架和框架内的控件均呈灰色，表示不可使用，相当于整体失效；当框架的 Visible 属性为 False 时，框架和框架内的控件均不可见，相当于整体隐藏。

框架支持的事件有 Click 和 DblClick 事件。但在大多数情况下，主要使用框架对控件进行分组，并不需要响应它的事件。

【例 7-4】 利用框架的分组功能，同时设置文本框中文字的字体、字号和颜色。运行结果如图 7-8 所示。

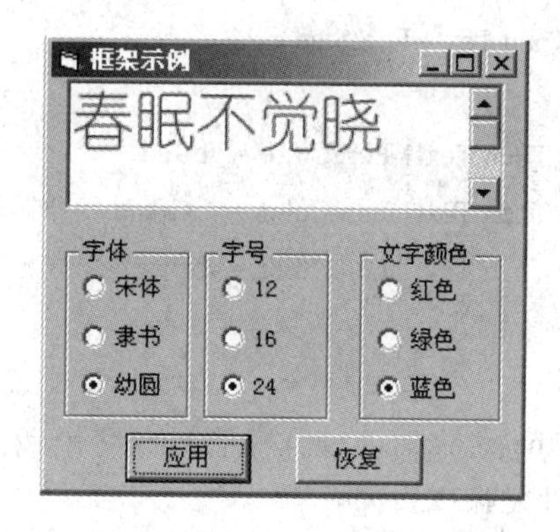

图 7-8　框架的分组效果

本例使用了三个框架，每个框架内均有三个单选按钮。在一个框架内的三个单选按钮为一组，它们是相互“排斥”的，但三个框架之间是相互“兼容”的。控件属性设置见表 7.4，其中未设置的属性没有列出。

表 7.4　对象及其属性设置

对象(名称)	属　性	属 性 值	对象(名称)	属　性	属 性 值
窗体(Form1)	Caption	框架示例	单选按钮(optFont1)	Caption	宋体
文本框(Text1)	Text	" " (空)	单选按钮(optFont2)	Caption	隶书
	Multiline	True	单选按钮(optFont3)	Caption	幼圆
	Scrollbars	2(垂直滚动条)	单选按钮(optSize1)	Caption	12
框架(Frame1)	Caption	字体	单选按钮(optSize2)	Caption	16
框架(Frame2)	Caption	字号	单选按钮(optSize3)	Caption	24
框架(Frame3)	Caption	文字颜色	单选按钮(optColor1)	Caption	红色
命令按钮(CmdOk)	Caption	应用	单选按钮(optColor2)	Caption	绿色
命令按钮(CmdNo)	Caption	恢复	单选按钮(optColor3)	Caption	蓝色

需要注意的是，在窗体的 Form_Load 事件中进行了若干初始化工作，而命令按钮 CmdNo(标题为“恢复”)也要进行同样的初始化工作，故在按钮 CmdNo 的单击事件中直接调用 Form_Load 过程。程序代码如下：

```
Private Sub CmdNo_Click()
    Form_Load
```

```
End Sub
Private Sub CmdOk_Click()              '单击“应用”按钮
    '确定字体名称
    If OptFont1 = True Then Text1.FontName = "宋体"
    If OptFont2 = True Then Text1.FontName = "隶书"
    If OptFont3 = True Then Text1.FontName = "幼圆"
    '确定文字大小
    If OptSize1 = True Then Text1.FontSize = 12
    If OptSize2 = True Then Text1.FontSize = 16
    If OptSize3 = True Then Text1.FontSize = 24
    '确定文字颜色
    If OptColor1 = True Then Text1.ForeColor = vbRed
    If OptColor2 = True Then Text1.ForeColor = vbGreen
    If OptColor3 = True Then Text1.ForeColor = vbBlue
End Sub
Private Sub Form_Load()
    OptFont1.Value = True
    Text1.Text = "春眠不觉晓  处处闻啼鸟"
    Text1.FontName = "宋体"
    Text1.FontSize = 12
    Text1.ForeColor = vbBlack
End Sub
```

7.2 列表类控件

列表框(ListBox)和组合框(ComboBox)是十分常用的控制，它们同单选按钮和复选框一样，也是提供选项的控件。

当需要向用户提供的备选项目太多时(如一个国家的所有省份或某一省的城市)，若仍采用前面介绍的单选按钮和复选框，在窗体上将很难排放，界面设计和代码编写的工作量巨大。在此情况下，可采用列表类控件：列表框和组合框。在标准工具箱中还有三种文件系统列表类控件，将在第 10 章进行介绍。

7.2.1 列表框

1. 列表框的功能

列表框(ListBox)常用来显示由若干项目组成的列表，用户可以从中选择一个或多个项目，所选择的项目被突出显示。列表框的大小通常在设计阶段设定，但也可以通过 Width 属性和 Height 属性在程序运行时修改。如果列表框中的项目过多，则系统会自动增加一个垂直滚动条，如图 7-9 所示。

列表框中的项目可以在设计状态下通过属性窗口设定，也可以在运行状态下由程序添加。前者使用列表框的 List 属性，一个项目为一行，且以组合键 Ctrl+Enter 键进行分行，如图 7-10 所示；后者使用列表框的 AddItem 方法。

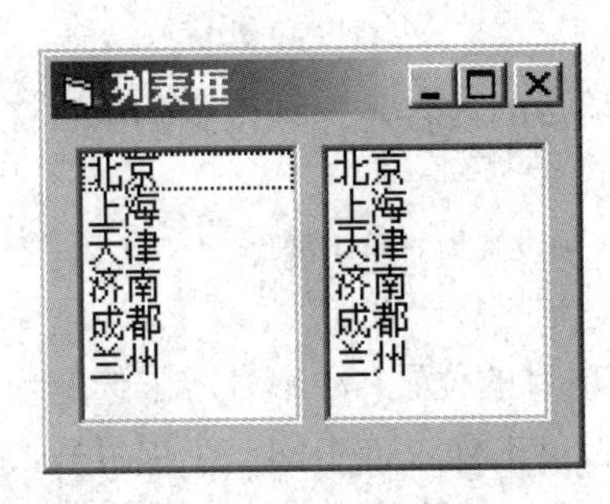

图 7-9　列表框示意图

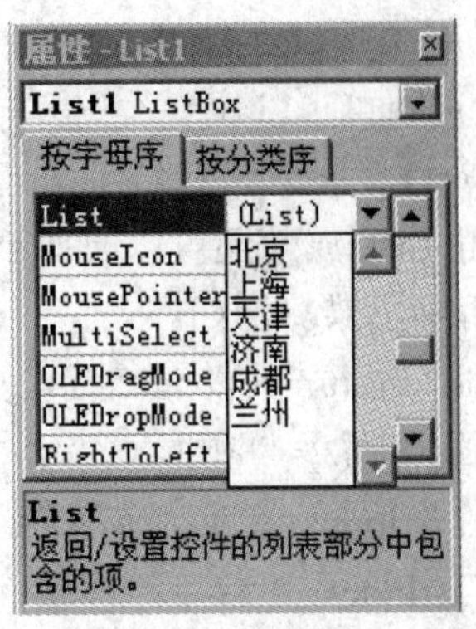

图 7-10　设置列表框的 List 属性

列表框中的项目列表是一个整体，它实际上是一个数组(若干元素的有序集合)。从图 7-9 中可以看出，列表框中的每个项目各占一行，所有项目构成项目列表。列表中的每一项(行)都有自己的位置，用“索引号”来表示(即数组中的下标)。列表中第一项的索引号为 0，第二项为 1，后面各项依次类推。利用索引号可以很方便地访问列表中的任何一项。

列表框的功能涉及到它的许多属性和方法，其中较常用的属性、方法分为以下几类。

(1) 增加和删除项目：List 属性；AddItem、RemoveItem 和 Clear 方法。

(2) 访问所有项目：List 和 ListCount 属性。

(3) 获取或设置选定的项目：Text、ListIndex、Selected 和 MultiSelect 等属性。

(4) 列表框外观：Columns、Style 和 Sorted 等属性。

下面详细介绍列表框的属性、方法和事件。

2．常用属性

(1) Text 属性。在程序运行过程中，Text 属性用于获取列表框中当前选择的项目内容。该属性在设计时不可用。例如，将列表框 List1 中所选择的项目内容放入文本框 Text1 中，可用以下语句实现：

```
Text1.Text= List1.Text
```

(2) ListCount 和 List 属性。ListCount 属性返回列表框中已有项目的总数目，它是一个设计时无效、运行时只读的属性，即在程序运行时通过该属性可以获取项目总数，但不能直接设置该属性的值，其值的变化是由其他操作自行决定的。语法格式为

列表框对象.ListCount

List 属性用来访问列表框中的全部项目内容。该属性实际上是一个字符串数组，数组中的每一个元素对应着列表框中的一个项目。语法格式为

列表框对象.List(索引号)

其中的参数“索引号”指明数组中的元素下标，即第几个元素，它的取值从 0 开始，到项目数 ListCount−1 为止。如果某个列表框含有 5 个项目，则“索引号”参数的取值范围从 0 到 4。通过指定不同的索引值，可以访问列表的全部项目。

例如，将列表框 List1 中的第 3 项复制到文本框 Text1 中：

```
Text1.Text= List1.List(2)
```

又如，将列表框 List1 中的全部项目显示在窗体上：

```
For i=0 To List1.ListCount-1
    Print List1.List(i)
Next i
```

利用 List 属性还可以改变列表框中现有的一个项目的内容，但被改变的项目必须已经存在，否则出错。例如：

```
List1.List(0)= "哈尔滨"        '将列表框 List1 中的第 1 项设置为“哈尔滨”
List1.List(3)= "昆明"          '将列表框 List1 中的第 4 项设置为“昆明”
```

(3) ListIndex 属性。该属性用于返回当前已选定项目的位置(索引)号。未选定项目时，返回的 ListIndex 值为–1。该属性只在运行时可用。当单击列表框中的一个项目后，项目的索引号(下标)便存储在 ListIndex 属性中。因此，若 ListIndex 的值不是–1，则以下语句可显示当前选定的项目：

```
Print List1.List(List1.ListIndex)          '与 Print List1.Text 等效
```

反之，若对该属性赋值则可选定某一项目。例如：

```
List1.ListIndex=0                          '选定列表框中的第 1 项
```

(4) Selected 属性。该属性用来设置或返回列表框中某项目的选择状态。Selected 属性也是一个数组，每个数组元素与列表框中的一个项目相对应，用法也和 List 属性类似。不同的是，Selected 属性数组取逻辑值 True、False。若为 True 则表示相应的项目被选择；若为 False 表示相应的项目没被选择。

例如，对列表框 List1 中的第 3 项而言，如果单击该项目使之被选定，则 List1.Selected(2) 的值就会等于 True；反之，如果执行语句 List1.Selected(2) = True，则相当于选择第 3 项，与 List1.ListIndex = 2 等效。

(5) Sorted 和 Style 属性。Sorted 属性确定列表框中的项目是否排序。其值设置为 False(默认)时项目不排序，若为 True 则项目按照字母升序排列(不区分大小写)。

Style 属性确定列表框的样式。取值为 0(默认值)和 1，如图 7-11 所示。这两个属性只能在设计时设置。

(6) Columns 属性。使用 Columns 属性可以创建多列列表框。

默认情况下，列表框是一种单列列表框。我们通常使用的也是单列列表框，此时 Columns = 0，并具有垂直滚动条。当希望使用多列列表框时，便可以设置 Columns 为大于 0 的值，表示具有若干列和水平滚动条。Columns = 0 时和 Columns = 2 时的列表框如图 7-12 所示。

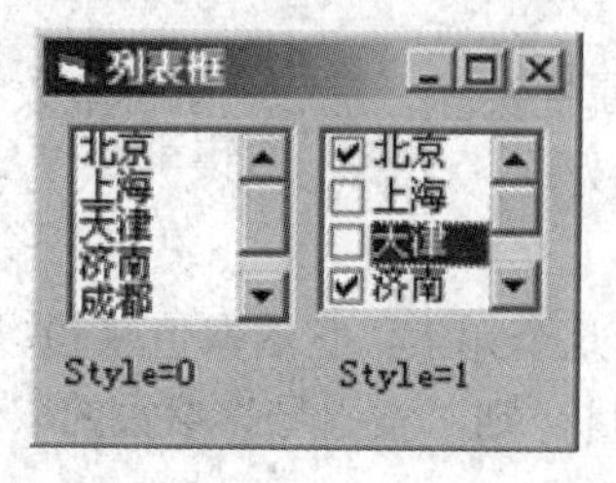

图 7-11　列表框的样式

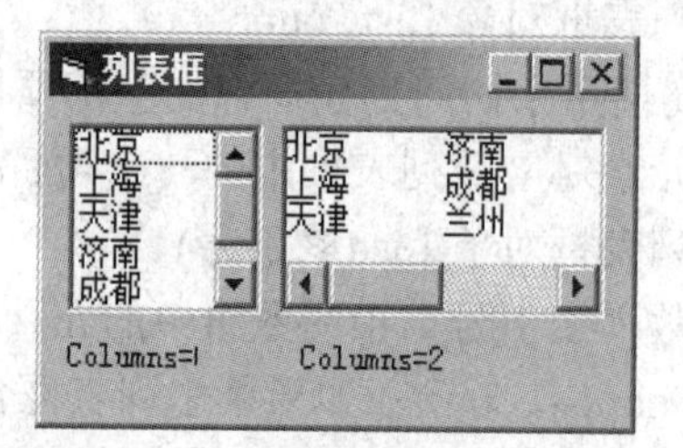

图 7-12　列表框的 Columns 属性

(7) MultiSelect 属性。MultiSelect 属性的默认值为 0，表示列表框是单选列表框，一次只能选择一项。若将 MultiSelect 属性值设置为 1 或 2，则表示列表框是复选列表框，即可以在列表框的列表中选择多个项目。值为 1 时，用鼠标单击或按空格键进行复选；为 2 时类似于“资源管理器”，可用 Shift+鼠标单击(连续多选)、Ctrl+鼠标单击(不连续多选)等来进行复选。

只能进行单选的列表框，可以通过 ListIndex 属性或 Selected 属性判断所选择的项目。允许进行复选的列表框，所选择的项目可能有多项，故不能通过 ListIndex 属性判断，一般是通过 Selected 属性判断。例如，以下代码可以显示出所有被选择的项目：

```
For i=0 To List1.ListCount-1
    If  List1.Selected(i)= True  Then Print List1.List(i)
Next i
```

(8) NewIndex 属性。该属性可以返回最后加入列表框项目的索引号。该属性在设计时无效，运行时只读。

3．主要方法

(1) AddItem 方法。AddItem 方法用来向列表框中添加一个项目。语法格式为

列表框对象.AddItem 项目[,索引号]

其中，“项目”为字符串表达式，表示新加项目的内容；“索引号”指定添加(插入)的项目在列表中的位置；省略参数“索引号”时，添加的项目排列在列表的最后(追加)，若指明索引号，则添加了一个项目后，其后项目的位置号会自动重排。

例如，将“兰州”追加到列表框 List1 中：

```
List1.AddItem "兰州"
```

又如，如果在列表框 List1 中选择了一个项目(可能复选)，则以下代码可将被选定的项目追加到列表框 List2 中：

```
For i=0 To List1.ListCount-1
    If List1.Selected(i) Then List2.AddItem List1.List(i)
Next i
```

(2) RemoveItem 方法。RemoveItem 方法用来从列表框中删除一个项目。语法格式为

列表框对象.RemoveItem 索引号

其中“索引号”指定要删除的项目在列表框中的位置。当删除一个项目后，其后项目的位置号也会自动重排。例如，删除列表框 List1 中的第一项：

```
List1.RemoveItem 0
```

(3) Clear 方法。Clear 方法用于清除列表框中的所有项目。语法格式为

列表框对象.Clear

4．主要事件

列表框的主要事件是 Click 事件和 DblClick 事件。Click 事件在单击选择一个项目时被触发，DblClick 事件在双击一个项目时被触发。

要注意的是，如果在 Click 事件过程中有代码，则不会触发 DblClick 事件。在通常的操作中，单击一个项目后再配合一个“确认”按钮来表示选中；而双击一个项目则往往表示

直接选中。为达到此效果，需要为 DblClick 事件设置代码，但不为 Click 事件设置代码，同时使用一个具有确认功能的命令按钮，在命令按钮的代码中检查列表框的 ListIndex 属性或 Selected 属性，以判断是否有项目被选中以及哪一个项目被选中。

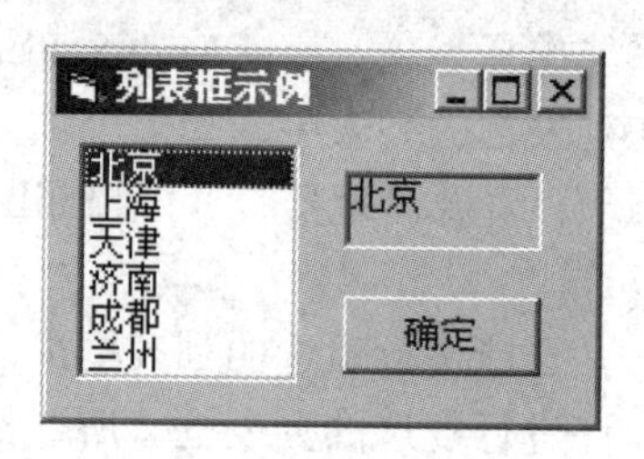

图 7-13　例 7-5 运行结果

【例 7-5】 使用列表框显示城市名称，供用户选择。当单击“确定”按钮时，显示所选择的城市名称；当双击列表框中的项目时，则直接显示所选择的城市名称。运行结果如图 7-13 所示。

属性设置见表 7.5。

表 7.5　对象及其属性设置

对象(名称)	属　性	属 性 值	对象(名称)	属　性	属 性 值
窗体(Form1)	Caption	列表框示例	标签(Label1)	Caption	(空)
命令按钮(CmdOk)	Caption	确定		BorderStyle	1-Fixed Single
列表框(List1)	List	(输入城市的名称)			

程序代码如下：

```
Private Sub CmdOk_Click()                    '单击“确定”按钮，显示所选城市名称
    If List1.ListIndex <> -1 Then
        Label1.Caption = List1.List(List1.ListIndex)
    Else
        Label1.Caption = ""
    End If
End Sub
Private Sub List1_DblClick()                 '双击列表框中的项目，直接显示所选城市名称
    Label1.Caption = List1.List(List1.ListIndex)
End Sub
```

【例 7-6】 设计一个选择购买图书种类的程序，程序的运行结果如图 7-14 所示。

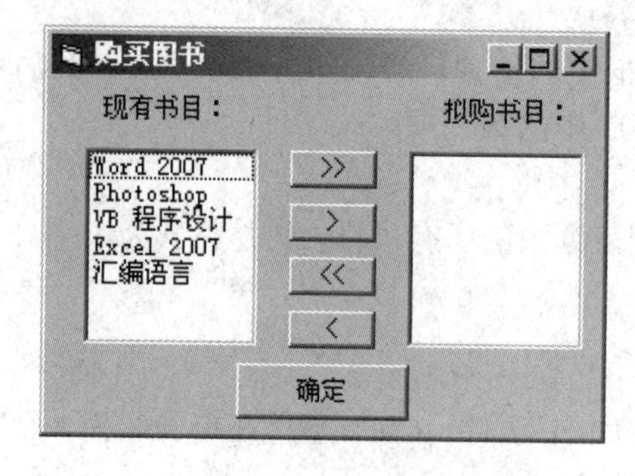

(a) 选择购买图书界面

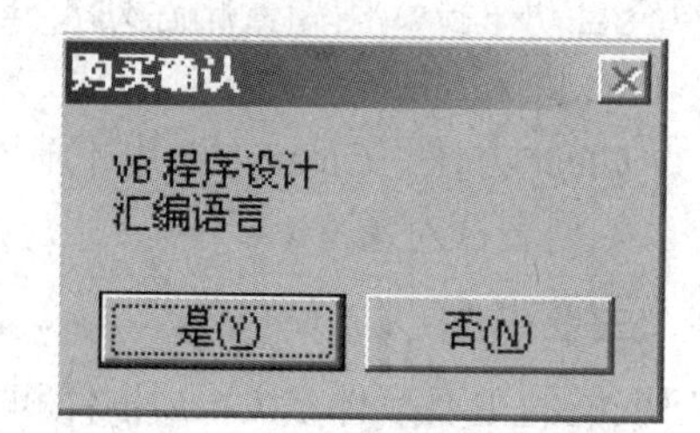

(b) 确认购买图书界面

图 7-14　例 7-6 运行结果

本例的设计思路：使用两个列表框，左边的列表框 List1 显示现有书目，右边的列表框 List2 显示用户选择的拟购书目；4 个命令按钮 cmdAll、cmdOne、cmdBackAll 和 cmdBackOne 的 Caption 属性分别设置为“>>”、“>”、“<<”和“<”，形象地表示购买所有书目、购买选择的一个书目、退回所有书目、退回选择的一个书目；另设两个标签 Label1 和 Label2，其 Caption 属性分别设置为“现有书目”和“拟购书目”；当用户选择好计划购买的书目时，单击标题为“确定”的命令按钮(cmdOk)，弹出“购买确认”消息框，单击“是”按钮，执行购买操作。属性设置如表 7.6 所示。

表 7.6　对象及其属性设置

对象(名称)	属　性	属 性 值	对象(名称)	属　性	属 性 值
命令按钮(cmdAll)	Caption	>>	命令按钮(cmdOk)	Caption	确定
命令按钮(cmdOne)	Caption	>	标签(Label1)	Caption	现有书目
命令按钮(cmdBackAll)	Caption	<<	标签(Label2)	Caption	拟购书目
命令按钮(cmdBackOne)	Caption	<			

程序代码如下：

```
Dim i As Integer
Private Sub cmdAll_Click()
    For i = 0 To List1.ListCount - 1
        List2.AddItem List1.List(i)
    Next i
    List1.Clear
End Sub
Private Sub cmdOne_Click()
    If List1.ListIndex <> -1 Then
        List2.AddItem List1.List(List1.ListIndex)
        List1.RemoveItem List1.ListIndex
    End If
End Sub
Private Sub cmdBackAll_Click()
    For i = 0 To List2.ListCount - 1
        List1.AddItem List2.List(i)
    Next i
    List2.Clear
End Sub
Private Sub cmdBackOne_Click()
    If List2.ListIndex <> -1 Then
        List1.AddItem List2.List(List2.ListIndex)
        List2.RemoveItem List2.ListIndex
    End If
```

```
End Sub
Private Sub cmdOk_Click()
    Dim str As String, answer
    If List2.ListCount > 0 Then
        For i = 0 To List2.ListCount - 1
            str = str & List2.List(i) & Chr(13) & Chr(10)
        Next i
        answer = MsgBox(str, vbYesNo, "购买确认")
    End If
End Sub
Private Sub Form_Load()
    List1.AddItem "Word 2007"
    List1.AddItem "Photoshop"
    List1.AddItem "VB 程序设计"
    List1.AddItem "Excel 2007"
    List1.AddItem "汇编语言"
End Sub
```

本例主要说明列表框的属性和方法的应用，故略去了实现购买的操作代码，感兴趣的读者可查阅相关书籍。

7.2.2 组合框

组合框(ComboBox)控件兼有本框和列表框的功能，既可以在控件的文本框部分输入信息，也可以从列表框中选择项目。当用户选定某项后，该项内容自动装入文本框中。同样，组合框也具有自动添加滚动条的功能。

组合框的样式特点由 Style 属性决定。它可设置 3 种样式：Style=0 时，称为下拉组合框(可编辑输入，可选择项目)；Style=1 时，称为简单组合框(可编辑输入，可选择项目)；Style=2 时，称为下拉列表框(不可输入，只可选择项目)。

图 7-15 是组合框 3 种样式的示意图。其中，左边是下拉组合框展开后的状态；中间是简单组合框的实际状态；右边是下拉列表框未展开时的状态。

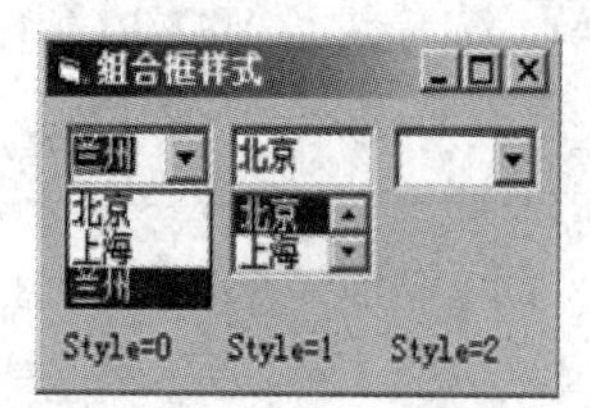

图 7-15　组合框的 3 种样式

在使用方式上，组合框具有和列表框相似的特征。组合框的主要属性有 Text、List、ListIndex、ListCount 和 Sorted 等，主要方法有 AddItem、RemoveItem 和 Clear 方法。组合框的主要事件是 Click 事件；当 Style = 1 时，还支持 DblClick 事件。

【例 7-7】 用组合框提供商品类别，用列表框提供产品名称，设计一个产品信息查询程序。本例中所使用的控件及其属性设置如表 7.7 所示。

表 7.7　对象及其属性设置

对象(名称)	属　性	属 性 值	对象(名称)	属　性	属 性 值
窗体(Form1)	Caption	列表框和组合框	列表框(List1)	List	(空)
标签(Label1)	Caption	(空)	命令按钮(cmdShow)	Caption	显示商品信息
	BorderStyle	1-Fixed Single	命令按钮(cmdReturn)	Caption	返回
组合框(Combo1)	Text	(空)	命令按钮(cmdEnd)	Caption	退出

程序运行结果如图 7-16 所示。程序运行时，先隐藏标签 Label1、命令按钮 cmdReturn，并向组合框 Combo1 追加项目，见 Form_Load 事件代码。当单击命令按钮 cmdShow 时，隐藏组合框 Combo1、列表框 List1 以及按钮 cmdShow 和 cmdEnd，并显示标签 Label1 和按钮 cmdReturn。当单击命令按钮 cmdReturn 时，再次隐藏 Label1、cmdReturn，并显示 Combo1、List1、cmdShow 和 cmdEnd。这相当于在窗口的同一区域内交替显示不同的控件，是一种实用的设计技术。为了获得较好的视觉效果，设计时应该对控件的大小、位置等进行精心安排和调整。如果需要交替显示的控件数目较多，应该考虑使用框架。

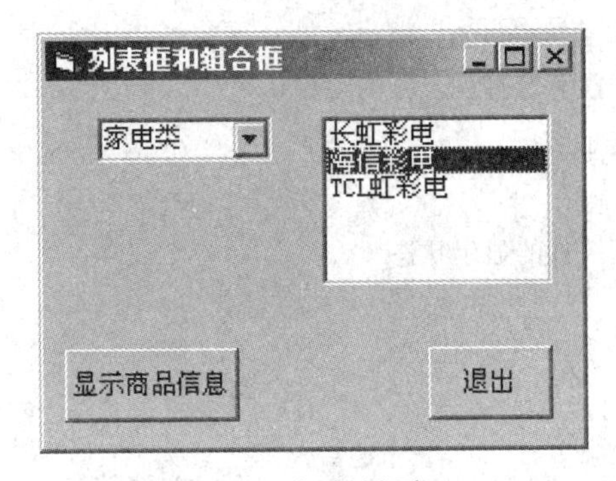

(a) 运行界面

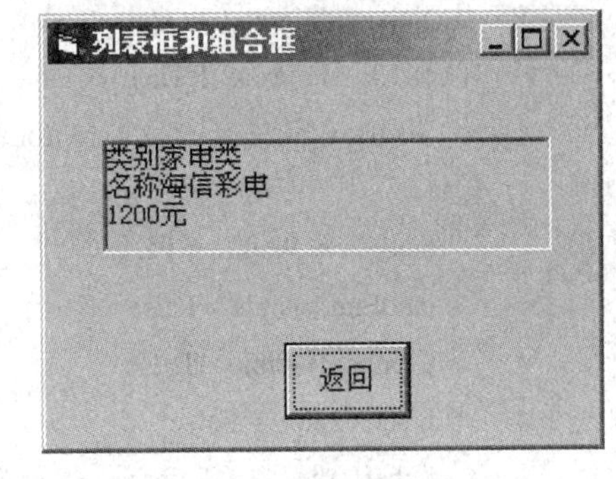

(b) 运行结果

图 7-16　列表框和组合框

当用户在组合框中选择了商品类别时，根据所选类别填充产品名称列表框。当用户选择了列表框中的项目(产品名称)并单击“显示商品信息”按钮时，根据用户在组合框中选择的类别(家电类、图书类、体育类)，通过标签显示商品的类别、名称和价格。

本例中的代码较多，但不难理解。程序代码如下：

```
Private Sub Form_Load()                    '窗体加载，控件初始化
    Label1.Visible = False
    cmdReturn.Visible = False
    Combo1.AddItem "家电类"
    Combo1.AddItem "图书类"
    Combo1.AddItem "体育类"
End Sub
Private Sub Combo1_Click()                 '单击组合框
```

```
    List1.Clear
    Select Case Combo1.Text                    '根据在组合框中所选类别填充商品列表框
        Case "家电类"
            List1.AddItem "长虹彩电"
            List1.AddItem "海信彩电"
            List1.AddItem "TCL 彩电"
        Case "图书类"
            List1.AddItem "围城"
            List1.AddItem "C 语言程序设计"
            List1.AddItem "笑傲江湖"
        Case "体育类"
            List1.AddItem "羽毛球"
            List1.AddItem "篮球"
            List1.AddItem "足球"
    End Select
End Sub
Private Sub cmdShow_Click()                    '单击“显示商品”按钮
    If List1.ListIndex = -1 Then               '用户没有选择列表框的项目
        MsgBox "请选择产品", vbInformation, "提示信息"
    Else
        cmdShow.Visible = False                '处理控件的显示状态
        cmdEnd.Visible = False
        Combo1.Visible = False
        List1.Visible = False
        Label1.Visible = True
        cmdReturn.Visible = True
        If Combo1.Text = "家电类" Then         '若在组合框中选择了家电类
            Select Case List1.Text             '根据在列表框中所选商品显示产品信息
                Case "长虹彩电"
                    Label1.Caption = "类别" & Combo1.Text & vbCrLf _
                        & "名称" & List1.Text & vbCrLf & "1100 元"
                Case "海信彩电"
                    Label1.Caption = "类别" & Combo1.Text & vbCrLf _
                        & "名称" & List1.Text & vbCrLf & "1200 元"
                Case "TCL 彩电"
                    Label1.Caption = "类别" & Combo1.Text & vbCrLf _
                        & "名称" & List1.Text & vbCrLf & "1300 元"
            End Select
        End If
```

```
        If Combo1.Text = "图书类" Then
            '请仿照"家电类"自行设计代码
        End If
        If Combo1.Text = "体育类" Then
            '请仿照"家电类"自行设计代码
        End If
    End If
End Sub
Private Sub cmdReturn_Click()                  '单击“返回”按钮
    Label1.Visible = False                     '处理控件的显示状态
    cmdReturn.Visible = False
    cmdShow.Visible = True
    cmdEnd.Visible = True
    Combo1.Visible = True
    List1.Visible = True
End Sub
Private Sub List1_DblClick()                   '双击列表框
    cmdShow_Click                              '调用“显示商品信息”按钮单击事件过程
End Sub
Private Sub cmdEnd_Click()
    End
End Sub
```

7.3　图像显示控件

7.3.1　图片框

图片框(PictureBox)既可以用来显示图片、输出文本，也可以作为其他控件的容器，起到类似于框架及窗体的作用。它可以使用多种类型的图形文件：位图(bitmap，扩展名为 .bmp)、图标(icon，扩展名为 .ico)、Windows 图元文件(metafile，扩展名为 .wmf)以及 JPEG 和 GIF 文件。图片框还和以前介绍的窗体一样，支持各种绘图方法。

1．主要属性

(1) Picture 属性。该属性设置要显示的图形。图形文件可以在设计阶段装入，也可以在运行期间装入。

在设计状态下，可以通过属性窗口中的 Picture 属性指定图形文件。在运行时，Picture 属性和 LoadPicture 函数配合，将图形加载到控件上。LoadPicture 函数格式如下：

LoadPicture([文件名])

“文件名”为包含全路径名或有效路径名的图片文件，若省略文件名，则为清除控件中的图形。

例如，若图片框控件的名称为 PicName1，则在程序中装载和清除图形的方法如下：

装入图形到控件：

```
PicName1. Picture= LoadPicture("c:\image\aa.bmp")
```

删除控件中图形：

```
PicName1. Picture=Nothing
```

或

```
Set PicName1. Picture= Nothing
```

或

```
PicName1. Picture= LoadPicture( )
```

向图片框控件装入图形还可以通过剪贴板进行。首先通过“窗口”常规操作向剪贴板放入图像，然后在 Visual Basic 的设计状态下选中图片框控件，选择“编辑”菜单下的“粘贴”命令。

(2) AutoSize 属性。该属性设置图片框是否会根据装入图形的大小做自动调整。默认值表示图片框的大小不会自动改变，对于较大的图片，显示不下的部分被隐藏；当值为 True 时，表示自动改变图片框大小以适应图形的大小，如图 7-17 所示。

图 7-17　图片框的 AutoSize 属性

(3) AutoRedraw 属性。AutoRedraw 属性设置图片框中的图形是否允许自动重绘。若该属性值为 True，当使用绘图方法绘制的图形或用 Print 方法输出的文字被其他窗口覆盖后又重新显示时，图形和文字能够自动恢复(重绘)。AutoRedraw 属性的默认值为 False，即自动重绘无效。

(4) CurrentX 和 CurrentY 属性。CurrentX 和 CurrentY 用于指定图片框中的 Print 方法或绘图方法输出的起始位置。

2. 主要方法和事件

(1) Print 和 Cls 方法。这两个方法的使用与窗体相同，不再赘述。

(2) 绘图方法。绘图方法包括 Line、Circle、PSet 和 Point 方法。这些方法可用于图片框和窗体，详细内容将在第 9 章中介绍。

(3) TextHeight 和 TextWidth 方法。该方法用于返回指定字符串输出时的宽度和高度，常与 Print 方法配合使用。窗体也具有这两种方法。

图片框还支持常用的鼠标事件、键盘事件和焦点事件等。

【例 7-8】 用图片框显示文字。程序运行时先在文本框中输入内容，单击“→”按钮后，将文本框中的内容显示在图片框中。运行结果如图 7-18 所示。

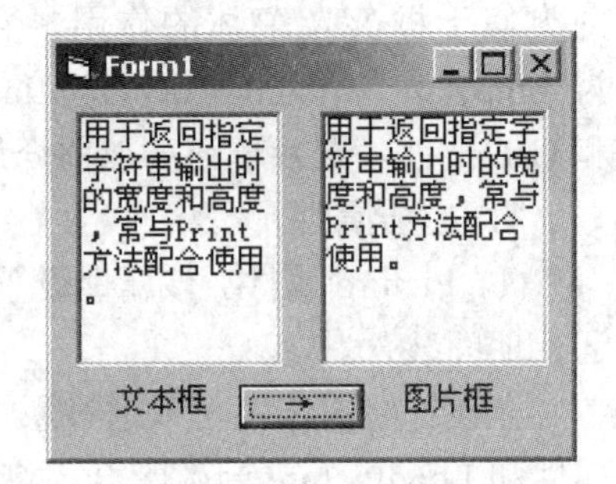

图 7-18　例 7-8 运行结果

在窗体上添加一个文本框 Text1，设置 MultiLine 属性为 True，Text 属性为空。添加一个图片框 Picture1，设置 AutoRedraw 属性为 True，背景色为白色。添加两个标签，Caption 属性分别为“文本框”和“图片框”。添加一个命令按钮 Command1，Caption 属性为“→”。

分析提示：用 Print 方法在图片框中显示文字时，若内容较多，超出图片框宽度的部分将被截掉。为了能够像多行文本框那样自动换行，可利用图片框的 CurrentX 属性和 TextWidth 方法。具体做法是利用循环结构，一次只输出一个字符，每次输出前先做检查，如果下一字符的输出位置将超过图片框宽度则进行换行。程序代码如下：

```
Private Sub Command1_Click()
    Dim strs As String, tmp As String
    Dim intw As Integer, i As Integer
    strs = Text1.Text
    Picture1.Cls
    For i = 1 To Len(strs)
      tmp = Mid(strs, i, 1)
      intw = Picture1.TextWidth(tmp)
      '如果第 i 个字符的宽度加上当前输出位置 CurrentX 超过图片框的宽度则换行
      If intw + Picture1.CurrentX > Picture1.Width Then
          Picture1.Print
      End If
      Picture1.Print tmp;
    Next i
End Sub
Private Sub Form_Load()
    Text1.Text = "用于返回指定字符串输出时的宽度和高度，常与 Print 方法配合使用"
End Sub
```

另外，窗体对象也具有 AutoRedraw、CurrentX 和 CurrentY 属性以及 TextHeight 和 TextWidth 方法。利用这些属性和方法可以在窗体(或图片框)中显示特殊效果文字。

7.3.2 图像框

图像框(Image)控件的使用方法与图片框(PictureBox)控件类似，但它只能用来显示图像，不能完成复杂的图像操作。

Image 控件的属性主要是 Picture 属性和 Stretch 属性。Picture 属性的意义和用法与 PictureBox 控件相同。Stretch 属性可以决定所加载的图片是否缩放，默认值为 False，表示图片不缩放，控件的大小由图片决定，即控件自动适应图片的大小。当 Stretch 属性值为 True 时，控件的大小不变，图片自动伸缩(放大或缩小)以便适合控件。图 7-19(a)、(b)展示了 Stretch 属性不同取值的效果。为便于说明，所有 Image 控件的 BorderStyle 属性均设置为 1(有边框)，且装载的是同一幅图片。从图中可以看出，当 Stretch 属性值为 False 时，尽管在设计时将几个 Image 控件设为不同大小，但运行时，控件均自动调整为图片的大小。

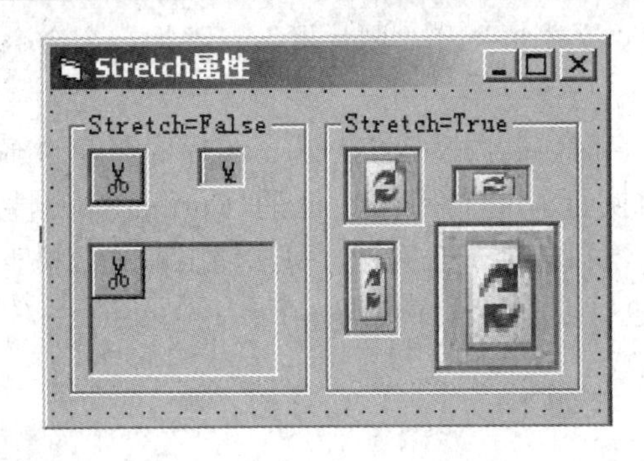

(a) 设计时界面

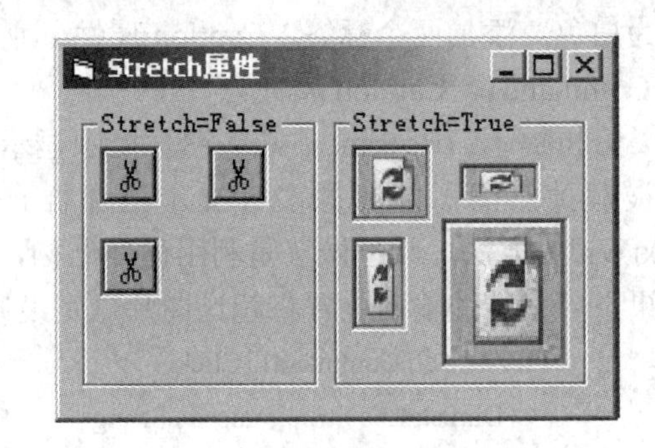

(b) 运行时界面

图 7-19　Stretch 属性示例

Image 控件与 PictureBox 控件的比较如下：

(1) 两者都可加载图片，都支持相同的图片格式，加载图片的方法也一样。但 PictureBox 控件的图形功能更强，而 Image 控件由于属性少，使用的系统资源比 PictureBox 控件少，因而装载图形的速度快。

(2) Image 控件中，通过设置 Stretch 属性为 True 可以实现图片缩放以适合控件的大小，但图片可能变形失真；在 PictureBox 控件中，仅可通过 AutoSize 属性调整控件大小以适合图形，图形本身并不缩放。

(3) PictureBox 控件可以作为其他控件的容器，其内允许包括其他控件，起到类似于框架的作用，还支持各种绘图方法和 Print 方法，而 Image 控件则不能。

7.4　其 他 控 件

7.4.1　定时器

定时器(Timer)又称计时器，是一个响应时间的控件。它独立于用户，运行时不可见，可用来在一定的时间间隔内周期性地执行某项操作。

1．主要属性

(1) Enabled 属性。该属性用于设置定时器是否生效。当该属性为 True 时(默认值)，定时器处于工作状态(生效)；而当 Enabled 被设置为 False 时，它会暂停操作而处于待命状态(无效)。

(2) Interval 属性。该属性用于设置定时器的时间间隔，单位为 ms(1000 ms = 1 s)，取值范围为 0～65 535，因此最长时间间隔约为 65.5 秒。尽管时间间隔可取 1 ms，但在 Windows 9x 下，实际最短间隔仅能达到 1/18 s(约 56 ms)；在 Windows 2000/XP 下，实际最短间隔可达 10 ms。要注意的是，Interval 属性的默认值是 0，此时，即使 Enabled 属性为 True，定时器仍然无效。

2．事件

定时器只能识别 Timer 事件。当达到由 Interval 属性所设定的时间间隔时，系统会自动触发其 Timer 事件，转去执行 Timer 事件中的代码，从而完成指定的操作，接着又开始新一轮的计时。这样，Timer 事件中的代码可以每隔一个时间段就被执行一次。

【例 7-9】 设计数字时钟，动态显示系统当前时间，如图 7-20 所示。

图 7-20 例 7-9 的运行界面

通过标准函数 Time 可以取得系统的当前时间，要使其动态显示出来则可以使用定时器控件实现。在窗体上添加一个定时器 Timer1，设置 Enabled 属性为 True，Interval 属性为 1000(即 1 s)。添加一个标签(Label1)，设置 Caption 属性值为空，Alignment 为 2，背景色为黑色，前景色为淡黄色。

为定时器 Timer 事件编写以下代码：

```
Private Sub Timer1_Timer()
    Label1.Caption = Time                    '调用 Time 函数在标签中显示时间
End Sub
```

【例 7-10】 用定时器控件制作秒表。

设计和运行界面如图 7-21 所示，其中(a)图为设计界面，(b)图和(c)图为运行界面。

(a) 设计界面

(b) 运行界面 1

(b) 运行界面 2

图 7-21 例 7-10 的设计和运行界面

(1) 界面设计及属性设置。在窗体上添加一个定时器 Timer1，设置 Enabled 属性为 False，Interval 属性为 10。添加一个标签 Label1 用于显示计时时间，设置 Caption 为“0:00:00.00”，Alignment 为 2，背景色为黑色，前景色为浅绿色；再添加两个命令按钮，名称分别为 cmdTime 和 cmdReset，设置 Caption 分别为“开始”和“清零”。

(2) 编写代码。为了简化界面，便于用户操作，本例中通过代码让 cmdTime 按钮完成开始、暂停和继续功能。程序启动时该按钮的名称为“开始”。单击“开始”按钮，开始计时，按钮变为“暂停”。单击“暂停”按钮，定时器停止工作，按钮变为“继续”。单击“继续”按钮，继续计时，按钮又变为“暂停”。单击“清零”按钮，定时器停止工作，标签中的计时读数置 0，cmdTime 按钮的标题恢复为“开始”。

制作秒表的几个关键环节：① 记录开始计时的时间，可以通过调用 Visual Basic 内部函数 Timer 为变量赋值来实现。该函数返回从午夜零点开始至当前时刻的总秒数(Single 型数据，精度为 7 位)。② 计算开始计时至当前时刻的时间差，用 Timer 函数的返回值减去开始计时的时刻即可获得该时间差。③ 在系统允许的最短时间间隔内将时间差以“时:分:秒.xx”的形式显示。适当设置定时器控件的 Interval 属性，在定时器的 Timer 事件中将时间差总秒数转换为时、分、秒，并调用 Format 函数以特定的时间格式显示。为完成上述功能，需要设置若干变量，用于存储和计算有关的时间数据。程序代码如下：

```
Option Explicit
'定义用于存放时、分、秒、总秒数、计时初值的变量
Dim strH As String, strM As String                   '时、分
Dim strS As String, strSs As String                  '秒、秒的小数部分
Dim sngT As Single                                   '总秒数
Dim intT As Single                                   '总秒数的整数部分
Dim sngStart As Single                               '计时初值
Private Sub Form_Load()                              '窗体加载，各控件初始化
    Timer1.Enabled = False                           '使定时器无效
    Label1.Caption = "0:00:00.00"
    cmdTime.Caption = "开始"
End Sub
Private Sub cmdReset_Click()                         '单击“清零”按钮
    Form_Load                                        '执行窗体加载过程中个初始化语句
End Sub
Private Sub cmdTime_Click()                          '单击“开始”|“暂停”|“继续”按钮
    If cmdTime.Caption = "暂停" Then                 '若按钮标题为“暂停”
        cmdTime.Caption = "继续"
        Timer1.Enabled = False                       '关闭定时器
    Else
        '若按钮名称为“开始”，调用 Timer 函数返回午夜以来总秒数作计时初值
        If cmdTime.Caption = "开始" Then sngStart = Timer
        Timer1.Enabled = True                        '启动定时器
        cmdTime.Caption = "暂停"
    End If
End Sub
Private Sub Timer1_Timer()                           '定时器事件
    '根据定时器控件 Interval 属性设置的时间间隔
    '将计时器开始后度过的总秒数换算为时、分、秒(取 2 位小数)显示
    sngT = Timer – sngStart                          '计时开始后的总秒数
    strSs = Format(sngT * 100 Mod 100, "00")         '取小数点右侧 2 位
    intT = Int(sngT)                                 '总秒数取整
    strS = Format(intT Mod 60, "00.")                '秒
    strM = Format(intT \ 60 Mod 60, "00:")           '分
    strH = Format(intT \ 3600, "0:")                 '时
    Label1.Caption = strH & strM & strS & strSs      '显示
End Sub
```

另外，利用图片框(图像框)和定时器控件可以方便实现动画效果。比如汽车向前行驶、奔跑、日食、月食、地球围绕太阳旋转、火箭升空等。其实简单的动画无非是使一个图像

连续地在屏幕上移动位置而已。复杂一些的动画除了将一个图像整体移动外，还可以改变图像的形状和尺寸。

在 Visual Basic 中实现动画有如下几种方法：

(1) 使用 Move 方法移动控件或图片；

(2) 改变图像的位置和尺寸，达到动画的效果；

(3) 在不同的位置显示不同的图片。

不论使用何种方法，都可以用定时器定时触发有关动画的事件过程，用定时器的 Interval 属性控制图像移动的速度。

【例 7-11】 以蓝天白云为背景，显示地球围绕太阳旋转的画面。

分析提示：建立一个图片框，它的大小与窗体相同，调入蓝天白云图形作为背景。再建立两个图像框，如图 7-22(a)所示，分别装入太阳和地球的图形。用定时器的 Timer 事件来控制地球作圆周运动。定时器的 Interval 属性值定为 100(即 0.1 秒)，目的是每 0.1 秒使地球移动一次位置。在程序开始运行装入窗体时，执行 Form_Load 事件过程，把图像框 ImgSun 放到窗体中心位置。程序代码如下：

```
Private Sub Form_Load()
    ImgSun.Top = Height / 2 - ImgSun.Height / 2          '使图像框 ImgSun 的位置在窗体中央
    ImgSun.Left = Width / 2 - ImgSun.Width / 2
    ImgEarth.Picture = LoadPicture("E:\pic\earth1.bmp")
    ImgSun.Picture = LoadPicture("E:\pic\sun1.bmp")
End Sub
Private Static Sub Timer1_Timer()
    Dim r As Integer
    Dim x, y, i As Single
    Timer1.Enabled = True
    r = 1500
    x = Cos(i) * r + Width / 2
    y = Sin(i) * r + Height / 2
    ImgEarth.Move x, y
    i = i + 0.1
End Sub
```

(a) 设计界面

(b) 运行界面

图 7-22　用图像框和定时器实现动画示例

程序开始运行后，定时器每 0.1 秒触发一次 Timer 事件，使 x 和 y 的值不断变化，图像框 ImgEarth 围绕图像框 ImgSun 作圆周运动，如图 7-22(b)所示。太阳圆心坐标为(Width/2，Height/2)，r 为地球旋转的半径。开始时，i 的初值为 0，y 的值为 Height/2，x 的值为 Width/2，即 p(x，y)的位置为 0° (在水平线上)。

本例中，ImgEarth.Move x, y 表示将图像框 ImgEarth(地球)的位置移动到所指的位置，然后使 i 增值 0.1。由于定时器的 Timer 事件过程为 Static 类型，所以第二次触发 Timer 事件时，i 的初值为 0.1，故 x 的值为 Cos(0.1) * r + Width/2，y 的值为 Sin(0.1) * r + Height/2，p(x,y)位置为围绕太阳按逆时针方向移动了 0.1 弧度。如此一次一次地移动地球的位置，使地球作圆周运动。

除改变图片的位置外，还可以通过交替显示多个不同图片的方法产生动画效果。

7.4.2 滚动条

滚动条(ScrollBar)是 Windows 应用程序中广泛应用的一种工具。在某些控件如列表框、组合框中，系统会根据需要自动加上滚动条，另外一些情况下，则需要设置单独的滚动条。

Visual Basic 提供了两种滚动条控件：水平滚动条(HscrollBar)和垂直滚动条(VscrollBar)。两者除滚动的方向不同外，其功能和操作是一样的。滚动条的两端各有一个滚动箭头，在滚动箭头之间有一个滚动块。滚动块从一端移至另一端时，其值在不断变化。垂直滚动条的值由上往下递增，水平滚动条的值由左往右递增。滚动条的值均以整数表示，取值范围为−32 768～32 767，最小值和最大值分别在两个端点。

1. 常用属性

(1) Min 属性。该属性用于设置滚动条所能代表的最小值，默认值为 0。

(2) Max 属性。该属性用于设置滚动条所能代表的最大值，默认值为 32 767。

(3) Value 属性。该属性用于设置或返回滚动条当前表示的值，也即当前滑块的位置。

(4) SmallChange 属性。该属性用于设置最小变化值，即当鼠标单击滚动条上的箭头时一次所产生的变化值。

(5) LargeChange 属性。该属性用于设置最大变化值，即当鼠标单击滚动条滑块与箭头之间的空白区域时，一次所产生的变化值。

2. 主要事件

(1) Change 事件。当滚动条的 Value 值发生改变时，即触发 Change 事件。能引起滚动条 Value 值改变的操作包括：单击滚动条两端的箭头，单击箭头与滑块之间的空白区域，直接给 Value 属性赋值等。

(2) Scroll 事件。拖动滚动条的滑块时将触发 Scroll 事件。

需要注意的是，Change 事件和 Scroll 事件是有差异的。当开始拖动滑块后，只要拖动动作在持续，Scroll 事件就一直在发生；当停止拖动时，则产生 Change 事件。

【例 7-12】 设计一个程序，利用滚动条控件控制颜色的改变。

利用 Visual Basic 提供的标准函数 RGB 可以方便地设置颜色，RGB 函数的语法格式如下：

RGB(红，绿，蓝)

红、绿、蓝三个参数的取值范围均为 0～255。只要控制函数 RGB 的三个参数即可设置不同颜色，这可以由三个滚动条来完成。程序中使用了三个水平滚动条：HsbR、HsbG、HsbB，分别代表红、绿、蓝三色。为了适应 RGB 参数，其 Min 和 Max 分别设置为 0 和 255；SmallChange 和 LargeChange 分别设置为 1 和 5。当任何一个滚动条的状态发生变化时，在其 Change 事件中将各滚动条的当前值(Value 属性)作为 RGB 函数的参数，为标签 Label4 的 BackColor 属性赋值，即改变标签的背景色，以便适时、直观地反映变化后的颜色。

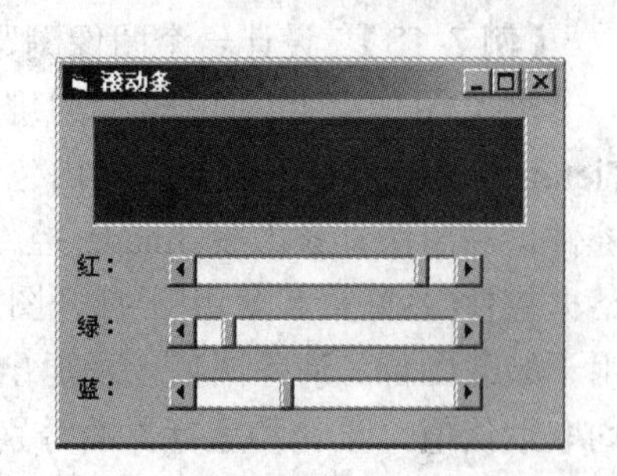

图 7-23　滚动条应用示例

程序运行结果如图 7-23 所示，滚动条的状态控制着 Label4 的背景色。程序代码如下：

```
Private Sub Form_Load()
    Label4.BackColor = RGB(100, 100, 100)
    HsbR.Value = 100
    HsbG.Value = 100
    HsbB.Value = 100
End Sub
Private Sub HsbB_Change()
    Label4.BackColor = RGB(HsbR.Value, HsbG.Value, HsbB.Value)
End Sub
Private Sub HsbG_Change()
    Label4.BackColor = RGB(HsbR.Value, HsbG.Value, HsbB.Value)
End Sub
Private Sub HsbR_Change()
    Label4.BackColor = RGB(HsbR.Value, HsbG.Value, HsbB.Value)
End Sub
```

读者可能已经注意到，三个滚动条的 Change 事件中的语句完全相同，而且语句较长。对这种在程序中重复使用的程序段，可以将其编制成一个通用过程或函数供调用，以简化代码，提高代码的复用性(在前面章节已经详细讲解了通用过程、函数)。在本例中可设置一个通用过程 ShowColor()，在每一个滚动条的 Change 事件中调用。过程代码如下：

```
Private Sub ShowColor()
    Label4.BackColor = RGB(HsbR.Value, HsbG.Value, HsbB.Value)
End Sub
```

在各滚动条的 Change 事件中通过以下语句调用：

```
ShowColor
```

或

```
Call ShowColor
```

运行此程序会发现：当拖动滚动条的滑块到达某个位置并释放后，标签 Label4 的背景色发生了变化，但在拖动滚动条滑块期间，颜色并未发生变化。这是由于没有设置 Scroll 事件的缘故。只要为每个滚动条的 Scroll 事件添加代码，例如对 ShowColor 过程的调用，即可解决此问题，读者可自行完成代码编写。

【例 7-13】 设计一个图像浏览器。

浏览图像是指利用较小的屏幕区域观察较大尺寸的图像。本例的设计思路：使用 PictureBox 控件作为容器，其内包含有一个 Image 控件，要浏览的图像完整地装载到 Image 控件，利用滚动条改变 Image 控件在 PictureBox 控件中的位置，实现浏览的目的。通用对话框控件(参见第 8 章)用于打开图片文件。三个命令按钮 cmdLoad、cmdCls 和 cmdEnd 分别用于装载图像、清除图像以及退出。除命令按钮的名称和 Caption 属性外，其他控件的属性均取默认值。设计和运行界面分别如图 7-24(a)、(b)所示。

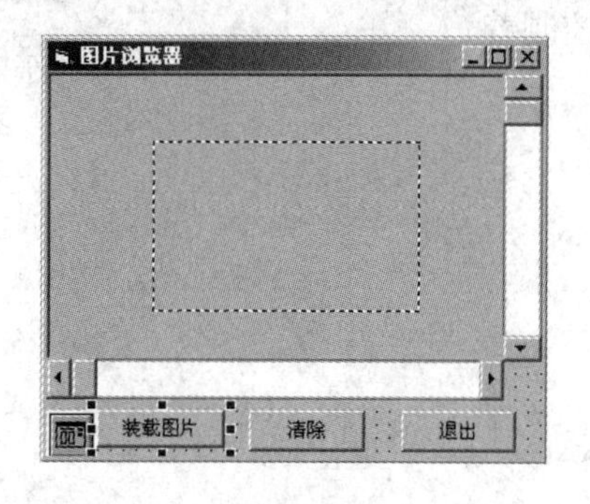

(a) 设计界面

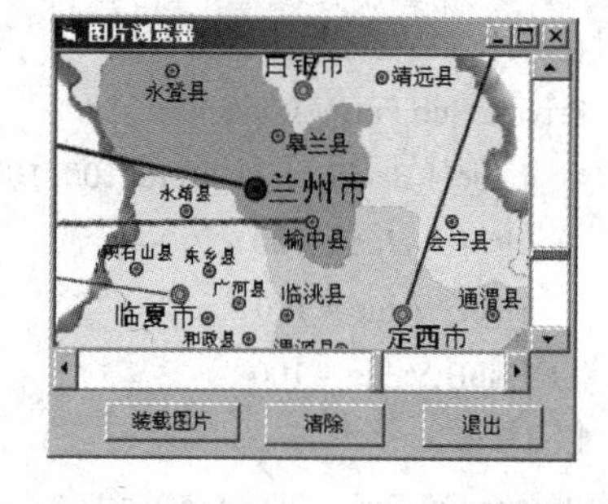

(b) 运行界面

图 7-24　例 7-13 设计和运行界面

程序代码如下：

```
Private Sub Form_Load()                    '窗体加载，各控件初始化
    Image1.Left = 0
    Image1.Top = 0
    VScroll1.LargeChange = 50              '变化单位为缇
    HScroll1.LargeChange = 50
    VScroll1.SmallChange = 25
    HScroll1.SmallChange = 25
    VScroll1.Enabled = False
    HScroll1.Enabled = False
    '取图像框与图片框的高度、宽度之差作为滚动条最大值
    VScroll1.Max = Image1.Height - Picture1.Height
    HScroll1.Max = Image1.Width - Picture1.Width
    VScroll1.Value = 0                     '设置滚动条的初始值
    HScroll1.Value = 0
End Sub
Private Sub cmdCls_Click()                 '单击“清除”按钮
    Image1.Picture = LoadPicture()         '清除 Image1 中的图像
    HScroll1.Enabled = False               '水平滚动条无效
    VScroll1.Enabled = False               '垂直滚动条无效
End Sub
Private Sub cmdEnd_Click()
```

```
    End
End Sub
Private Sub cmdLoad_Click()
    On Error GoTo ErrCancel
                                            '通过通用对话框装载指定的图像
    CommonDialog1.CancelError = True
    CommonDialog1.Filter = "图片文件(*.bmp;*.jpg;*.wmf;*.tif)|" & "*.bmp;*.jpg;*.wmf;*.tif|所有_
文件(*.*)|*.*"
    CommonDialog1.ShowOpen
    Image1.Picture = LoadPicture(CommonDialog1.FileName)
    Form_Load                               '调用窗体加载事件过程进行初始化
    VScroll1.Enabled = True
    HScroll1.Enabled = True
    Exit Sub
ErrCancel:
End Sub
Private Sub HScroll1_Change()               '水平滚动条的值改变
    Image1.Left = -HScroll1.Value           '图像水平移动
End Sub
Private Sub HScroll1_Scroll()
    HScroll1_Change                         '调用水平滚动条的 Change 事件过程
End Sub
Private Sub VScroll1_Change()               '垂直滚动条的值改变
    Image1.Top = -VScroll1.Value            '图像垂直移动
End Sub
Private Sub VScroll1_Scroll()               '垂直滚动条滚动
    VScroll1_Change                         '调用垂直滚动条 Change 事件过程
End Sub
```

本 章 小 结

本章主要介绍了 Visual Basic 的单选按钮、复选框、框架、列表框、组合框、图片框、图像框、定时器以及滚动条等一些常用的标准控件的属性、方法、事件及其使用。

实际上，Visual Basic 提供给用户的控件十分丰富，其中一部分控件将在本书后面章节进行讨论。学习控件，要从用途、属性、方法和事件四个方面去把握一个控件。明确控件的用途有助于在编程时选择合适的控件以达到预期的效果，掌握一些常用的属性、方法和事件的使用方法。另外应注意比较，不同控件具有不完全相同的属性集合，一些属性是所有控件共有的(如 Name 属性)，一些属性则是部分控件所特有的(如定时器控件的 Interval 属性)；一些属性既可以在属性窗口中设置，又可以在代码中进行修改(如 Caption 属性)；另一些属性是只读的，只能在设计阶段进行设置(如 Name 属性)。不同控件所具有的方法也不完全相同，能够响应的事件以及事件的触发条件也有所区别。以上提到的各个方面，请读者在后续章节的学习中注意总结。

习　题　7

一、选择题

1．以下关于图片框与图像框的说法中，正确的是(　)。

A．图片框控件比图像框控件占内存少

B．图片框控件可以作为容器控件，而图像框控件不能作为容器控件使用

C．图片框控件可以伸展图片的大小，而图像框控件不能

D．图像框控件所具有的属性和方法与图片框控件一样多

2．以下关于 Visual Basic 列表框的叙述中，除(　)外均是正确的。

A．可通过属性“Item”返回列表框中的项目

B．可通过属性“Text”返回列表框中的已选项目

C．可通过属性“ListIndex”返回列表框中的已选项目

D．可通过属性“ListCount”返回列表框中项目的数目

3．在窗体上画一个名称为 List1 的列表框和一个名称为 Label1 的标签。列表框中显示若干城市的名称。当单击列表框中的某个城市名时，在标签中显示选中城市的名称。下列能正确实现上述功能的程序是(　)。

A．
```
Private Sub List1_Click()
    Label1.Caption = List1.ListIndex
End Sub
```
B．
```
Private Sub List1_Click()
    Label1. Name = List1. ListIndex
End Sub
```
C．
```
Private Sub List1_Click()
    Label1.Name = List1.Text
End Sub
```
D．
```
Private Sub List1_Click()
    Label1.Caption = List1.Text
End Sub
```

4．在窗体上画三个单选按钮，组成一个名为 Option 的控件数组。用于标识各个控件数组元素的参数是(　)。

A．Tag　　B．Index　　C．ListIndex　　D．Name

5．下面对象中不能作为容器的是(　)。

A．窗体　　B．Image 控件　　C．PictureBox 控件　　D．Frame 控件

6．决定复选框对象是否被选中的属性是(　)。

A．Checked　　B．Value　　C. Enabled　　D．Selected

7．在程序运行期间，如果拖动滚动条上的滚动块，则触发的滚动条事件是(　)。

A．Move　　B．Change　　C．Scroll　　D．GetFocus

8．使用(　)方法可以将新的列表项添加到一个列表框中。

A．Print　　B．AddItem　　C．Clear　　D．RemoveItem

9．组合框 Combo1 中有 3 个项目，则以下能删除最后一项的语句是(　)。

A．Combo1.RemoveItem Text　　B．Combo1.RemoveItem 2

C．Combo1.RemoveItem 3　　D．Combo1.RemoveItem Combo1.Listcount

10．若要得到列表框中项目的总数目，可以访问(　)属性。

A．List　　B．ListIndex　　C．ListCount　　D．Text

11．要使列表框的选项带有选择框，应设置列表框的(　)属性。

A．List　　B．ListIndex　　C．ListCount　　D．Style

12．要决定列表框中是否允许多项选择，需设置列表框的(　)属性。

A．Selected　　B．MultiSelect　　C．Columns　　D．Sorted

13．为了清除图片框 Picture1 中的图形，应采用的正确方法是(　)。

A．先选择图片框，然后按 Del 键

B．执行语句 Picture1.Picture=LoadPicture (" ")

C．执行语句 Picture1.Pictyre=" "

D．先选择图片框，在窗口属性中选择 Picture 属性条，然后按回车键

14．当组合框 Combo1 无项目时，组合框的 ListIndex 属性值为(　)。

A．0　　B．1　　C．–1　　D．2

15．对于定时器(Timer)控件，设计其定时是否开启的属性是(　)。

A．Index　　B．Visible　　C．Enabled　　D．Left

二、填空题

1．Visual Basic 中有一种控件组合了文本框和列表框的特性，这种控件是 (1) 。

2．单选按钮被选中时，其 Value 属性值为 (2) 。

3．PictureBox 控件可通过设置其 (3) 属性为 True，使之可自动调整大小；而 Image 控件可通过设置其 (4) 属性，使其加载的图片能自动调整大小以适应 Image。

4．复选框未被选中时，其 Value 属性值为 (5) 。

5．若使单选按钮 Option1 成为图形按钮，应该设置其 (6) 属性。

6．如果要将窗体上的若干个单选按钮或复选框分成不同的组，则应使用 (7) 控件进行分组。

7．列表框中项目的序号是从 (8) 开始的。

8．要使单选按钮或复选框的文字标题显示在按钮的左边，应设置控件的 (9) 属性。

9．组合框 Combo1 中的项目数大于 1 时，项目的序号从 (10) 开始，至 (11) 结束。

10．清除列表框中的所有项目，应使用的方法是 (12) 。

11．要使多列列表框中的项目水平滚动，应设 Columns 属性值为 (13) 。

12．向组合框 Combo1 中添加序号为 3、内容为“软件工程系”的项目，使用的语句为 (14) 。

13．删除组合框中的某个项目，可以使用 (15) 方法。

14．要使得图像框有边界，应设置其 (16) 属性值为 1。

15．定时器(Timer)控件可识别的事件是 (17) ，发生该事件的时间间隔由定时器的

Interval 属性设置，其单位为 (18) 。

16. 使用滚动条 ScrollBar 控件，若要设置鼠标单击空白区域的滚动幅度，需要设置 (19) 属性。

17. 水平滚动条的滑块移动到最左端时，滚动条的值对应 (20) 属性的值。

三、编程题

1. 制作一个拖动水平滚动条设置年龄的程序，如图 7-25 所示。请编写相关程序代码。

要求：程序运行开始，年龄框为空；当拖动水平滚动条时，年龄框中显示水平滚动条当前值。根据图示设置控件属性。

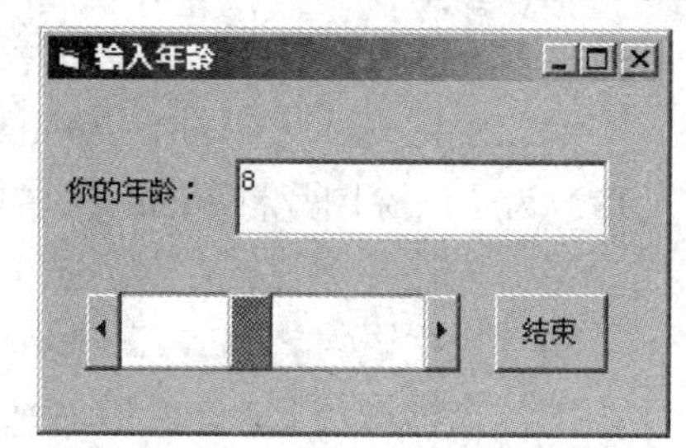

图 7-25　编程题 1 运行结果

2. 设窗体上有一文本框 Text1 和一列表框 List1，在 List1 中已有两个可供选择的项目“上海”、“江苏”，要求窗体显示前再将“兰州”作为新的项目添加到 List1 中，当用户在 List1 中选择了一个项目后，将其所选的项目显示在 Text1 文本框中。在空格处填入适当的内容，将程序补充完整。

```
Private Sub Form_Load( )
    List1. (1)
End Sub
Private Sub List1_ (2)
    (3) = List1. (4)
End Sub
```

3. 程序界面如图 7-26 所示，要求设置文本框中文本的字体、字形、颜色。请编写相应的程序代码。

4. 编写程序，初始时把一组课程名称添加到组合框中，然后进行选择显示、添加、删除或全部删除组合框中项目的操作。程序界面如图 7-27 所示，窗体包含两个标签，Caption 属性分别设置为“选修课程”和“可选修课总数”；一个组合框(Combo1)；一个用于显示总数的文本框(Text1)；四个命令按钮(cmdAdd、cmdDel、cmdCls 和 cmdEnd)的 Caption 属性分别为“添加”、“删除”、“全清”和“退出”。

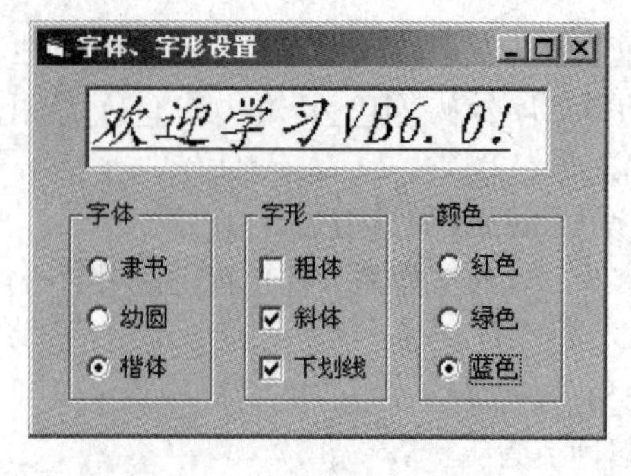

图 7-26　编程题 3 运行结果

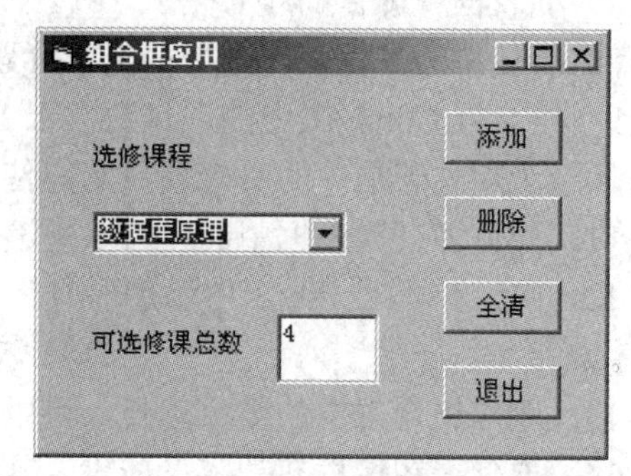

图 7-27　编程题 4 程序界面

5．设窗体上有图片框 Picture1 和计时器 Timer1 两个控件，运行程序时，将图片加载到图片框中，然后图片框以每5秒一次的速度向窗体的右下方移动，每次向右、向下移动100(单位为缇)。在空格处填入适当的内容，将程序补充完整。

```
Option Explicit
Private Sub Form_load( )
    Picture1.Picture=loadPicture("c:\pic\earth1.bmp")
    (5) .Interval=5000
End Sub
Private static Sub Timer1_Timer( )
    (6)
    x=x+100
    y=y+100
    Picture1.Move  (7)
End Sub
```

6．请编写列表框应用程序代码。要求从文本框中输入姓名，然后按“添加”按钮，把姓名添加到列表框中；当选择列表框中某一项时，按“删除”按钮，从列表框中删除该项；当选择列表框中某一项时，按“修改“按钮，把列表框中选择的项送到文本框且“修改”按钮变为“修改确认”，在文本框的内容修改好后，按“修改确认”按钮，可把文本框中修改后的信息送到列表框且“修改确认”按钮变为“修改”按钮。程序运行界面如图7-28所示。

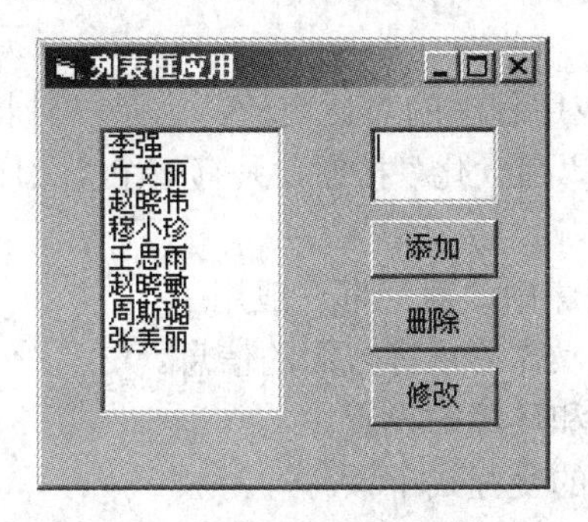

图7-28　编程题6运行界面

第 8 章　多功能用户界面设计

本章要点：

(1) “通用对话框”的使用方法；
(2) 菜单设计及应用；
(3) 工具栏、状态栏的设计及应用；
(4) 多重窗体与多文档界面(MDI)的设计。

8.1 概　　述

大型应用程序一般都包括对话框、菜单栏和工具栏等(如Microsoft Word的界面)，另外，在这些应用程序中还使用了多窗体和多文档。

1．对话框

对话框用于实现用户和应用程序的对话交流。它是一种特殊的窗体，它的大小一般不可改变，也没有“最小化”和“最大化”按钮，只有一个“关闭”按钮(有时还包含一个“帮助”按钮)。

在基于Windows的应用程序中，对话框一般用于：
(1) 显示程序运行状态和操作要求等方面的信息。
(2) 提供对程序运行方式和环境的设置。
(3) 进行程序运行过程中的交互式干预。

对话框分为模式和无模式两种类型。如果对于一个对话框，在可以切换到其他窗体或对话框之前要求先单击“确定”或“取消”按钮，那么它就是模式的。Visual Basic中的“关于”对话框就是模式的。一般情况下，显示重要消息的对话框总是模式的，它要求程序在继续运行之前，必须对提供消息的对话框做出响应。

无模式的对话框允许在对话框与其他窗体之间转移焦点而不用关闭对话框。因此，当对话框正在显示时，可在当前应用程序的其他地方继续工作。Visual Basic中“编辑”菜单下的“查找”对话框就是一个无模式对话框的实例。无模式对话框往往用于显示频繁使用的命令或信息。

针对对话框的设计，Visual Basic提供了三种解决方案：系统预定义的对话框(InputBox和MsgBox)、用户自定义对话框和通用对话框控件。

2．菜单栏

菜单栏通常包括了应用程序提供的所有命令。在Windows 环境中，几乎所有的应用软件都提供菜单，通过这些菜单，可方便地实现各种操作。菜单一方面提供了人机对话的接口，以便让用户选择应用程序的各种功能，同时借助菜单，能有效地组织和控制应用程序各功能模块的运行。

3．多文档界面

多文档界面是指一个应用程序(父窗体)中能够包含多个文档(子窗体)。绝大多数基于Windows的大型应用程序都是多文档界面，如Microsoft Excel和Microsoft Word等。多文档界面可同时打开多个文档，它简化了文档之间的信息交换。

4．工具栏和状态栏

工具栏和状态栏通常与菜单栏同时存在。工具栏提供了对常用菜单命令的快速访问，它进一步增强了应用程序的菜单界面，已经成为许多基于Windows的应用程序的标准功能。状态栏用于显示应用程序的运行状态，如光标位置、系统时间、键盘的大小写状态等。状态栏为一个条形框，通常显示在窗体的底部。

8.2　通用对话框

前面已经提到，Visual Basic中的对话框分为三类：系统预定义对话框、自定义对话框和通用对话框。系统预定义对话框如InputBox和MsgBox在第4章已介绍过，这里不再赘述。

Visual Basic通用对话框控件CommonDialog提供了一组基于Windows的标准对话框界面。这组对话框包括打开、另存为、颜色、字体、打印和帮助对话框。这些对话框仅仅用于返回信息，不能真正实现文件的打开和保存、颜色设置、字体设置、打印等操作，如果想要实现这些功能必须通过编程解决。本节将重点介绍通用对话框。

CommonDialog 控件是 ActiveX 控件，标准工具箱中没有该控件，使用时需要将其添加到工具箱。添加的方法是：选择“工程”菜单中的“部件”命令，或者右击工具箱，在快捷菜单中选择“部件”命令，打开如图 8-1 所示的“部件”对话框，在控件选项卡的列表中，将 Microsoft Common Dialog Control 6.0 复选框选中，单击“确定”按钮。该控件属于非可

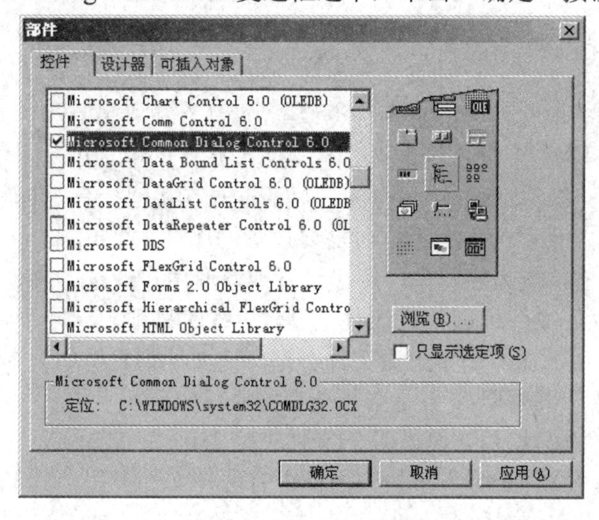

图 8-1　“部件”对话框

视控件，设计时它以图标的形式显示在窗体上，其大小不能改变，位置任意，程序运行时控件本身被隐藏。设置 Action 属性或调用 Show 方法，可以决定打开何种类型的对话框，其对应关系如表 8.1 所示。

表 8.1　MsgBox 函数的返回值

方　法	Action 属性值	功　　能
ShowOpen	1	显示“打开”对话框
ShowSave	2	显示“另存为”对话框
ShowColor	3	显示“颜色”对话框
ShowFont	4	显示“字体”对话框
ShowPrinter	5	显示“打印”对话框
ShowHelp	6	显示“帮助”对话框

Action 属性不能在属性窗口内设置，只能在程序中赋值，用于调出相应的对话框。例如：

```
        Commondialog.action=1
或      Commondialog.ShowOpen
```

除了 Action 属性外，通用对话框还具有以下主要的共同属性：

(1) CancelError 属性。通用对话框内有一个“取消”按钮，用于向程序表示用户想取消当前的操作。当 CancelError 属性设置为 True 时，若用户单击“取消”按钮，通用对话框自动将错误对象(Err，由 Visual Basic 提供)的错误号 Err.Number 设置为 32 755(Visual Basic 常数为 cdlCancel)供程序判断，以便进行相应的处理。若 CancelError 属性设置为 False，则单击“取消”按钮时不产生错误信息，无法判断用户是否单击了“取消”按钮。

(2) DialogTitle 属性。该属性可由用户自行设置对话框标题栏上显示的内容，代替默认的对话框标题。

(3) Flags 属性。该属性用于设置对话框的相关选项(各种具体对话框设置的选项略有不同)。

8.2.1　文件对话框

文件对话框用于获取文件名，有两种类型：“打开”和“另存为”对话框。在这两种对话框窗口内，可以遍历磁盘的整个目录结构，找到所需文件，并返回用户选择或输入的文件名。图 8-2 为“打开”对话框，“另存为”对话框与其相似，只是标题和按钮不同。

使用“打开”和“另存为”对话框时需要设置的属性主要有：

(1) FileName 属性，值为字符串，用于设置或获取用户所选的文件名(包括路径)。

(2) FileTitle 属性，文件标题，设计时无效，运行时只读，返回不包含路径的文件名。

(3) Filter 属性，过滤器，用于过滤文件类型，使文件列表框中只显示指定类型的文件。该属性的设置格式如下(其中竖线 | 是必须要有的语法成分)。

文件说明 1 | 文件类型 1[|文件说明 2 |文件类型 2…]

例如，图 8-2 的“文件类型”下拉列表框中有两种文件类型，其 Filter 属性设置为

文本文件(*.txt)|*.txt|所有文件(*.*)|*.*

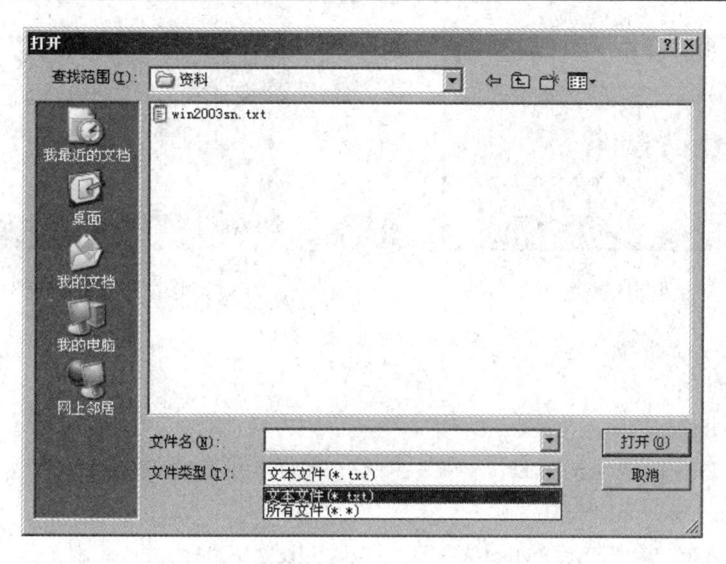

图 8-2　“打开”对话框

(4) FilterIndex 属性，过滤器索引，可指定“文件类型”下拉列表框中的默认过滤器。当使用 Filter 属性指定了多个过滤器时，第一个过滤器的索引值为 1，第二个过滤器的索引值为 2，其余依次类推。索引值 0 与 1 等价。图 8-2 中，若 FilterIndex = 0，则默认显示的是“文本文件(*.txt)”。

(5) InitDir 属性，初始化路径，用来指定文件对话框中的初始目录。若显示当前目录，则该属性无需设置。

(6) DefaultExt 属性，用于“另存为”对话框，它表示所存文件的默认扩展名。

在上述属性中，除 FileTitle 属性外，其他属性均可在属性窗口和代码中设置。此外，包括通用对话框控件在内的大多数 ActiveX 控件都有一种称为“属性页”的属性设置方式，可以快速设置与控件功能有关的特殊属性。右击窗体上的通用对话框控件，选择快捷菜单中的“属性”命令，即可打开如图 8-3 所示的“属性页”对话框，对各种对话框的特殊属性进行设置。

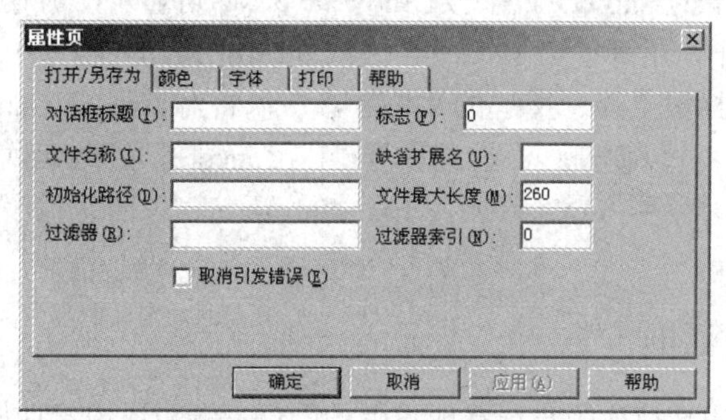

图 8-3　“属性页”对话框

【例 8-1】 用命令按钮(cmdOpen)的单击事件显示“打开”对话框，在对话框内只显示位图文件，初始目录为“E:\My Pictures”。当在对话框中选定一个位图文件后，单击对话框中的“打开”按钮，则在标签(lblDisplay)上显示所选的文件名，如图 8-4(a)所示；若单击“取消”按钮，则显示“取消操作”，如图 8-4(b)所示。

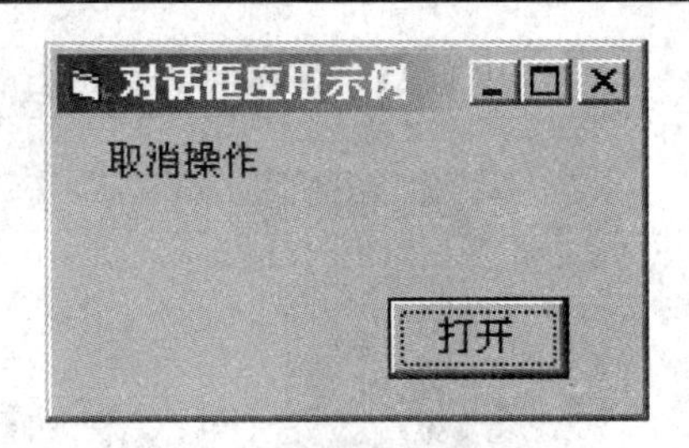

(a) 对话框中选“打开”按钮　　(b) 对话框中选“取消”按钮

图 8-4　例 8-1 运行结果

程序代码如下：

```
Private Sub cmdOpen _Click()
    On Error GoTo ErrCancel                        '设置出错处理语句
    With CommonDialog1
        .InitDir = "E:\My Pictures"                '设置初始目录
        .Filter = "位图文件(*.bmp)|*.bmp"          '过滤文件类型
        .CancelError = True                        '控制取消按钮
        .ShowOpen                                  '显示“打开”对话框
        lblDisplay.Caption = .FileName             '显示选择的文件名
    End With
    Exit Sub
ErrCancel:
    If Err.Number = cdlCancel Then
        lblDisplay.Caption = "取消操作"
    End If
End Sub
```

如果将上述代码中的 ShowOpen 改为 ShowSave，即可显示“另存为”对话框。

在例 8-1 的代码中，用到了第 12 章介绍的 On Error 语句。程序中，为了防止用户单击“取消”按钮时仍在标签上显示所选的文件名，所以将对话框的 CancelError 属性设置为 True，即故意引发错误，以便使程序转到标号“ErrCancel:”处继续执行。当使用标号引导一段错误处理代码时，应在标号之前加入 Exit Sub 语句，以防止程序未出错时也执行错误处理代码。

8.2.2　“颜色”对话框

“颜色”对话框用于获取用户选择或设置的颜色。调用通用对话框的 ShowColor 方法时，显示如图 8-5 所示的“颜色”对话框。在对话框的调色板中提供了 48 种基本颜色供选择，还提供了自定义颜色供用户自己调色。

Color 属性是“颜色”对话框最重要的属性，它设置或返回选定的颜色。该属性为长整型数据，有效范围为 0～&HFFFFFF(16 777 215)。当用户在调色板中选中某种颜色时，系统将该颜色值赋给 Color 属性。在代码中可利用该属性为其他对象的颜色属性赋值。例如，下面的代码可以将用户在“颜色”对话框中选定的颜色设置为文本框的背景色，并将文本框的前景色设置为背景色的互补色。

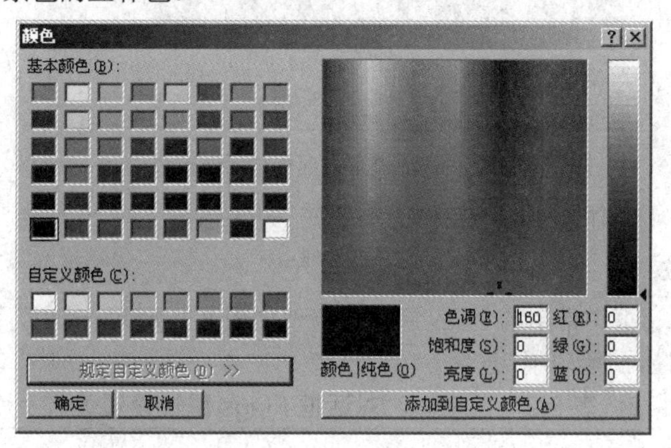

图 8-5　“颜色”对话框

```
CommonDialog1.ShowColor
Text1.BackColor = CommonDialog1.Color
Text1.ForeColor = &HFFFFFF - CommonDialog1.Color
```

以上代码中，用十六进制数&HFFFFFF 减去某个颜色值即为该颜色的互补色值。

8.2.3　“字体”对话框

“字体”对话框供用户选择字体，可获取用户所选字体的名称、样式、大小及效果。调用通用对话框的 ShowFont 方法时，显示如图 8-6 所示的“字体”对话框。

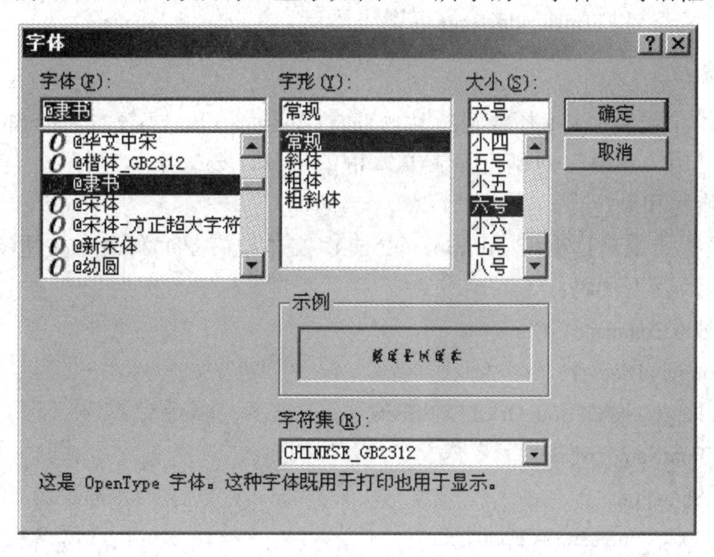

图 8-6　“字体”对话框

在使用 CommonDialog 控件选择字体之前，必须设置 Flags 属性值。该属性控制 CommonDialog 控件是否显示屏幕字体、打印机字体或两者皆有。如果未设置 Flags 属性值而直接使用该控件打开“字体”对话框，将显示如图 8-7 所示的错误提示。

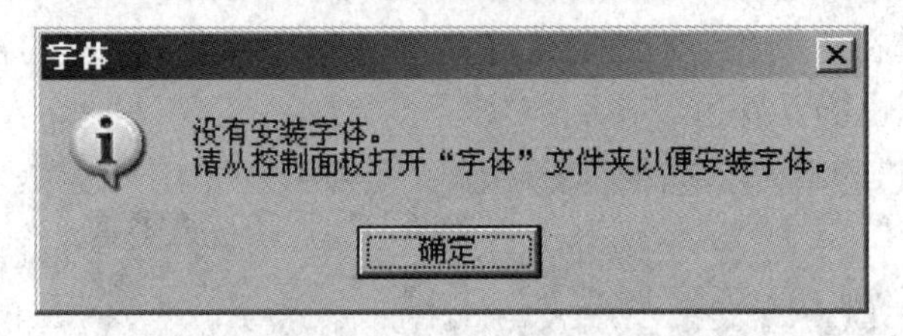

图 8-7　未设置 Flags 属性值的错误提示

通用对话框用于字体操作时涉及到的重要属性介绍如下。

1. Flags 属性

在“字体”对话框中常用的 Flags 属性设置值如表 8.2 所示。其中，前三项必须选择其一才能防止出现图 8-7 所示的错误。

表 8.2　“字体”对话框 Flags 属性设置值

常　数	值	说　　明
cdlCFScreenFonts	1	屏幕字体
cdlCFPrinterFonts	2	打印机字体
cdlCFBoth	3	屏幕字体和打印机字体两者皆有
cdlCFEffects	256	对话框中出现下划线、删除线和颜色元素

2. Font 属性集

Font 属性集包括 FontName(字体名)、Fontsize(字号)、FontBold(粗体)、FontItalic(斜体)、FontStrikethru(删除线)和 FontUnderline(下划线)。

3. Color 属性

Color 属性用于设置字体颜色。要使用该属性必须使 Flags 属性含有 cdlCFEffects 值。

【例 8-2】 用“字体”对话框设置文本框的字体，要求字体对话框内出现“效果”选项(下划线、删除线和颜色)。

在窗体上放置通用对话框(CommonDialog1)、文本框(Text1)和命令按钮(Command1)。为按钮单击事件编写以下代码：

```
Private Sub Command1_Click()
With CommonDialog1
        .Flags = cdlCFBoth Or cdlCFEffects
        .FontName = "宋体"
        .ShowFont
        Text1.FontName = .FontName
        Text1.FontSize = .FontSize
        Text1.FontBold = .FontBold
        Text1.FontItalic = .FontItalic
        Text1.FontStrikethru = .FontStrikethru
```

```
        Text1.FontUnderline = .FontUnderline
        Text1.ForeColor = .Color
    End With
End Sub
```

当 Flags = cdlCFBoth 或 cdlCFEffects 时，对话框如图 8-8 所示，与图 8-6 相比，增加了“效果”选项组。也可以用 Flags = 259 表示该设置(256 + 3 = 259)。

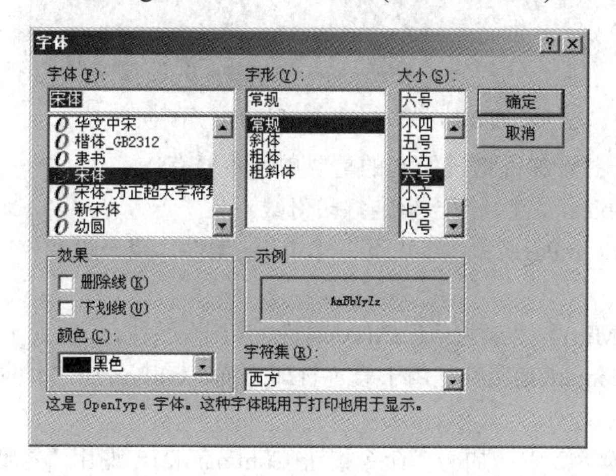

图 8-8　用 Flags 属性加入“效果”选项

8.2.4 “打印”对话框

“打印”对话框如图 8-9 所示，设计时可通过图 8-10 所示的“属性页”设置其属性。运行时“打印”对话框供用户选择打印机，设置打印参数(如打印范围、份数等)。通过对话框中的“选择打印机”选项选择打印机，单击右键，在弹出的菜单中选择“属性”菜单，可设置打印机的属性。“打印”对话框并不能处理打印工作，只是一个供用户选择或设置打印参数的界面，所设参数存于各属性中供编程使用。若要打印，必须通过为 Printer 对象(表示所安装的默认打印机)编写程序来实现。

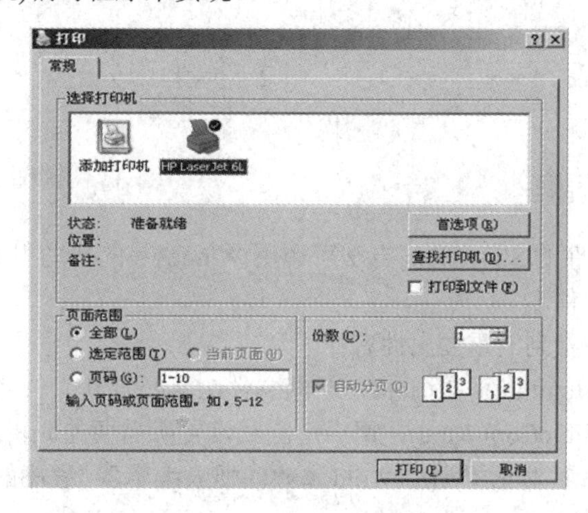

图 8-9　“打印”对话框

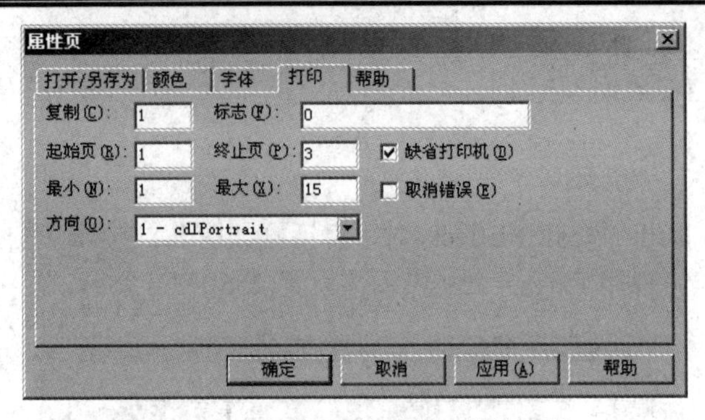

图 8-10　“打印”对话框的“属性页”

通用对话框用于打印操作时涉及到的重要属性主要有：

(1)“副本”(Copies)属性，用于指定打印份数。

(2)“起始页”(FromPage)和“终止页”(ToPage)属性，用于设置打印的起始页号和终止页号。

(3)“最小值”(Min)和“最大值”(Max)属性，用于设置打印的最小页数和最大页数。

(4)“方向”(Orientation)属性，用于设置打印方向，cdlPortrait 为纵向，cdlLandscape 为横向。

【例 8-3】 在例 8-2 中增加一个命令按钮(Command2)，调用“打印”对话框，打印文本框中的内容。

调用 Printer 对象的 Print 方法将要打印的内容发送到打印机即可实现打印。调用 Printer 对象的 EndDoc 方法可结束打印操作。

代码如下：

```
Private Sub Command2_Click()
    Dim i As Integer
    CommonDialog1.ShowPrinter              '显示“打印”对话框
    For i = 1 To CommonDialog1.Copies      '按份数打印
        Printer.Print Text1.Text           '打印文本框中的内容
    Next i
    Printer.EndDoc                         '结束文档打印
End Sub
```

8.2.5　“帮助”对话框

CommonDialog 控件的 ShowHelp 方法可调用 Windows 的帮助引擎，并显示由 HelpFile 属性设定的一个帮助文件。

“帮助”对话框涉及到的重要属性有：

(1)“帮助文件”(HelpFile)，用于指定帮助文件的路径及其文件名称。

(2)“帮助命令”(HelpCommand)，用于返回或设置所需要的联机帮助的类型。

【例 8-4】 用“帮助”对话框调用 Windows“注册表编辑器”程序的帮助文件 regedit.hlp，显示如图 8-11 所示的窗口。

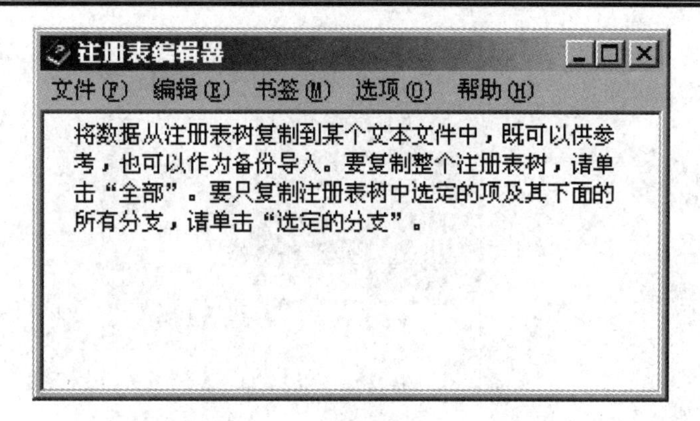

图 8-11　“注册表编辑器”帮助窗口

在窗口上放置一个通用对话框和一个命令按钮。为按钮的单击事件编写以下代码：

```
Private Sub Command1_Click()
    CommonDialog1.HelpCommand = cdlHelpContents
    CommonDialog1.HelpFile = "c:\windows\help\regedit.hlp"
    CommonDialog1.ShowHelp
End Sub
```

8.3　自定义对话框

自定义对话框是根据实际应用的需要设计的对话框。当 Visual Basic 所提供的通用对话框控件以及 InputBox 和 MsgBox 函数不能满足应用程序的需求时，就需要自制对话框。自定义对话框一般有两种创建方法。一种方法是根据需要，在普通窗体上使用标签、文本框、命令按钮等控件创建用户界面，然后通过编写相应的程序代码来实现人机交互，窗体的 Borderstyle 属性一般设置为 3(Visual BasicFixedDoubleialog)，MaxButton 和 MinButton 属性一般设置为 False。另一种方法是使用系统提供的“对话框”模板，通过简单的修改创建一个适合自己程序的自定义对话框。Visual Basic 在添加窗体对话框中提供了许多样式，用户可像添加普通窗体一样将其添加到用户程序中，然后根据需要修改窗体或系统配置的程序代码。这部分内容比较简单，这里不作详细介绍。

8.4　菜 单 设 计

大多数大型应用程序的用户界面是菜单界面。菜单栏中包含了各种操作命令。通过不同的菜单标题将命令进行分组，可使用户能够更直观、更容易地访问这些命令。

图 8-12 说明了菜单的组成元素。主菜单栏包含若干主菜单名，每个菜单名下可包括若干菜单项和子菜单名。每个菜单项就是一个命令(对应着一个应用程序)，菜单项可以有热键(访问键)与快捷键，而菜单名只能有热键。子菜单名又可包含自己的若干菜单项。

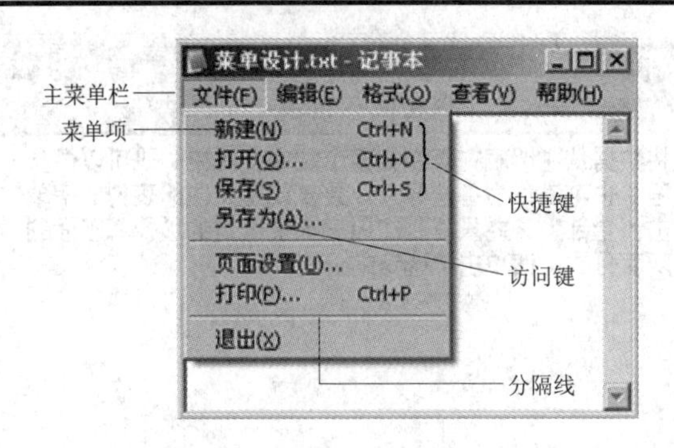

图 8-12　菜单的主要组成元素

8.4.1　菜单编辑器

VIsual Basic 提供的“菜单编辑器”是一种用来建立菜单栏的工具，利用它可以非常方便、快捷地在应用程序的窗体上建立菜单。

1．打开“菜单编辑器”对话框

打开“菜单编辑器”有以下几种方法：

(1) 选择“工具”菜单中的“菜单编辑器”命令；

(2) 单击标准工具栏中的“菜单编辑器”按钮；

(3) 让窗体显示在开发环境中，按 Ctrl + E 组合键；

(4) 右击窗体空白处，在快捷菜单中选择“菜单编辑器”命令。

打开“菜单编辑器”对话框后，其界面如图 8-13 所示。

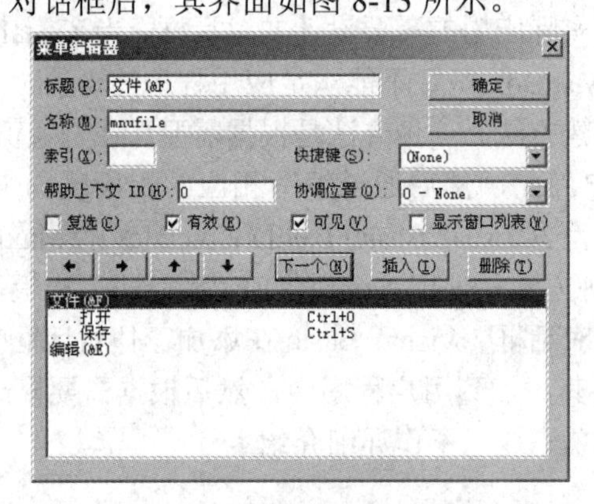

图 8-13　“菜单编辑器”对话框

“菜单编辑器”对话框分为上、中、下三个部分。上面部分称为属性设置区，用来设置菜单项的属性；中间部分称为编辑区，有七个按钮，用来对输入的菜单项进行简单的编辑；下面部分是菜单显示区，输入的菜单项在此处显示出来。

2．“菜单编辑器”的属性设置及各项内容的作用

进行菜单设计时，可在“菜单编辑器”的属性设置区设置菜单项的属性和快捷键。

(1) Caption 属性：在“标题”框中设置菜单对象的 Caption 属性值，显示菜单上的说明文字。

(2) 名称属性：在“名称”框中设置对象的名称，对象名称不能省略。名称可以是简单的菜单项名称，也可以是菜单项数组(即控件数组)的名称。如果指定的名称是菜单数组，还应利用“索引”(Index)属性指定该控件数组的下标；反之，如果设置 Index 值不等于 0，则此菜单成为菜单数组元素。

(3) Checked 属性：在“复选”框中设置菜单项的 Checked 属性。若选中此框，则在设计的菜单项前面加上“√”号。

(4) Enabled 属性：在“有效”框中设置菜单项的 Enabled 属性，缺省为选中，表示有效。

(5) Visible 属性：在“可见”框中设置菜单的 Visible 属性，缺省为选中，表示可见。

(6) 设置快捷键：如果需要为菜单项设置快捷键，则应从“快捷键”下拉列表框中选择系统提供的可用的快捷键组合。

“菜单编辑器”中各项的内容和作用见表 8.3。

表 8.3　“菜单编辑器”中各项的内容和作用

对话框选项	作　用
标题	使用该选项可以输入菜单名或命令名。如果想在菜单中建立分隔条，则应在“标题”文本框中键入一个连字符“-”；建立热键(访问键)时可在标题后加“&”字母。这是菜单项最重要的两个属性之一
名称	为菜单项输入名字，用于在代码中访问菜单项；它不会出现在菜单中。这是菜单项另一个最重要的属性
索引	可指定一个数字值来确定菜单项在菜单项控件数组中的位置
快捷键	允许为每个命令选定快捷键
帮助上下文 ID	允许为帮助上下文 ID 指定唯一数值。在 HelpFile 属性指定的帮助文件中用该数值查找适当的帮助主题
协调位置	允许选择菜单的协调位置属性。该属性决定是否及如何在容器窗体中显示菜单
复选	允许在菜单项的左边设置复选标记。通常用它来指出切换选项的开关状态
有效	由此选项可决定是否让菜单项对事件作出响应
可见	将菜单项显示在菜单上
显示窗口列表	在 MDI 应用程序中，确定菜单控件是否包含一个打开的 MDI 子窗体列表
左箭头	每次单击都把选定的菜单向左移一个等级。一共可以创建四个子菜单等级
右箭头	每次单击都把选定的菜单向右移一个等级。一共可以创建四个子菜单等级
上箭头	每次单击都把选定的菜单项在同级菜单内向上移动一个位置
下箭头	每次单击都把选定的菜单项在同级菜单内向下移动一个位置
下一个	选定下一行
插入	在列表框的当前选定行上方插入一行
删除	删除当前选定行
菜单列表框	该列表框显示菜单项的分级列表。将子菜单项缩进以指出它们的分级位置或等级
确定	关闭菜单编辑器，并对建立或修改的菜单进行确定
取消	关闭菜单编辑器，取消所有修改

3．几点说明

菜单列表框中的每一行都是一个菜单控件，分属不同的等级：菜单标题、菜单项、子菜单标题和子菜单项。菜单控件在列表框中的位置决定了该控件的等级。

(1) 位于列表框中左侧平齐的菜单控件作为菜单标题显示在菜单栏中。

(2) 列表框中被缩进去的菜单项为下拉菜单选项。

(3) 一个缩进过的菜单控件，如果后面还紧跟着再次缩进的一些菜单控件，它就成为一个子菜单的标题。

8.4.2 菜单的设计

1．设置菜单项

建立第一个主菜单：在“标题”框中输入文本，如“文件(&F)”，在菜单显示区同步显示刚输入的内容；然后在“名称”框内输入名称，如“mnuFile”(类似于控件的 Name 属性)。主菜单不能设置快捷键，也不能选“复选”属性。

单击“下一个”按钮或“插入”按钮，建立第二个菜单项，和建立第一个主菜单项的方法相同，如标题设为“编辑(&E)”，名称设为“mnuEdit”，如图 8-13 所示。

“菜单编辑器”编辑区的七个按钮分别用于调整菜单项的顺序、缩进位置、移动光标位置等操作，并提供了插入、删除操作。

建立主菜单项的子菜单。具体操作如下：

(1) 将菜单列表框中的第二个主菜单项“编辑(&E)”选中(即用光标单击第二行的主菜单项)。

(2) 单击编辑区中的“插入”按钮，这时“编辑(&E)”前插入了一个“点亮”的空行。

(3) 单击编辑区中向右的箭头按钮“→”，加入四个点(…)，菜单项缩进，表示它是从属于“文件(&F)”的子菜单项。

(4) 单击“标题”框，并在其中输入第一个子菜单项的标题。

(5) 单击“名称”框，并在其中输入第一个子菜单项的名字。

四个点表示一个内缩符号，为第一级子菜单。如果单击向右的箭头按钮两次，就会出现两个内缩符号(八个点)，为第二级子菜单，依此类推。单击向左的箭头按钮，删除一个内缩符号。

2．设置快捷键

“菜单编辑器”中的“快捷键”可以定义菜单项的快捷键。在“菜单编辑器”中用鼠标单击“快捷键”右侧的下箭头，下拉列表框中显示了可供选择的快捷键组合。如果要删除已经定义的快捷键，应选取下拉列表框顶部的“None”。

设置快捷键时应该注意两个问题：一是应尽可能按照 Windows 的习惯设置快捷键，这样在操作时，用户会感到界面很友好，符合平时的操作习惯，例如 Windows 应用程序中习惯将复制、剪切、粘贴等命令的快捷键分别设置为 Ctrl + C、Ctrl + X、Ctrl + V；二是不要设置太多的快捷键，因为如果快捷键太多，则难以记忆。

重复以上过程建立子菜单的其余项。

3．符号“&”的作用

菜单项标题后的符号“&”的含义是在生成的菜单中设置一个访问键。在设计菜单时，若某一字母前面有符号&，则当程序运行时，在菜单项&后面的字母(例如 F)底部就会出现一下划线。例如“文件(&F)”将显示成“文件(F)”。使用此访问键的方法是：用户同时按下 Alt 键和标有下划线的字母键，就能够打开相应的菜单项，例如用 Alt + F 打开“文件”菜单。

4．添加分隔线

当一个菜单标题上放置的菜单项较多时，为了直观，可以使用水平线将菜单项分组。建立分隔线的步骤与创建菜单项的步骤相似，唯一的区别是在“菜单编辑器”的“标题”框中输入一个连字符(-)。

分隔线实质不是菜单项，它仅仅起到为菜单项分组的作用。它不能带有子菜单，不能设置“复选”、“有效”等属性，也不能设置快捷键。但是，分隔线的“名称”属性必须设置，否则运行时会出错。

下面以一个实例来说明菜单的建立过程。

【例 8-5】 创建一个简易文本编辑器，要求含有表 8.4 所示的菜单栏。

表 8.4　文本编辑器菜单结构

标题	名称	快捷键	标题	名称	快捷键
文件	FileMenu		编辑	EditMenu	
…新建	FileNew	Ctrl + N	…复制	EditCopy	Ctrl + C
…打开	FileOpen	Ctrl + O	…剪切	EditCut	Ctrl + X
…保存	FileSave	Ctrl + S	…粘贴	EditPaste	Ctrl + V
…另存为	FileSaveAs				
…退出	FileExit				

分析提示：在窗体上放置一个通用对话框和一个文本框，然后按表 8.4 设计菜单。

菜单设计完成后，需要为菜单项编写事件过程。本例中对“打开”、“保存”和“退出”菜单项进行编程。程序中通过对话框打开所选定的文本文件，然后将文件内容传送到文本框。保存时，先在文本框中输入内容，然后单击“保存”菜单项，弹出保存对话框，逐步操作即可。关于文件的打开和读写操作参见本书的第 10 章。

程序代码如下：

```
Private Sub FileOpen_Click()
    On Error GoTo AA
    CommonDialog1.Filter = "文本文件|*.txt"
    CommonDialog1.CancelError = True
    CommonDialog1.ShowOpen
    Text1.Text = ""
    Open CommonDialog1.FileName For Input As #1
    Do While Not EOF(1)
```

```
            Line Input #1, inputdata
            Text1.Text = Text1.Text & inputdata & vbCrLf
        Loop
        Close #1
        Exit Sub
    AA:
        If Err.Number = 32755 Then Exit Sub
    End Sub
      Private Sub FileSave_Click()
        CommonDialog1.ShowSave
        Open CommonDialog1.FileName For Output As #1
        Print #1, Text1.Text
        Close #1
    End Sub
    Private Sub FileExit_Click()
        End
    End Sub
```

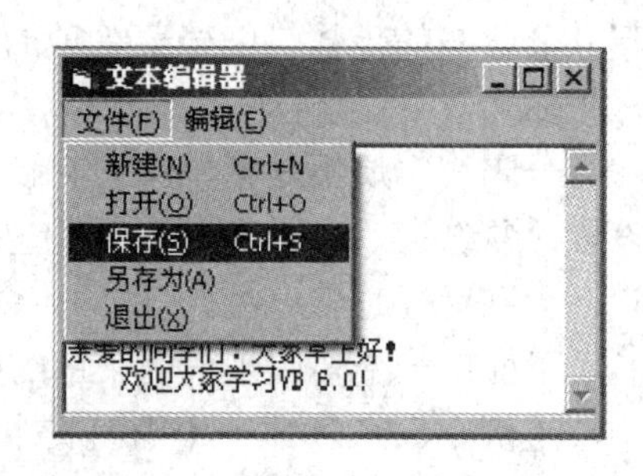

图 8-14　例 8-5 运行界面

程序运行界面如图 8-14 所示。

8.4.3　菜单的控制

在应用程序中，菜单的作用可能因执行条件的变化而相应地发生一些变化，这时就需要进行菜单的控制。

1. 有效性及状态控制

有一些命令在执行时需要一定的条件，例如，只有剪贴板上保存有信息时，“粘贴”命令才能执行，否则该命令是灰色的，不能执行。

“有效性”(设置属性值时，对应于控件的 Enabled 属性)是指设置某一菜单项在程序运行期间是否可用，即是否响应相应的事件。例如要使“粘贴”菜单项在程序运行之初无效，可以这样做：进入“菜单编辑器”窗口，选中“粘贴”菜单项，单击编辑区的“有效”复选框，使其框中的“√”号消失(属性值为 False)。通常在程序运行期间可重新设置 Enabled 属性。

菜单项的复选标记用来实现菜单项的开关状态，“菜单编辑器”编辑区的“复选”框对应于菜单项的 Checked 属性。当这个属性被选中时，其左侧的方框内出现一个“√”，即 Checked 属性值为 True。这时，相应的菜单项的左侧加一个记号。在程序运行时，要在一个菜单控件上增加或删除复选标志，可从代码中设置它的 Checked 属性。例如：

```
'将菜单项当前的复选状态取反：若有复选标志则复选，若无则添加
MnuStatus.Checked = Not MnuStatus.Checked
```

2. 程序运行时增减菜单项

有些程序需要隐藏某些菜单项，例如，有的程序菜单栏中只有“文件”和“帮助”菜

单，只有当用户打开或创建一个文件后，其他菜单才可见。

要使在“菜单编辑器”中定义的菜单项不显示，可以在“菜单编辑器”中将菜单项的“可见”(Visible)属性左侧框中的“√”去掉，程序再运行时，Visible 属性被设为 False 的菜单项将不出现在菜单中。只有在代码中再次设置 Visible 属性，使其值为 True，才能使该菜单项可见。下面将以一个实例来说明菜单项相关属性的应用。

【例 8-6】 设置字体程序。在窗体上建立一个菜单来设置窗体中标签字体的颜色和效果。注意菜单中的“字体效果”下的子菜单“粗体”、“斜体”、“加下划线”和“加删除线”等命令。当选择了这些命令后，就可以看到在命令的前面会被打上√号，而当再一次选择这个命令后，它的√号就会被取消，如图 8-15 所示。

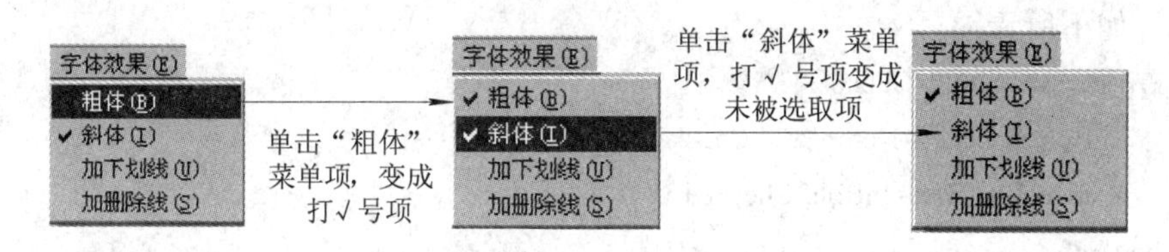

图 8-15　菜单的复选属性设置

在选择了菜单“字体颜色”下的黑色、红色、绿色和蓝色等命令之后，该命令就会变成灰色，为不可用状态，直到再次选取了其他颜色之后，这个颜色命令才会恢复正常，如图 8-16 所示。

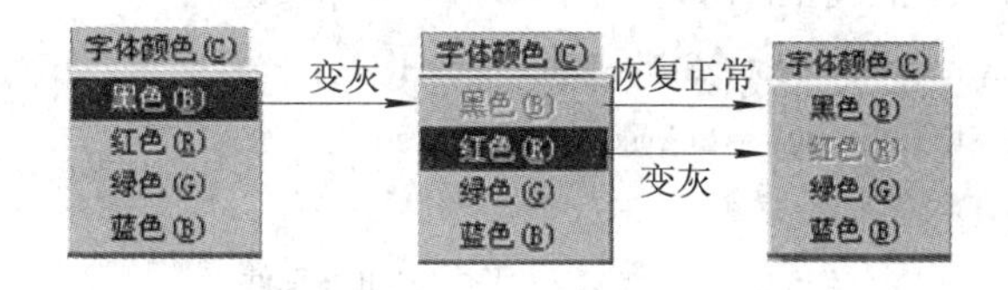

图 8-16　菜单的可用属性设置

以下是本例的设计步骤。

(1) 在窗体中放置一个 Label1 控件，并设置其 Caption 属性为“字体示例”、运行界面如图 8-17 所示。

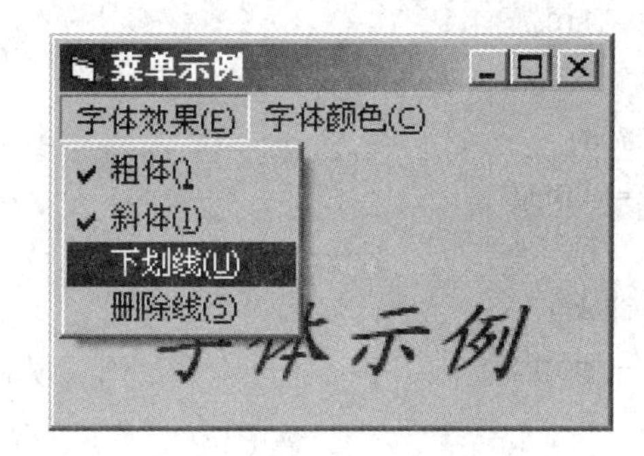

图 8-17　设计菜单的窗体

(2) 打开“菜单编辑器”，完成本例的菜单设计，其中标题栏和名称栏的输入见表 8.5。

表 8.5　例 8-6 中对象的属性设置

标题栏	名称栏	标题栏	名称栏
字体效果(&E)	mEffect	字体颜色(&C)	mColor
....粗体(&B)	mBold	....黑色(&H)	mBlack
....斜体(&I)	mItalic	....红色(&R)	mRed
....下划线(&U)	mUnderline	....绿色(&G)	mGreen
....删除线(&S)	mStrikethru	....蓝色(&B)	mBlue

(3) 逐个输入粗体、斜体、删除线、下划线及黑色、红色、绿色、蓝色等菜单项的 Click 事件代码，如下所示：

```
Private Sub mBold_Click()                    '粗体
    mBold.Checked=Not mBold.Checked
    Label1.FontBold=mBold.Checked
End Sub
Private Sub mItalic_Click()                  '斜体
    mItalic.Checked = Not mItalic.Checked
    Label1.FontItalic = mItalic.Checked
End Sub
Private Sub mStrikethru_Click()              '加删除线
    mStrikethru.Checked = Not mStrikethru.Checked
    Label1.Font.Strikethrough = mStrikethru.Checked
End Sub
Private Sub mUnderline_Click()               '加下划线
    mUnderline.Checked = Not mUnderline.Checked
    Label1.FontUnderline = mUnderline.Checked
End Sub
Private Sub mBlack_Click()                   '黑色
    Label1.ForeColor = vbBlack
End Sub
Private Sub mBlue_Click()                    '蓝色
    Label1.ForeColor = vbBlue
End Sub
Private Sub mGreen_Click()                   '绿色
    Label1.ForeColor = vbGreen
End Sub
Private Sub mRed_Click()                     '红色
    Label1.ForeColor = vbRed
End Sub
```

在上面的程序中值得注意的是字体效果类(粗体、斜体、加删除线、加下划线)的命令。以“粗体”命令为例，假设用户选取了这个命令，如果它已经被打上了√号(Checked 属性等于 True)，那么此时应取消它的√号，反之，则应打上√号。所以程序如下：

```
Private Sub mBold_Click()                    '粗体
    If mBold.Checked = True Then
        mBold.Checked = False                '取消打√号
    Else
        mBold.Checked = True                 '打上√号
    End If
End Sub
```

更加简洁的代码写法如下：

```
mBold.Checked = Not mBold.Checked
```

(4) 输入字体颜色命令对象的程序：

```
Private Sub mColor_Click()
    mBlack.Enabled = Not (Label1.ForeColor = vbBlack)
    mRed.Enabled = Not (Label1.ForeColor = vbRed)
    mGreen.Enabled = Not (Label1.ForeColor = vbGreen)
    mBlue.Enabled = Not (Label1.ForeColor = vbBlue)
End Sub
```

在用户选取“字体颜色”命令而字体颜色子菜单尚未显示出来以前，上面的程序就会被运行，此时设置“黑色、红色、绿色、蓝色”等命令对象的状态变灰是最为恰当的。

8.4.4　建立弹出式菜单

对于使用 Windows 操作系统的所有用户，都很熟悉的操作之一就是右击鼠标。无论鼠标指针指向哪一个对象，右击后总能弹出一个快捷菜单。这种快捷菜单就是此处所讲的弹出式菜单，亦称浮动菜单。

弹出菜单的设计方法：先编辑一个普通菜单，然后用 Visual Basic 提供的 Popupmenu 方法来显示弹出式菜单。该方法使用格式为

[对象.] Popupmenu　菜单名，标志，X，Y

其中，菜单名是必需的，其他参数是可选的；X、Y 参数指定弹出菜单显示的位置；标志参数用于进一步定义弹出菜单的位置和性能，其取值参见表 8.6。

表 8.6　弹出菜单的位置和性能参数

标志类型	常　数	值	说　明
位置	vbPopupMenuLeftAlign	0	X 位置确定弹出菜单的左边界(默认)
	vbPopupMenuCenterAlign	4	弹出菜单以 X 为中心
	vbPopupMenuRightAlign	8	X 位置确定弹出菜单的右边界
性能	vbPopupMenuLeftButton	0	只能用鼠标左键触发弹出菜单(默认)
	vbPopupMenuRightButton	2	能用鼠标左键和右键触发弹出菜单

为了显示弹出式菜单，通常把 Popupmenu 方法放在 MouseDown 或 MouseUp 事件中，这两个事件响应所有的鼠标单击操作。按照惯例，一般通过单击鼠标右键显示弹出式菜单，这可以用 Button 参数来判断。对于两键鼠标来说，左键的 Button 参数为 1,右键的 Button 参数为 2。

有时不希望弹出菜单的菜单项出现在菜单栏里，只需将菜单的 Visible 属性设置为 False，即在菜单编辑器内不选中“可见”复选框。当使用 Popupmenu 方法时，它可以忽略 Visible 属性的设置。

例如，希望在窗体的标签框 Label1 中右击鼠标弹出“编辑”菜单的菜单项，编写 Label1 的 MouseUp 事件过程如下：

```
Private Sub Label1_MouseUp (Button As Integer, Shift As Integer, X As Single, Y As Single)
    If Button = 2 Then
        PopupMenu   mnuEdit, 4, X, Y
    End If
End Sub
```

其中，Button=2 表示按下鼠标右键，参数等于 1 或 4 对应按下鼠标左键或中间键或 Shift 参数等于 1、2 或 4 分别对应按下 Shift、Ctrl 或 Alt 键；X 和 Y 为对象在当前坐标系下的坐标位置。

【例 8-7】 将例 8-6 中字体效果(mEffect)子菜单显示成快捷菜单，需在“菜单编辑器”中将字体效果(mEffect)菜单项的 Visible 属性设置为 False。

弹出快捷菜单的代码如下：

```
Private Sub Form_MouseUp(Button As Integer, Shift As Integer, X As Single, Y As Single)
    If Button = 2 Then            '表示按下鼠标右键
        PopupMenu mEffect
    End If
End Sub
```

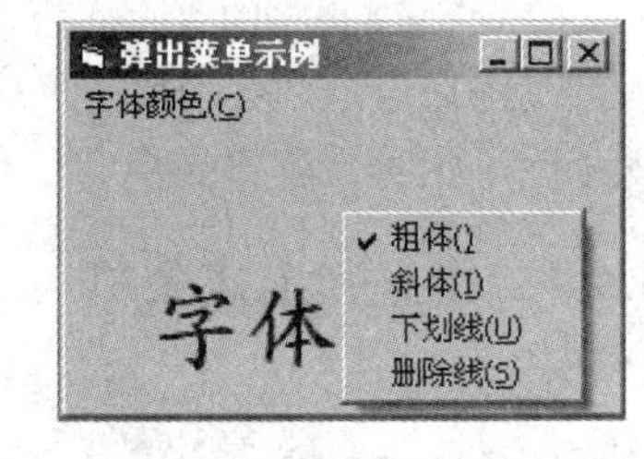

图 8-18　弹出式菜单示例

程序运行结果如图 8-18 所示。

8.5　工具栏和状态栏设计

标准窗体和多文档(MDI)窗体(8.6 节将详细讲解)都可以创建应用程序自己的工具栏。创建工具栏的方法有两种：一是手工制作，即利用标准控件的图片框和命令按钮创建工具栏，此方法较为繁琐，在此不做详细讲解；二是利用 Visual Basic 6.0 提供的外部通用控件创建工具栏。下面主要介绍第二种方法的简单应用。

首先在“工程”菜单中选择“部件”命令，或者右击工具箱，在弹出菜单中选择“部件”，在打开对话框的“控件”选项卡中选择“Mictosoft Windows Common Controls 6.0”，单击“确定”按钮或“应用”按钮，工具箱中就会添加如图 8-19 所示的控件。其中，利用工具条(ToolBar)控件和图像列表(ImageList)控件可以方便地建立工具栏，利用状态栏(StatusBar)控件可以创建状态栏。

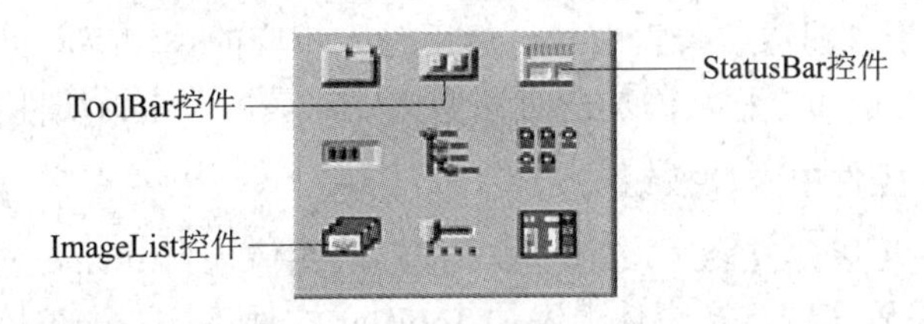

图 8-19　添加到工具箱中的 Active X 控件

创建工具栏一般须遵循以下四个步骤：

(1) 将 ImageList 控件和 Toolbar 控件添加到工具箱中，然后添加到窗体上。

(2) 为窗体上的 ImageList 控件添加所需要的图像。

(3) 建立 ToolBar 控件与 ImageList 控件之间的关联。

(4) 对 ToolBar 上的按钮编写 Click 事件响应代码。

如果是在多文档界面(MDI)应用程序的开发中，则工具栏应放在 MDI 父窗体中。

8.5.1　工具栏

1. 在 ImageList 控件中添加图像

ImageList 控件包含了一个图像的集合，它专门用来为其他控件提供图像库，特别是 ListView、TreeView、TabStrip 和 ToolBar 等控件都是从其中获取图像的。在利用 ToolBar 控件制作工具栏时，其按钮图像就是从 ImageList 的图像库中获得的。

在窗体上添加 ImageList 控件后，其默认名为 ImageList1，右击该控件，从弹出菜单中选择“属性”，然后在“属性页”对话框中选择“图像”选项卡，如图 8-20 所示。

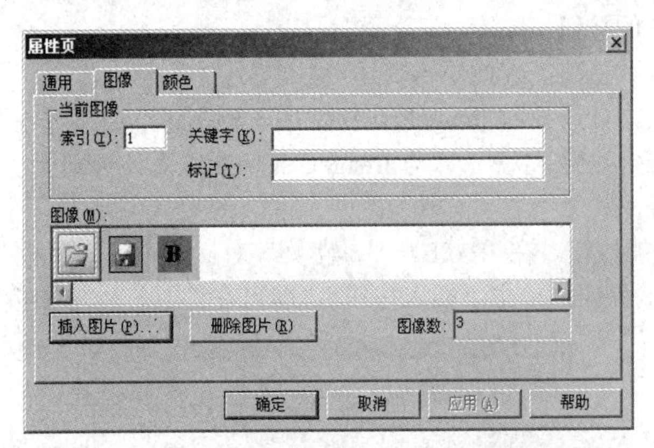

图 8-20　ImageList“属性页”对话框的“图像”选项卡

(1)“索引”文本框：表示每个图像的编号，在 ToolBar 的按钮中引用。

(2)“关键字”文本框：表示每个图像的标识名，在 ToolBar 的按钮中引用。

(3)“图像数”文本框：表示已插入的图像数目。

(4)“插入图片”按钮：插入新图像，图像文件的扩展名为 .ico、.bmp、.gif、.jpg 等。

(5)“删除图片”按钮：删除选中的图像。

向 ImageList 中添加图像的具体操作：单击“插入图片”按钮，这时会弹出“选定图片”对话框，通过该对话框选定所需要的图像文件，再单击“选定图片”对话框中的“打开”

按钮，系统自动赋予该图像一个索引号，然后输入相应的关键字即可。继续单击“插入图片”按钮，重复以上操作过程，添加所有图像文件，最后单击该属性页中的“确定”按钮。

2. 在 ToolBar 控件中添加按钮

ToolBar 工具栏可以建立多个按钮，每个按钮的图像来自 ImageList 控件中插入的图像。

(1) 为工具栏设置图像。在窗体上添加 ToolBar 控件后，右击该控件，在快捷菜单中选择“属性”，打开“属性页”对话框，选择“通用”选项卡，如图 8-21 所示。

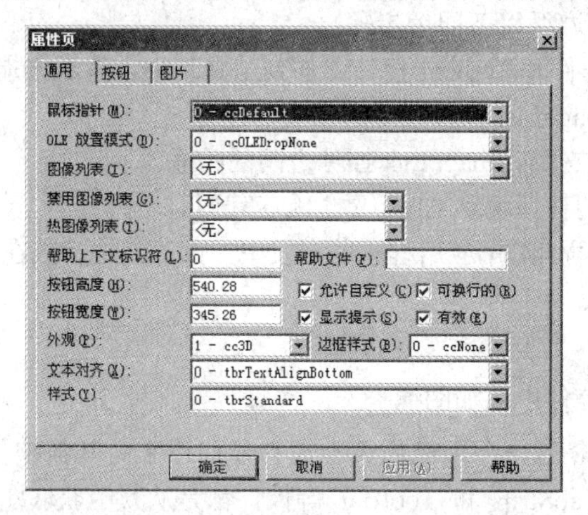

图 8-21 ToolBar“属性页”对话框的“通用”选项卡

① “图像列表”下拉列表框：表示与 ImageList 控件的连接，如选择 ImageList1 控件。

② “可换行的”复选框：被选中则表示当工具栏的长度不够容纳所有的按钮时，在下一行显示，否则其余的按钮不显示。

其余各项一般取默认值，在此不再赘述。

有时因设计需要，如果要对 ImageList 控件增、删图像，必须先在 ToolBar 控件的“图像列表”下拉列表框内设置“无”，即与 ImageList 切断联系，否则无法对 ImageList 控件进行设置。

(2) 为工具栏增加按钮。在 ToolBar“属性页”对话框中选择“按钮”选项卡，打开如图 8-22 所示的选择卡界面，单击“插入按钮”，即可在工具栏中增加按钮。

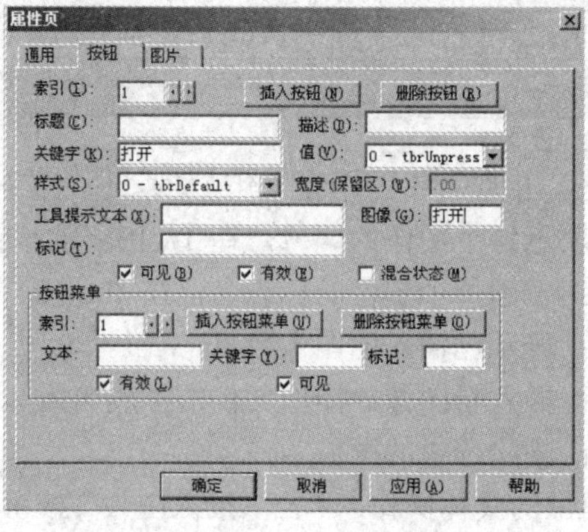

图 8-22 ToolBar“属性页”对话框的“按钮”选项卡

“按钮”选项卡的主要属性有：

① “索引”(Index)文本框：表示每个按钮的索引号，在 ButtonClick 事件中引用。

② “关键字”(Key)文本框：表示每个按钮的标识名，在 ButtonClick 事件中引用。

③ “样式”(Style)下拉列表框：提供了 6 种按钮样式，见表 8.7。

④ “图像”(Image)文本框：表示 ImageList 对象中的图像，它的值可以是图像的关键字(Key)或索引(Index)。

⑤ “值”(Value)下拉列表框：表示按钮的状态，分为按下(TbrPressed)和非按下(TbrUnPressed)，对样式 1 和样式 2 有用。

表 8.7　工具栏按钮的样式(Style)

常　数	值	说　　明
TbrDefault	0	普通按钮，单击按钮时，按钮被按下，松开后复原
TbrCheck	1	检查，类似于复选框，单击一次鼠标呈“按下”状态，再次单击，按钮复原
TbrButtonGroup	2	一组按钮，某一时刻只有一个按钮被按下，单击其他按钮时，被按下的按钮复原
TbrSeparator	3	分隔符，在两个按钮之间设置分隔
TbrPlaceholder	4	占位符，按钮在外观和功能上类似于分隔符，但可调整宽度
TbrDropDown	5	菜单式下拉按钮，用于 MenuButton 查看对象

向 ToolBar 中添加按钮及为按钮添加图像的具体方法：单击“插入按钮”，并为该按钮赋予一个标题和一个关键字，设置“样式”和“工具提示文本”，在“图像”文本框中为按钮设置一个图像值(其值可以为 Key 或 Index 的值)；之后再单击“插入按钮”，重复上述步骤，直至添加完毕，最后单击 ToolBar“属性页”对话框中的“确定”按钮，即可创建工具栏。

3．为工具栏(ToolBar)控件中的按钮编写代码

工具栏创建完成后，只有编写相应的代码，工具栏上的按钮才能起作用。

通常工具栏上的按钮是控件数组。单击工具栏上的按钮会发生 ButtonClick 或 ButtonMenuClick 事件。我们可以利用数组的索引(Index 属性)或关键字(Key 属性)来识别被单击的按钮，再使用 Select Case 多分支语句完成代码编写。现以 ButtonClick 事件为例编写其事件过程代码。假设工具栏上有“新建”、“打开”等命令按钮，可采用以下两种方法编程。

(1) 用索引 Index 确定按钮，代码如下：

```
Private Sub Toolbar1_ButtonClick(ByVal Button As MSComctlLib.Button)
    Select Case Button.Index
        Case 1
            …                                   '“新建”语句块
        Case 2
            …                                   '“打开”语句块
        …
    End Select
End Sub
```

(2) 用关键字 Key 确定按钮，代码如下：

```
Private Sub Toolbar1_ButtonClick(ByVal Button As MSComctlLib.Button)
    Select Case Button.Key
        Case "ToolNew"
          …                                   '“新建”语句块
        Case "ToolOpen"
          …                                   '“打开”语句块
        …
    End Select
End Sub
```

由以上代码不难看出，使用 Button.Key 的程序可读性好，当按钮有增、删时，也不会影响原已编好的代码。

8.5.2　状态栏

StatusBar 控件能够提供一个长方条，通常在窗体的底部，也可通过 Align 属性决定状态栏出现的位置。状态栏一般用来显示系统信息和对用户的提示信息，例如，系统日期、软件版本、光标的当前位置和键盘的状态等。

1. 建立状态栏

设计时，在窗体上增加 StatusBar 控件后，打开其“属性页”对话框，选择“窗格”标签，就可进行所需的设计，如图 8-23 所示。

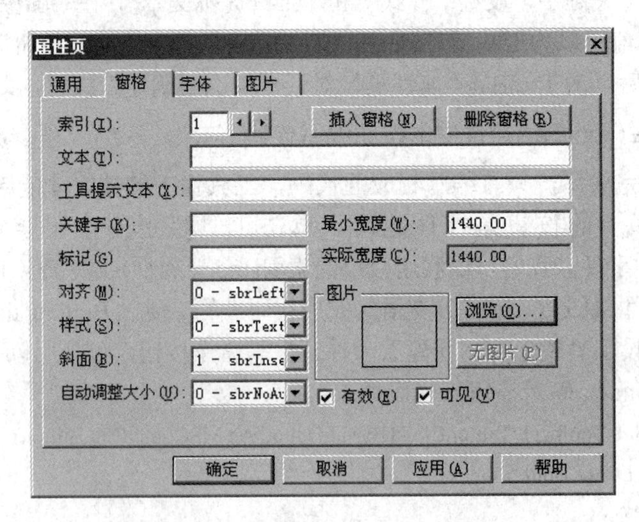

图 8-23　状态栏“属性页”对话框的“窗格”选项卡

(1) “插入窗格”按钮：用于在状态栏上插入窗格，最多可插入 16 个。

(2) “索引”：每个窗格的编号。

(3) “文本”：样式为 sbrText 时，窗格中显示的文本。

(4) “关键字”：用于标识窗格的字符串。

(5) “样式”：设置窗格的显示状态。

2．运行时改变状态栏

运行时，能重新设置窗格 Panels 对象以反映不同的功能，这些功能取决于应用程序和各控制键的状态。有些状态需要通过编程实现，有些系统已具备(可参阅有关书籍)。

8.6　多重窗体与多文档窗体

8.6.1　多重窗体

在实际应用中，一个窗体往往不能满足许多应用程序的要求，需要用到多个窗体，对此，Visual Basic 提供了多窗体(Multi-Form)的程序设计。在工程中添加多个窗体，每个窗体可以有各自的界面和程序代码，并完成不同的功能。

1．添加新窗体

单击“工程”菜单中的“添加窗体”命令或单击工具栏上的“添加窗体”按钮，打开如图 8-24 所示的“添加窗体”对话框，选择“新建”选项卡中的“窗体”图标，并单击“打开”按钮，即可在工程中新建一个空白窗体。若选择如图 8-25 所示的“现存”选项卡，则可将一个已有的窗体添加到当前工程中。添加一个(现存)窗体到工程时，要注意以下两点：

(1) 被添加的窗体不能与当前工程中已有的任何一个窗体同名，否则无法添加。

(2) 添加进来的现存窗体实际上由多个工程共享，因此，对窗体所做的改变会影响到共享该窗体的其他工程。

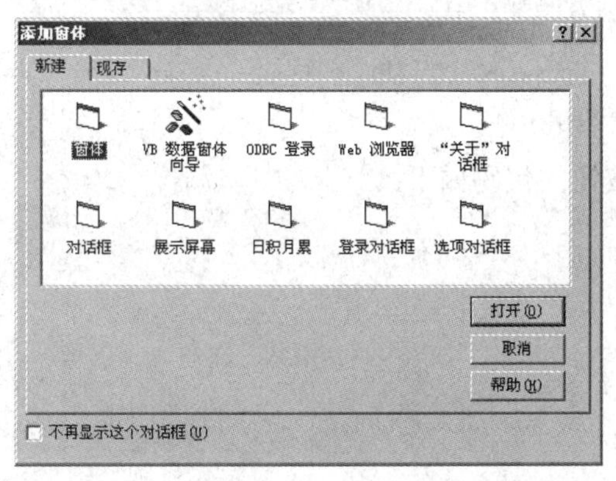

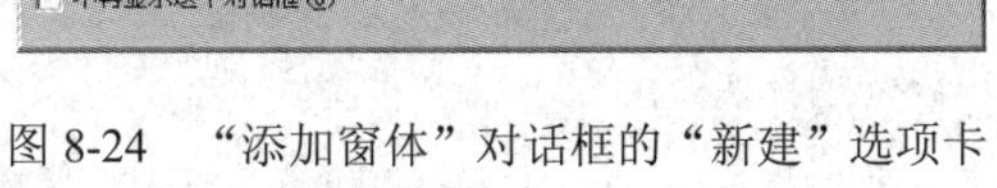

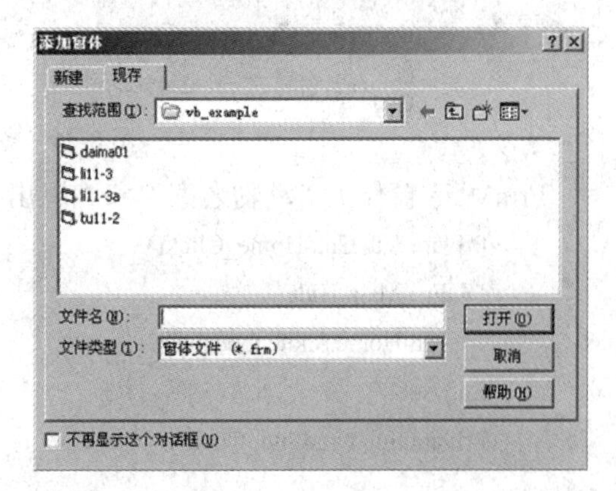

图 8-24　“添加窗体”对话框的“新建”选项卡　　图 8-25　“添加窗体”对话框的“现存”选项卡

2．设置启动对象

“启动对象”是指一个工程运行时，首先被加载并执行的对象。在第 6 章已经介绍了将 Sub Main 过程设置为启动对象的方法，在多窗体情况下，如果没有特别的设定，则应用程序中第一个被创建的窗体默认为启动对象，即启动窗体。如果要改变系统默认的启动窗体(Form1)，也可用同样的方法加以修改和设置。

虽然 Visual Basic 自动为每个标准工程提供了一个窗体，但工程也可以没有任何窗体。

没有窗体的工程中要有至少一个标准模块，标准模块中应该有 Sub Main 过程，并且已经设置为启动对象。Sub Main 只是程序的入口，它可以再调用其他的过程来完成较为复杂的任务。没有窗体的工程编译为可执行文件后，运行该文件时不会产生用户界面。当由 Sub Main 调用的所有过程执行完毕后，程序就结束了。

另外，在前面有关章节还讨论了窗体的移除、显示与隐藏、加载与卸载、可见性(Visible 属性)等问题，在此不再赘述。

下面通过一个简单示例说明多窗体程序的创建。

【例 8-8】 在程序启动窗体上单击“动物之家”按钮，通过另一个窗体显示一幅图片。

设计步骤：新建工程，将窗体名称 Form1 改为 FrmMain，将其 Caption 属性设为“多窗体示例”。在窗体上添加两个命令按钮，名称分别为 CmdHome 和 CmdEnd，Caption 属性分别为“动物之家”和“退出”；再添加一个新窗体，将窗体名称 Form2 改为 FrmHome，Caption 属性为“动物之家”，并设置其 Picture 属性为一幅图片。在该窗体上添加一个命令按钮，名称为 CmdBack，Caption 属性为“返回”。

最终运行结果如图 8-26 所示。

(a) 窗体之一

(b) 窗体之二

图 8-26　多窗体应用示例

FrmMain 窗体上“动物之家”和“退出”按钮的代码如下：

```
Private Sub CmdHome_Click()
    FrmMain.Hide
    FrmHome.Show modeless
End Sub
Private Sub CmdEnd_Click()
    End
End Sub
```

FrmHome 窗体上“返回”按钮的代码如下：

```
Private Sub CmdBack_Click()
    FrmMain.Show
    FrmHome.Hide
End Sub
```

一个实用的应用程序一般都含有多个窗体，本节只对多窗体的应用做了初步介绍。

8.6.2　多文档窗体

Windows 用户界面主要有两种形式：单文档界面(SDI，Single-Document Interface)和多文档界面(MDI，Multiple-Documents Interface)。MDI 是一种典型的 Windows 应用程序结构。

Windows 中的记事本、写字板等应用程序就采用 SDI 界面，Visual Basic 集成开发环境则是一个多文档界面。除了 SDI 与 MDI 外，还有第三种形式的界面，如 Windows 资源管理器形式的界面。资源管理器形式界面包括两个窗格(区域)的一个单独窗口，通常由左半部分一个树型层次视图和右半部分一个显示区所组成。这种样式的界面用于定位或浏览大量的文档、图片或文件。

多重文档界面允许创建在单个容器窗体中包含有多个窗体的应用程序，即可以同时操作多个文档的应用程序，如 Word、Excel 等。MDI 应用程序由一个父窗体和若干个子窗体组成，可以同时显示多个文档，每个文档都在自己的窗口中显示。文档的子窗口被包含在父窗口中，父窗口为应用程序中所有的子窗口提供工作空间。当父窗口最小化时，所有的文档子窗口也被最小化。每个子窗口都有自己的图标，但只有父窗口的图标显示在任务栏中。子窗体可用不同的方式排列，它们之间没有约束关系。

创建多文档窗体的方法：单击“工程”菜单，选择“添加 MDI 窗体”，则在当前工程中添加一个 MDI 窗体，如图 8-27 所示。

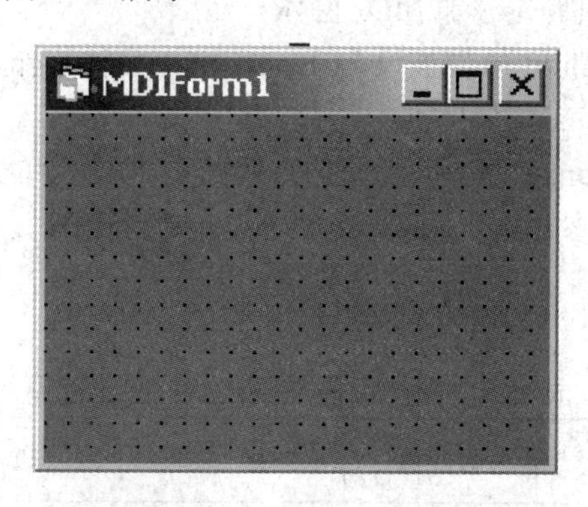

图 8-27　新创建的 MDI 窗体

1．MDI 窗体的特点

MDI 与多重窗体不是同一个概念，多重窗体程序中的各个窗体彼此独立，而 MDI 中包含的多个窗体是由一个父窗体(MDI 窗体)和一个或多个子窗体(MDIChild=True 的普通窗体)组成的，MDI 窗体作为子窗体的容器，子窗体包含在父窗体之内，用来显示各自的文档，所有的子窗体都具有相同的功能。

MDI 窗体只能包含 Menu 和 PictureBox 控件，或者具有不可见界面(如 Timer)的控件。为把其他的控件放入 MDI 窗体，可在窗体上设置一个图片框，然后在图片框中放置其他控件。PictureBox 控件主要用于建立工具条。在 MDI 窗体的图片框中可以使用 Print 方法显示文本，但是不能在 MDI 窗体本身使用 Print 方法显示文本。

一个工程中既可包含标准窗体，也可包含 MDI 窗体。标准窗体和 MDI 窗体都可作为启动窗体，但 MDI 窗体的子窗体不能作为启动窗体。

在运行时，MDI 窗体及其所有的子窗体有如下 5 个显示特性：

(1) 所有子窗体均显示在 MDI 窗体的工作空间内。像其他的窗体一样，用户能够移动子窗体和改变子窗体的大小，不过它们被限制于 MDI 窗体内。

(2) 当最小化一个子窗体时，它的图标将显示于 MDI 窗体上而不是在任务栏中。最小化 MDI 窗体时，此窗体及其所有子窗体将由一个图标来代表。还原 MDI 窗体时，MDI 窗体及其所有子窗体将按最小化之前的状态显示出来。

(3) 当最大化一个子窗体时，它的标题会与 MDI 窗体的标题组合在一起，显示于 MDI 窗体的标题栏上。

(4) 通过设定 AutoShowChildren 属性，子窗体可在窗体加载时自动显示(True)或自动隐藏(False)。

(5) 活动子窗体如果有菜单，菜单将替代 MDI 的菜单(如果 MDI 也有菜单)显示在 MDI 窗体的菜单栏中，而不是显示在子窗体上。

2．与 MDI 有关的属性、事件和方法

MDI 应用程序所使用的属性、事件和方法与单一窗体没有区别，但增加了专门用于 MDI 的属性、事件和方法，包括 MDIChild 属性、Arrange 方法以及 QueryUnload 事件等。

(1) MDIChild 属性。窗体的 MDIChild 属性只能通过属性窗口设置，不能在程序代码中设置。设置该属性前，必须首先添加 MDI 窗体。

如果一个窗体的 MDIChild 属性被设为 True，则该窗体将作为 MDI 父窗体的子窗体，MDIChild 属性的默认值为 False。

(2) Arrange 方法。Arrange 方法以不同的方式排列 MDI 中的窗体，其语法格式为

<对象>.Arrange <参数>

其中，对象即 MDI 窗体对象；参数是个整数值，用来指定 MDI 窗体中子窗体的排列方式，参数设置值见表 8.8。

表 8.8　Arrange 方法的参数设置值

符 号 常 量	对应值	功　　能
vbCascade	0	层叠所有非最小化 MDI 子窗体
vbTitleHorizontal	1	水平平铺所有非最小化 MDI 子窗体
vbTitleVertical	2	垂直平铺所有非最小化 MDI 子窗体
vbArrangeIcons	3	重排最小化 MDI 子窗体的图标

(3) QueryUnload 事件。当 MDI 窗体为启动窗体时，子窗体不能自动装入；当子窗体为启动窗体时，MDI 窗体自动装入。当关闭一个 MDI 窗体时，QueryUnload 事件首先在 MDI 父窗体发生，然后在所有子窗体中发生。如果没有窗体取消 QueryUnload 事件，则 Unload 事件首先发生在其他所有窗体中，然后再发生在 MDI 窗体中。

此事件过程的作用是在关闭一个应用程序之前，确保每个窗体中没有未完成的任务。例如，某窗体中还有未保存的新数据，则应询问用户是否存盘。一个简单的 QueryUnload

事件过程如下：

```
Private Sub [MDI 父窗体名|子窗体名]Form_QueryUnload (Cancel As Integer, UnloadMode As
Integer)
    Dim Msg                         '声明变量
    If UnloadMode > 0 Then          '如果正在退出应用程序
        Msg = "你真想退出应用程序吗?"
        FileSaveProc                '调用保存数据的过程 FileSaveProc
    Else                            '如果正在关闭窗体
        Msg = "你真想关闭窗体吗?"
    End If
                                    '如果用户单击 No 按钮，则停止 QueryUnload
  If MsgBox(Msg, vbQuestion + vbYesNo, Me.Caption) = vbNo Then   Cancel = True
End Sub
```

QueryUnload 事件中 UnloadMode 参数的取值如表 8.9 所示。

表 8.9　UnloadMode 参数的取值

常　数	值	描　　述
vbFormControlMenu	0	用户从窗体上的"控件"菜单中选择"关闭"指令
vbFormCode	1	当前 Microsoft Windows 操作环境会话结束
vbAppWindows	2	Unload 语句被代码调用
vbAppTaskManager	3	Microsoft Windows 任务管理器正在关闭应用程序
vbFormMDIForm	4	MDI 子窗体正在关闭，因为 MDI 窗体正在关闭

3．建立 MDI 应用程序的步骤

编写 MDI 应用程序之前，必须先创建 MDI 窗体。建立 MDI 应用程序的一般步骤如下：

(1) 创建 MDI 窗体。从"工程"菜单中选取"添加 MDI 窗体"，一个应用程序只能有一个 MDI 窗体。

(2) 创建或添加应用程序的子窗体。若要创建 MDI 子窗体，首先创建一个新窗体(或者打开一个存在的窗体)，然后把它的 MDIChild 属性设为 True。

(3) 设计 MDI 窗体的菜单。利用菜单编辑器设计菜单。一个 MDI 窗体也可以没有菜单。

(4) 设计工具栏。在窗体的菜单栏下方可以设计工具栏，也可以没有工具栏。

(5) 编写事件过程代码。通常通过 MDI 的菜单对象或工具栏的按钮对象的事件过程，打开相应的子窗体来完成预定的功能。

本 章 小 结

本章主要介绍了对话框、菜单、工具栏与状态栏的设计，多窗体与MDI窗体设计等内容。

1．对话框

对话框是一种特殊的窗体,它的大小一般不可改变。用户可以利用窗体及一些标准控件自己定义对话框,以满足各种需要。对于打开、保存、字体设置、颜色设置、打印、帮助这样的常规操作，可利用系统提供的通用对话框 CommonDialog 控件进行操作，但要真正实现文件打开、保存、字体设置、颜色设置、打印等操作，必须通过编程解决。通用对话框在程序中使用 Show 方法与 Action 属性来分别显示 6 种对话框。每个对话框都有相对应的属性，如 DialogTitle、CancelError 等。这些属性必须在打开对话框之前设置，否则无效。

2．菜单

菜单设计必须使用“菜单编辑器”，每个菜单应有标题(Caption 属性)和名称(Name 属性)，还可以为每一个菜单建立热键和快捷键。除此之外，还可以使用菜单编辑器建立弹出式菜单，以及使用菜单控件数组建立动态菜单。

菜单栏中应设计有菜单响应 Click 事件。在程序运行时，用 PopupMenu 方法来显示弹出式菜单。

3．工具栏与状态栏

工具栏的制作可组合使用 ToolBar 和 ImageList 控件。在 ImageList 控件中添加所需的图像；在 ToolBar 控件中建立与 ImageList 控件的关联，然后创建按钮对象；最后在按钮的 ButtonClick 事件中用 Select Case 语句对各按钮进行相应的编程。状态栏的制作可使用 StatusBar 控件。

4．多重窗体及多文档界面

一个稍微复杂点的工程，通常包含多个并列的窗体和模块，各个窗体相互独立。各个窗体之间切换时经常会用到一些语句和方法，同时也会发生一系列的事件。

多文档界面通常包含一个 MDI 窗体(父窗体)和至少一个 MDI 子窗体(子窗体)。子窗体是 MDIChild 属性为 True 的普通窗体，父窗体是子窗体的容器，所以父窗体中一般有菜单栏、工具栏和状态栏。

习　题　8

一、选择题

1．X 为变体型变量，设有语句

X=InputBox("输入数值", "0 ", "示例")

程序运行后，如果从键盘上输入数值 10 并按下回车键，则下列叙述中正确的是(　)。

　A．变量 X 的值是数值 10

　B．在 InputBox 对话框标题栏中显示的是“示例”

　C．0 是默认值

　D．变量 X 的值是字符串“10”

2．若在消息框 MsgBox 中显示“确定”和“取消”两个按钮，则 Buttons 参数的值为(　)。

A．0　　B．1　　C．2　　D．3

3．若在显示“确定”和“取消”两个按钮的消息框 MsgBox 中，选择第二个按钮为默认值，则 Buttons 参数的设置值为(　)。

A．0　　B．257　　C．513　　D．769

4．控件程序代码 Commondialog1.Action=1 代表(　)。

A．文件另存为　　B．打开文件　　C．色彩　　D．打印

5．要利用公共对话框控件来显示“颜色”对话框，需要调用控件的(　)方法。

A．ShowPrinter　　B．ShowOpen　　C．Load　　D．ShowColor

6．下列事件中，最后执行的事件是(　)。

A．Form_Load　　B．Form_Initialize　　C．Form_Activate　　D．Form_Paint

7．下列叙述正确的是(　)。

A．Load 语句与 Show 语句的功能完全相同

B．UnLoad 语句与 Hide 语句的功能完全相同

C．Load 语句与 Unload 语句的功能完全相反

D．以上三者都对

8．当一个工程中含有多个窗体时，则启动对象是(　)。

A．启动 Visual Basic 时建立的窗体

B．第一个添加的窗体

C．最后一个添加的窗体

D．在“工程属性”对话框中通过“启动对象”指定的窗体

9．为了使工具栏自动填充在窗体的顶部，可将工具栏的 Align 属性设置为(　)。

A．vbAlignTop　　B．vbAlignButton

C．vbAlignLeft　　D．vbAlignNone

10．假定有如下事件过程：

```
Private Sub Form_MouseDown(Button As Integer, Shift As Integer, X As Single, Y As Single)
    If Button = 2 Then
      PopupMenu popForm
    End If
End Sub
```

则以下描述中错误的是(　)

A．该过程的功能是弹出一个菜单

B．popForm 是在菜单编辑器中定义的弹出式菜单的名称

C．参数 X、Y 指明鼠标的当前位置

D．Button = 2 表示按下的是鼠标左键

11．用户可以通过设置菜单项的(　)属性值为 False 来使该菜单项失效。

A．Hide　　B．Visible　　C．Enabled　　D．Checked

12．用户可以通过设置菜单项的(　)属性值为 False 来使该菜单项不可见。

A．Hide　　B．Visible　　C．Enabled　　D．Checked

13．在菜单编辑器中，只有同层次的(　)设置为相同时，才可以设置索引值。

A．Caption　　B．Name　　C．Index　　D．ShortCut

14．每创建一个菜单，它的下面最多可以有(　)级子菜单。

A．1　　B．3　　C．5　　D．6

15．在设计菜单时，为了创建分隔栏，要在(　)中输入单连字符(-)。

A．名称栏　　B．标题栏　　C．索引栏　　D．显示区

16．当单击工具栏上的按钮时，会触发的事件是(　)。

A．ButtonClick　　B．Change　　C．Load　　D．KeyPess

17．以下关于 Visual Basic 菜单编辑器中“索引”项的叙述中，错误的是(　)。

A.“索引”确定了菜单项显示的顺序

B.“索引”是控件数组的下标

C. 使用“索引”时，可有一组菜单项具有相同的“名字”

D. 使用“索引”后，在单击菜单项的事件过程中可以通过“索引”引用菜单项

18．下列事件中，最先执行的事件是(　)。

A. Form_Load　　B. Form_Initialize　　C. Form_Activate　　D. Form_Paint

19．与 Load.Form2 等效的语句是(　)。

A．Form2.Load　　B．Form2.Visible=False

C．Form2.Show　　D．Form2.Visible=True

20．可通过设置一普通窗体的(　)属性，将它变换为 MDI 子窗体。

A．MDIChild=True　　B．WindowsState=Normal

C．MDIChild=False　　D．WindowsState=Maximizel

二、填空题

1．Visual Basic 应用程序可分为单窗体、多窗体和<u>(1)</u>。

2．<u>(2)</u>既是应用程序的对外窗口，也是其他控件和载体的容器。

3．每个应用程序都有开始执行的入口，在 Visual Basic 中将这种窗体称为<u>(3)</u>。

4．如果要将窗体对象从内存中卸载，可使用<u>(4)</u>语句。

5．模态方式显示 Form1 窗体对象的语句是<u>(5)</u>。

6．Visual Basic 中可以使用<u>(6)</u>方法显示弹出式菜单。

7．每个工程中最多有<u>(7)</u>个 MDI 父窗体。

8．要使得添加到工程中的窗体成为 MDI 的子窗体，应设置窗体的<u>(8)</u>属性值为 True。

9．MDI 窗体中可画的可视标准控件是<u>(9)</u>。

10．可以使用标准控件<u>(10)</u>在 MDI 窗体上创建工具栏。

11．MDI 窗体的 QueryLoad 事件发生在子窗体 UnLoad 事件之<u>(11)</u>。

12．图像列表框和工具条控件的属性页窗口中都有<u>(12)</u>个选项卡。

13．加载子窗体时，其父窗体(MDI 窗体)会自动加载并显示，而加载 MDI 窗体时，其子窗体<u>(13)</u>。

14．当最小化一个子窗体时，它的图标将显示于<u>(14)</u>，而不是在任务栏中。

15．SDI 选项的所有 IDE 窗口可在<u>(15)</u>上自由移动，只要 Visual Basic 是当前应用程序，它们就将位于其他应用程序之上。

三、简答题

1．菜单名与菜单项有何区别？热键与快捷键有何区别？

2．ToolBar 与 ImageList 的作用分别是什么？如何使它们连接？

3．简述制作工具栏的过程。

四、编程题

1．利用通用对话框，设计一个程序，能够改变标签中文本的颜色、字体，窗体外观如图 8-28 所示。

分析提示：单击“改变颜色”按钮时，弹出设置颜色的通用对话框，选中某个颜色并单击“确定”按钮后，窗体上标签框中的文字颜色被设置为选中的颜色。如果单击“改变字体”按钮，则弹出设置字体对话框。在该对话框中设置字体名称、字号大小、字体效果后，窗体上标签框中的文字按新设置的参数显示。

2．设计弹出式菜单，运行结果如图 8-29 所示。

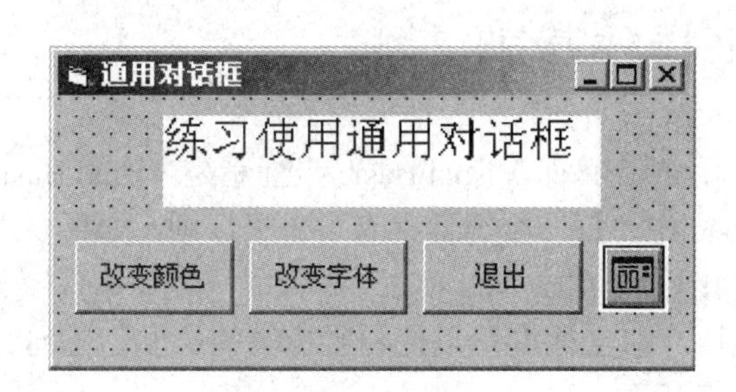

图 8-28　窗体界面

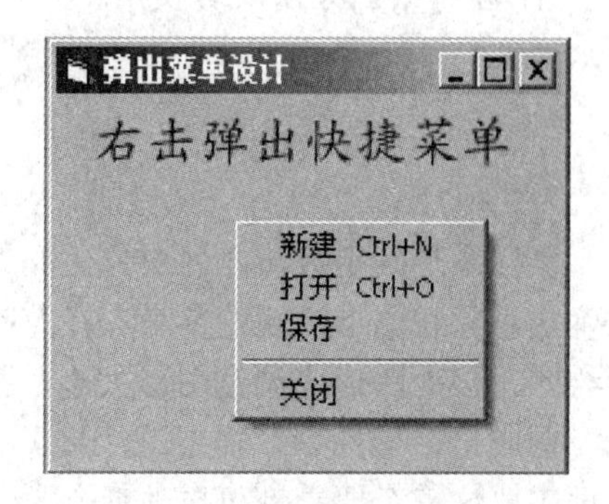

图 8-29　弹出菜单设计

3．在编程题 2 的基础上，在窗体上添加一文本框(Text1)；创建一工具栏(ToolBar1)，有加粗、倾斜、下划线三个按钮，通过单击每个按钮可使得文本框内的文字出现加粗、倾斜、下划线效果。编写 ButtonClick 事件过程分别实现各个按钮的功能。

第9章　图 形 处 理

本章要点：

(1) Visual Basic 的默认坐标系统及用户自定义坐标系的方法；
(2) Visual Basic 提供的线型、颜色等绘图属性的使用；
(3) 绘图控件(Shape、Line)的使用；
(4) 各种绘图方法及其使用。

9.1　图形操作基础

坐标系是确定数与几何对象之间对应关系的参考，而 Visual Basic 坐标系是 Visual Basic 中确定对象和图形位置的参考。在 Visual Basic 中，每一个容器都有一个坐标系，如果要进行绘图、移动图形或调整图形大小，都要使用坐标系。

构成一个坐标系，需要三个要素：坐标原点、坐标度量单位和坐标轴的长度与方向。根据需要这三个要素都可以改变。

1．默认坐标系

Visual Basic 默认的坐标系与我们熟悉的平面直角坐标系稍有不同，屏幕或容器对象(如窗体)的左上角是原点，X 轴的正方向水平向右，Y 轴的正方向垂直向下，如图 9-1 所示。坐标系的单位又称坐标刻度，其默认单位是缇(twip)。坐标单位除了缇以外，还可以使用磅、像素和毫米等。其他所有容器在缺省状态下，即未作任何设置时，都采用该坐标系。

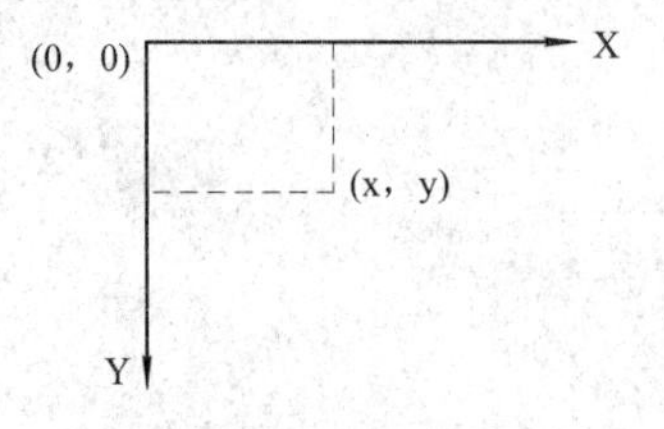

图 9-1　Visual Basic 默认坐标系

如果程序设计者不想采用 Visual Basic 系统默认的坐标系，则可以根据需要使用对象(窗体和图片框)的刻度属性和 Scale 方法重新定义容器的坐标系。

2．自定义坐标系

在 Visual Basic 中用户可以使用容器对象的属性或方法来自定义坐标系。

(1) 使用 Scale 方法。自定义坐标系最简单、最有效的方法是使用 Scale 方法。Scale 方法可以通过改变 Visual Basic 默认坐标系的原点位置及最大、最小坐标值来自定义坐标系。Scale 方法的语法格式如下：

[对象.] Scale (x1,y1)–(x2,y2)

其中，对象是指窗体名或图片框控件名，缺省时为当前窗体；(x1，y1)和(x2，y2)分别为新坐标系中容器左上角和右下角的坐标。例如，Form1.Scale(–50，50)–(50，–50)，相当于把窗体数据区域横向分割了 100 个单位，纵向分割了 100 个单位，其原点位于中心，左上角坐标是(–50，50)，右下角坐标是(50，–50)，X 轴方向从左到右，Y 轴方向从下到上。

【例 9-1】 利用单击窗体的事件过程，在窗体上画出如图 9-2 所示的坐标轴。

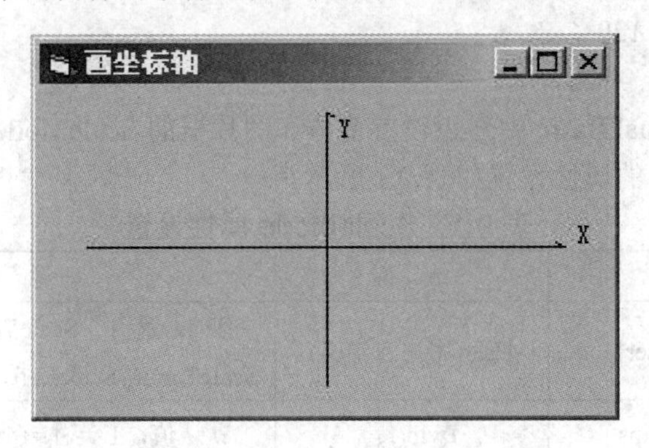

图 9-2　绘制坐标轴

过程代码如下：

```
Private Sub Form_Click()
Form1.Scale (-60, 60)-(60, -60)           '自定义坐标系，坐标轴的方向向右和向上
Line (-50, 0)-(50, 0)                      '画横轴
Line -Step(-2, 2)                          '在横轴末端斜向上画斜线
Line (0, -50)-(0, 50)                      '画纵轴
Line -Step(2, -2)                          '在纵轴末端斜向下画斜线
CurrentX = 49: CurrentY = 10: Print "X"    '在点(49,10)处输出X
CurrentX = 3: CurrentY = 49: Print "Y"     '在点(3,49)处输出Y
End Sub
```

(2) 设置容器属性。窗体和图片框都有一些坐标属性，通过设置这些属性可以更改容器的坐标刻度，也可以自定义坐标系。这里涉及到的属性有：

① ScaleLeft 属性，用于确定对象左边的水平坐标。

② ScaleTop 属性，用于确定对象顶端的垂直坐标。

③ ScaleWidth 属性，用于确定对象内部水平度量单位数，即对象的宽度。

④ ScaleHeight 属性，用于确定对象内部垂直度量单位数，即对象的高度。

ScaleLeft 属性和 ScaleTop 属性用于控制绘图区左上角的位置，对默认坐标系均为 0，此时左边原点(0，0)位于绘图区左上角。如果要移动坐标原点的位置，就需要改变 ScaleLeft 和 ScaleTop 属性。

ScaleWidth 属性和 ScaleHeight 属性用于创建自定义坐标的比例尺。例如，执行语句 ScaleHeight=100 将改变窗体绘图区高度的度量单位，取代当前的标准刻度(如缇、像素、厘米等)，即高度将变为 100 个自定义单位。当窗体改变大小时，自定义单位的总数不会改变，仍为 100 个单位，但每个单位所代表的实际距离会发生变化。此外，ScaleWidth 和 ScaleHeight 的正负决定了坐标轴的方向。

如图 9-2 所示，此坐标轴原点在中心，宽为 120，高为 120，方向向右和向上，则设置属性如下：

```
ScaleLeft = –60
ScaleTop = 60
ScaleWidth = 120
ScaleHeight = –120
```

除此之外，在 Visual Basic 中通过设置窗体和图片框的 ScaleMode 属性还可以定义坐标系的单位。ScaleMode 的属性设置如表 9.1 所示。

表 9.1　ScaleMode 属性设置

属性设置	内部常数	单　位	说　　明
0	vbUser	User(用户自定义)	若设置了 ScaleWidth、ScaleHeight、ScaleTop 或 ScaleLeft，则自动设为 0
1	vbTwips	Twip(缇)	默认值，1 英寸=1440 缇
2	vbPoints	Point(磅)	1 英寸=72 磅
3	vbPixels	Pixel(像素)	与显示器分辨率有关
4	vbCharacters	Character(字符)	默认为高 12 磅、宽 20 磅的单位
5	vbInches	Inch(英寸)	1 英寸=1440 缇
6	vbMillimeters	Millimeter(mm)	1 英寸=25.4 mm
7	vbCentimeters	Centimeter(cm)	1 英寸=2.54 cm

9.2　绘 图 属 性

在 Visual Basic 中绘图时，可以结合容器的绘图属性，使用不同的颜色、线型和填充方式，画出不同的图形。

9.2.1　当前坐标

CurrentX 和 CurrentY 属性能够设置或返回窗体、图片框和打印机对象的当前横坐标值和纵坐标值。这两个属性只能在运行阶段使用，其格式为

```
[对象.]CurrentX[=x]
[对象.]CurrentY[=y]
```

【例 9-2】 在如图 9-3 所示的窗体中绘制 10 个半径相等、圆心不同的圆。程序如下：

```
Private Sub Form_Click()
    CurrentX = 700    '当前横坐标
    CurrentY = 700    '当前纵坐标
    For i = 1 To 10
     Circle (CurrentX + 100, CurrentY + 100),500
    Next
End Sub
```

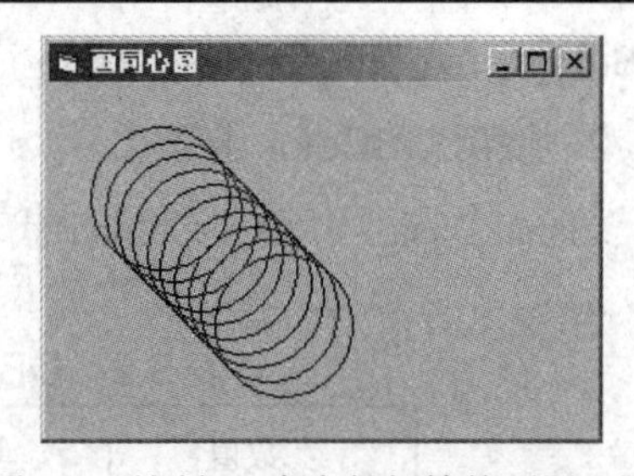

图 9-3　绘制 10 个半径相等的不同心圆

9.2.2 线宽与线型

1. 线宽(DrawWidth)属性

在 Visual Basic 中通过设置 DrawWidth 属性可以设置所绘制的线条的粗细和点的大小，其值以像素为单位，取值范围是 1～32 767。数字越大，线条越粗，默认值为 1。

该属性的使用格式为

[对象.]DrawWidth[=Size]

2. 线型(DrawStyle)属性

DrawStyle 属性用于指定绘制图形的线条为实线或虚线。其使用格式为

[对象.]DrawStyle[=number]

其中，number 为整型表达式，其取值为 0～6，对应以 vb 开头的系统常量，含义如下：

0(vbSolid)——(默认值)实线；

1(vbDash)——虚线；

2(vbDot)——点线；

3(vbDashDot)——点划线；

4(vbDashDotDot)——双点线；

5(vbInvisible)——无线；

6(vbInsideSolid)——内实线。

9.2.3 颜色属性

Visual Basic 的窗体和大部分控件都有颜色属性，如 ForeColor 和 BackColor。绘图时一般首先确定绘图的颜色，如果不指定使用的颜色，则在绘图时将使用对象的前景色，即用对象的 ForeColor 颜色来绘图。

Visual Basic 中所有的颜色属性都用一个 Long 整型数来表示。绘图时默认的颜色是前景色(黑色)，用户可以通过以下四种方法在运行时任意指定颜色。

1. 使用 RGB 函数

RGB(Red，Green，Blue)函数的三个参数分别代表红、绿、蓝三种颜色的值。每个参数的值为 0～255，0 表示最弱，255 表示最强。三个参数不同值的组合可以产生多种颜色，如

RGB(255，0，255)表示紫红色。

2. 使用 QBColor 函数

Visual Basic 中用 QBColor(i)代表一种颜色，i 值为 0～15，其与各种颜色的对应关系见表 9.2。

表 9.2　QBColor 函数中颜色码与对应颜色

参数值	颜　色	参数值	颜　色
0	黑	8	灰
1	蓝	9	亮蓝
2	绿	10	亮绿
3	青	11	亮青
4	红	12	亮红
5	品红	13	亮品红
6	黄	14	亮黄
7	白	15	亮白

3. 直接输入数值

颜色值的格式是十六进制数，表示为&HBBGGRR(BB 代表蓝色，GG 代表绿色，RR 代表红色)。例如，Form1.BackColor=&HFF0000 即将窗体的背景色设置为蓝色。

4. 使用颜色常数

Visual Basic 系统中预设了常用的颜色常量。例如，Form1.BackColor=vbBlue 表示将窗体的背景色设置为蓝色。表 9.3 列出了系统预定义的最常用的颜色参数和对应的颜色值。

表 9.3　系统预定义的最常用的颜色参数

内部颜色常数	常数(十六进制)	颜　色
vbBlack	&H0	黑
vbRed	&HFF	红
vbGreen	&HFF00	绿
vbYellow	&HFFFF	黄
vbBlue	&HFF0000	蓝
vbMagenta	&HFF00FF	品红
vbCyan	&HFFFF00	青
vbWhite	&HFFFFFF	白

9.3 图 形 控 件

9.3.1 Shape 控件

使用图形(Shape)控件可以在窗体或图片框中绘制矩形、正方形、圆、椭圆等简单的几何图形。在工具箱中单击 Shape 控件按钮，然后按住鼠标左键在窗体上拖动，则出现一个矩形，这是 Shape 控件默认的图形。通过设置 Shape 控件的 Shape 属性可以得到不同的形状。Shape 属性值与图形的对应关系如表 9.4 所示。

表 9.4　Shape 属性值与图形的对应关系

Shape 属性值	图　形	Shape 属性值	图　形
0	矩形	3	圆形
1	正方形	4	圆角矩形
2	椭圆形	5	圆角正方形

【例 9-3】 设计程序，程序运行后单击窗体，则在窗体上显示 Shape 控件的六种不同图形。

首先在窗体上画一个形状控件，然后通过复制、粘贴控件来建立该控件的数组，共创建六个形状控件。再在窗体上添加六个标签控件，其 Caption 属性值依次是 0～5，如图 9-4 所示。

编写窗体单击事件代码如下：

```
Private Sub Form_Click()
    For i = 0 To 5                    '给 Shape 控件的 Shape 属性赋 0～5 这六个值
    Shape1(i).Shape = i
    Next
End Sub
```

程序运行后的结果如图 9-5 所示。

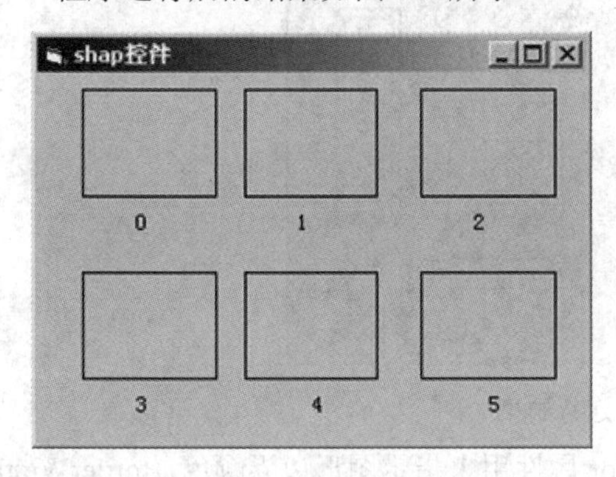

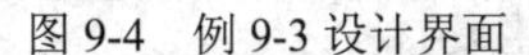
图 9-4　例 9-3 设计界面

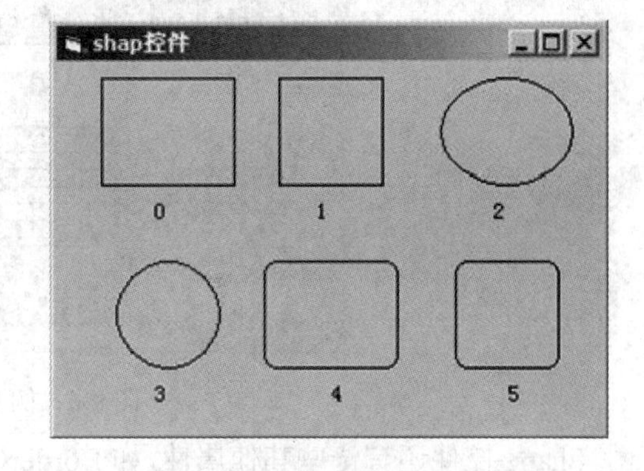

图 9-5　例 9-3 运行结果

从图中可以看到，几何图形内部是没有颜色的，即透明的。若要为这些图形填充颜色，可以设置 BackStyle(背景风格)属性。BackStyle 属性有两个值：0 表示 Transparent(透明)，1 表示 Opaque(不透明)。默认值是 0。如果要填充颜色，在属性窗口中首先要将 BackStyle 属性设定为“不透明”，然后再通过 BackColor 属性设置颜色，则会在所画图形内填充上颜色。

在 Visual Basic 中也可以通过设置 FillStyle 和 FillColor 属性来填充图形，只是利用 FillStyle 属性还可以填充图案。当 FillStyle 值不同时，填充类型不同。FillStyle 属性值与填充图形的对应关系如表 9.5 所示。

表 9.5　FillStyle 属性值与填充图形的对应关系

FillStyle 属性值	填充图形	FillStyle 属性值	填充图形
0	实心	4	上斜对角线
1	透明(默认值)	5	下斜对角线
2	水平线	6	十字线
3	垂直线	7	交叉对角线

【例 9-4】　在例 9-3 的窗口中添加一个“填充效果”按钮，程序运行后单击按钮，则在各图形中填充上不同的图案。

设计界面时，在属性窗口中可以将每个 Shape 控件的 FillColor 属性设置为不同的颜色，这样不但填充的图案不同，图案的颜色也不同。程序代码如下：

```
Private Sub Command1_Click()
    For i = 0 To 5
        Shape1(i).FillStyle = i + 2          '给 Shape 控件的 FillStyle 属性赋 2～7 这六个值
    Next
End Sub
```

运行结果如图 9-6 所示。

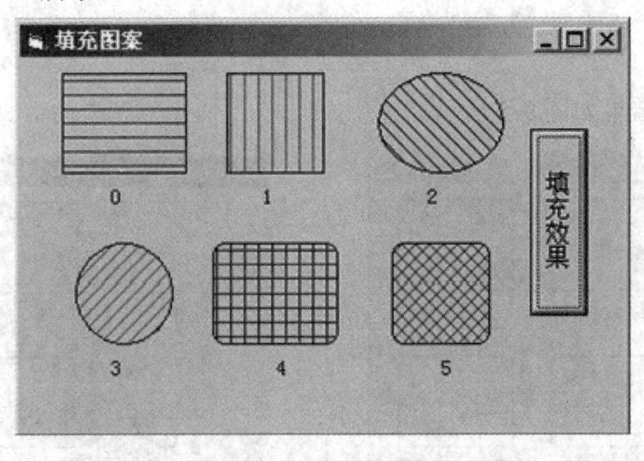

图 9-6　例 9-6 运行结果

Shape 控件还有一些其他属性，如 BorderColor 属性用来指定图形边界颜色，BorderWidth 属性用来指定图形边界宽度，BorderStyle 属性用来指定边界类型。

9.3.2 Line 控件

在 Visual Basic 中，Line(直线)控件提供了一种设计时在窗体或图片框中绘制线条的简单方法。利用该控件可以绘制水平线、垂直线或对角线等。Line 控件常用的属性有：

(1) x1、x2、y1、y2 指定直线起点和终点的 X 坐标及 Y 坐标，可以通过改变 x1、x2、y1、y2 的值来改变直线的位置。

(2) BorderStyle 属性用来指定直线的类型，其属性值是 0～6，默认值为 1。

(3) BorderWidth 属性用来设定线宽。

(4) BorderColor 属性用来设定线的颜色。

9.4 绘图方法

在 Visual Basic 中除了可以使用图形控件(Shape、Line)画图外，还可以使用系统提供的图形方法(如 PSet 方法、Line 方法、Circle 方法等)来画图。

9.4.1 PSet 方法

使用 PSet 方法能够在窗体或图片框上画出点。例如，PSet(200,300)在窗体坐标(200，300)处画出一个点。PSet 方法的语法格式如下：

[对象名.] PSet [Step](x，y)[，颜色]

其中，对象是指窗体或图片框，对象缺省时默认的是窗体对象；(x，y)是所画点的坐标；Step 是可选项，若选择 Step，说明该坐标(x，y)是相对坐标，省略 Step 则是绝对坐标；颜色是指所画点的颜色，若缺省颜色选项，则所画点的颜色由容器的 ForeColor 属性决定。例如，Picture1.PSet(1500，1000)，RGB(255，0，255)是在图片框 Picture1 中(1500，1000)处画 1 个紫红色的点。

【例 9-5】 绘制方程 $y = x^2$ 的抛物线，图形形状如图 9-7 所示。

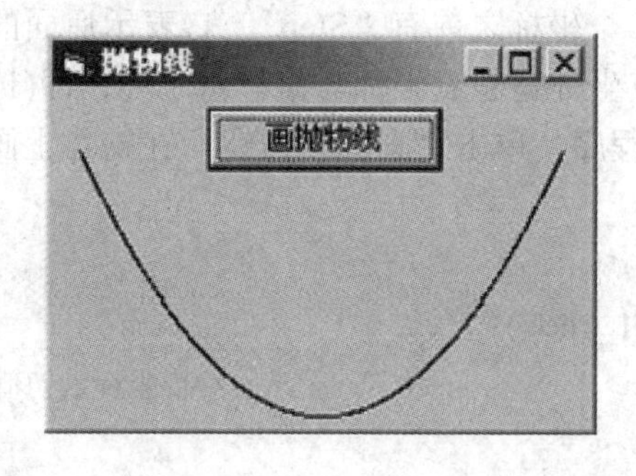

图 9-7 画抛物线

为了绘制时直接使用 $y = x^2$ 的曲线方程，先把坐标系改为我们熟悉的数学坐标系，然后通过循环画出各点。为了使点不稀疏，设步长为 0.01。程序代码如下：

```
Private Sub Command1_Click()
    Dim x As Single
```

```
        Scale (-10, 100)-(10, -3)       '自定义坐标系
        For x = -9 To 9 Step 0.01       '每次隔 0.01 距离
        PSet (x, x * x)                 '画点
    Next
End Sub
```

9.4.2 Line 方法

1. 使用 Line 方法绘制直线

Line 方法的语法格式是：

[对象.] Line [[Step](x1，y1)] – [Step](x2，y2)[,颜色]

其中，对象是指窗体或图片框，对象缺省时默认的是窗体对象；(x1，y1)和(x2，y2)分别为直线的起点坐标和终点坐标；第一个 Step 表示它后面的一对坐标是相对于当前坐标的偏移量，第二个 Step 表示它后面的一对坐标是相对于第一对坐标的偏移量，若缺省 Step 则没有偏移量；颜色用来设定所绘直线的颜色，如果缺省颜色，则使用所在控件的前景色作为直线的颜色。例如：

```
Line (800,800) – (1200,1200)
Line –(3000,3000)
Picture1.Line(100,500) –Step(1000,350)
```

这三条命令使用 Line 方法的不同形式画直线。第一条命令表示在起点(800，800)和终点(1200，1200)之间绘制一条直线。

第二条命令中只有直线的终点坐标，没有起点坐标。Visual Basic 规定，如果没有指定起始坐标，则以"当前点"作为直线的起始坐标。如果前面未执行过 Line 或 PSet，则(0，0)是"当前点"。现在已执行过一次 Line 方法，因此"当前点"为(1200，1200)，所以执行 Line –(3000，3000)方法时，将从点(1200，1200)到点(3000，3000)之间画一直线。

第三条命令是在指定图片框对象 Picture1 上的点(100，500)到点(100+1000，500+350)之间画一条直线。因为第二个坐标之前有"Step"，它表示后面的一对坐标相当于第一个坐标所偏移的大小，所以终点坐标是起点坐标与偏移量之和，即(1100，850)。

【例 9-6】 设计一个程序，单击"画线"按钮后在窗体上画出不同粗细程度的红色直线，如图 9-8 所示。

程序代码如下：

```
Private Sub Command1_Click()
    x = 320                                  '给横坐标赋初值
    For i = 1 To 8
        DrawWidth = i                        '改变线的宽度
        x = x + 400                          '改变横坐标值
        Line (x, 500)-(x, 2000), RGB(255, 0, 0)  '在窗体上画线
    Next
End Sub
```

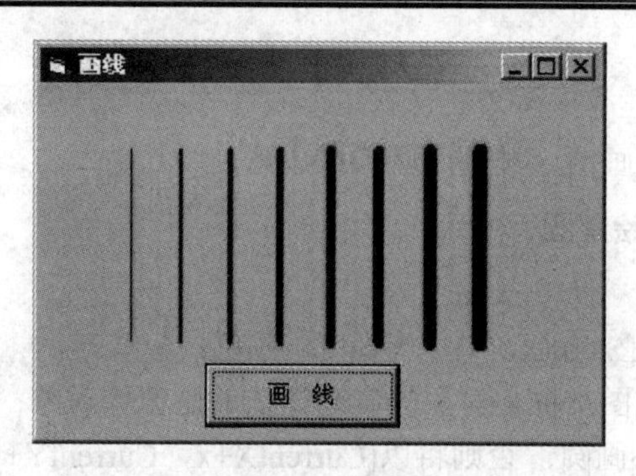

图 9-8　画直线

2．使用 Line 方法绘制矩形

使用 Line 方法不仅可以画线，而且可以绘制矩形。画矩形采用的格式是：

[对象.]Line [[Step](x1，y1)] – [Step](x2，y2) [，颜色]，B[F]

其中，对象是指窗体或图片框，对象缺省时默认的是窗体对象；(x1，y1)和 (x2，y2)分别为所画矩形的左上角和右下角点的坐标；参数 B 表示绘制矩形；参数 F 表示矩形填充，即为实心的矩形，注意 F 与 B 两个参数之间没有逗号。如果省略参数，如颜色，则与参数有关的分隔符(逗号)不能省略。例如：

Line(360,360)-(2000,2000),，BF

画出一个实心矩形，其左上角点坐标为(360，360)，右下角点坐标为(2000，2000)。如果想为此矩形填充指定的颜色，则可将上面的命令改写为

Line(360,360) –(2000,2000)，vbBlue，BF

【例 9-7】 设计一程序，程序运行后单击窗体上的图片框(picture1)，则在图片框内绘制 5 个由小到大排列的实心矩形，如图 9-9 所示。

程序代码如下：

```
Private Sub picture1_Click()
    For i = 1 To 5
        picture1.Line (200 * i, 220 * i)-(400 * i, 500 * i), , BF     '画矩形
    Next i
End Sub
```

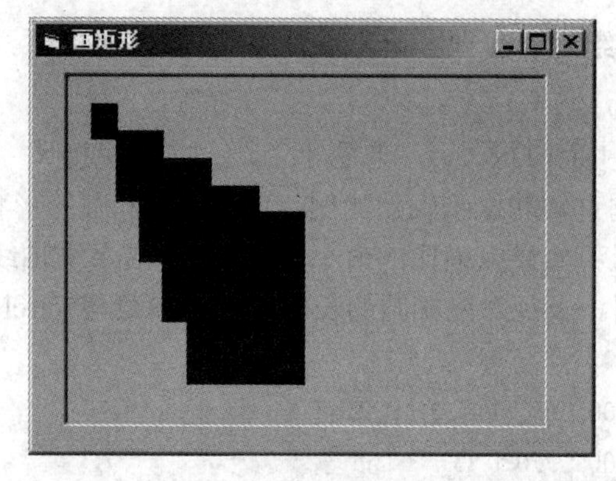

图 9-9　画矩形

9.4.3 Circle 方法

使用 Circle 方法可以画圆、椭圆、圆弧或扇形。

1．使用 Circle 方法绘制圆

画圆的语法格式为

[对象名.] Circle [Step](x，y)，半径 [，颜色]

其中，对象名是指窗体或图片框，对象缺省时默认的是窗体对象；(x，y)是圆心坐标，若缺省 Step 将以(x，y)为圆心画圆，否则将以(CurrentX+x，CurrentY+y)为圆心画圆；半径为所画圆的半径大小，不能为负数；颜色与 Line 方法中的功能一样。例如：

```
Circle (800, 800), 500
Circle Step(2000, 500), 700
Circle Step(0, 0), 1000, vbBlue
```

第一条命令以(800，800)为圆心，以 500 为半径在窗体上画一个圆。第二条命令使用了 Step，说明圆心坐标要在当前坐标值的基础上加上 Step 后面的增量，当前坐标为(800, 800)，所以圆心坐标是(800+2000，800+500)，即(2800，1300)，然后以 700 为半径画圆。第三条命令中 Step 后面是(0, 0)，说明增量为 0，所以当前圆心坐标仍然是(2800，1300)，然后画出一个半径为 1000 的蓝色同心圆。执行这三条命令可以画出如图 9-10 所示的图形。

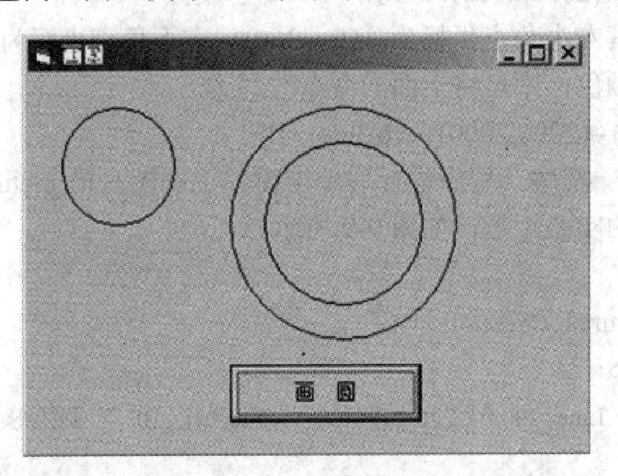

图 9-10　用 Circle 方法画圆

2．使用 Circle 方法绘制椭圆

画椭圆的语法格式为

[对象名.] Circle [Step] (x，y)，半径 [，颜色]，，，纵横比

其中，纵横比是指椭圆垂直轴和水平轴的比例，它决定了椭圆的形状。当纵横比的值大于 1 时，椭圆沿垂直轴线拉长；如果纵横比的值小于 1，椭圆沿水平轴线拉长；如果纵横比的值等于 1，画出的是一个圆。半径对应椭圆的长轴，其他参数与 Circle 方法画圆的含义一样。

例如：

```
Circle(1000,1200), 800, QBColor(12) , , , 2
Circle(2300,1200), 800, , , , 0.5
```

执行这两条命令可以画出如图 9-11 所示的图形。

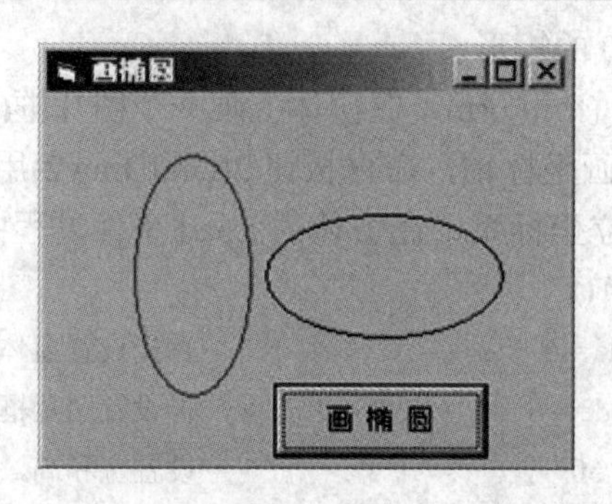

图 9-11　用 Circle 方法画椭圆

3．使用 Circle 方法绘制圆弧及扇形

圆周的一部分就是圆弧，如果从圆心连接两条直线到圆弧的两端，就是一个扇形。用 Circle 方法画圆弧及扇形非常容易，只要加上起始角和终止角即可。

画圆弧及扇形的语法格式为

[对象名.] Circle [Step] (x，y)，半径 [，颜色][，起始角][，终止角]

Circle 方法从起始角按逆时针方向画圆弧直到终止角处，并且起始角和终止角是以弧度为单位的。如果起始角或终止角有一个是负数，则画一条连接圆心到负端点的直线；如果起始角和终止角都是负数，则画一个扇形。

例如：

```
Const PI = 3.1415926
Circle (900,1200), 800, QBColor(4), PI / 6, –PI
Circle Step(1600, 0), 800, , –PI / 2, –2 * PI
Circle Step(1800, 0), 800, , PI / 2, 2 * PI
```

第二条命令以(900，1200)为圆心，以 800 为半径画圆弧，起始角是 π/6，终止角是–π，因为终止角是负数，所以在终止角和圆心之间画一条线。第三条命令中起始角和终止角都是负数，所以画出的是一个扇形。以上命令执行的结果如图 9-12 所示。

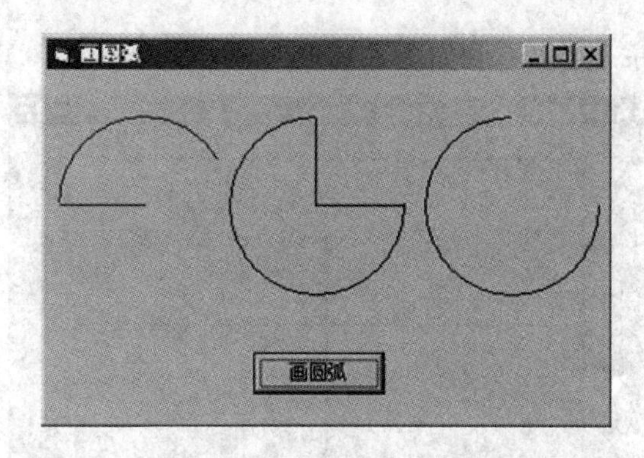

图 9-12　用 Circle 方法画圆弧及扇形

【例 9-8】 在图片框上建立一个直角坐标系，原点在中心点，方向向上和向右，单位为毫米，纵横坐标长分别为 30 和 50，并标出坐标轴的方向。以原点为圆心、半径为 10 画一个绿色的圆；以原点为中心、半径为 10、纵横比为 2 画一个蓝色的椭圆；以原点为中心

画一个红色、边长为 30 × 20 的矩形。

设计步骤：(1) 创建窗体(frmForm)，在窗体上画一个图片框(picPicture)和两个命令按钮，命令按钮 1(cmdDraw1)用于画坐标轴，命令按钮 2(cmdDraw2)用于画几何图形。

(2) 通过属性和方法建立坐标系，在窗体的 Load 事件过程中设置，代码如下：

```
Private Sub Form_Load ()
    frmForm.ScaleMode = 6                    '首先设置窗体的单位为毫米
    picPicture.ScaleMode = 6                 '再设置图片框单位为毫米
    picPicture.Height = 50                   '设置宽和高，宽和高近似为坐标轴长
    picPicture.Width = 50                    'Left 和 Top 在画控件时确定
    picPicture.ScaleHeight = 30
    picPicture.ScaleWidth = 50
    picPicture.Scale (-25, 15)-(25, -15)
End Sub
```

(3) 画坐标轴，通过 cmdDraw1 的事件过程完成，代码如下：

```
Private Sub cmdDraw1_Click()
    picPicture.Line (-25, 0)-(25, 0)         '画水平线
    picPicture.Line -Step(-1, 1)             '从当前点向左上画一斜线表示方向
    picPicture.Line (0, -15)-(0, 15)         '画垂直线
    picPicture.Line -Step(1, -1)             '从当前点向右下画一斜线表示方向
End Sub
```

(4) 画几何图形，通过 cmdDraw2 的事件过程完成，代码如下：

```
Private Sub cmdDraw2_Click()
    picPicture.Circle (0, 0), 10, vbGreen              '画圆
    picPicture.Circle (0, 0), 10, vbBlue, , , 0.5      '画椭圆
    picPicture.Line (-15, 10)-(15, -10), vbRed, B      '画矩形
End Sub
```

(5) 保存后运行程序，可以看到如图 9-13 所示的结果。

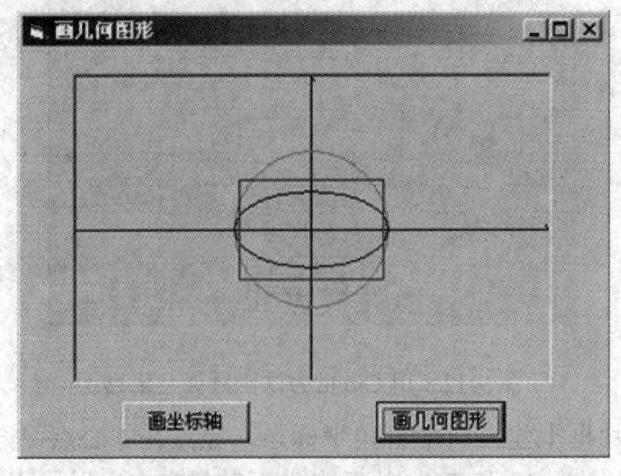

图 9-13　在坐标系中画图

【例 9-9】 在窗体上添加一个图片框(picPicture)，然后在图片框中使用 Circle 方法画一个圆球。

一个圆球是由一个圆和两个椭圆组成的，它们的圆心相同，两个椭圆的纵横比互为倒数，并且颜色不同。

程序代码如下，程序运行后的结果如图 9-14 所示。

```
Private Sub picPicture_Click()
    Dim X As Double
    Dim Y As Double
    picPicture.DrawWidth = 3                          '指定线条宽度
    X = picPicture.Width / 2                          '圆心横坐标值=图片框宽度的一半
    Y = picPicture.Height / 2 - 50                    '圆心纵坐标值=图片框高度的一半-50
    picPicture.Circle (X, Y), Y, QBColor(5)           '画圆
    picPicture.Circle (X, Y), Y, QBColor(12), , , 0.5 '画扁平状椭圆
    picPicture.Circle (X, Y), Y, QBColor(10), , , 1.5 '画细高状椭圆
End Sub
```

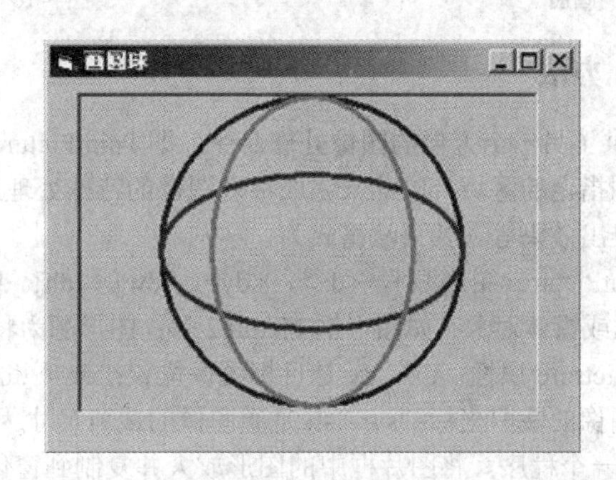

图 9-14　画圆球

9.4.4　Cls 方法

在 Visual Basic 中，我们不但可以使用绘图控件和绘图方法在窗体或图片框中绘制各种图形，而且可以使用 Cls 方法将绘制的图形擦除。Cls 方法比较简单，其语法格式为

　　[对象名.] Cls

其中，对象是窗体或图片框，缺省为当前窗体。

【例 9-10】 设计程序，在窗体(frmForm)上有“画图”(cmdDraw)和“擦除”(cmdEraser)两个按钮，单击“画图”按钮时在窗体上画圆和直线的同时输出一行文字，单击“擦除”按钮则将窗体上的所有内容擦去。程序如下：

```
Private Sub cmdDraw_Click()
    Print "各种绘图方法"                       '在窗体上输出文字
    frmForm.Line (500, 500)-(3000, 500)        '在窗体上画一条直线
```

```
    frmForm.Circle (Me.Width / 2, Me.Height / 2), 800   '以窗体的中心点为圆心,800 为半径画圆
End Sub
Private Sub cmdEraser_Click()
    frmForm.Cls                                          '擦除窗体上的内容
End Sub
```

程序执行结果如图 9-15 和图 9-16 所示。

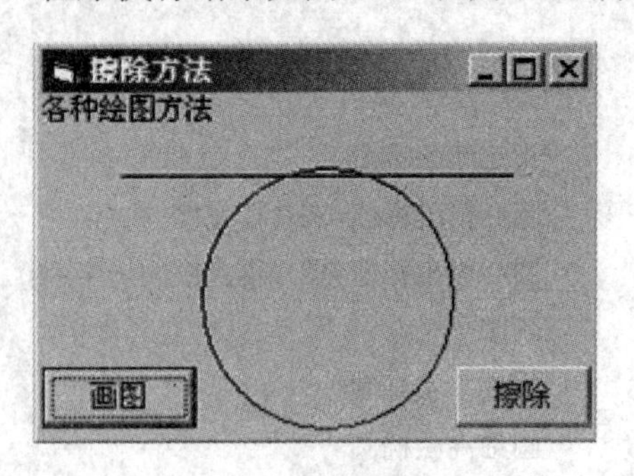

图 9-15 画图

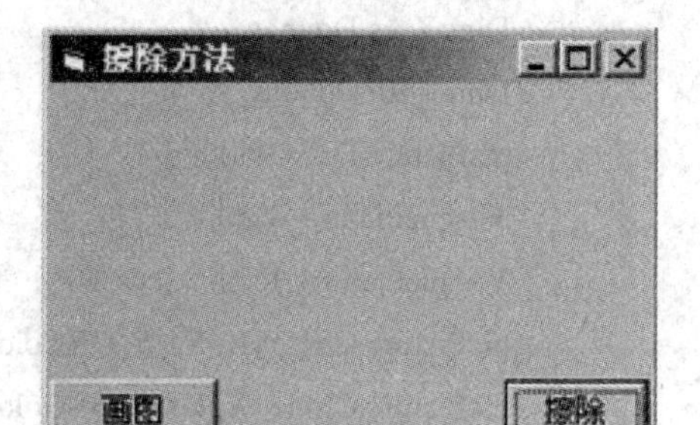

图 9-16 擦除

9.4.5 PaintPicture 方法

Visual Basic 还提供了另一个方便的图像处理命令，即 PaintPicture，使用它可以把一个源图像资源任意复制到指定的区域，以此来完成很多图像的特殊处理工作。例如制作墙纸、随机图像显示、镜头推出效果等。其语法格式为

[对象名.] PaintPicture<图形源>，<dx>，<dy>，[dw]，[dh]，[sx]，[sy]，[sw]，[sh]

其中，对象名为图片框或窗体对象，如图形框 Picture2 等；图形源为将要绘制的图形，对于窗体或图片框必须是 Pictrure 属性；dx、dy 是目标图像位置；dw、dh 是目标图像尺寸，即宽和高；sx、sy 是源图像的裁剪坐标；sw、sh 是源图像的裁剪尺寸。

【例 9-11】 设计一个程序，将图片框中的图形放大并复制到窗体上。

先建立一个如图 9-17 所示的窗体，在窗体上添加一个图片框控件 Picture1，同时将该控件的 Picture 属性设置为一个小图片。程序运行后单击窗体，效果如图 9-18 所示。

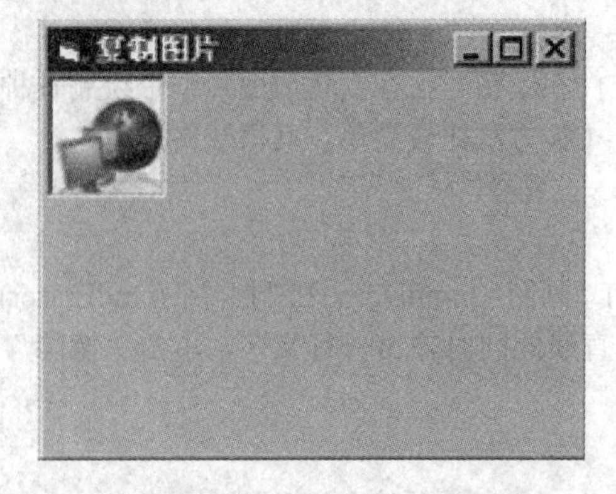

图 9-17 PaintPicture 方法的应用

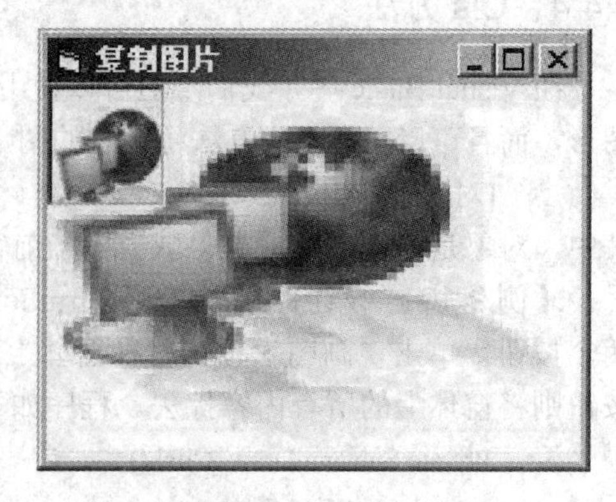

图 9-18 运行结果

程序代码如下：

```
Private Sub Form_Click()
    frmForm.PaintPicture Picture1.Picture, 0, 0, ScaleWidth, ScaleHeight      '复制图片
End Sub
```

【例 9-12】 编写一个程序，将一个小图片框中的图片连续复制在窗体上，形成规则的重复图像，即为图像的平铺显示，也称为墙纸。

首先建立一个如图 9-19 所示的窗体。窗体上有一个名称为 picPicture 的图片框，该图片框的 Picture 属性设置了一个图片。当单击窗体时，将图片框中的图片连续复制到窗体上，如图 9-20 所示。复制过程中必须准确计算图像的起始位置，然后可置源图像即图形框的 AutoSize 属性为 True，并且显示过程中按源图像的实际尺寸复制。程序代码如下：

```
Private Sub Form_Click()
    Dim numm As Integer
    picPicture.AutoSize = True                              '图片框大小设置为自动调整大小
    roww = Int(frmForm.Width / picPicture.Width) + 1        '确定行上的图片个数
    coll = Int(frmForm.Height / picPicture.Height) + 1      '确定列上的图片个数
    For i = 0 To roww
        For j = 0 To coll
            frmForm.PaintPicture picPicture.Picture, j*picPicture.Width, i*picPicture.Height,
                    picPicture.Width, picPicture.Height     '复制图片
            numm = numm + 1                                 '统计总共使用的图片个数
            frmForm.Caption = "使用图像个数:" + Str(numm)   '将图片个数显示在窗体标题栏上

        Next j
    Next i
    picPicture.Visible = 0
End Sub
```

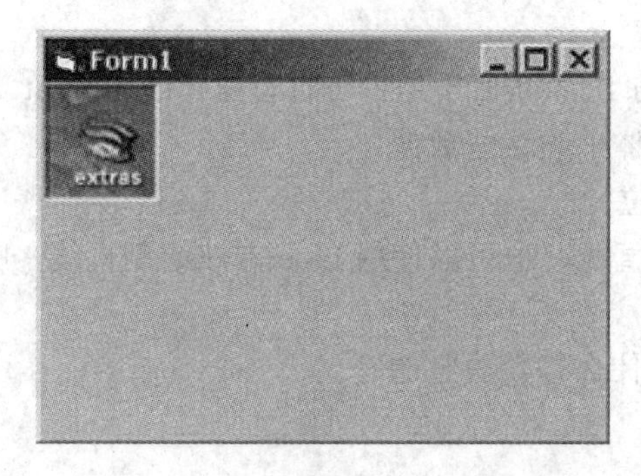

图 9-19　PaintPicture 方法的应用

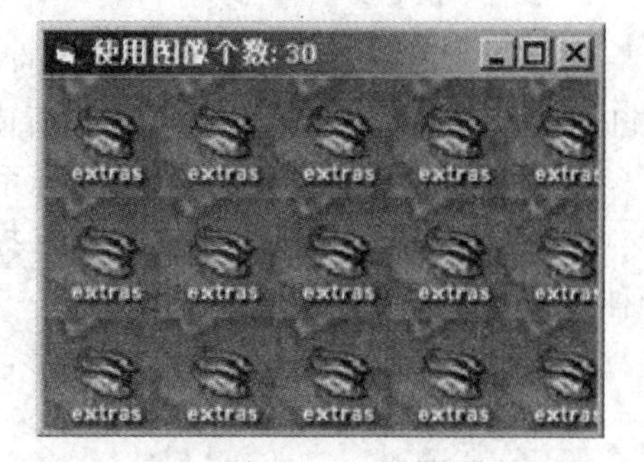

图 9-20　墙纸效果

本 章 小 结

本章主要介绍了 Visual Basic 图形操作基础，使用绘图控件和绘图方法画图的方法。

Visual Basic 提供了丰富的图形操作工具以及功能强大的绘图方法，利用它们可以设计出美观实用的图形应用程序和特殊的动态图像效果。

对象定位使用的坐标系由三要素构成：坐标原点、坐标度量单位(刻度)和坐标轴的长度与方向。编程者也可以利用 Scale 方法和 Scale 属性组(ScaleLeft、ScaleTop、ScaleWidth 和 ScaleHeight)自定义一个坐标系。

与图形有关的属性主要有线宽与线型、颜色、前景色与背景色等。颜色的使用是绘图操作中的重要环节。在程序运行时，有四种方式可以指定颜色值：使用 RGB 函数，使用 QBColor 函数，使用内部常数，以及直接输入颜色值。

使用 Line 控件和 Shape 控件可以绘制简单的图形。使用绘图方法可以绘制复杂图形，这是本章的一个重点，同时也是难点。Visual Basic 提供的绘图方法有：PSet(画点)、Line(画直线)、Circle(画圆、椭圆、扇形和圆弧)、PaintPicture(图像复制)和 Cls(擦除)。

习 题 9

一、填空题

1．Line 方法用于绘制__(1)__和__(2)__。

2．Circle 方法可以绘制__(3)__、__(4)__和__(5)__。

3．在 Visual Basic 中，图形控件有__(6)__和__(7)__。

4．清除所画图形可以使用对象的__(8)__方法。

5．用 Circle 方法绘制圆的语法格式是__(9)__。

6．用 Line 方法绘制矩形的语法格式是__(10)__。

二、简答题

1．在坐标默认单位为缇时，窗体的 Width 与 ScaleWidth 是否等价？窗体的 Height 与 ScaleHeight 是否等价？请查看一下你所使用的窗体中的这些数据。

2．简述 Visual Basic 中的图形坐标系统和单位。

3．Visual Basic 中既可以使用 Line 控件绘制直线，也可以使用 Line 方法绘制直线，哪一种方法节省系统资源？

4．Circle 方法可以绘制圆弧和扇形，这是由什么参数决定的？

三、编程题

1．在窗体上画出 6 条不同类型的水平线和 7 条粗细不同的垂直线。要求垂直线为不同颜色的实线，但线宽逐渐增加；水平线具有不同的线型和颜色。程序执行的效果如图 9-21 所示。

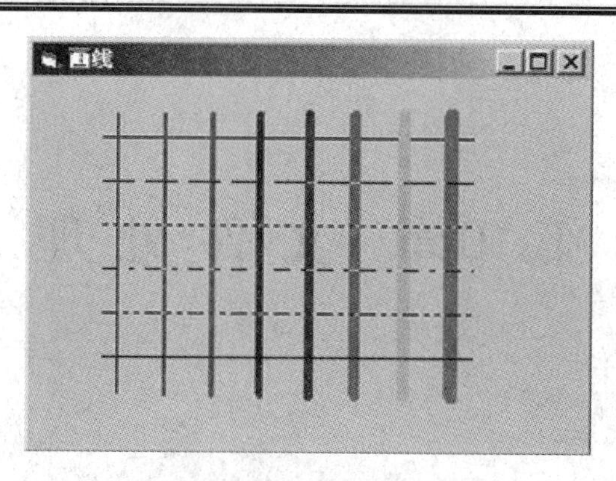

图 9-21　绘制水平线和垂直线

2．编写程序，在窗体上首先画出一个圆，并用红色填充，然后用不同纵横比画出不同形状的椭圆。程序运行结果如图 9-22 所示。

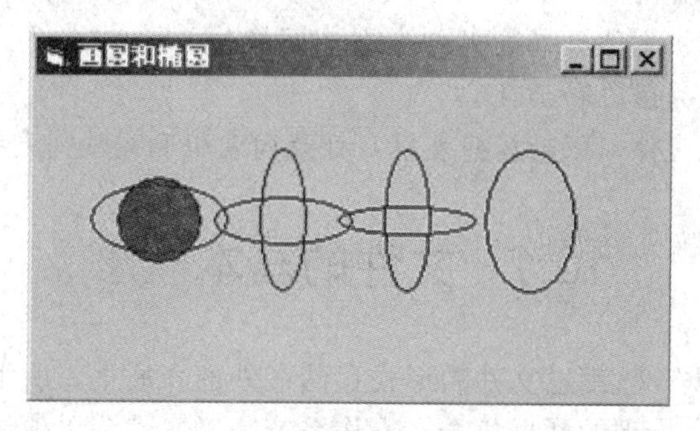

图 9-22　绘制圆和椭圆

3．编写程序，在窗体上绘制如图 9-23 所示的图案。

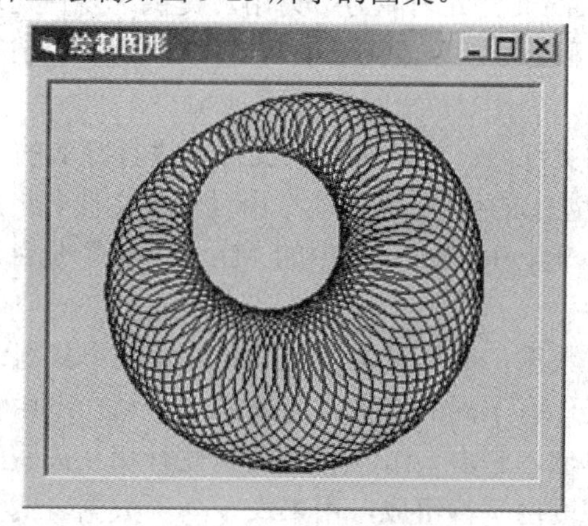

图 9-23　绘制组合图形

第 10 章　文 件 处 理

本章要点：

(1) 顺序文件、随机文件和二进制文件的概念及其各自的特点；
(2) 文件的打开与关闭操作命令；
(3) 顺序文件、随机文件和二进制文件的读/写操作；
(4) 文件操作常用的语句和函数；
(5) 三个文件系统控件：驱动器列表框、目录列表框和文件列表框。

10.1　文件的基本概念

计算机处理的数据一般都以文件的形式存储在外部介质上。所谓文件，是指存储在外存储器中以文件名唯一标识的数据集合。操作系统是以文件为单位进行数据管理的。文件可以永久保存数据。所以文件是十分有用并且是不可缺少的。

Visual Basic 具有强大的文件处理能力，为用户提供了多种处理方法，同时也提供了大量与文件管理有关的语句和函数，以及用于文件管理的文件系统控件。

1. 文件管理

每个文件都有唯一的文件名，文件都是按文件名进行存取的。存放在磁盘上的文件通过“路径”指明文件在磁盘上的位置。“路径”由目录和文件名组成，目录就是盘符名加上文件夹名。例如“D:\vbfile\myfile.vbp”，其中的“D：\vbfile”是目录，myfile.vbp 是文件名。

2. 文件结构

为了有效地存取文件数据，数据必须按照某种特定的方式组织，这种特定的组织方式称为文件结构。不同的文件有不同的结构。这里简单介绍一下由记录组成的文件。记录是计算机处理数据的基本单位，它由一组具有共同属性且相互关联的数据项组成，而数据项又由若干个字段组成，字段由字符组成，用来表示一项数据。例如，对学生信息进行管理时，每个学生的基本信息组成一条记录，它由学号、姓名、性别、院系、专业和出生日期等数据项组成，如表 10.1 所示，一行是一条记录。

表 10.1　学生基本信息表

学　号	姓　名	性　别	院　系	专　业	出生日期
2008001	郭靖	男	电信学院	电气自动化	05/03/89
2008002	黄荣	女	机电学院	机械制造	07/06/90

3. 文件分类

文件可以按照不同的方式进行分类：按照数据性质可分为程序文件和数据文件；按照数据编码方式可分为文本文件和二进制文件；按照文件的存取方式和结构可分为顺序文件、随机文件和二进制文件。

(1) 顺序文件。顺序文件的结构比较简单，文件中的记录一个接一个排列。每条记录的长短可以变化，记录与记录之间用换行符作为分割符。在读写文件记录时，必须按照记录顺序逐个进行。要在顺序文件中查找某一个记录，必须从第一条记录开始读取，逐条比较，直到找到该记录为止。

顺序文件的优点是结构简单；缺点是维护困难，如果要修改文件中的某个记录，必须把整个文件读入内存，修改完之后再重新写入磁盘。因此，顺序文件适用于有规律的、不经常修改的数据，如文本文件。顺序文件可以用普通的编辑程序如 Windows 的记事本或写字板来打开。

(2) 随机文件。随机文件有时又称直接存取文件，文件中的每个记录长度是固定的，记录中每个字段的长度也是固定的。随机文件的每个记录都有一个记录号。在读写文件记录时，只要指定记录号，就可以直接读取记录，而无须按顺序进行。

随机文件的优点是数据的存取比较灵活、方便，速度较快，容易修改；缺点是占用存储空间较大，程序设计繁琐。

(3) 二进制文件。二进制文件是指数据以二进制码存放在文件中，存放的单位是字节。程序可以按需要的任何方式对文件中的各个字节数据进行组织和访问。可以将二进制文件看成是记录长度为 1 个字节的特殊随机文件。因此，这类文件的灵活性最大，但程序的工作量也最大，一般常用于多媒体文件的存取。

10.2 文件的打开与关闭

在 Visual Basic 中，对于数据文件可进行以下操作：

(1) 打开(或建立)文件。一个文件必须先打开或建立后才能使用。若文件已存在，则打开该文件；若不存在，则建立该文件。

(2) 读、写操作。在打开(或建立)的文件上执行所要求的输入、输出操作。把内存中的数据传输到相关联的外部设备(如磁盘)并作为文件存放的操作称为写数据(输出)，把数据文件中的数据传输到内存中的操作称为读数据(输入)。

(3) 关闭文件。关闭文件时，计算机强制将数据写入磁盘，并释放相关的资源。

1. 文件的打开

Visual Basic 对文件进行读/写操作时，在内存开辟一个“文件缓冲区”，其实质是内存中供信息临时存储的一片区域。从文件中读取的内容、从内存向文件写入的内容都必须先送到文件缓冲区。使用文件缓冲区的好处是可提高文件的读/写速度。

每一个打开的文件都对应一个缓冲区，每个缓冲区有一个缓冲区号，即读写操作涉及到的文件号。

在 Visual Basic 中，用 Open 语句打开或建立文件，其语法格式为

Open <FileName> For [方式] [Access 存取类型] [Lock] As <#FileNumber> [Len = BufferSize]

(1) FileName：文件名的字符串表达式。文件名一般采用长文件名，包括盘符、路径及文件名。此参数不能省略。

(2) 方式：指定文件的打开方式。文件的类型不同，其打开的方式不同，具体说明如下。

① 顺序文件。顺序文件的打开方式有 Output、Input 和 Append。

- Output：表示打开的文件是用来输出(写入)数据的，即将数据从内存输出(写入)到磁盘文件中。以这种方式打开的文件只能进行写操作。如果 FileName 指定的文件不存在，此方式会创建一个新文件。
- Input：表示打开的文件是用来读取数据的，即将数据从文件中读入到内存中。以这种方式打开的文件只能进行读操作。同样，FileName 指定的文件必须是已存在的文件，否则命令会出错。
- Append：表示打开的文件是用来输出数据的。与 Output 方式不同的是，如果 FileName 指定的文件已存在，则将新写入的数据追加到原内容末尾，而在 Output 方式下，新写入的数据会替换原文件内容。如果 FileName 指定的文件不存在，则创建新文件。

② 随机文件。随机文件的打开方式是 Random，这也是 Open 语句默认的打开方式。如果没有 Access 子句，则文件打开后可同时进行读写操作。

③ 二进制文件。Binary 是打开二进制文件的方式，如果省略 Access，文件打开后进行的操作与 Random 方式相同。

(3) Access：可选参数，说明打开的文件可以进行的操作，有只读、只写和读/写三种操作，分别为 Read、Write 和 Read/Write。参数省略时，默认的是 ReadWrite。

(4) Lock：锁定，可选参数，只在多用户或多进程环境中使用，用于设定要打开文件的共享权限。可以使用的关键字如下。

① Shared：其他程序也可以读写此文件。

② Lock Read：不允许其他程序读此文件。

③ Lock Write：不允许其他程序写此文件。

④ Lock Read Write：其他程序不能读也不能写此文件。

(5) FileNumber：每个文件打开的文件号(缓冲区号)，在后续代码中可用此文件号与一个具体的文件相关联，方便文件进行读/写和关闭操作。文件号的取值范围是 1～511，可用 FreeFile 函数获得下一个可用的最小文件号。

(6) BufferSize：可选参数，小于等于 32 767(字节)的一个整数。对于顺序文件，其值是缓冲区的字符数；对于随机文件，其值是记录长度；对于二进制文件，将忽略 Len 子句。

例如，

① 在 d 盘的根目录下建立一个新的名为 abc.txt 的顺序文件(用 1 作为文件号)。

```
Open "d:\abc.txt " For Output As #1
```

② 以读写方式打开 d:\abc.txt 的顺序文件(文件号为 2)。

```
Open "d:\abc.txt " For Intput As #2
```

③ 以随机方式打开文件" d: \ myfile.dat "(文件号为 3)。

```
Open " d:\myfile.dat " For Random Access Read Lock Write As #3
```

打开语句 Open "abc.txt " For Output As #1。如果文件“abc.txt”已经存在，则该语句打开已存在的顺序文件；如果文件“abc.txt”不存在，则建立并打开一个新的顺序文件，以便将记录写入到该文件中。Open "abc.txt" For Intput As #2 用于打开已存在的数据文件，以便从文件中读取记录。Open "myfile.dat" For Random Access Read Lock Write As #3 语句以随机方式打开“myfile.dat”文件，并设置了写锁定，以便从文件中读取记录。

2. 文件的关闭

Close 语句用于关闭使用 Open 语句所打开的输入/输出文件。其语法格式为

Close [[#]文件号 1] [, [#]文件号 2] …

说明：(1) 若省略 Close 关键字后的内容，则将关闭 Open 语句打开的所有活动文件。

(2) 文件被关闭之后，它所占用的文件号会被释放，可供以后的 Open 语句使用。

当对文件的操作结束后，必须将该文件关闭，否则会造成数据的丢失。因为 Print 或 Write 写操作语句是把要写入文件的数据先送到缓冲区，当缓冲区充满时再自动向文件写入一次，使用 Close 语句可以将未充满的缓冲区内容强制写入文件。

其实即使没有 Close 语句，当程序结束时，也将自动关闭所有打开的文件，只是如果不使用 Close 语句，可能会使最后一次缓冲区里的数据不能写入到文件中。

10.3 文件的读写操作

10.3.1 顺序文件的读写操作

在顺序文件中，记录的逻辑顺序与存储顺序相一致，对文件的读写操作只能一个记录一个记录地顺序进行。顺序文件的读写操作与标准输入输出十分相似。

1. 顺序文件写操作

要向顺序文件中写入内容，应以 Output 或 Append 方式打开它，然后使用 Print #语句或 Write #语句将常量、变量、属性、表达式等写入顺序文件。

(1) Print # 语句。

格式：Print #文件号，[输出列表]

Print #语句的功能是将“输出列表”中的数据写入到顺序文件中。其中，文件号表示数据将被写入该文件号所代表的文件中；输出列表为用分号或逗号分割的变量、常量、空格和定位函数序列。Print #语句与 Print 方法的功能是类似的。Print 方法所“写”的对象是窗体、打印机或图片框，而 Print #语句所“写”的对象是文件。例如：

```
Print #1, A,5,C,10
```

把 A、5、C、10 的值写到文件号为 1 的文件中。

(2) Write # 语句。

格式：Write #文件号，[输出列表]

Write # 语句与 Print #语句的功能基本相同，其主要区别是当用 Write #语句向文件写数据时，数据在磁盘上以紧凑格式存放，能自动地在数据项之间插入逗号，并给字符串加上

双引号。一旦最后一项被写入，就插入新的一行。此外，用 Write #语句写入的正数的前面没有空格。

【例 10-1】 编写程序显示用 Print#语句和 Write#语句写入数据的结果。

```
Private Sub Form_Click()
    Dim str As String, num As Integer
    Open "e:\example\cmp.dat" For Output As #1      '以写入方式打开顺序文件
    str = "文件输出"
    num = 23679
    Print #1, str, num                              '用 Print #语句将变量 str 和 num 的值写入文件
    Write #1, str, num                              '用 Write #语句将变量 str 和 num 的值写入文件
    Close #1                                        '关闭文件
End Sub
```

程序运行后，系统在“e:\example”目录下建立一个文件名为“cmp.dat”的数据文件，并在文件内写入两行数据。使用 Windows 的记事本或写字板打开该文件，可以看到其写入的结果，如图 10-1 所示。

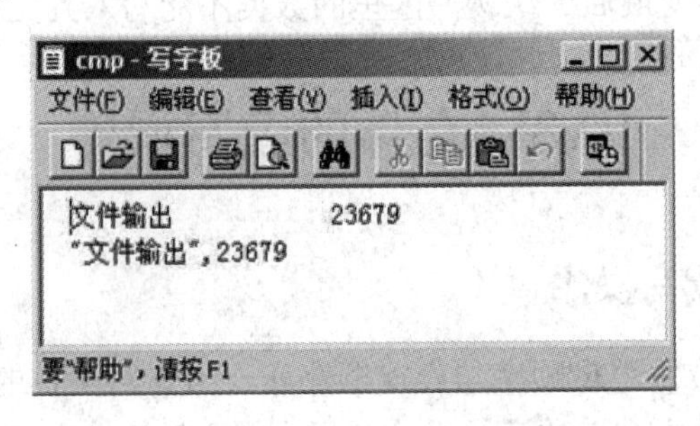

图 10-1　Print #与 Write #输出结果比较

【例 10-2】 编写程序，把一个文本框中的内容以文件形式存入磁盘，假设文件名为 wrtfile.dat。

在窗体上创建一个文本框(txtText)，再添加两个命令按钮，分别是“一次写入”(cmdOnce)和“逐字写入”(cmdWord)。程序运行后首先在文本框中输入要写入文件的内容，然后单击不同的按钮，则要写入文件的内容会按照不同的写入方法保存到文件中。

方法一　把整个文本框中的内容一次性写入文件，程序如下：

```
Private Sub cmdOnce_Click()
    Open "E:\example\wrtfile.dat" For Output As #1      '以写入方式打开顺序文件
    Print #1, txtText.Text                              '将文本框 tetText 中的内容写入文件
    Close #1                                            '关闭文件
End Sub
```

方法二　把整个文本框的内容逐字地写入文件，程序如下：

```
Private Sub cmdWord_Click()
    Open "E:\example\wrtfile.dat" For Output As #1      '以写入方式打开顺序文件
    For i = 1 To Len(txtText.Text)
```

```
            Print #1, Mid(txtText.Text, i, 1)                '逐字将文本框的内容写入文件
        Next i
        Close #1                                             '关闭文件
    End Sub
```

2. 顺序文件读操作

要从顺序文件中读取数据，应以 Input 方式打开它，然后用 Input#语句或 Line Input #语句将文件内容读入到内存变量中。

(1) Input #语句。

格式：Input #文件号，变量表

Input #语句从一个已打开的顺序文件中读出数据项，并把这些数据项赋给程序变量。在读入数据时，是按文件中的分隔符(空格、回车、换行、逗号)来区分数据项的。

“文件号”的含义与前面一样。“变量表”由一个或多个变量组成。这些变量既可以是数值变量，也可以是字符串变量或数组元素，把从数据文件中读出的数据赋给这些变量。Input #语句中变量的类型应与文件中数据项的类型匹配。例如，执行 Input #1, A,B,C 语句，则从文件中读出三个数据项，分别把它们赋给 A、B、C 三个变量。

(2) Line Input #语句。

格式：Line Input #文件号，字符串变量

Line Input # 语句从顺序文件中读取一个完整的行，并把它赋给一个字符串变量。

在文件操作中，Line Input #是十分有用的语句，它可以读取顺序文件中一行的全部字符，直至遇到回车符为止。此外，对于以 ASCII 码存放在磁盘上的各种语言源程序，都可以用 Line Input # 语句一行一行地读取。

【例 10-3】 编写程序，使用 input # 语句读取文件内容，文件内容如图 10-2 所示。

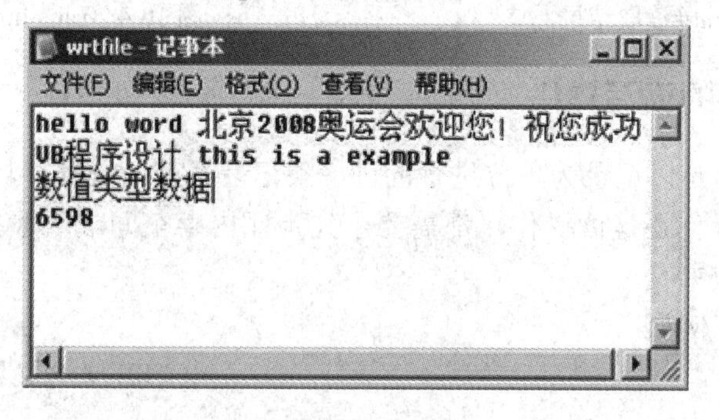

图 10-2　文件内容

在窗体上添加两个命令按钮，按钮 1(Command1)的 Caption 设为“input#”，按钮 2(Command2)的 Caption 设为“line input#”，分别在它们的 Click 事件中编写下面的代码：

```
Private Sub Command1_Click()
    Dim MyString, mynumber
        Open "E:\example\wrtfile.dat" For Input As #1     '以读取方式打开顺序文件
    Do While Not EOF(1)                                   '循环至文件尾
        Input #1, MyString, mynumber                      '将数据读入两个变量
```

```
        Print MyString, mynumber                          '在窗口中显示数据
    Loop
    Close #1                                              '关闭文件
End Sub
Private Sub Command2_Click()
    Dim MyString, mynumber
    Open "E:\example\wrtfile.dat" For Input As #1         '打开输入文件
    Do While Not EOF(1)                                   '循环至文件尾
        Line Input #1, MyString                           '将数据读入两个变量
        Print MyString                                    '在窗口中显示数据
    Loop
    Close #1                                              '关闭文件
End Sub
```

程序运行的结果如图 10-3 和图 10-4 所示。

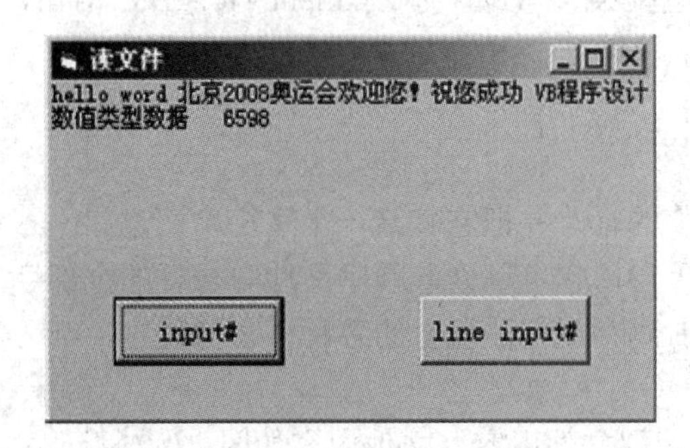

图 10-3　Input #读取结果

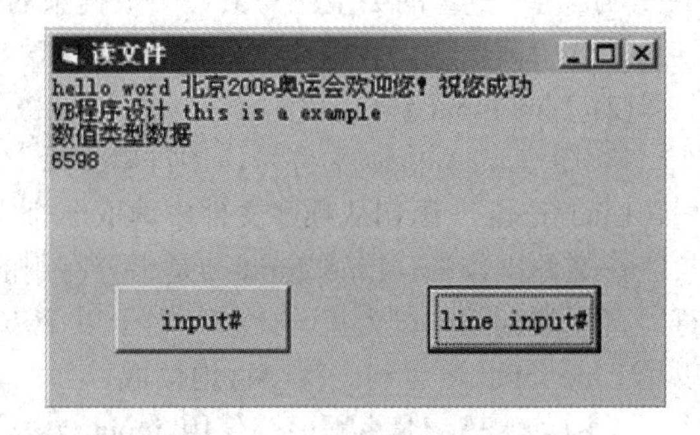

图 10-4　Line Input #读取结果

10.3.2　随机文件的读写操作

随机文件的访问是以记录为单位进行的，每条记录都有记录号并且每条记录长度相等。无论是对文件的写操作还是读操作，都需要事先定义内存空间。一般把读写记录中的各字段放在一个记录类型中。

定义记录类型，例如：

```
Type Record                                               '定义用户自定义数据类型
    ID As Integer
    Name As String * 16
    Grade As Single
End Type
Dim MyRecord As Record                                    '声明变量
Open "d:\myfile " For Random As # 1 Len = Len(MyRecord)
```

1. 随机文件写操作

随机文件的写操作通过 Put 语句来实现。其格式为

Put #文件号，[记录号]，表达式

Put 语句将表达式的数据作为一条记录写入磁盘文件中。“文件号”的含义与顺序文件相同。“记录号”是可选参数，指定把表达式写到文件中的第几个记录上。若省略记录号参数，则把表达式写在上一次读写记录的下一条记录位置；如果打开文件尚未进行读写，则为第一条记录。记录号是大于等于 1 的整数。“表达式”是要写入文件中的数据，可以是变量，也可以是常量。

【例 10-4】 定义一个有关学生基本信息的记录类型，然后建立一个随机文件，当单击窗体上的“写随机文件”按钮(cmdWrite)时，通过 InputBox 函数从键盘输入各记录数据，最后将输入的数据保存在随机文件中。

```
Private Type sturecord                                  '定义学生记录类型
    ID As String * 8
    Name As String * 16
    Grade As Integer
End Type
```

首先定义一个学生基本信息记录类型，该记录结构中包含三个字段项：学号(ID)、姓名(Name)和成绩(Grade)。

```
Private Sub cmdWrite_Click()
    Dim stu As sturecord                                '定义 sturecord 记录类型变量
    Open "e:\example\student.txt" For Random As #1 Len = Len(stu) '打开随机文件
    Title = "写记录到随机文件"
    str1 = "请输入学号"
    str2 = "请输入姓名"
    str3 = "请输入成绩"
    For i = 1 To 3                                      输入三条记录
        stu.ID = InputBox(str1, Title)                  '给记录类型变量的各字段赋值
        stu.Name = InputBox(str2, Title)
        stu.Grade = Val(InputBox(str3, Title, 3))
        Put #1, i, stu                                  '将 stu 变量中的数据写入文件
    Next i
    Close #1                                            '关闭文件
End Sub
```

2. 随机文件读操作

随机文件的读操作通过 Get #语句来实现。其格式为

Get #文件号，[记录号]，变量名

Get #语句把由“文件号”所指定的磁盘文件中的数据读到“变量”中。“记录号”表示要读出的是第几条记录，如果省略记录号，则表示读取当前记录。记录号是一个大于等于 1 的整数。

在例 10-4 建立的窗体上再添加一个“读随机文件”按钮(cmdRead)，当单击该按钮时，

将前面写入到随机文件中的内容读出并显示到窗体上。程序代码如下：

```
Private Sub cmdRead_Click()
    Dim stu2 As sturecord                        '定义 sturecord 记录类型变量
    Open "e:\example\student.txt" For Random As #1 Len = Len(stu2)      '打开随机文件
    For i = 1 To 3                               '循环读取各条记录
        Get #1, i, stu2                          '将随机文件中的记录读到变量 stu2 中
        Print stu2.ID                            '将变量 stu2 中各字段输出到窗体
        Print stu2.Name
        Print stu2.Grade
    Next i
    Close #1                                     '关闭文件
End Sub
```

程序运行后的结果如图 10-5 所示。

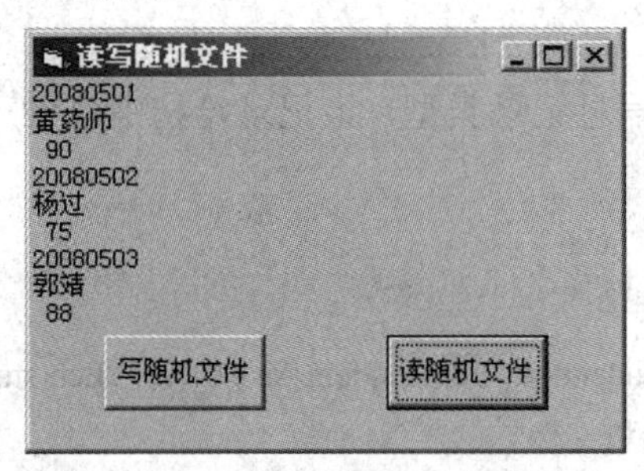

图 10-5　读写随机文件

10.3.3　二进制文件的读写操作

任何类型的文件(顺序文件或随机文件)都可以使用二进制访问模式打开。二进制存取可以获取任何一个文件的原始字节，例如图像文件(.bmp)。

访问二进制文件与访问随机文件类似，都是用 Get #和 Put #语句进行读写的，不同的是二进制存取可以定位到文件中的任一字节位置，而随机文件存取要定位在记录的边界上，读取固定个数的字节(一个记录的长度)。

1．二进制文件写操作

二进制文件的写操作使用 Put #语句。其语句格式为

　　Put #文件号, [写位置] , 变量名

Put #语句将变量的内容写入二进制文件中，一次写入的长度等于变量的长度。“写位置”用于指定数据要写入文件中的位置(从文件开头以字节为单位计算)，若省略，则紧接上一次操作的位置写入；若尚未读写，则为文件头。位置参数是一个大于 0 的数。

2．二进制文件读操作

二进制文件的读操作使用 Get #语句。其语句格式为

　　Get #文件号, [读位置], 变量名

Get #语句从指定位置开始读取长度等于变量长度(字节数)的内容并存放到变量中。如果

省略“读位置”，则从文件指针所指的位置开始读取，读出数据后，指针移动变量长度的位置。

【例 10-5】 编程序实现将“E:\example”中的文件 wrtfile.dat 复制到 D 盘，且文件名改为 Myfile.dat。

```
Dim char As Byte
Open "E:\example\wrtfile.dat" For Binary As # 1      '打开源文件
Open "D:\Myfile.dat" For Binary As # 2               '打开目标文件
Do While Not EOF(1)
    Get #1, , char                                    '从源文件读出一个字节
     Put #2, , char                                   '将一个字节写入目标文件
Loop
Close #1, #2                                          '关闭两个文件
```

10.4 常用文件操作语句和函数

为了便于 Visual Basic 应用程序进行文件管理，Visual Basic 提供了许多与文件操作有关的语句和函数。

1. 常用文件操作语句

(1) FileCopy 语句。

格式：FileCopy 源文件，目标文件

功能：复制一个文件。

说明：FileCopy 语句不能复制一个已打开的文件。

例如，将 D 盘根目录下含有数据的 test.txt 文件中的内容复制到 D 盘根目录下的 oldtest.txt 文件中，程序如下：

```
Dim SourceFile, DestinationFile
SourceFile = " D:\test.txt"                    '指定源文件名
DestinationFile = " D:\oldtest.txt "           '指定目标文件名
FileCopy SourceFile,DestinationFile            '复制文件
```

(2) Kill 语句。

格式：Kill 文件名

功能：从磁盘中删除指定文件。

说明：使用 Kill 语句删除文件时不会出现任何提示，所以最好加上适当的代码，使得在删除前提示用户确认删除操作。

例如：

```
Private Sub Command1_Click()
   h = MsgBox("确实要删除文件吗? ", vbYesNo, "请确认")
     If h = vbYes Then Kill "d:\test.txt"
End Sub
```

(3) Name 语句。

格式：Name 旧文件名 As 新文件名

功能：重新命名一个文件、目录或文件夹。

说明：Name 语句不能创建新文件、目录或文件夹。如果新文件名所指定的路径存在且与旧文件名指定的路径不同，则 Name 语句将文件移动到新的目录下，但不能将文件移动到不同的驱动器中。

例如：

```
Name "d:\test.txt" As "d:\test1.txt"
```

(4) ChDrive 语句。

格式：ChDrive 驱动器名

功能：改变当前驱动器。

说明：如果驱动器名中有多个字符，则 ChDrive 只会使用首字母。

例如，ChDrive "D"及 ChDrive "D:\"和 ChDrive "Dasd"都将当前驱动器设为 D 盘。

(5) ChDir 语句。

格式：ChDir 目录

功能：改变当前目录。

说明：ChDir 语句改变缺省目录位置，但不会改变缺省驱动器位置。例如，如果缺省的驱动器是 C，则下面的语句将会改变驱动器 D 上的缺省目录，但是 C 仍然是缺省的驱动器：

例如：

```
ChDir "D:\TMP"
```

(6) MkDir 语句。

格式：MkDir 目录

功能：创建一个新的目录。

例如：

```
MkDir "D:\Mydir\ABC"
```

(7) RmDir 语句。

格式：RmDir 目录

功能：删除一个存在的目录。

说明：RmDir 只能删除空子目录，如果想要使用 RmDir 来删除一个含有文件的目录或文件夹，则会发生错误。

例如：

```
RmDir "D:\Mydir\ABC"
```

2. 常用的文件函数

(1) LOF 函数(#文件号)。

功能：返回以“文件号”所代表的文件的长度，以字节为单位，Long 型。返回值为 0，则说明文件为空。

说明：对于尚未打开的文件，可以使用 FileLen 函数得到其长度。

【例 10-6】 在“E:\example”目录下的文件 wrtfile.dat 中含有数据“This Is test’s

Information”，程序运行时单击“显示文件长度”命令按钮，将在窗体上显示数据。

程序如下：

```
Private Sub Command1_Click()
    Dim FileLength
    Open "e:\example\wrtfile.dat" For Input As #1          '打开文件
    FileLength = LOF(1)                                     '取得文件长度
    Close #1                                                '关闭文件
    Print FileLength                                        '输出文件长度
End Sub
```

(2) EOF 函数。

格式：EOF(#文件号)

功能：测试当前读写位置是否位于“文件号”所代表文件的末尾，返回值为 Boolean 型。True 表示文件指针(用来标识在文件中的当前读写位置)已经到达文件末尾，False 表示文件指针还没有到达文件末尾。

EOF 函数常用于在循环中测试是否已经到文件末尾，一般结构如下：

```
Do While Not EOF(1)
    …                                                       '文件读写语句
Loop
```

(3) Loc 函数。

格式：Loc(#文件号)

功能：返回由“文件号”指定的文件的当前读写位置，类型为 Long 型。

说明：对于顺序文件，返回文件中当前字节位置除以 128 的值(返回区号，每区 128 个字节)；对于随机文件，返回最近读写的记录号；对于二进制文件，返回最近读写的字节的位置。

(4) Seek 函数。

格式：Seek(#文件号)

功能：返回“文件号”指定文件的当前读写位置(指针的位置)，返回值为 Long 型。

说明：对于随机文件，返回值为记录号；对于顺序文件或二进制文件，返回值为从文件开头算起的以字节为单位的位置。

(5) FreeFile 函数。

格式：FreeFile ([范围])

功能：返回一个尚未被占用的最小文件号。

说明：可选参数“范围”为 0(或省略)，则返回 1～255 之间未使用的文件号；“范围”为 1，则返回 256～511 之间未使用的文件号。

(6) Dir 函数。

格式：Dir (路径[,属性])

功能：测试指定路径下是否有指定的文件和文件夹(可以使用通配符“?”和“*”)。当指定的文件不存在时，返回空串。

说明：Dir 函数的返回值是字符串类型；若未使用通配符，则返回文件(夹)名或“ ”；

若使用了通配符，则返回第一个符合条件的文件(夹)名，若下一次使用不带参数的 Dir 函数，则返回第二个符合条件的文件(夹)名。

属性为可选参数，包括常数或数值表达式，有 6 个值，其总和用来指定文件属性，如果省略，则会返回匹配 pathname 但不包含属性的文件。

例如：

```
str1=Dir("c:\windows\notepad.exe")
```

(7) CurDir 函数。

格式：CurDir([驱动器])

功能：利用 CurDir 函数可以确定指定驱动器的当前目录。

说明：可选的“驱动器”参数是一个字符串表达式，它指定一个存在的驱动器。如果没有指定驱动器，或驱动器是零长度字符串(“”)，则 CurDir 会返回当前驱动器的路径。

例如，str=CurDir("C: ")获得 C 盘当前的目录路径，并赋值给变量 Str。

10.5 文件系统控件

前面介绍了 Visual Basic 中数据文件操作语句和函数。为了管理计算机中的文件，Visual Basic 还提供了文件系统控件：驱动器列表框(DriveListBox)、目录列表框(DirListBox)、文件列表框(FileListBox)，如图 10-6 所示。用户可以使用这三种文件系统控件组合创建自定义的文件操作界面，直观地显示驱动器、目录路径及文件列表，查找或选择磁盘中的文件。

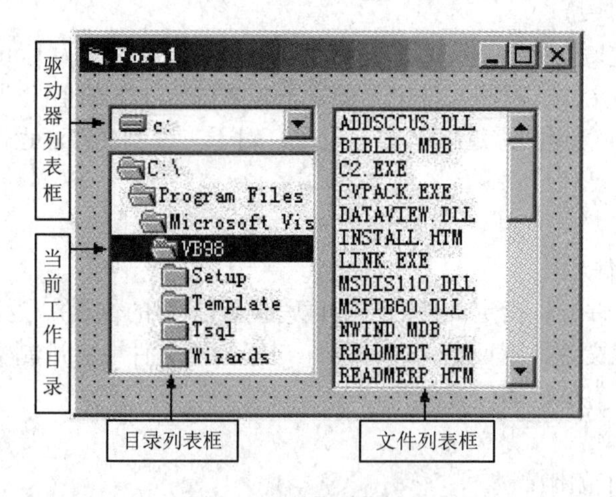

图 10-6 文件系统控件

10.5.1 驱动器列表控件

驱动器列表框(DriveListBox)的外观与组合框相似，在默认时显示系统当前工作的驱动器。运行程序时，单击驱动器列表框右侧的箭头，将以下拉列表框形式列出所有的有效驱动器。若用户从中选定新驱动器，则这个驱动器将出现在列表框的顶端。当该控件获得焦点时，用户也可键入任何有效的驱动器标识符来选择新的驱动器。

驱动器列表框控件的主要属性是 Drive 属性，用于返回或设置当前驱动器名，该属性在

设计阶段不可用，必须在程序中赋值，使用格式为

对象名.Drive [= <字符串表达式>]

其中，“对象名”就是驱动器列表框名称；“字符串表达式”是指合法的驱动器名，例如“A：”或“a：”、“C：”或“c：”，如果省略则 Drive 属性是当前驱动器。如果所选择的驱动器在当前系统中不存在，则产生错误。

在程序运行时，当选择一个新的驱动器或改变 Drive 属性的设置时，都会触发驱动器列表框的 Change 事件。

【例 10-7】 在窗体上添加一个“请选择驱动器”标签和一个驱动器列表框(drvDrive1)，当单击驱动器列表框中某个驱动器名称时，用消息框显示所选的驱动器名。程序代码如下：

```
Private Sub drvDrive1 _Change()
    MsgBox "选中的驱动器是：" + drvDrive1.Drive
End Sub
```

程序运行后，例如选中驱动器D，则在驱动器列表框中显示该驱动器名，同时弹出一个消息对话框。

运行结果如图 10-7 和图 10-8 所示。

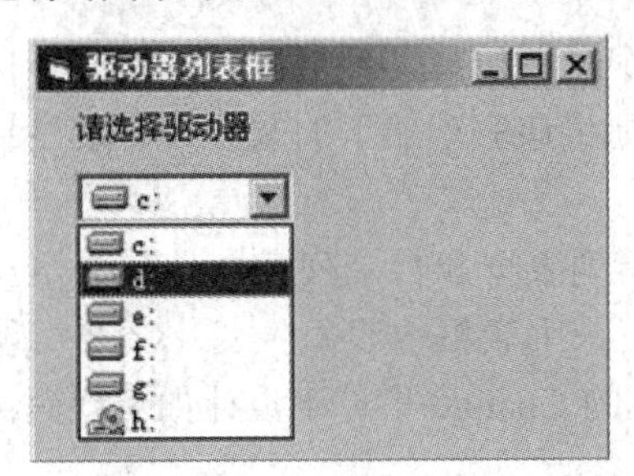

图 10-7　驱动器下拉列表框

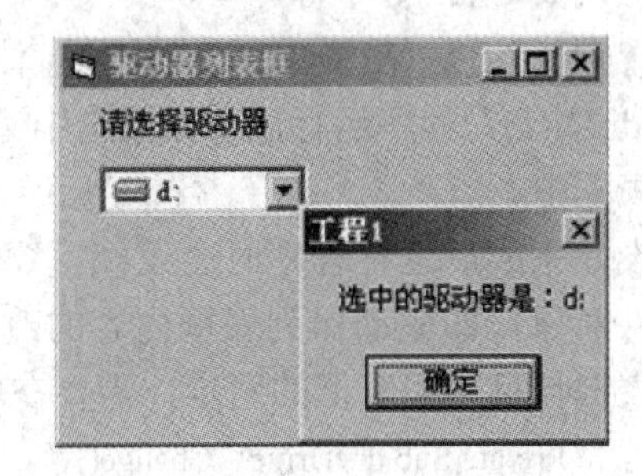

图 10-8　选定驱动器

10.5.2　目录列表控件

目录列表框(DirListBox)用来显示当前驱动器上的目录树结构，默认显示的是当前驱动器的顶层目录和当前目录。如果目录列表框的大小无法显示目录树结构，目录列表框会自动出现垂直滚动条。运行时用户可以通过双击操作打开目录。

目录列表框控件的 Path 属性是目录列表框控件最常用的属性，用于返回或设置当前路径(当前路径是目录列表框中显示的打开文件夹图标的最后一个条目)。此属性只能在程序代码中设置，即它是运行时属性，不能在属性窗口中设置。目录列表框的使用格式为

对象名.Path [= <字符串表达式>]

其中，“对象名”就是目录列表框名称；“字符串表达式”是合法的路径名，如“C:\VB98”，默认值是当前系统工作的目录路径。

Path 属性也可以直接设置为限定的网络路径，形式为\\网络计算机名\共享目录名\Path。

如果要在程序中对程序指定目录及其他的下级目录进行操作，就要用到 List、ListCount 和 ListIndex 等属性，这些属性与列表框控件(ListBox)的属性基本相同。

目录列表框中当前目录的 ListIndex 值为−1。紧邻其上的目录的 ListIndex 值为−2，再

上一个的 ListIndex 值为–3，依次类推。当前目录中的第一个子目录的 ListIndex 值为 0。若第一级子目录有多个目录，则每个目录的 ListIndex 值按 1，2，3，…的顺序依次排列，如图 10-9 所示。

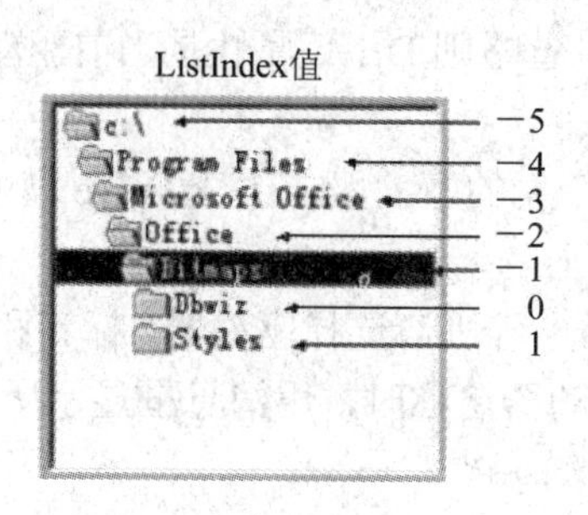

图 10-9　ListIndex 的值

ListCount 是当前目录的下一级子目录数。List 属性是一字符串数组，其中每个元素就是一个目录路径字符串。

与驱动器列表框一样，在程序运行时，每当改变当前目录即目录列表框的 Path 属性时，都要触发其 Change 事件。

【例 10-8】 在例 10-7 设计的窗体上再添加一个“请选择文件夹”标签和一个目录列表框(dirDir1)，程序运行后，如果选中某个驱动器，则将该驱动器下的文件夹目录显示在目录列表框中。

设计完成后运行程序时会发现，窗体上的驱动器列表框和目录列表框是两个相互独立的控件对象，即驱动器列表框内容的改变并不能使目录列表框内容发生变化。要实现驱动器列表框与目录列表框的同步，需要在驱动器列表框的 Change 事件下设计如下代码：

```
Private Sub drvDrive1_Change()
    dirDir1.Path = drvDrive1.Drive          '设置驱动器列表框和目录列表框同步
End Sub
```

程序运行后的结果如图 10-10 所示。

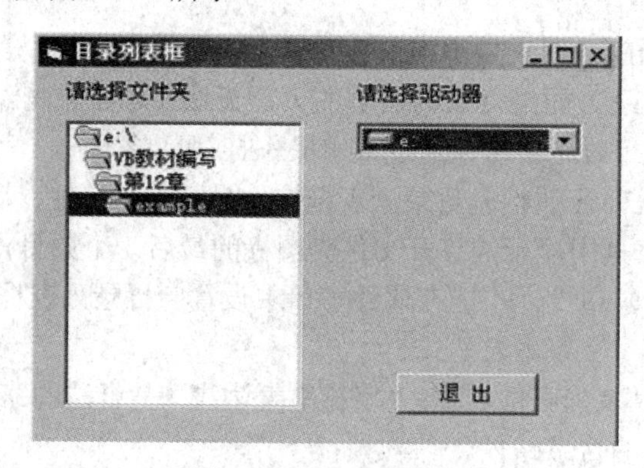

图 10-10　目录列表框

10.5.3　文件列表控件

文件列表框(FileListBox)用于显示当前目录下的文件。与文件列表框相关的属性较多，如 List(列表数组)、ListCount(列表框的文件数)、ListIndex(选定项下标)、Selected(是否被选)、MultiSelect(多选)等，其用法同列表框属性相同。下面介绍文件列表框特有的属性和事件。

(1) Path 属性。该属性用于返回和设置文件列表框的当前目录，设计时不可用。Path 的默认值是系统的当前路径，其使用格式与目录列表框的 Path 属性相似。当 Path 值改变时，会引发一个 PathChange 事件。

【例 10-9】 在例 10-8 所设计窗体的基础上再添加一个“请选择文件”标签和一个文件列表框(filFile1)控件。程序运行后，在目录列表框中选择某个文件夹，则在文件列表框中显示该文件夹内的文件。

同样，目录列表框和文件列表框也是相互独立的控件对象，要实现目录列表框与文件列表框同步，就要在目录列表框的 Change 事件下设计如下代码：

```
Private Sub dirDir1_Change()
  filFile1.Path = dirDir1.Path                    '目录列表框和文件列表框同步
End Sub
```

程序运行后的结果如图 10-11 所示。

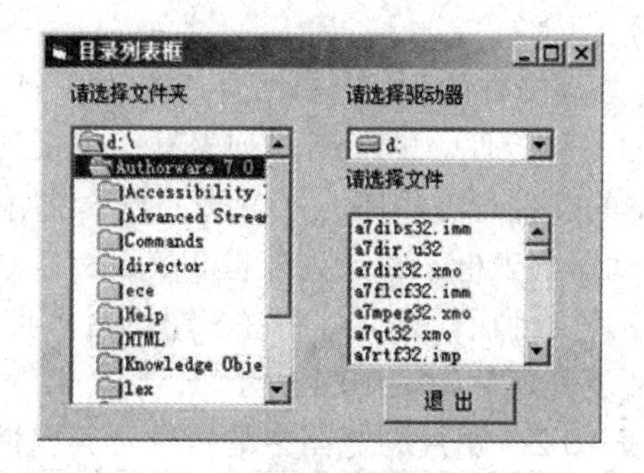

图 10-11　文件列表框

(2) FileName 属性。该属性用于返回或设置被选定文件的文件名，设计时不可用。FileName 属性不包括路径名。在程序中要获得完整的路径文件名，如“C:\Windows\Config.sys”，通常采用文件列表框(File1)的 Path 属性值和 FileName 属性值组合的字符串来获取带路径的文件名。若 Path 属性值为根目录，例如“D:\”，则最后一个字符是目录分隔号“\”；若为子目录，则没有分隔符“\”。要获得全路径的文件名返回给变量 Fname，一般使用下面的程序代码：

```
If Right (File1.Path ,1)= "\" Then
  Fname=File1.Path & File1.FileName
Else
  Fname=File1.Path & "\" & File1.FileName
End If
```

(3) Pattern 属性。该属性用来设置在程序运行时文件列表框要显示的文件的类型。该属性可以在设计阶段用属性窗口设置，也可以通过程序代码设置。其设置格式为

文件列表框对象.Pattern[=Value]

其中，Value 是用来指定文件类型的字符串表达式，并可包含通配符“*”和“？”。例如：

```
File1.Pattern="*.txt"              '显示所有文本文件
File1.Pattern="*.txt;*.doc"        '显示所有文本文件和 Word 文档文件
File1.Pattern="???.txt"            '显示文件名由 3 个字符组成的文本文件
```

文件列表框还具有与文件属性相关的属性，包括 Archive(存档)、Normal(普通)、System(系统)、Hidden(隐藏)和 ReadOnly(只读)。在文件列表框中使用这些属性可指定显示的文件类型。System 和 Hidden 属性的默认值为 False，Normal、Archive 和 ReadOnly 属性的默认值为 True。例如，为了在列表框中只显示只读文件，可直接将 ReadOnly 属性设置为 True，并把其他属性设置为 False：

```
File1.ReadOnly = True
File1.Archive = False
File1.Normal = False
File1.System = False
File1.Hidden = False
```

(4) PathChange 事件。当文件列表框的 Path 属性设置值改变时，此事件发生。此事件过程中可得到新的文件路径。

(5) PatternChange 事件。当文件的列表样式发生变化时，触发此事件。

前面介绍了文件系统的三种控件，即驱动器列表框、目录列表框和文件列表框。利用这三种控件，可以建立简单的文件管理程序。下面通过例子说明文件系统三种控件的应用。

【例 10-10】 使用驱动器列表框、目录列表框和文件列表框制作一个图片浏览器，当在文件列表框中选择某个图片文件后，该文件将在一个图片框控件上显示出来。

界面设计中用到的控件及其属性如表 10.2 所示。

表 10.2　图片浏览器中的控件及其属性

控　件	名　称(Name)	控　件	名称(Name)
驱动器列表框(Drive1)	drvDrive1	文件列表框(File1)	filFile1
目录列表框(Dir1)	dirDir1	图片列表框(Picture1)	picPicture

程序运行结果如图 10-12 所示。

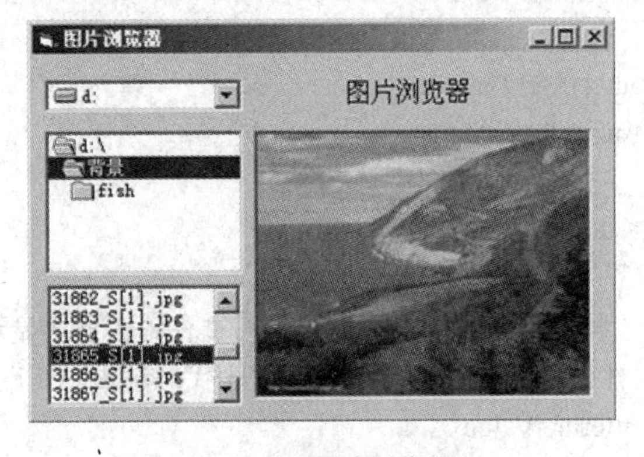

图 10-12　图片浏览器

程序代码如下：

```
Private Sub Form_Load()
    filFile1.Pattern = "*.gif;*.jpg;*.bmp"                     '设置图片类型
End Sub
Private Sub dirDir1_Change()
    filFile1.Path = dirDir1.Path                               '文件列表框和目录列表框同步
End Sub
Private Sub drvDrive1_Change()
    dirDir1.Path = drvDrive1.Drive                             '驱动器列表框和目录列表框同步
End Sub
Private Sub filFile1_Click()
    picPicture.Picture = LoadPicture(filFile1.Path + "\" + filFile1.FileName)    '显示图片
End Sub
```

【例 10-11】 利用文件系统的三种控件设计一个简易的文件管理器，利用该文件管理器可以进行文件的复制、移动等操作。设计界面如图 10-13 所示。

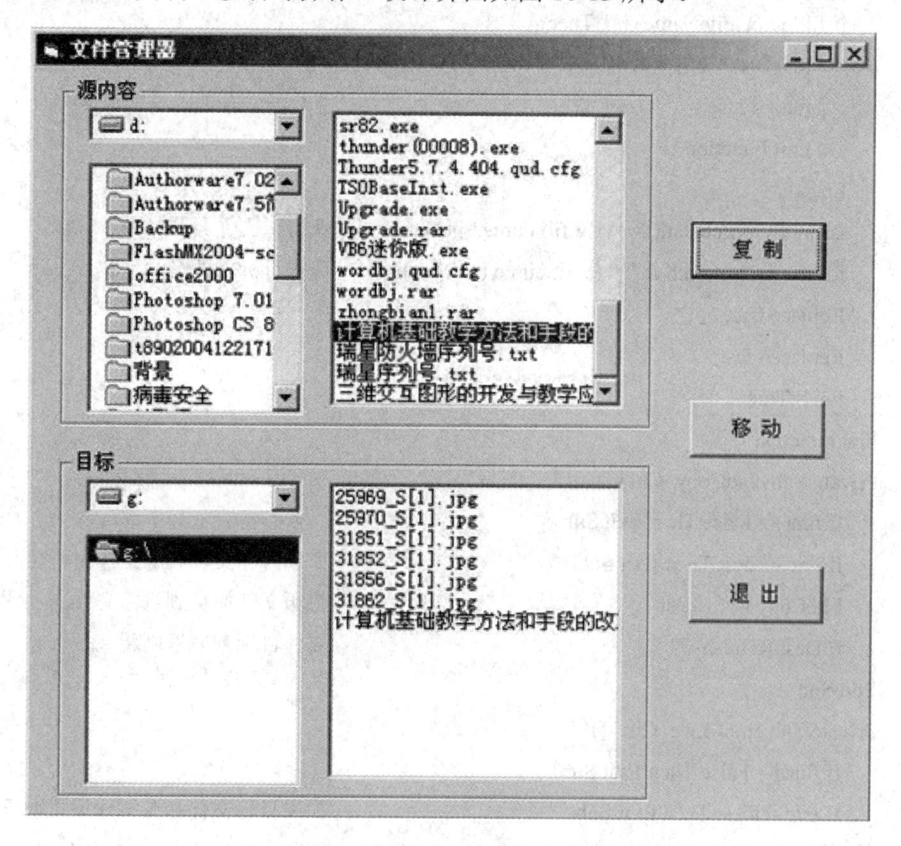

图 10-13　文件管理器

界面设计中用到的对象及属性如表 10.3 所示。

表 10.3　文件管理器中的对象及属性设置

对象(名称)	属 性	属性值	对象(名称)	属 性	属性值
窗体(frmForm)	Caption	文件管理器	目录列表框(dirDest)	Caption	目标目录列表框
驱动器(drvSource)	Caption	源驱动器	文件列表框(filDest)	Caption	目标文件列表框
目录列表框(dirSource)	Caption	源目录列表框	命令按钮(cmdCopy)	Caption	复制
文件列表框(filSource)	Caption	源文件列表框	命令按钮(cmdMove)	Caption	移动
驱动器(drvDest)	Caption	目标驱动器	命令按钮(cmdExit)	Caption	退出

程序代码如下：

```
Dim fsrc As String, fdest As String
Private Function fun() As Boolean                     '定义一个 Boolen 类型的函数
    If filSource.FileName = "" Then
        MsgBox "请选择待操作文件(源)！", vbCritical
        fun = False
        Exit Function
    End If
    fsrc = filSource.Path & "\" & filSource.FileName     '获得源文件名
    fdest = filDest.Path & "\" & filSource.FileName      '获得目标文件名
    Replace fsrc, "\", "\"
    Replace fdest, "\", "\"
    fun = True
End Function
Private Sub cmdCopy_Click()
    If fun() = False Then Exit Sub
    If fsrc = fdest Then Exit Sub                        '如果目标文件和源文件相同则退出
    FileCopy fsrc, fdest                                 '将源文件拷贝到目标文件
    filDest.Refresh                                      '文件目标列表框刷新
End Sub
Private Sub cmdMove_Click()
    If fun() = False Then Exit Sub
    If fsrc = fdest Then Exit Sub                        '如果目标文件和源文件相同则退出
    If Dir(fdest) = filSource.FileName Then Kill fdest   '删除文件
    Name fsrc As fdest                                   '文件重命名
    filSource.Refresh                                    '源文件列表框刷新
    filDest.Refresh                                      '目标文件列表框刷新
```

```
End Sub
Private Sub cmdExit_Click()
    End
End Sub
Private Sub drvSource_Change()
    dirSource.Path = drvSource.Drive          '源驱动器列表框和源目录列表框同步
End Sub
Private Sub dirSource_Change()
    filSource.Path = dirSource.Path           '源文件列表框和源目录列表框同步
End Sub
Private Sub drvDest_Change()
    dirDest.Path = drvDest.Drive              '目标驱动器列表框和目标目录列表框同步
End Sub
Private Sub dirDest_Change()
    filDest.Path = dirDest.Path               '目标文件列表框和目标目录列表框同步
End Sub
```

本 章 小 结

本章介绍了如何对普通文件进行操作和管理。

1．文件的基本概念

文件是存储在外存上的信息的集合，文件按文件名进行存取。不同的文件有不同的结构。Visual Basic 中根据文件的存取方式不同将文件分为顺序文件(Sequential File)、随机文件(Random Access File)和二进制文件(Binary File)。顺序文件的结构简单，但维护困难；随机文件数据访问方便快捷，但占用存储空间较大；二进制文件灵活性最大，但程序的工作量也最大。

2．文件的操作

文件的操作是本章的重点，同时也是难点，尤其是顺序文件和随机文件的读写操作，读者需要熟练掌握。

(1) 文件的打开。在 Visual Basic 中，用 Open 语句打开或建立文件，其语法格式为

Open <FileName> For [方式] [Access 存取类型] [Lock] As <#FileNumber> [Len = BufferSize]

(2) 文件的关闭。Close 语句用于关闭使用 Open 语句所打开的输入/输出文件，其语法格式为

Close [[#]文件号 1] [, [#]文件号 2] …

(3) 顺序文件的读写操作。

① 写操作格式：

Print # 文件号，[输出列表]　或　Write #文件号，[输出列表]

② 读操作格式：

Input # 文件号，变量表　或　Line Input # 文件号，字符串变量

(4) 随机文件的读写操作。

① 写操作格式：

Put #文件号，[记录号]，表达式

② 读操作格式：

Get #文件号，[记录号]，变量名

(5) 二进制文件的读写操作。

① 写操作格式：

Put #文件号, [写位置] , 变量名

② 读操作格式：

Get #文件号, [读位置], 变量名

3．常用文件的操作语句和函数

在 Visual Basic 中，系统还提供了许多对文件进行操作的语句和函数。常用的文件操作语句有：FileCopy、Kill、Name、ChDrive、ChDir、MkDir、RmDir 等；常用的文件操作函数有 LOF、EOF、Loc、Seek、FreeFile、Dir、CurDir 等。了解这些操作语句和函数，可以编写较为复杂的程序，同时能够提高程序设计的效率。

4．文件系统控件

Visual Basic 的文件系统控件有驱动器列表框(DriveListBox)、目录列表框(DirListBox)和文件列表框(FileListBox)。

驱动器列表框(DriveListBox)通过其 Drive 属性提供了选择有效磁盘驱动器的功能。在程序的运行阶段，如果改变了 Drive 属性的值，将会引发驱动器列表框的 Change 事件。

目录列表框(DirListBox)显示当前或指定的驱动器的全部目录结构，其 Path 属性用来返回或设置当前的目录路径。其主要事件是 Change 事件和 Click 事件，但通常只对 Change 事件编程。

文件列表框(FileListBox)在程序运行时自动显示指定目录下的所有文件的文件名。文件列表框的 Path 属性返回或设置当前指定的目录，FileName 属性返回在文件列表框中选择的文件名，Pattern 属性指定文件列表框控件显示的文件类型。文件列表框的主要事件是 Click 事件和 DblClick 事件。

习　题　10

一、选择题

1．要使目录列表框(名称为 Dirl)中的目录随着驱动器列表框(名称为 Drivel)中所选择的当前驱动器的不同而同时发生变化，则应(　)。

A．在 Dirl 中的 Change 事件中，书写语句 Dirl.Drive=Drivel.Drive

B．在 Dirl 中的 Change 事件中，书写语句 Dirl.Path=Drivel.Drive

C．在 Drivel 中的 Change 事件中，书写语句 Dirl.Path=Drivel.Drive

D．在 Drivel 中的 Change 事件中，书写语句 Dirl.Drive=Drivel.Drive

2．下列关于文件名和文件号的说法，正确的是( )。

A．文件名和文件号在程序中的使用没有区别

B．文件名和文件号都是用来标识文件的

C．文件名是用户定义的，文件号是系统自动生成的

D．除 Open 语句外，其他对文件数据的操作语句中都可以使用文件名或文件号，由用户任选其一

3．从随机文件中读出数据，使用的语句是( )。

A．Input #文件号，变量名表　　B．Write #文件号，表达式列表

C．Put #文件号，变量名　　D．Get #文件号，变量名

4．设置或返回程序运行时要操作的驱动器，使用驱动器列表框 DriveList 的( )属性。

A．Value　　B．List　　C．Drive　　D．Pattern

5．文件列表框 FileListBox 用于设置或返回文件类型的属性是( )。

A．Pattern　　B．Path　　C．Drive　　D．FileTitle

6．下列叙述中，不属于顺序文件特性的是( )。

A．顺序文件是一种结构式文件

B．顺序文件是一种流式文件

C．顺序文件只提供文件首地址

D．顺序文件在查找数据时必须从头读取，直到找到所需数据为止

7．判断顺序文件中的数据是否读完，应使用的函数是( )。

A．Loc　　B．Eof　　C．FreeFile　　D．Lof

8．Open 语句中 For 子句的作用是( )。

A．设置打开文件的条件

B．设置打开文件的锁定方式(共享、锁定读还是锁定写)

C．设置打开文件后，是否允许对文件进行读、写操作

D．设置要打开文件的存取方式

二、填空题

1．打开顺序文件时，除了文件与文件号必须指明外，还应指定存取方式是__(1)__还是 Output。

2．Visual Basic 提供的顺序文件的访问模式有__(2)__、__(3)__和__(4)__。

3．在 Visual Basic 中，按照文件的存取方式将文件分为__(5)__、__(6)__和二进制文件。

4．在用 Open 语句打开文件时，如果省略 For 子句，则打开的文件的读取方式是__(7)__。

5．对数据文件进行任何读/写操作之前，必须用__(8)__语句打开该文件。数据文件读/写完之后用__(9)__语句关闭该文件。

6．返回当前可用的最小文件号使用的函数是__(10)__。

7．下列程序段将数据 1，2，…，10 写入顺序文件 F1 中，请补充完整。

```
Private Sub Form_Click()
    Dim i As Integer
    Open______(11)______As #1
    For i = 1 To 10
      ____(12)____
    Next i
    Close #1
End Sub
```

8．把一个磁盘文件的内容读到内存并在文本框中显示出来，然后把该文本框中的内容存入另一个磁盘文件，请填空完成程序。在窗体上建立一个文本框，在属性窗口中把该文本框的 MultiLine 属性设置为 True，然后编写如下的事件过程：

```
Private Sub Form_Click()
    Open "D：\test1.txt" For Input As # 1
    Text1.FontSize=14
    Text1.FontName="幼圆"
    Do While Not EOF(1)
        ______(13)______
        Whole $ =whole $ +aspect $
    Loop
    Text1.Text= ____(14)____
    Close
    Open "D：\ test2.txt" For Output   As   # 1
    Print # 1, ____(15)____
    Close
End Sub
```

三、简答题

1．简述数据文件的结构。

2．文件的作用是什么？目录与文件是什么关系？

3．在 Visual Basic 中，文件操作的一般步骤是什么？

4．文件列表框的 FileName 属性包含路径吗？

5．使用 Output 模式打开一个已存在的文件会发生什么情况？其与 Append 方式的区别是什么？

6．如果不用 Close 语句关闭文件，为什么可能导致文件数据丢失？

四、编程题

1．编写程序，把一个磁盘文件的内容读到内存并在文本框中显示出来。

2．设计程序，界面如图 10-14 所示。利用随机文件(G 盘的根目录下的 student2.dat 文件)保存学生成绩，通过文本框可以输入学号、姓名和成绩，也可以浏览数据。窗体上的控件包含两个框架、三个标签、三个文本框、一个列表框和一个命令按钮。

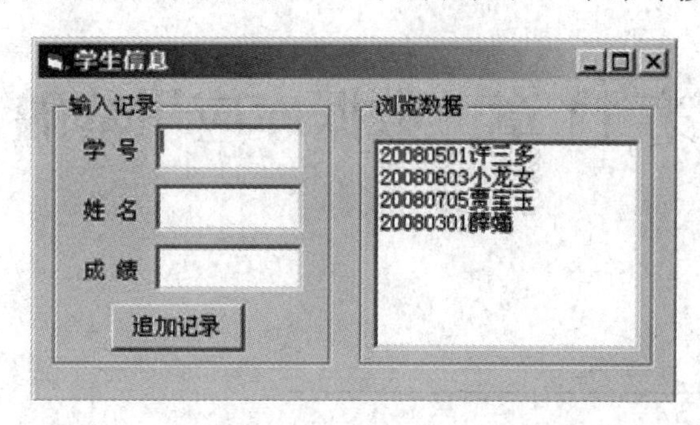

图 10-14 “学生信息”程序设计界面

3．设计程序，在窗体上添加驱动器列表框控件 Drive1、目录列表框控件 Dir1 和文件列表框控件 File1，以及一个组合框控件 Combo1 和一个标签。设计界面如图 10-15 所示。当通过驱动器列表框和目录列表框选择文件时，利用组合列表框控件可以限制文件列表框中显示的文件类型。

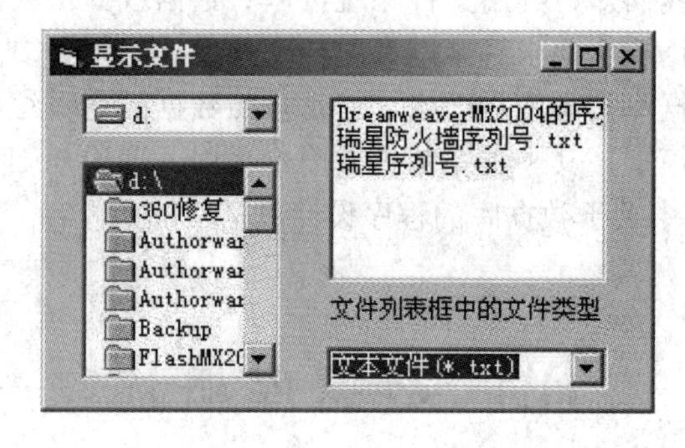

图 10-15 “显示文件”组合列表框程序设计界面

第 11 章　数据库应用基础

本章要点：

(1) 数据库的基本概念；
(2) Data 控件和 ADO Data 控件的基本用法；
(3) 可视化数据管理器 VisData 建立和维护数据库的方法；
(4) SQL 语言简介；
(5) 数据窗体向导的使用。

通过前面的学习，我们知道利用文件系统可以对数据进行永久保存，但是当数据量越来越大，数据共享和数据安全要求越来越高时，文件系统的固有缺陷就表现得比较明显。为了解决这些问题，数据库技术应运而生。通常按照数据的逻辑结构将数据库分为层次、网状、关系、对象四种模型，其中关系数据库简单易用，理论基础坚实，是当今数据库技术的主流。Visual Basic 中关于数据库的程序设计包括三部分内容：数据库主体、数据库引擎和用户界面。

11.1　数据库概述

数据库系统由数据库和数据库管理系统(DBMS)组成。数据库存储数据是一个静态的存储结构；数据库管理系统是一个专门的管理软件，负责数据的检索、增加、删除与修改，维护数据的一致性和完整性，提供正确使用的各种机制。Visual Basic 具有强大的数据库操作功能，提供数据管理器(Data Manager)、数据控件(Data Control)以及 ADO(Active Data Object)数据控件等功能强大的工具。利用 Visual Basic 能够开发出基于多种类型数据库的应用系统。

11.1.1　概述

数据库技术研究在计算机环境下如何合理组织数据、有效管理数据和高效处理数据。数据处理的核心问题是数据管理，数据管理技术经历了人工管理、文件系统和数据库管理三个阶段。

(1) 数据库(DB，DataBase)是指以一定的组织方式，将相关的数据组织在一起，存储在计算机存储设备上，能为多个用户所共享的，与应用程序彼此独立的相关数据的集合。它不仅包括描述事物的数据本身，而且包括相关事物之间的联系。

(2) 数据库管理系统(DBMS，DataBase Management System)是为数据库的建立、使用和

维护而配置的软件，是数据库系统的核心组成部分。通常，Visual Basic 使用的数据库管理系统由 Microsoft Access 数据库和 Visual Basic 中的微软 Jet 数据库引擎(Microsoft Jet Database Engine)组成。

(3) 数据库系统(DBS，DataBase System)是用数据库技术统一管理、操纵和维护数据资源的整个计算机系统，由计算机硬件、软件、数据和人员 4 个部分组成。

(4) 数据库应用系统是指系统开发人员利用数据库系统资源开发出来的，面向某一类信息处理问题而建立的软件系统。

在数据库管理系统的支持下，数据完全独立于应用程序，并且能被多个用户或程序共享。数据库系统可以表示成如图 11-1 所示的结构。

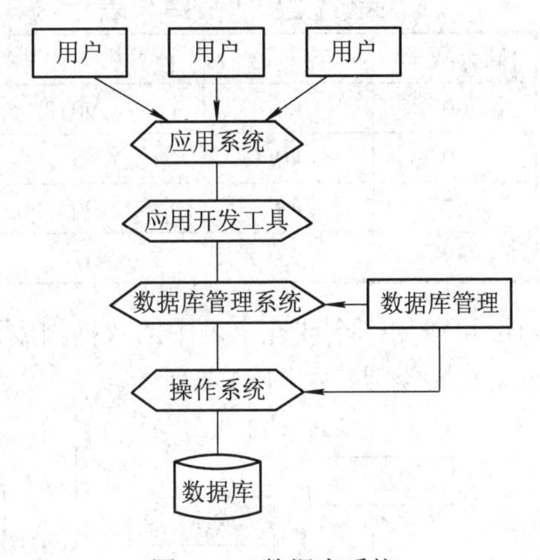

图 11-1　数据库系统

11.1.2　关系数据库及其特点

1. 关系数据库

数据模型是用来描述现实世界中的事物及其联系的，它将数据库中的数据按照一定的结构组织起来，以反映事物本身及事物之间的各种联系。常用的数据模型有层次模型、网状模型和关系模型。

由关系模型组成的数据库就是关系数据库。在关系数据库中，数据以二维表的形式存储，组成一个关系(又称为表)，各表之间的数据通过建立关联实现连接。

2. 几个基本概念

(1) 关系：一个关系就是一张二维表，如表 11.1、表 11.2 所示。

(2) 元组：表的一行，应用上常称为记录。

(3) 属性：表中的一列，应用上常称为字段。

(4) 候选码：能够唯一标识表中一个记录的最小的字段集合。

(5) 主码(主键、主关键字)：被指定用作记录标识的候选码。

候选码可以有多个，主码只有一个。

表 11.1 所示的“学生”表就是一个关系，其中包含 6 个属性(字段)、4 条元组(记录)。

"学号"可以唯一地确定一条记录，故"学号"是该表的候选码；如无学生同名，则"姓名"也可作为候选码，可以任选二者之一作为主码。

字段

表 11.1　"学生"表

主键 → 学号；记录 ← 第一行

学　号	姓　名	性　别	出生年月	系　别	专　业
20081506	刘晓东	True	1997/05/13	机械	机械制造
20081507	杨东	True	1998/12/10	电气	电气自动化
20081508	何冰	False	1998/04/20	机械	机械设计
20081509	周楚云	True	1998/05/12	机械	机械制造

表 11.2　"成绩"表

学　号	高等数学	英　语	计算机文化基础	计算机语言
20081506	60	80	90	75
20081507	69	40	95	72
20081508	67	89	90	83
20081509	89	65	87	72

(6) 记录集(Recordset)：可以用一个或几个表中的数据构成记录集 Recordset 对象。记录集也由行和列构成，记录集与表类似，如图 11-2 所示。

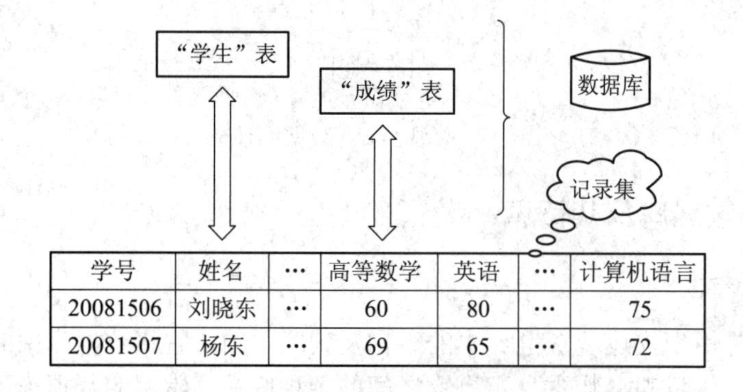

图 11-2　记录集图示一

在 Visual Basic 中，数据库内的表格不允许直接访问，只能通过记录集对象进行记录的操作和浏览。因此，记录集是一种浏览数据库的工具，如图 11-3 所示。

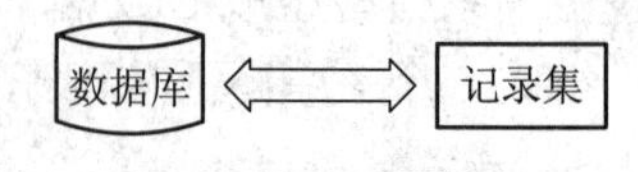

图 11-3　记录集图示二

3．关系的主要性质

关系的主要性质包括：

(1) 关系中的每个属性必须是不可分割的数据单元。

(2) 关系中每一列元素值的数据类型必须相同。

(3) 同一个关系中不能有相同的字段和记录。

(4) 关系的行、列次序可以任意交换，不影响其信息内容。

4．关系数据库的主要特点

关系数据库的主要特点是：

(1) 关系数据库以面向系统的观点组织数据，使数据具有最小的冗余度，以支持复杂的数据结构。

(2) 关系数据库具有高度的数据和程序的相互独立性，可以使应用程序与数据的逻辑结构及数据的物理存储方式无关。

(3) 关系数据库中的数据由于具有共享性，因而能为多个用户服务。

(4) 关系数据库允许多个用户访问数据库中的数据，同时可提供更多的控制功能，保证数据存储和使用具有安全性、完整性和并发性控制。其中，安全性控制可防止未经允许的用户存取数据；完整性控制可保证数据的正确性、有效性和相容性；并发性控制可防止多用户同时访问数据时由于相互干扰而产生的数据不一致。

11.2　数据库管理器 VisData

Visual Basic 可以处理多种类型的数据库，如 FoxPro、Access、Oracle、Sybase、SQL Server 以及 Excel 等。Visual Basic 默认的数据库是 Access 数据库，可以用 Visual Basic 直接创建数据库，库文件的扩展名是.mdb。下面以 Access 数据库为例介绍有关数据库的基本操作。

1. 建立数据库

单击 Visual Basic 主菜单的“外接程序”，选择“可视化数据管理器”，打开如图 11-4 所示的 VisData 数据管理器。

图 11-4　可视化数据管理器 VisData

利用可视化数据管理器创建 Access 数据库的具体步骤如下：

(1) 单击“文件”菜单下的“新建”菜单项，出现数据库类型选择菜单。单击数据库类型菜单中的 Microsoft Access，将出现版本子菜单，在版本子菜单中选择要创建的数据库版本，如 Version 7.0 MDB，如图 11-5 所示。

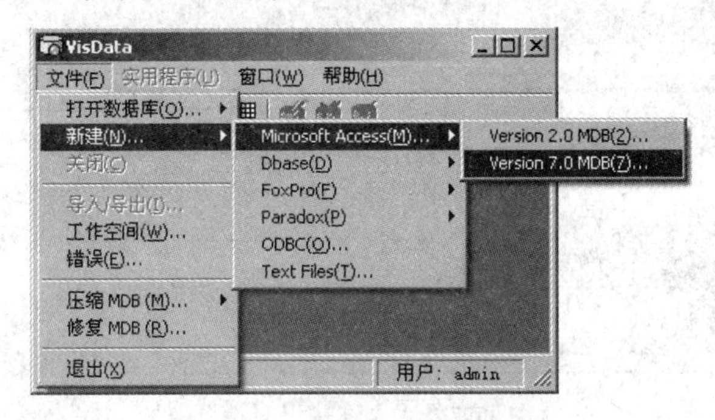

图 11-5　创建数据库的菜单选项

(2) 选择要创建的数据库类型及版本后，出现新建数据库对话框，在此对话框中输入要创建的数据库名“student.mdb”。

(3) 在可视化数据库管理器窗口中出现“数据库窗口”和“SQL 语句”窗口，如图 11-6 所示。“数据库窗口”以树型结构显示数据库中的所有对象，单击鼠标右键激活快捷菜单，其中包括“新建表”、“刷新列表”等菜单项。

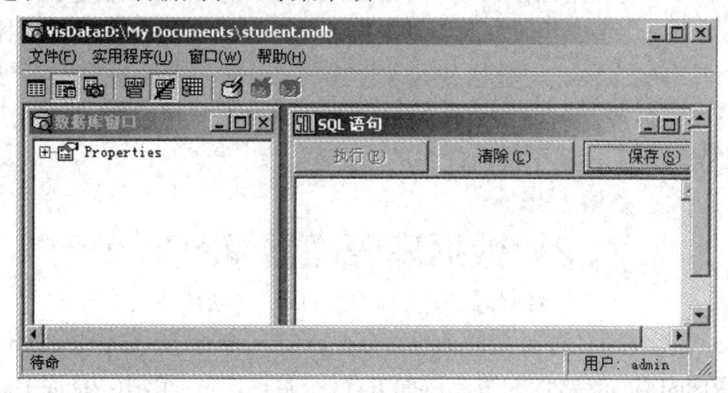

图 11-6　创建数据库界面

2．创建和编辑数据表

初始创建的数据库文件是一个空文件，不包含任何数据。创建表就是向其中添加表。向数据库中添加表分为两步：一是建立数据表结构，二是向数据表中添加记录。

在数据管理器中创建“学生”表，可通过以下步骤完成：

(1) 用鼠标右击数据库窗口的空白处，在弹出的菜单中选择“新建表”命令，打开如图 11-7 所示的“表结构”对话框。

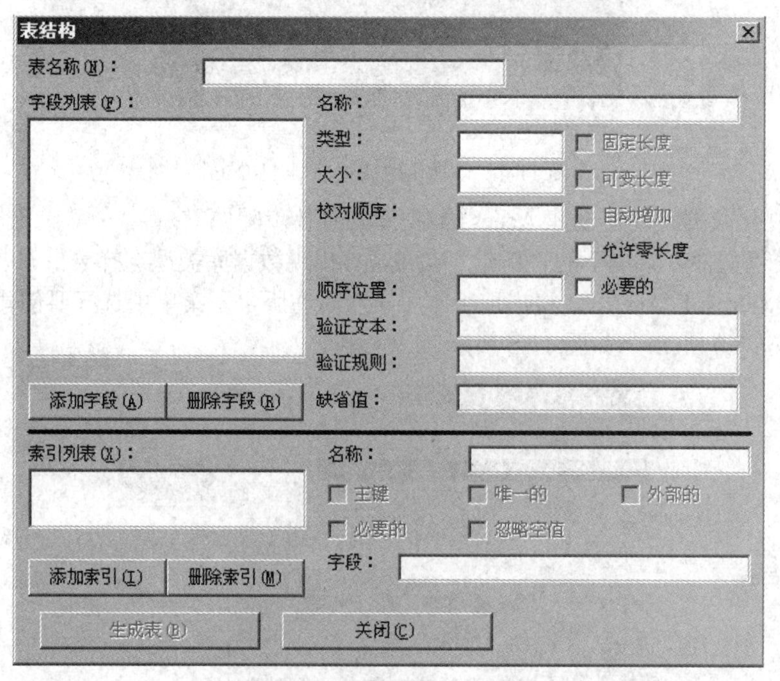

图 11-7　“表结构”对话框

(2) 在“表名称”栏内输入要创建的表的名称“student”。

(3) 单击“添加字段”按钮，打开如图 11-8 所示的“添加字段”对话框。在此对话框中输入字段的名称；选择字段的类型，如果是文本类型，还要输入文本的长度，注意 1 个汉字占两个字符，这与 Visual Basic 语言中的含义不同；设置字段的其他属性，例如是固定字段还是可变字段等。

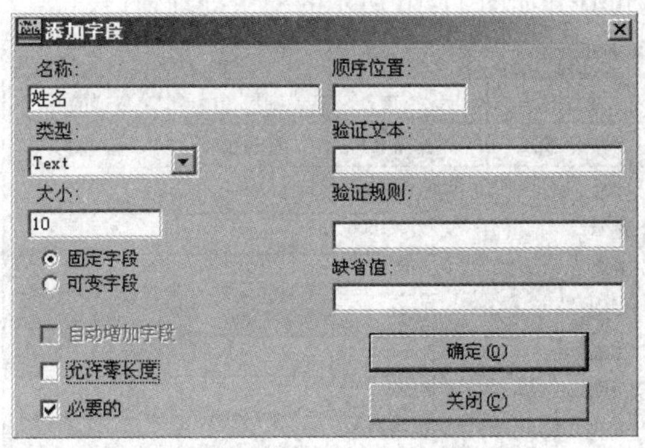

图 11-8　“添加字段”对话框

每输入一个字段后单击“确定”按钮，输入的内容就会显示在“表结构”对话框中。输入完所有的字段后，关闭“添加字段”对话框，回到“表结构”对话框中。这样就建立了表结构。

(4) 在“表结构”对话框中，单击“添加索引”按钮，打开“添加索引到学生”对话框，如图 11-9 所示。

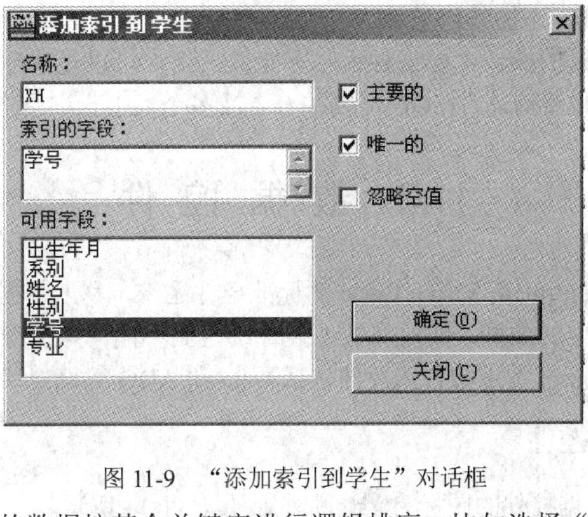

图 11-9　“添加索引到学生”对话框

索引是指将表中的数据按某个关键字进行逻辑排序，比如选择“学号”关键字作为索引字段，则表中的数据将按学号排序。

在“添加索引”对话框中输入索引名称。在“可用字段”列表框中选择索引字段。复选框“唯一的”用于设置此索引字段是否是唯一的(即数据表中没有相同的两个关键字值)，比如“学号”索引关键字就应设为唯一的。

设置完成后关闭“添加索引到学生”对话框。

(5) 在“表结构”对话框中选择“生成表”按钮，则在数据库窗口中会增加一个“学生”表。

3. 输入记录

数据表的结构建立好以后，就可以输入记录了。在数据库窗口用鼠标右键单击数据表，选择“打开”命令，即可打开如图 11-10 所示的记录处理窗口。

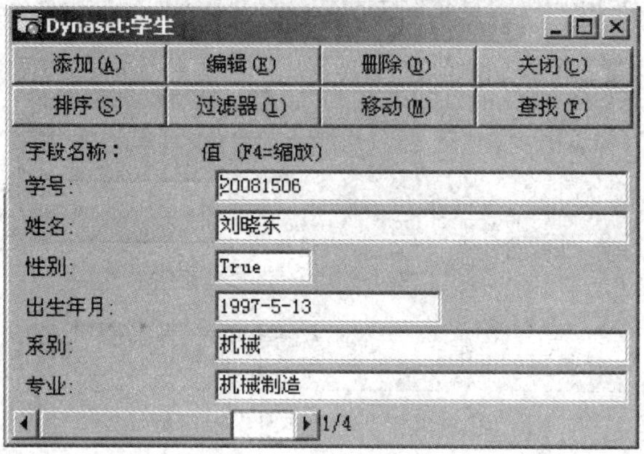

图 11-10　记录处理窗口

输入记录的步骤如下：

(1) 单击“添加”按钮，可以打开记录添加窗口。

(2) 根据字段类型输入一条记录。

(3) 单击“更新”按钮，输入或修改的数据会添加到学生记录集中。

(4) 重复以上步骤，添加其他记录。

实际应用中，记录的操作主要依靠程序来完成，用户可以设计方便的记录输入、修改操作界面。使用结构化查询语言(SQL)可以在一个或多个表中查询用户所需要的信息。

11.3 数 据 控 件

数据控件(Data Control)是 Visual Basic 的标准控件之一，利用数据控件只需编写少量的代码即可访问数据库中的数据，通过将数据控件绑定到不同的数据源可以完成数据库应用程序的开发。Visual Basic 常用的数据控件包括 Data 和 ADO 数据控件(见 11.5 节)。

11.3.1 Data 数据控件

工具箱内 Data 数据控件的图标为，其外观如图 11-11 所示。

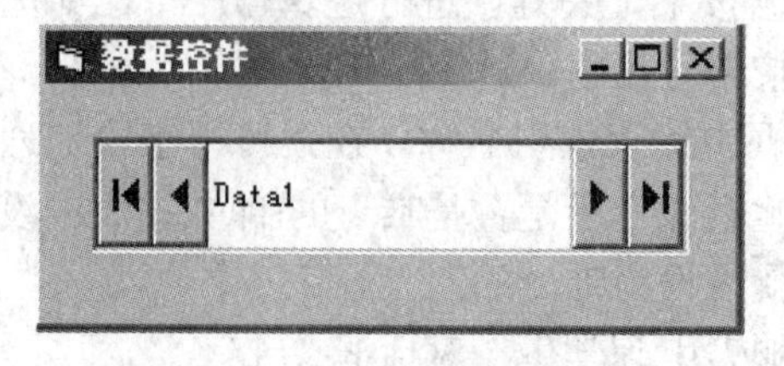

图 11-11　Data 数据控件外观

1. Data 数据控件的常用属性

(1) DatabaseName 属性：确定数据控件使用的数据库的完整路径文件名。如果连接的是单表数据库，则 DatabaseName 属性应设置为数据库文件所在的子目录名，而具体文件名放在 RecordSource 属性中。

如果在“属性”窗口中单击 DatabaseName 属性右边的按钮，则会出现一个公用对话框，用于选择相应的数据库。例如，连接一个 Microsoft Access 的数据库 C:\学生档案.mdb，则 Data1.DatabaseName="C:\学生档案.mdb "。

(2) Connect 属性：指定连接的数据库的类型，默认值为 Access。

(3) RecordsetType 属性：指定所需的记录集对象类型，表 11.3 是该属性值的说明。

(4) RecordSource 属性：指定数据控件所连接的记录来源，可以是数据表名，也可以是查询名或 Select 查询语句。

(5) BOFAction 属性：记录指针移动到第一条记录的前面时，即记录集(RecordSet)对象的 BOF 属性为真时，数据控件执行的操作。

(6) EOFAction 属性：记录指针移动到最后一条记录的后面时，即记录集(RecordSet)对象的 EOF 属性为真时，数据控件执行的操作。

表 11.3　记录集类型说明

记录集类型	说　明
Table	表格直接显示的数据，它比其它类型记录集处理速度快，内存开销较大
Dynaset	一个或者几个表中记录的引用，动态集和产生动态集的基本表可以相互更新。它是最灵活、功能最强的动态集
Snapshot	数据库一瞬间的状态，现实的数据是静态、只读状态，内存开销最少

2. 数据控件与数据绑定控件的连接

数据控件只能连接数据库产生记录集(Recordset)，不能显示记录集中的数据，要显示记录集中的数据还必须通过与它绑定的控件来实现。图 11-12 指出了数据控件、记录集与绑定控件之间的关系。

图 11-12　数据控件、记录集与绑定控件之间的关系

当数据绑定控件与数据访问控件绑定后，Visual Basic 将当前记录的字段值赋给控件。如果修改了数据绑定控件内的数据，则只要移动记录指针，修改后的数据就会自动写入数据库。

要使绑定控件可以显示相应的信息，必须对控件进行适当的属性设置。数据绑定控件常用的属性介绍如下。

(1) DataSource 属性：指定数据绑定控件所连接的数据控件的名称，即指定把数据绑定控件绑定到哪个数据控件上。

(2) DataField 属性：指定 Data 控件所建立的记录集中的字段的名称。

(3) DataChange 属性：指明显示在数据绑定控件中的值是否已经改变。

常用的 PictureBox、LabelBox、TextBox、CheckBox、ImageBox、ListBox 和 ComboBox 控件都能和数据控件绑定。

【例 11-1】 设计一窗体，在窗体内通过文本框等绑定控件显示表 11.1“学生”表内的记录。

设计步骤如下：

(1) 创建工程，添加控件，建立如图 11-13 所示的运行界面，按表 11.4 设置对象及其属性。

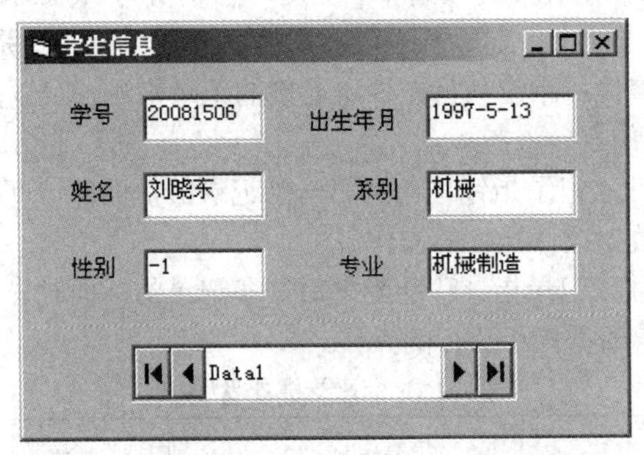

图 11-13　例 11-1 运行界面

(2) 运行程序，点击图 11-13 中数据控件两端的小三角按钮，可查看其他记录。

表 11.4　“学生信息”窗体中的对象及属性设置

对象(名称)	属　性	属性值	对象(名称)	属　性	属性值
窗体(Form1)	Caption	学生信息	文本框(Text3)	DataField	性别
数据控件(Data1)	DatabaseName	D:\VB\student.mdb		DataSource	Data1
	Connect	Access	文本框(Text4)	DataField	出生年月
	RecordSource	Student		DataSource	Data1
文本框(Text1)	DataField	学号	文本框(Text5)	DataField	系别
	DataSource	Data1		DataSource	Data1
文本框(Text2)	DataField	姓名	文本框(Text6)	DataField	专业
	DataSource	Data1		DataSource	Data1

【例11-2】 设计一个窗体，通过数据网格控件浏览“学生”表内的记录，界面如图 11-14 所示。

设计步骤如下：

(1) 添加 MsFlexGrid 控件(“工程”|“部件”|“Microsoft FlexGrid Control”)；建立 Data 控件并设置其属性，如表 11.5 所示。

表 11.5　“学生信息表”窗体中的对象和属性设置

对象(名称)	属　性	属 性 值
Data 控件 (Data1)	DatabaseName	d:\VB\student.mdb
	RecordsetType	0
	RecordSource	Student
数据网格控件 (MsFlexGrid1)	DataSource	Data1

(2) 运行程序，如图 11-14 所示。

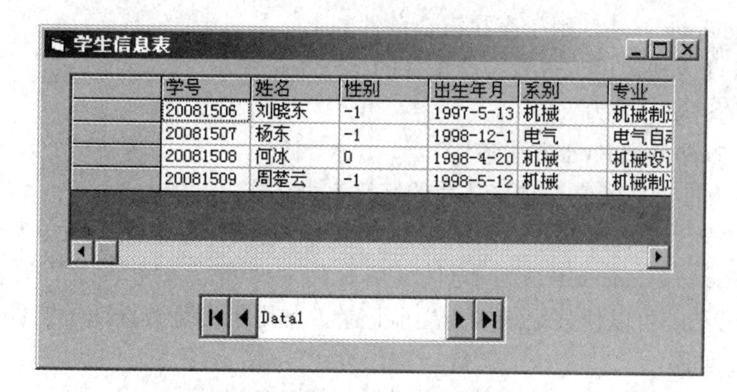

图 11-14　例 11-2 运行结果

3．数据控件的记录集(Recordset)对象的属性和方法

1) 属性

(1) EOF 属性：当记录指针向后移动越过最后记录时，值为 True。

(2) BOF 属性：当记录指针向前移动越过首记录时，值为 True。

(3) RecordCount 属性：记录集中记录的总数。

(4) Field(I).Value 属性：当前记录第 I 号字段的值。

(5) NoMatch 属性：使用 Seek 或 Find 方法查找时，如无满足条件的记录，值为 True。

(6) AbsolutePosition 属性：设置或读取当前记录在记录集中的位置。第一条记录的位置是 0，最后一条记录的位置是 RecordCount−1。

2) 方法

(1) AddNew 方法：用于添加一条新记录，新记录的每个字段如果有默认值，将以默认值表示，如果没有则为空白。例如，给数据控件 Data1 的记录集添加新记录：

```
Data1.Recordset.AddNew
```

添加新记录后必须用记录集 Update 方法来更新，这与数据库管理器中添加记录的过程类似。

(2) Delete 方法：用于删除当前记录，删除后应将当前记录指针移到下一条记录。其格式为

```
Data1.Recordset.Delete
```

(3) Edit 方法：用于编辑记录集的记录内容。和添加记录一样，编辑后要使用 Update 方法更新。其格式为

```
Data1.Recordset.Edit
```

(4) Update 方法：在 AddNew 方法和 Edit 方法之后使用，用于更新记录集中的数据。例如，在编辑完当前记录后，可用 Update 方法保存最新的修改，其格式为

```
Data1.Recordset.Update
```

(5) Find 方法：用于在记录集中查找符合条件的记录。如果条件符合，则记录指针将定位在找到的记录上。Find 方法包括：

① FindFirst 方法，用于查找符合条件的第一条记录；

② FindLast 方法，用于查找符合条件的最后一条记录；

③ FindPrevious 方法，用于查找符合条件的上一条记录；

④ FindNext 方法，用于查找符合条件的下一条记录。

Find 方法的语法格式为

```
Data1.Recordset.Find 方法条件
```

其中，“条件”为指定字段值与常量关系的字符串表达式。

例如，在“学生”表中查找“系别”为“电气”的第一条记录，语句为

```
Data1.Recordset.FindFirst 系别="电气"
```

(6) Move 方法：可以使某记录成为当前记录，常用于浏览数据库中的数据。

Move 方法包括：

① MoveFirst 方法，用于将当前记录设置为第一条记录；

② MoveLast 方法，用于将当前记录设置为最后一条记录；

③ MovePrevious 方法，移动到当前记录的前一条记录，使之成为当前记录；

④ MoveNext 方法，移动到当前记录的下一条记录，使之成为当前记录。

如果 Data 控件定位在记录集的最后一条记录上，这时，继续向后移动记录，就会使记录集的 EOF 属性值变为 True，不能再使用 MoveNext 方法向下移动记录，否则会产生错误。为此，在使用 MoveNext 方法移动记录时，应该先检测一下记录集的 EOF 属性，通常使用如下的语句：

```
If Not Data1.Recordset.EOF Then
    Data1.Recordset.MoveNext
…                '处理当前记录
Else
   Data1.Recordset.MoveLast
End if
```

使用 MovePrevious 方法移动当前记录同样会出现与 MoveNext 方法类似的问题。因此，在使用 MovePrevious 方法时也应该先检测一下记录集的 BOF 属性。

(7) Close 方法：关闭指定的数据库、记录集，并释放分配的资源。

11.3.2　数据控件的常用方法

数据控件的常用方法包括：

(1) Refresh 方法。如果在设计状态没有为打开数据控件的有关属性全部赋值，或当 RecordSource 在运行时被改变后，必须使用激活数据控件的 Refresh 方法激活这些变化。

(2) UpdateControls 方法。此方法可以将数据从数据库中重新读到被数据控件绑定的控件内。使用 UpdateControls 方法将终止用户对绑定内控件的修改。

(3) UpdateRecord 方法。当对绑定内的控件修改后，数据控件需要移动记录集的指针才能保存修改，使用 UpdateRecord 方法可强制数据控件将绑定控件内的数据写入到数据库中而不再触发 Validate 事件。

11.3.3 数据控件的常用事件

除具有标准控件的所有事件之外，Data 控件还具有几个与数据库访问有关的特有事件。

(1) Reposition 事件。当用户单击 Data 控件上的某个箭头按钮，或者在应用程序中使用了某个 Move 或 Find 方法时，一条新记录成为当前记录，均会触发 Reposition 事件。例如，用这个事件来显示当前记录指针的位置，代码如下：

```
Private Sub Data1_Reposition()
    Data1.Caption = Data1.Recordset.AbsolutePosition + 1
End Sub
```

(2) Validate 事件。当某一记录成为当前记录之前，或是在 Update、Delete、Unload 或 Close 操作之前触发该事件。Validate 事件过程的框架为

```
Private Sub Data1_Validate(Action As Integer, Save As Integer)
    …
End Sub
```

其中，Action 用来指示引发这种事件的操作；Save 用来判断被连接的数据是否发生了变化。例如，在 Validate 事件触发时确定记录内容是否保存，如果不保存则恢复原记录内容，此时应在 Validate 事件过程中添加如下代码：

```
If Save = -1 Then
    m = MsgBox("要保存数据吗？", vbYesNo + vbQuestion)
    If m= vbNo Then
        Save = False
        Data1.UpdateControls
    End If
End If
```

11.3.4 数据控件的应用

【例 11-3】 完善例 11-1，使其具有添加、删除、修改和查找功能。程序运行后的界面如图 11-15 所示。

设计步骤如下：

(1) 建立控件，设置属性，参见表 11.4。注意：本例中数据控件的 RecordsetType 属性应设置为 1- Dynaset。

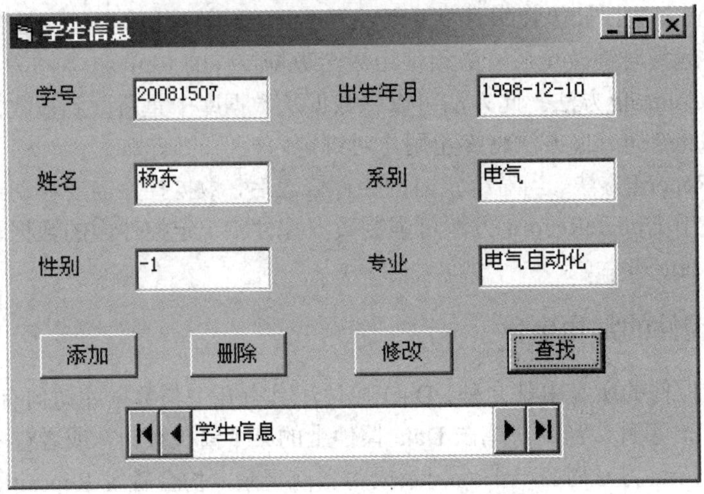

图 11-15　例 11-3 运行结果

(2) 编写事件代码如下：

```
Private Sub cmdAdd_Click()
    On Error Resume Next
    cmdDelete.Enabled = Not cmdDelete.Enabled
    cmdUpdate.Enabled = Not cmdUpdate.Enabled
    cmdSearch.Enabled = Not cmdSearch.Enabled
    If Command1.Caption = "添加" Then
        cmdAdd.Caption = "确认"
        Data1.Recordset.AddNew
        Text1.SetFocus
    Else
        cmdAdd.Caption = "添加"
        Data1.Recordset.Updata
        Data1.Recordset.MoveLast
    End If
End Sub
Private Sub cmdDelete_Click()
    Dim mst, res As String
    mst = "您是否真的要删除？"
    On Error Resume Next
    res = MsgBox(mst, vbOKCancel + vbExclamation)
    Select Case res
        Case vbOK
            Data1.Recordset.Delete
            Data1.Recordset.MoveNext
```

```
            If Data1.Recordset.EOF Then Data1.Recordset.MoveLast
    End Select
End Sub
Private Sub cmdUpdate_Click()
    On Error Resume Next
    cmdAdd.Enabled = Not cmdAdd.Enabled
    cmdDelete.Enabled = Not cmdDelete.Enabled

    cmdSearch.Enabled = Not cmdSearch.Enabled
    If cmdUpdate.Caption = "修改" Then
        cmdUpdate.Caption = "确认": Data1.Recordset.Edit: Text1.SetFocus
    Else
        cmdUpdate.Caption = "修改": Data1.Recordset.Updata
    End If
End Sub
Private Sub cmdSearch_Click()
    Dim sname As String
    sname = InputBox$("请输入姓名", "按学生姓名查找")
    Data1.Recordset.FindFirst "姓名='" & sname & "'"
    If Data1.Recordset.NoMatch Then MsgBox "查无此学生!", , "提示"
End Sub
Private Sub Form_Load()
    cmdAdd.Enabled = True: cmdDelete.Enabled = True
    cmdUpdate.Enabled = True:
    cmdSearch.Enabled = True
End Sub
```

(3) 保存后运行程序。

11.4　结构化查询语言 SQL

结构化查询语言 SQL(Structured Query Language)是操作数据库的工业标准语言，许多数据库和软件系统都支持 SQL 或提供 SQL 语言接口。SQL 包括数据定义语言(DDL)和数据操作语言(DML)。因此，SQL 既是数据库操作语言，也是数据库定义语言。数据库管理最常见的任务包括数据的检索、添加、删除和更新，对应 SQL 中的命令分别为 SELECT、INSERT、DELETE 和 UPDATE。

本节只介绍简单的查询语句。SQL 中查询语句 SELECT 的基本语法格式如下：

SELECT [DISTINCT] <字段名列表>　FROM <表名 1>[AS <别名 1>][,<表名 2> [AS <别名 2>]…]　[WHERE <条件表达式>]　[GROUP BY <字段名>　[ORDER BY

<字段名>[ASC | DESC]]]

SELECT 语句中的三个保留字 SELECT、FROM 和 WHERE 构成 select-from-where 形式的简单查询语句。SELECT 子句后面列出需要查找的字段名；FROM 子句给出查询所引用的关系(二维表)，即从哪个(些)表中查找需要的字段；WHERE 子句中的条件包括多表查询的表间连接条件和查询匹配的记录必须满足的条件。

DISTINCT 表示删除查询结果中重复的记录；GROUP BY 子句中的字段为分组字段(或分类字段)，即把该字段中具有相同值的记录分在同一组；ORDER BY 表示按此子句后的字段排序，ASC 是升序，DESC 是降序。

下面举例来说明 SELECT 语句的用法。

(1) 单表查询。如从表 11.1 的“学生”表中找出机械制造专业的学生信息，其 SQL 语句为

```
SELECT * FROM 学生 WHERE"专业 ='机械制造"
```

其中，“*”代表表中的所有字段。查询结果见表 11.6。

表 11.6　单表查询结果

学 号	姓 名	性 别	出生年月	系 别	专 业
20081506	刘晓东	True	1997/05/13	机械	机械制造
20081509	周楚云	True	1998/05/12	机械	机械制造

(2) 多表查询。在表 11.1 和表 11.2 中，查找机械系学生的学号、姓名及高等数学、英语成绩。SQL 语句为

```
SELECT A.学号，A.姓名，B.高等数学，B.外语 FROM 学生 AS A，成绩 AS B WHERE A.学号=
B.学号 AND 系别 ='机械'
```

查询结果见表 11.7。

表 11.7　多表查询结果

学 号	姓 名	高等数学	英 语
20081506	刘晓东	60	80
20081508	何冰	67	89
20081509	周楚云	89	65

多表查询时，为了避免不同表中有相同名称的字段，故在字段名前加上表的别名，如“A. 姓名”表示别名为 A 表的“姓名”字段，其中，“A”是查询时由 SELECT 语句的关键字 AS 指定的。

可视化管理器的 SQL 语句窗口(如图 11-16 所示)用于 SELECT 语句查询，结果显示在记录编辑窗口中。在 SQL 语句窗口中输入 SELECT 查询语句，单击“执行”按钮，在弹出的“是否传递查询”对话框中选择“否”，就可看到查询的结果。单击 SQL 语句窗口中的“保存”按钮，则打开提示为“输入查询定义名称”的对话框，按输入的“查询名”形式保存在数据库中。

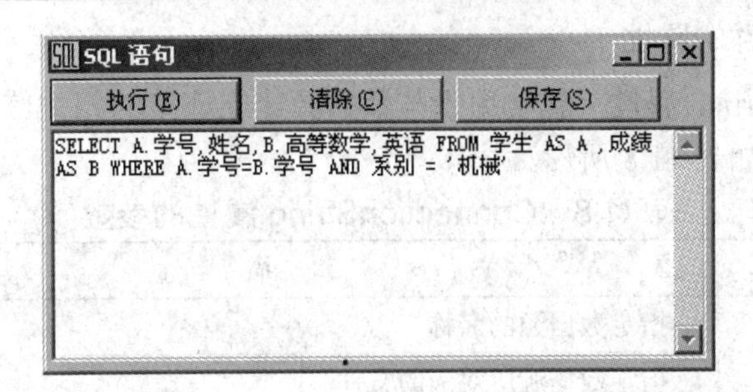

图 11-16　SQL 语句窗口

SQL 语句的特点是：只要将用户的信息需求用符合 SQL 语法规则的语句表达清楚，就能实现用户的需求。

可以通过使用 SQL 语句设置数据控件的 RecordSource 属性，这样可以建立与数据控件相关联的数据集。例如，将“学生”表中“姓名”、“学号”两列的所有记录都挑选出来，方法如下：

```
Data1.RecordSource="SELECT 学号，姓名 FROM 学生"
```

挑选表中性别为“男”的记录的“姓名”字段，方法如下：

```
Data1.RecordSource="SELECT 姓名 FROM 学生 WHERE 性别='男'"
```

11.5　ADO 数据控件

11.5.1　ADO 对象模型

ADO(Active Data Object)数据控件是 ActiveX 外部控件，它的用途以及外形都和 Data 控件相似，但它是通过 Microsoft ActiveX 数据对象(ADO)来建立对数据源的连接的，凡是符合 OLE DB 规范的数据源都能连接。ADO 数据控件通过属性实现了对数据源的连接。创建连接时，可以采用下列源之一：一个连接字符串，一个 OLE DB 文件(MDL)，一个 ODBC 数据源名称(DSN)。ADO 对象模型更为简化，不论是存取本地的还是远程的数据，它都提供了统一的接口。ADO 代表了 Microsoft 公司未来的数据访问策略。

11.5.2　使用 ADO 数据控件

1. 添加 ADO 数据控件

在使用 ADO 数据控件前，可通过“工程”|“部件”|“Microsoft ADO Data Control 6.0(OLE DB)”选项将 ADO 数据控件添加到工具箱中。ADO 数据控件与 Visual Basic 的内部数据控件(Data 控件)很相似，它允许使用 ADO 数据控件的基本属性快速地创建与数据库的连接。工具箱内 ADO 数据控件的图标为 。图 11-17 是 ADO 数据控件的外观。

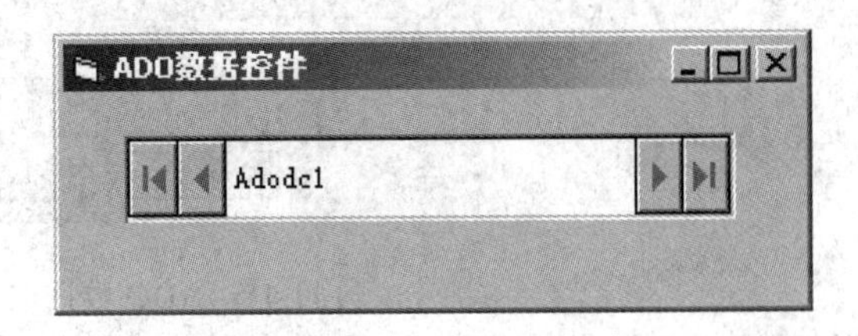

图 11-17　ADO 数据控件外观

2．ADO 数据控件的属性

(1) ConnectionString 属性：包含用于与数据源建立连接的相关信息。ConnectionString 属性带有 4 个参数，如表 11.8 所示。

表 11.8　ConnectionString 属性的参数

参　数	描　　述
Provide	指定数据源的名称
FileName	指定数据源所对应的文件名
RemoteProvide	在远程数据服务器打开一个客户端时所用的数据源名称
RemoteServer	在远程数据服务器打开一个主机端时所用的数据源名称

(2) RecordSource 属性：确定具体可访问的数据，这些数据构成记录集对象 Recordset。该属性值可以是数据库中的单个表名、一个存储查询，也可以是使用 SQL 查询语句的一个查询字符串。

(3) ConnectionTimeout 属性：用于数据连接的超时设定，若在指定时间内连接不成功，则显示超时信息。

(4) MaxRecords 属性：定义从一个查询中最多能返回的记录数。

3．ADO 数据控件的方法和事件

ADO 数据控件的方法和事件与 Data 控件的方法和事件完全一样，这里不再介绍。

4．ADO 数据控件的连接设置

连接操作：

(1) 用鼠标右击 ADO 数据控件，选择快捷菜单“ADO DC 属性”命令，打开 ADO 数据控件的“属性页”对话框，如图 11-18 所示。

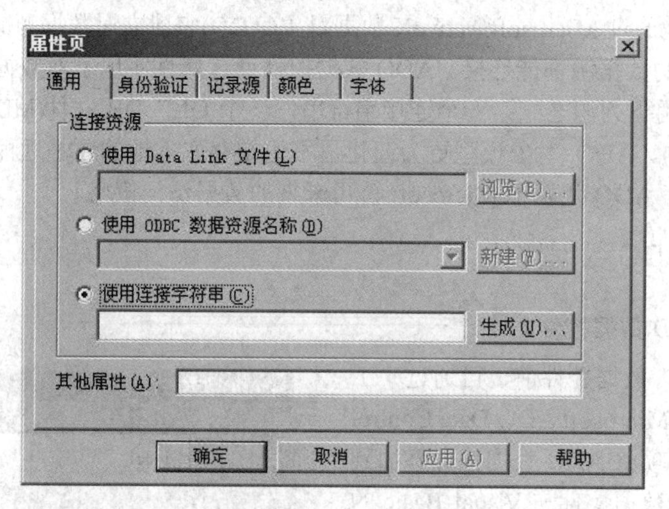

图 11-18　ADO 数据控件的“属性页”对话框

(2) 要使用 ADO 数据控件，首先需要连接数据源，也就是设置 ConnectionString 属性值。图 11-18 所示的“通用”选项卡中有三个选项，分别用于 OLE DB 文件(.udl)、ODBC 数据源(.dsn)及连接字符串。例如，选中“使用连接字符串”，单击“生成”按钮进入“数据链接属性”对

话框，在“提供者”选项中选择“Microsoft Jet 3.51 OLE DB Provider”，如图 11-19 所示。

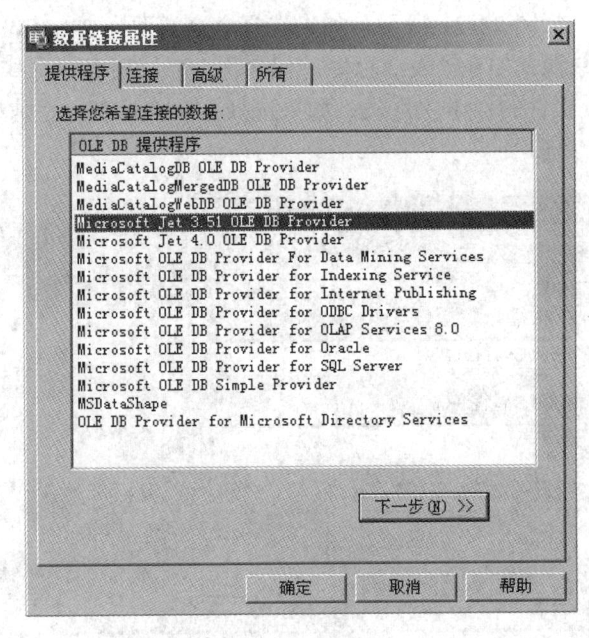

图 11-19　“数据链接属性”对话框

(3) 单击“下一步”按钮，在出现的“连接”选项卡中单击“…”按钮，选择所需数据库的路径和名字(如 D:\VB\student.mdb)，在“输入登录数据库的信息”中输入用户名称和密码，如图 11-20 所示。单击“测试连接”按钮，当弹出“测试连接成功”对话框时，单击“确定”按钮，则完成了 OLE DB 数据连接。

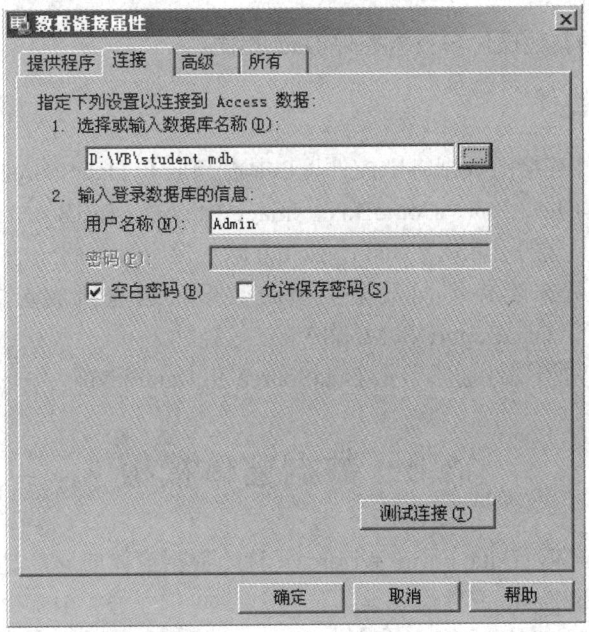

图 11-20　“连接”选项卡

(4) 连接到数据源后，就应设置记录源了，即 RecordSource 属性。在“属性页”窗口选择“记录源”选项卡，如图 11-21 所示。如果选择命令类型为 2-adCmdTable，则设置一个表或存储过程名为记录源；如在“表或存储过程名称”下拉列表中选择“学生”表，Adodcl 就连接到 Student.mdb 文件的“学生”表；如果选择 1-adCmdText，则将命令文本中输入的 SQL 查询语句作为记录源。

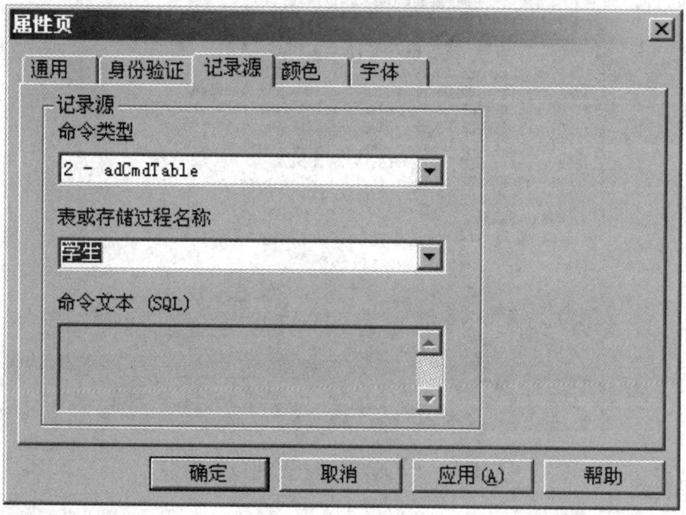

图 11-21　“属性页”对话框的“记录源”选项卡

设置完成后，ADO 控件的 ConnectionString 属性为

Provider=Microsoft.Jet.OLEDB.3.51;Persist Security Info=False;Data Source= D:\VB\student.mdb

RecordSource 属性为：学生(表)

ADO 数据控件的其他操作与数据控件 Data 相同。

11.5.3　使用绑定控件

与 ADO 数据控件连接的数据绑定控件可以是任何具有 DataSource 属性的控件。用于数据绑定的标准控件有 CheckBox、ComoBox、Image、Label、ListBox、PictureBox、TextBox 等。随着 ADO 对象模型的引入，Visual Basic 6.0 除了保留以往的一些数据连接控件外，又提供了一些新的成员来连接不同数据类型的数据。这些新成员主要有 DataGride、DataCombo、DataList、DataReport 和 MonthView 等控件。

数据绑定控件的常用属性通常包括 DataSource 和 DataField。

11.6　数据窗体模板

数据窗体模板(DFW，Data Form Wizard)又称为数据窗体向导，是一个基于 ADO 的插件，为自动生成 Visual Basic 窗体而设计。

通过数据窗体向导能建立一个访问数据的窗口，在使用前必须执行“外接程序”|“外接程序管理器”命令，将“VB 6 数据窗体向导”装入外接程序菜单中。具体操作方法：在

“外接程序管理器”对话框的“可用外接程序”列表中选择“VB 6 数据窗体向导”，在“加载行为”中选择“加载/卸载”选项，单击“确定”按钮即可，如图 11-22 所示。

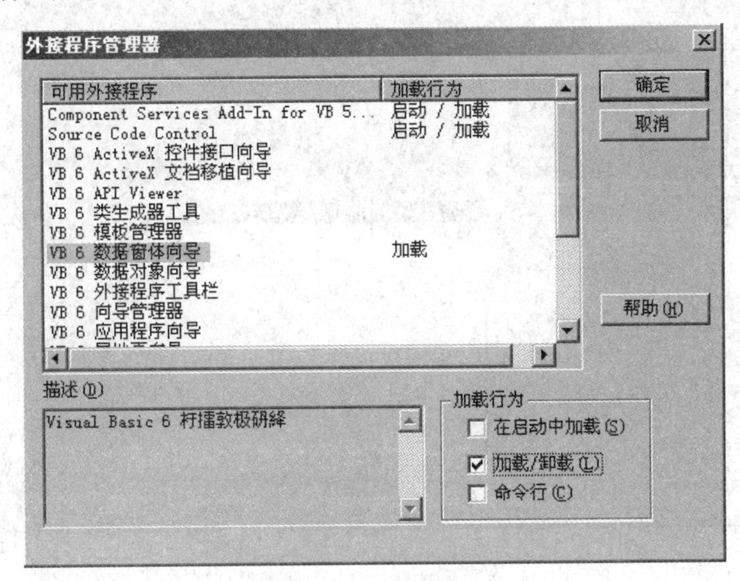

图 11-22　“外接程序管理器”窗口

使用数据窗体向导生成应用程序的步骤如下：

(1) 执行“外接程序”菜单中的“数据窗体向导”命令，启动“数据窗体向导-介绍”窗口，如图 11-23 所示。

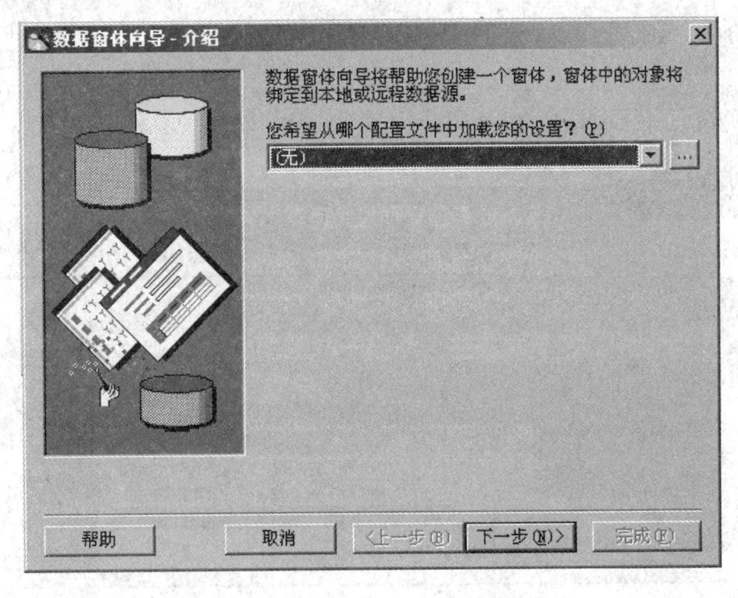

图 11-23　“数据窗体向导-介绍”窗口

(2) 单击“下一步”按钮，进入“数据窗体向导-数据库类型”窗口，如图 11-24 所示。在列表框中选择数据类型。Visaul Basic 中提供了两种数据库类型：Access 和 Remote(ODBC)。这里选择 Access 数据库。

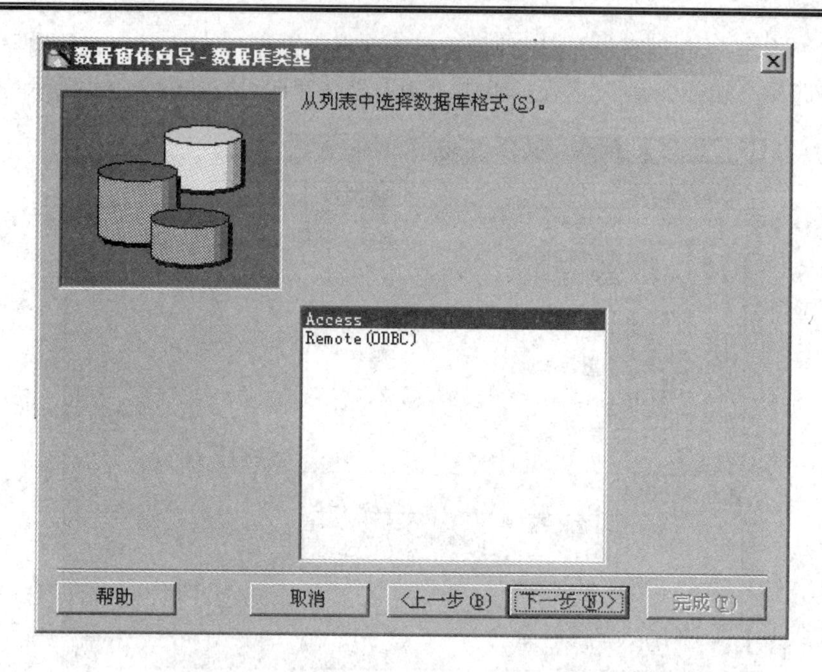

图 11-24　“数据窗体向导-数据库类型”窗口

(3) 单击“下一步”按钮，进入“数据窗体向导-数据库”窗口，如图 11-25 所示。单击“浏览”按钮，选择数据库，如 D:\VB\student.mdb。

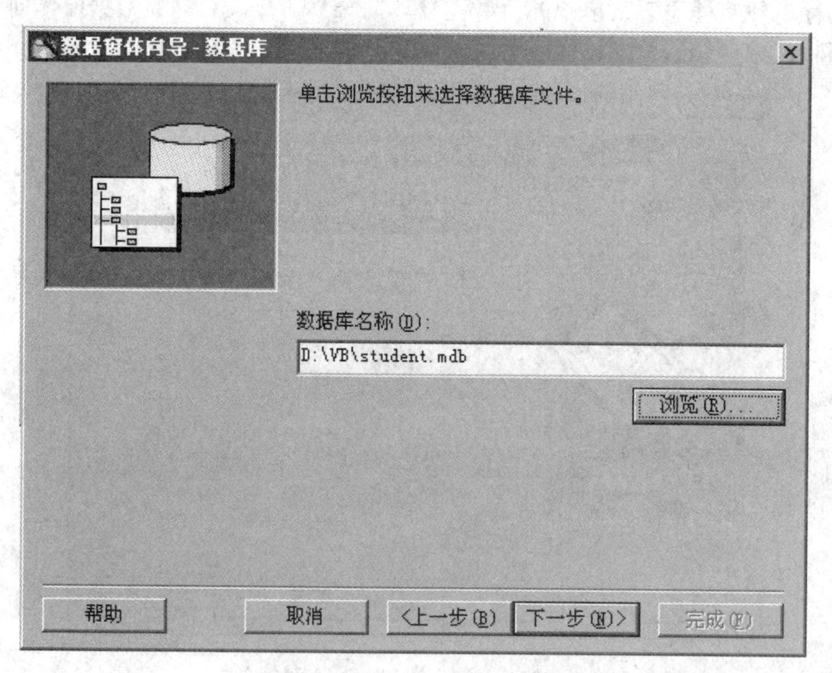

图 11-25　“数据窗口向导-数据库”窗口

(4) 单击“下一步”按钮，进入“数据窗体向导-Form”窗口，设置应用窗体的工作特性，即输入窗体名称，设置窗体布局及选择绑定类型，如图 11-26 所示。

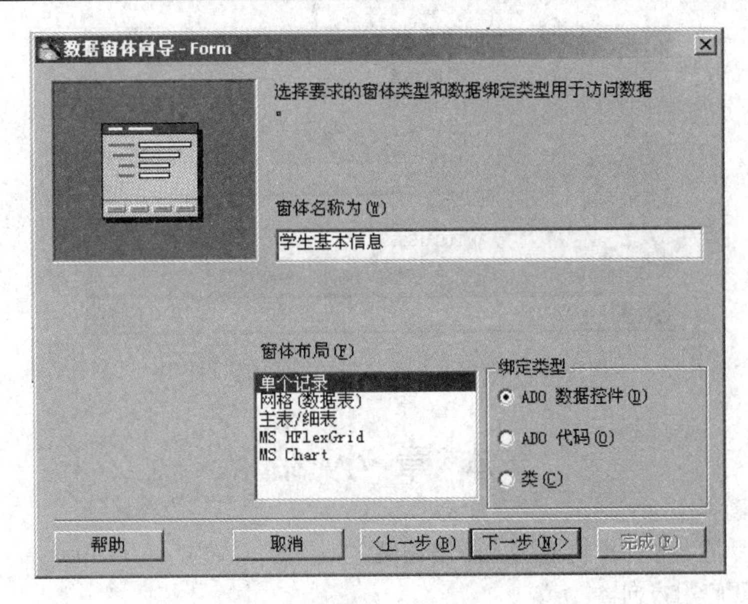

图 11-26 “数据窗体向导-Form”窗口

(5) 单击“下一步”按钮，进入“数据窗体向导-记录源”窗口，如图 11-27 所示。根据实际需求选择记录源，如“学生”表，然后单击按钮添加字段，或者单击按钮添加所有字段，本例添加所有字段。最后可以在“列排序按”下拉列表框中指定记录集按哪个字段排序。这里不排序。

(6) 单击“下一步”按钮，进入“数据窗体向导-控件选择”窗口，如图 11-28 所示。选择所需要的操作按钮，最后单击“完成”按钮。

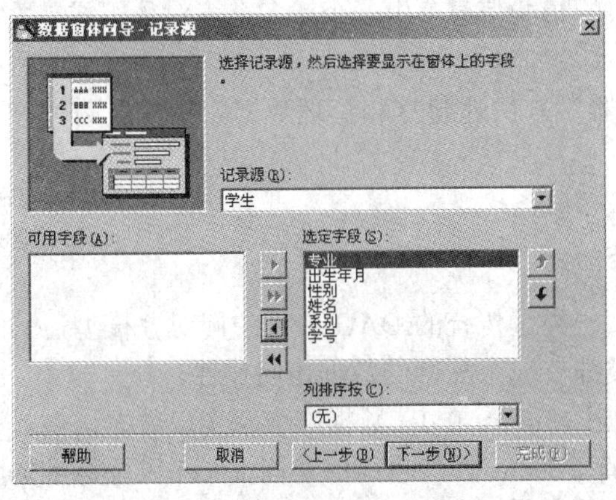

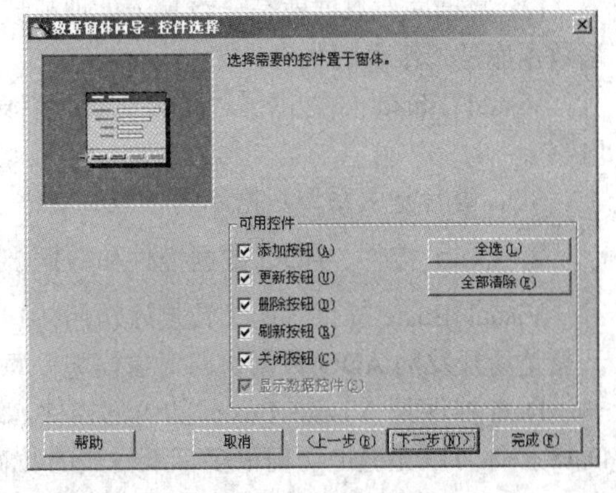

图 11-27 “数据窗体向导-记录源”窗口　　图 11-28 “数据窗体向导-控件选择”窗口

(7) 单击“下一步”按钮，进入“数据窗体向导-已完成！”窗口，单击“完成”按钮，完成数据的添加。

(8) 更改代码。在第(4)步中，如果在“绑定类型”中选中“ADO 代码”单选按钮，那么在对应的窗体代码中可以根据用户的需要修改代码。

(9) 运行结果如图 11-29 所示。需要说明的是，要运行刚才用“数据窗体向导”创建的数据访问窗体，需要将该窗体设置为启动对象。

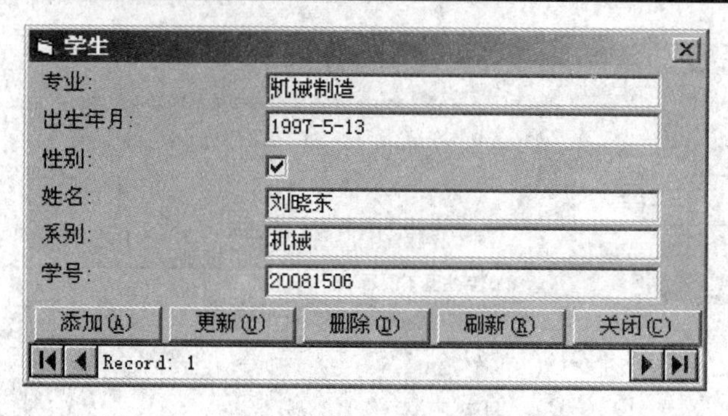

图 11-29　使用数据窗体向导生成的应用程序

本 章 小 结

数据库应用是当今计算机应用的重要领域之一。数据库应用程序开发是 Visual Basic 程序开发的最主要应用方向。

1．数据库设计基础

(1) 数据库应用系统。数据库应用总是会涉及到三个方面的问题：前端程序、数据库结构以及前端程序和数据库之间的连接。因此，诸多数据库应用系统也就包含以下三个子系统：用户交互子系统、数据库子系统、中间连接层子系统。

Visual Basic 为开发数据库前台应用程序提供了专门的控件，既能完成前端应用程序界面的开发，又能完成前端程序与数据库之间的连接，从而完成对数据库的操作。

(2) 数据库。数据库是一组易于处理或读取的相关信息，由一个或多个表对象组成。关系数据库是二维表的集合。

Visual Basic 中提供了“可视化数据管理器”来快速建立和管理数据库结构及数据库内容。

SQL 语言是关系型数据库的标准查询语言。

2．Data 控件、ADO 数据控件和数据绑定控件

Visual Basic 提供了两类数据库访问接口：一类是传统的 DAO 数据访问对象模型，另一类是新开发的 ADO 数据访问对象模型。每类都有一个配套的数据访问控件。

Data 控件是 Visual Basic 的内部控件，通过 Microsoft Jet 数据库引擎实现数据访问。Data 控件可以无缝地访问很多标准格式的数据库，Data 控件也能够访问 Excel 以及标准的 ASCII 文本文件，尽管它们不是数据库，但 Data 控件仍把它们当作数据库来处理。

Data 控件通过数据对象实现对数据的访问，与其相关的数据对象有 Database 对象和 Recordset 对象。

ADO Data 是 ActiveX 外部控件，通过 Microsoft ActiveX 数据对象(ADO)建立对数据源的连接，因此凡是符合 OLE DB 规范的数据源都能与其连接。可以直接使用 ADO 数据控件进行对服务器型数据库的连接。

数据访问控件本身不能直接显示和编辑记录集中的数据，必须通过能与它绑定的数据绑定控件来实现。常用的数据绑定控件有标签、列表框、组合框、复选框、选项按钮、图片框、图像、OLE 控件以及 DataCombo 控件、DataList 控件和 DataGrid 控件等。

3．数据窗体模板

数据窗体模板(DFW)是一个基于 ADO 的插件，它所生成的窗体包含各个被绑定的控件和过程，用来管理来自本地或远程数据源的信息。

以上可视化数据库管理工具 VisData、Data 控件、ADO 数据控件和其他一系列数据绑定控件等，为 Visual Basic 开发数据库应用程序提供了极大的便利，可以让用户花最少的时间开发出功能强大的数据库应用程序。

习　题　11

一、选择题

1．数据库(DB)、数据库系统(DBS)、数据库管理系统(DBMS)之间的关系是(　)。

A．DBMS 包括 DB 和 DBS　　B．DBS 包括 DB 和 DBMS

C．DB 包括 DBS 和 DBMS　　D．DB、DBS 和 DBMS 是平等关系

2．下列叙述中正确的是(　)。

A．数据库是一个独立的系统，不需要操作系统的支持

B．数据库设计是指设计数据库管理系统

C．数据库技术的根本目标是解决数据共享的问题

D．数据库系统中，数据的物理结构必须与逻辑结构一致

3．数据独立性是数据库技术的重要特点之一。所谓数据独立性，是指(　)。

A．数据与程序独立存放

B．不同的数据被存放在不同的文件中

C．不同的数据只能被对应的应用程序所使用

D．以上三种说法都不对

4．下面说法中错误的是(　)。

A．一个表可以构成一个数据库

B．多个表可以构成一个数据库

C．表中每条记录各个字段的数据具有相同的类型

D．同一个字段的数据具有相同的类型

5．关系表中的每一横行称为一个(　)。

A．元组　　B．字段　　C．属性　　D．码

6．下列有关数据库的描述中，正确的是(　)。

A．数据库是一个 DBF 文件

B．数据库是一个关系

C．数据库是一个结构化的数据集合

D．数据库是一组文件

7．下面有关 Data 控件的描述中，正确的是(　)。

A．使用 Data 控件可以直接显示数据库中的数据

B．使用数据绑定控件可以直接访问数据库中的数据

C．使用 Data 控件可以对数据库中的数据进行操作，却不能显示数据库中的数据

D．Data 控件只有通过数据绑定控件才可以访问数据库中的数据

8．数据控件的 Reposition 事件发生在(　)。

A．移动记录指针前　　B．修改与删除记录前

C．记录成为当前记录前　　D．记录成为当前记录后

9．在记录集中进行查找，如果找不到相匹配的记录，则记录定位在(　)。

A．首记录之前　　B．末记录之后　　C．查找开始处　　D．随机位置

10．在 Visual Basic 中建立的 Microsoft Access 数据库文件的扩展名是(　)。

A．.mdb　　B．Access　　C．.dbf　　D．.bas

11．SQL 语句中条件语句的关键字是(　)。

A．IF　　B．FOR　　C．WHILE　　D．WHERE

12．当 RecordSet 数据集对象的 BOF 属性的值为 True 时，表示(　)。

A．当前记录指针指向 RecordSet 对象的第一条记录

B．记录指针指向 RecordSet 对象的第一条记录之前

C．当前记录指针指向 RecordSet 对象的最后一条记录

D．当前记录指针指向 RecordSet 对象的最后一条记录之后

13．对数据库进行增、改操作后必须使用(　)方法进行确认操作。

A．Refresh　　B．Updatecontrols　　C．Update　　D．Updaterecord

14．下面(　)属性可以设置数据绑定控件的数据源属性。

A．DataField　　B．DataSource　　C．DataBase　　D．RecordSource

15．如果建立 ADO 数据控件到数据源的连接信息，需设置该控件的(　)属性。

A．ConnectionString　　B．CommandType

C．RecordSource　　D．EOFAction

二、填空题

1．一个数据库系统是由 (1) 和 (2) 组成的。

2．在关系数据库中，把数据表示成二维表时，每一个二维表称为 (3) 。

3．数据库技术发展过程经过人工管理、文件管理和数据库系统三个阶段，其中数据独立性最高的阶段是 (4) 。

4．数据库管理系统常见的数据模型有层次模型、网状模型和 (5) 三种。

5．要使绑定控件能通过数据控件连接到数据库上，必须设置控件的 (6) 属性为 (7) 。要使绑定控件能与有效的字段建立联系，则需设置控件的 (8) 属性。

6．设置 Data 控件所连接的数据类型，需要设置控件的 (9) 属性。

7．一个数据库可以包括 (10) 张表；表的 (11) 称为记录；表中 (12) 称为字段。

8．把“ADO 数据控件”添加到工具箱中的方法是：在“工程”菜单中单击 (13) 命令，在弹出的“部件”对话框列表框中选择 (14) 选项，然后单击“确定”按钮。

9．SQL 是一种<u> (15) </u>语言，使用 SQL 的<u> (16) </u>查询语句可以实现数据库的查询操作。

三、编程题

使用可视化数据管理器新建一个名为“student.mdb”的数据库，按照表 11.1 的数据创建一个名为“学生”的表。使用数据控件访问对象，编写一个简单学生信息管理程序。程序窗体界面如图 11-30 所示。要求该程序具有添加、删除、修改和查找功能。(提示：查找窗口使用 InputBox 函数。)

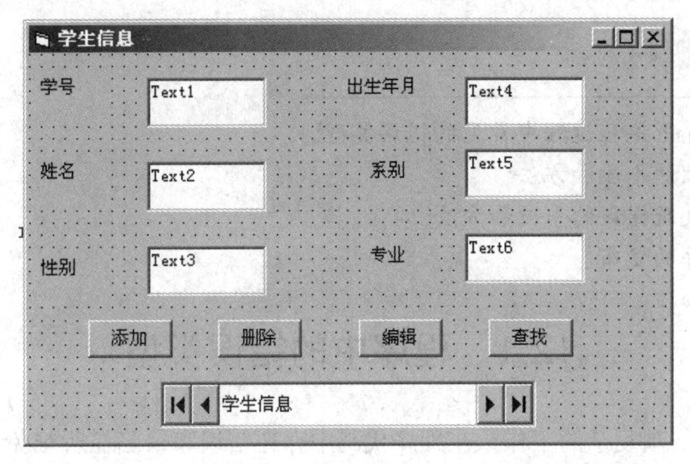

图 11-30　简单学生信息管理程序设计界面

第 12 章 程序调试、错误处理与发布

本章要点：

(1) Visual Basic 编程过程中常见的错误类型；
(2) 程序调试的手段和方法；
(3) 捕获和处理错误的手段和方法；
(4) 应用程序的发布。

12.1 程序中的错误类型

程序设计是一项复杂的工作，在程序代码中存在错误和缺陷在所难免。即使程序员足够努力，而且设计做得非常周密，也无法避免代码出现错误，而且随着代码量的增加，出现错误的概率也将成倍增长。因此，在程序设计过程中，程序员必须掌握查找程序错误的方法。程序中出现的错误根据产生的原因可分为三类：编译错误、运行错误和逻辑错误。

1. 编译错误

编译错误又称为语法错误，是指发生在编写程序过程中，由于语法不符合 Visual Basic 的语法规则而引起的错误。例如输入的关键字不正确，表达式名称写错，使用 For 语句时没有 Next 结尾，等等。这时，系统会自动弹出错误提示对话框，用户必须单击对话框的“确定”按钮，关闭对话框，然后对错误进行修改。例如，在代码窗口输入语句“S=S+*2”后，按下 Enter 键，Visual Basic 会出现如图 12-1 所示的错误提示对话框。

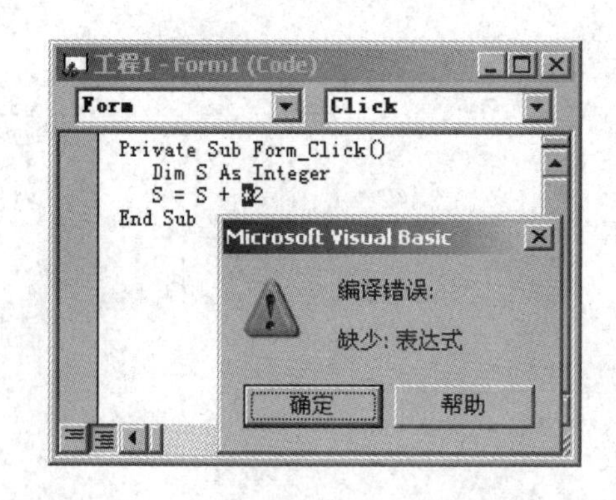

图 12-1 编译错误提示对话框

在用户编写程序代码时，Visual Basic 的智能编辑器就会自动检查出编译错误，提示需要修改语句，从而避免了大量的语法修改工作。

2. 运行错误

在应用程序运行时，当一个没有语法错误而实际却不能执行的语句被试图执行时所发生错误称为运行错误，例如在除法运算中分母为零，数据类型不匹配，要打开的文件不存在，等等。

3．逻辑错误

逻辑错误是最难处理的一类错误，其程序代码中无语法错误，在运行时也无错误提示，但程序却没有按预期方式执行也没有产生正确的结果。这类错误往往是程序存在逻辑上的缺陷引起的，例如，运算符使用不正确，程序中出现了不正确的循环次数或死循环，等等。Visual Basic 系统编译、执行时不能自动识别这类错误，用户只有通过调试工具的帮助，一般使用单步执行和监视的方法查找错误根源。

综上所述，程序调试与排错针对的主要是运行错误和逻辑错误，其中又以逻辑错误为重点。

12.2　程序的调试

对程序中出现的错误进行查找和修改的过程称为调试。Visual Basic 提供了一系列用于程序调试的有效手段，能够帮助我们深入到应用程序内部去观察，确定到底出现了什么问题以及为什么会发生此问题，从而逐步缩小问题的范围，确定问题所在。

12.2.1　程序的三种工作模式

Visual Basic 是一个集编辑、编译和运行于一体的集成环境，其工作状态可以分为三种模式：设计模式、运行模式和中断模式。三种模式之间的转化如图 12-2 所示。

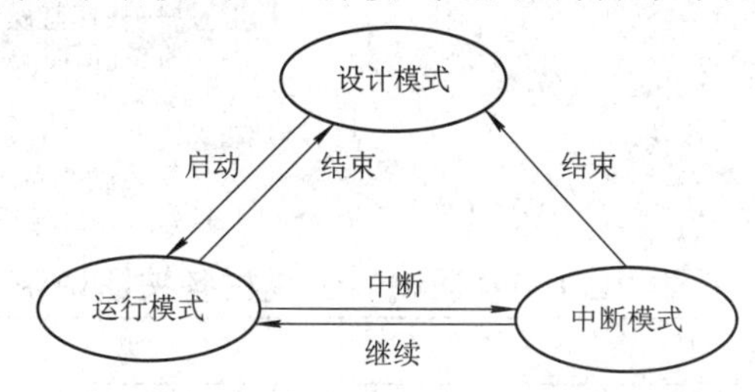

图 12-2　Visual Basic 的工作模式

1．设计模式

设计模式用来设计程序，如窗体的设计、属性的设置、编写代码等。在设计模式下，可以定位语法错误，但不能发现运行错误和逻辑错误。

单击“启动”按钮、选择“运行”菜单中的“启动”命令或按 F5 键，都可以使程序切换到运行模式。

选择“调试”菜单中的“逐语句”命令或“逐过程”命令都可以使程序切换到中断模式。

2．运行模式

运行模式即程序执行的状态。在运行模式下，可以检查程序的执行，并检测逻辑错误和运行错误，但不能对代码进行修改。如果要修改代码，可单击结束按钮或选择“运行”菜单中的“结束”命令，使程序切换到设计模式。如果要调试程序，可以单击“中断”按钮或选择“运行”菜单中的“中断”命令或按 Ctrl＋Break 键，使程序切换到中断模式。

3．中断模式

在该模式下，程序处于暂停执行状态，用户可以查看代码和修改代码，并能够使用各种调试工具进行程序调试。单击“启动”按钮或选择“运行”菜单中的“继续”命令都可以使程序切换到运行模式。单击“结束”按钮或选择“运行”菜单中的“结束”命令都可以使程序切换到设计模式。

可以通过 Visual Basic 程序的标题来判断应用程序处于哪一种工作模式。

12.2.2　调试工具栏

为了使用调试工具，应首先进入中断模式，在中断模式下，随时可以终止应用程序的执行，此时程序中的变量和控件的属性值都被保留下来，为用户分析当前状态、解决程序的各种错误提供了有利的保障。图 12-3 所示的“调试”工具栏为用户提供了许多功能强大的调试工具。要显示“调试”工具栏，可在 Visual Basic 工具栏上右击鼠标，在弹出的快捷菜单中选择“调试”命令。表 12.1 简要叙述了“调试”工具栏各按钮的功能。

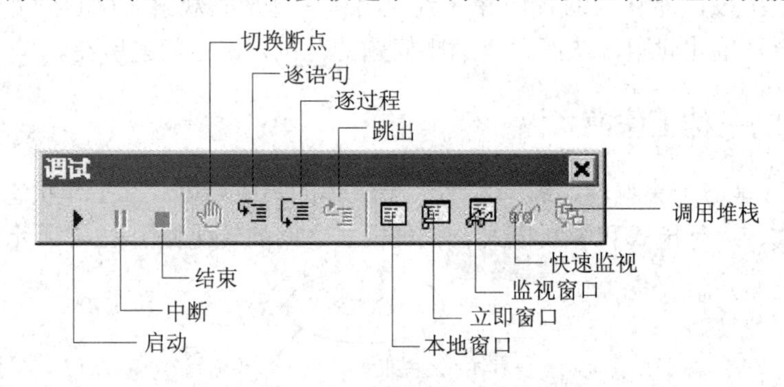

图 12-3　“调试”工具栏

表 12.1　“调试”工具栏各按钮说明

调试按钮	说　明
启动	启动程序的执行
中断	强迫程序进入中断模式，此时程序并没有退出，可以随时继续执行
结束	终止程序的执行并返回设计模式
切换断点	在“代码”窗口中确定一行，Visual Basic 在该行终止应用程序的执行
逐语句	执行应用程序代码的下一个可执行行，并跟踪到过程中
逐过程	执行应用程序代码的下一个可执行行，但不跟踪到过程中
跳出	执行当前过程的其他部分，并在调用过程的下一行处中断
本地窗口	显示局部变量的当前值
立即窗口	当应用程序处于中断模式时，允许执行代码或查询值
监视窗口	显示选定表达式的值
快速监视	当应用程序处于中断模式时，列出表达式的当前值
调用堆栈	当处于中断模式时，呈现一个对话框来显示所有已被调用但尚未完成运行的过程

12.2.3　跟踪调试

1. 中断调试

在测试程序时，通常会设置断点来中断程序的运行，然后跟踪检查相关变量、属性和表达式的值是否在预期的范围内。断点是告诉 Visual Basic 挂起程序执行的一个标记，程序执行到断点处即暂停程序的运行，进入中断模式。

可以用下列方法在程序中设置断点：

(1) 执行“调试”菜单下的“切换断点”命令。

(2) 单击“调试”工具栏上的“切换断点”按钮。

(3) 按快捷键“F9”。

(4) 直接在该代码行的左部边缘处单击鼠标。

例如，为了验证表达式 0.1 + 0.2 + 0.3 + … + 0.9 的运行结果错在何处，我们可以在代码区人工设定一个断点，代码行设置了断点后，这一行就被加亮显示，并且在其左边的空白区出现一个红色亮点，如图 12-4 所示。

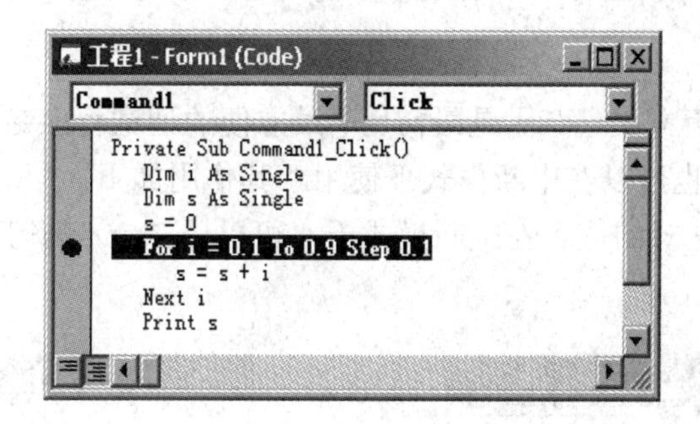

图 12-4　设置断点

按 F5 键运行程序，当执行到了设置断点的代码行时，程序会自动终止进入中断状态，这时将鼠标移动到某个变量上面，可以看到设置断点代码行中变量的值，如图 12-5 所示。从这里可以检查各个变量的值是否正确，从而对程序的运算结果进行判断，其中黄色箭头所指的表示即将执行的代码行。

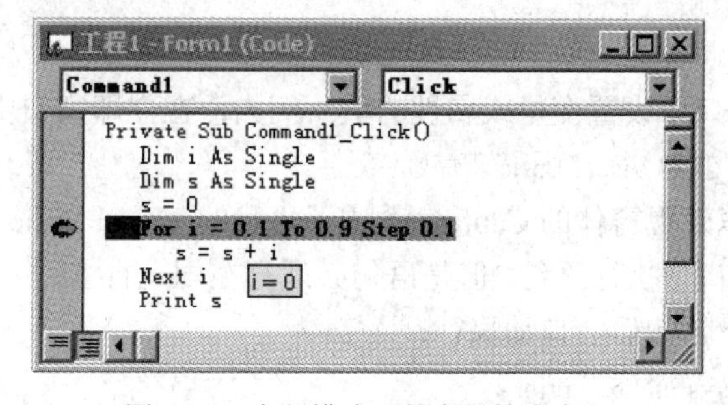

图 12-5　中断模式下的变量检查窗口

进入中断模式后，如要继续运行程序，可再次按“运行”按钮。如果要清除设置的断点，可在断点行的空白处单击鼠标，或按下“F9”键。若要清除所有断点，则选择“调试”菜单中的“清除所有断点”命令。

2．单步调试

(1) 逐语句执行。逐语句执行就是一次执行一行语句，方法是连续按下“F8”键或选择“调试”菜单中的“调试”|“逐语句”命令，或单击“调试”工具栏上的“逐语句”按钮。

(2) 逐过程。逐过程执行与逐语句执行基本相同，唯一的区别是：当遇到过程调用语句时，逐语句执行会转到被调用的过程中逐句执行，而逐过程只是把过程调用当做一个单一语句来执行。逐过程调试的方法是按下“Shift+F8”键或选择“调试”菜单中的“逐过程”命令，或单击“调试”工具栏上的“逐过程”按钮。

(3) 从过程中跳出。如果不再跟踪当前过程中的剩余代码，执行当前过程中剩余代码后返回调用本过程的上一级过程的下一行程序代码，可单击“调试”工具栏上的“跳出”按钮或按下组合键“Ctrl+Shift+F8”，或选择“调试”菜单中的“调试”|“跳出”命令。

12.2.4 调试窗口

除了上述方法外，Visual Basic 还为程序的调试提供了 3 个窗口：立即窗口、本地窗口和监视窗口。可以在设计、运行或中断状态下使用这 3 个窗口。

1．立即窗口

立即窗口是一个交互式的窗口，是最常用、最方便的调试程序错误的窗口。立即窗口可以在程序运行时使用，也可以在中断模式下使用。其作用如下：

(1) 显示变量或表达式的值。在中断模式下，可以用 Print 语句直接输出变量或表达式的值，如图 12-6 所示。

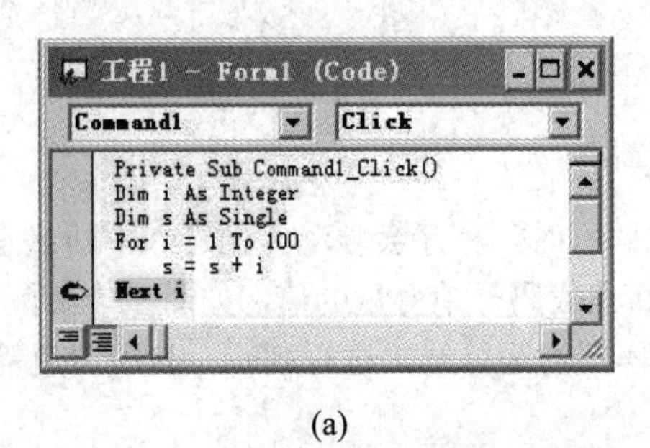

(a)

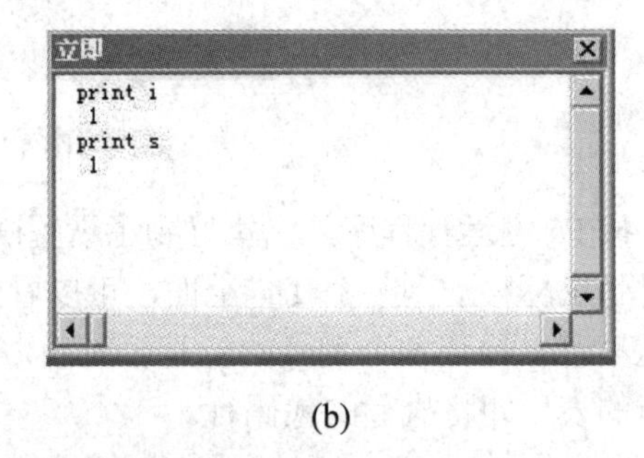

(b)

图 12-6 用立即窗口显示变量或表达式的值

(2) 可以在立即窗口中设置变量或属性的值。例如，在立即窗口中输入下面的语句：

```
Form1.Caption="我的 Visual Basic 程序"
```

程序继续运行后，可以发现窗体的 Caption 改成了“我的 Visual Basic 程序”。

(3) 可以在立即窗口中执行语句，但是语句必须写在同一行上，中间用冒号隔开。例如，在立即窗口中输入如下语句后会自动执行：

```
For i=1 To 100:s=s+i:Next i:print s
```

注意立即窗口中程序的写法。

2．本地窗口

本地窗口只有在程序处于中断状态下才可以使用，显示当前过程中所有变量的值。当程序从一个过程切换到另一个过程时，本地窗口的内容也会发生改变，它只反映当前过程中可用的变量。

图 12-7 显示了本地窗口的使用效果。图(a)表示程序已执行到 Next i 语句；图(b)显示了此时变量 i 和 s 的值，其中的 Me 表示当前窗体，若按下左边的“+”，则当前窗体的所有属性都会被显示出来。

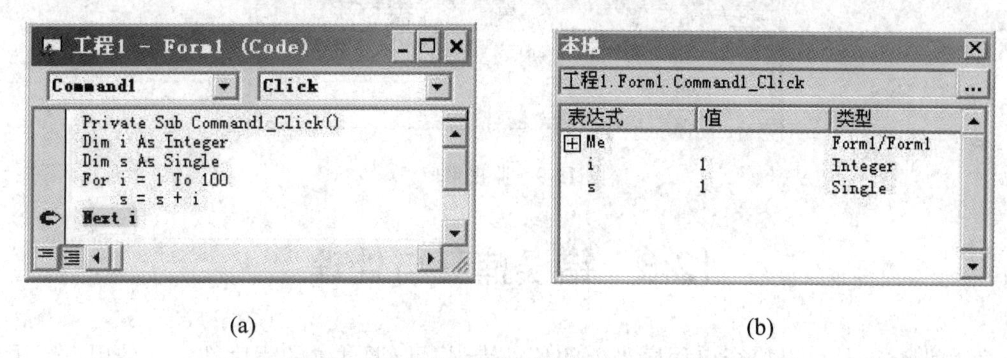

(a)　　(b)

图 12-7　用本地窗口显示变量或表达式的值

3. 监视窗口

监视窗口中显示当前监视表达式的值，在此之前的设计阶段必须添加监视表达式以及设置监视类型。添加监视表达式以及设置监视类型的方法是：选择“调试”菜单中的“添加监视”命令或利用“调试”工具栏上的“快速监视”按钮，如图 12-8 所示。

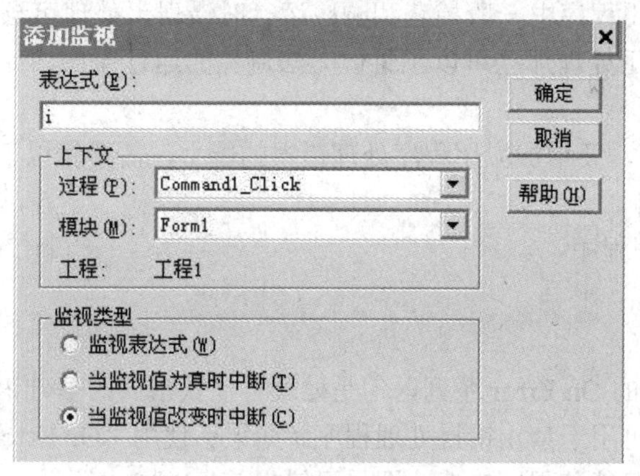

图 12-8　对变量或表达式添加监视

“添加监视”窗口中各选项含义如下。

(1) 表达式：填入要监视的变量或表达式。

(2) 上下文：设置监视的范围。

(3) 监视类型：设置对监视表达式的响应方式。通常选择第 3 项，这样当监视表达式或变量的值发生变化时，系统自动进入中断模式。

在定义了监视表达式以后，在程序运行过程中就会出现监视窗口，如图 12-9 所示。在监视窗口中列出了预先定义的监视表达式的值(1)、“上下文”范围(Form1.Command1_Click)。

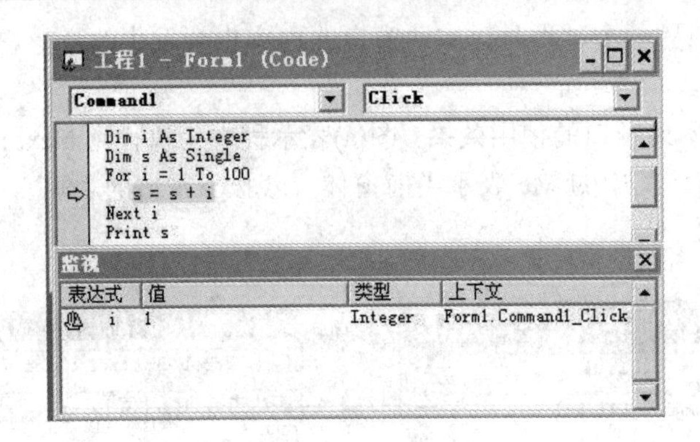

图 12-9　监视窗口

12.3　错误捕获与处理

使用调试工具可以检查出程序当前的各种错误，但调试过的程序在实际使用过程中，往往会因为运行环境、资源使用、输入数据非法、用户操作错误等原因而出现错误。例如，在对软驱进行操作时，若软盘驱动器没有软盘或软盘写保护等，则会发生错误。为了避免上述各种因素而导致的程序异常终止(甚至数据丢失)，使得操作员不知所措，就需要在可能出现错误的程序代码处设置错误陷阱来捕获错误，并对错误进行处理，同时提醒操作员进行适当处理(如将软盘写保护打开)。

错误处理是指应用程序中一段捕获和响应运行时错误、处理可预见异常错误的特殊代码。错误处理程序用于处理那些可以预见但无法避免的运行错误，如用户操作错误、输入数据非法等。

在 Visual Basic 中，要增加应用程序处理错误的能力，需要做以下两步工作：

(1) 设置错误陷阱。

(2) 编写错误处理程序。

12.3.1　错误捕获

Visual Basic 提供的 On Error 系列语句是处理可捕获错误的基础语句，该系列语句可启动错误处理程序，也可用于禁止错误处理程序。如果不使用“On Error”系列语句，那么任何运行时的错误都有可能使程序崩溃，即显示错误信息并中止运行。

On Error 系列语句有以下三种格式。

格式一　On Error GoTo Line 语句

该语句用于启动错误处理程序，且程序必须从必要的“Line”参数中指定的位置开始，“Line”参数可以是任何行标或行号。如果发生运行时错误，即出现了可捕获错误，程序即跳转至“Line”处并激活捕获处理程序。需注意，指定的“Line”参数必须和 On Error 语句在同一个过程中，否则会发生编译错误。

例如，可以用下面的形式来处理程序中的错误：

```
Private Sub Command1_Click()
```

```
On Error GoTo fileErr
Form1.Picture=LoadPicture("a:\test.bmp")
    …
Exit Sub
Fileerr:                        '行标
    …                           '此处放置错误处理程序
End Sub
```

上面程序中可能存在错误，如程序在执行时软驱中没有软盘或软盘中没有 test.bmp 文件。为了捕获这些错误，在程序中设置了 On Error GoTo fileErr 语句，这样当程序出错时，程序会自动跳转到 fileErr 指定行，执行错误控制程序。若程序没有错误，则执行到 Exit Sub 语句处就跳出该过程，不执行错误控制程序。

格式二　On Error Resume Next

该语句说明当程序运行时如果出现可捕获错误，则程序跳转至发生错误语句之后的第一条语句处继续执行。该语句表示在发生错误时程序继续执行，不理会程序中发生的错误。例如：

```
On Error Resume Next
A=0:b=1
S=a\b
```

即使程序发生了错误(分母为零)，程序仍然继续执行。

格式三　On Error GoTo 0

可以使用该语句来关闭错误，使错误程序不被激活，由系统直接处理，不再由错误控制程序处理。例如：

```
Private Sub Command1_Click()
    On Error GoTo 0
    Form1.Picture=LoadPicture("a:\test.bmp")
      …
End Sub
```

12.3.2　错误处理

1．使用 Resume 语句

功能：当错误发生时，程序流程将转到错误处理程序中，在执行完错误处理程序后，必须退回错误发生处并恢复程序的执行。

Resume 或 Resume 0：表示结束错误处理程序并重新执行产生错误的语句。

Resume Next：表示结束错误处理程序并开始执行产生错误的语句的下一行语句。

Resume 行标号：表示结束错误处理程序并开始执行行标号所指的语句。但是必须要注意行标号所示的语句必须与错误处理程序在同一过程中。

2．获取错误代码

要确定产生什么样的可捕获错误时，可以使用 Visual Basic 提供的 Err 对象的 Number

属性，该属性保存着错误代码。错误和代码的对应关系可参阅相关书籍。

Err.Number：可捕获当前错误的错误号。

Err.Description：可捕获当前错误的文字描述。

例如运行语句 Form1.Picture=LoadPicture("a:\test.bmp")时，若没有软驱，会出现如图 12-10 所示的界面。

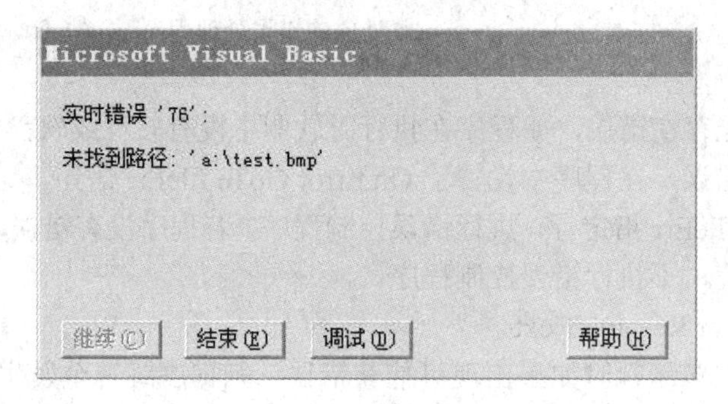

图 12-10　没有软驱的错误提示

此时，Err.Number 的返回值是 76，Err.Description 的返回值是未找到路径：'a:\test.bmp'。在编写程序时，可利用 Err 的值来区分所发生错误的类型，继而做出不同的处理。

3．退出错误处理语句

要关闭错误的捕捉，可以使用语句：

```
On Error GoTo 0
```

该语句的功能是停止错误捕捉，由 Visual Basic 直接处理运行错误。

12.4　应用程序的发布

在创建一个 Visual Basic 应用程序后，可能需要将该应用程序发布给其他人使用，这就要将该应用程序生成 .exe 可执行文件。如果用户的系统环境中没有 Visual Basic 系统，那么单独生成的 .exe 可执行文件可能不能运行，因为 Visual Basic 应用程序还需要一些 Visual Basic 系统文件(如 .ocx、.dll 等)的支持才能运行。为了方便用户的使用和应用软件的商品化，可以将应用程序制作成安装盘，以便在脱离 Visual Basic 系统的 Windows 环境下运行该应用程序。在 Visual Basic 6.0 的发行光盘中提供了一组独立的实用工具，其中有一个“Package & Deployment 向导”(打包和展开向导)可以用来制作符合 Windows 标准的应用程序安装盘。

发布应用程序需要经过如下两个步骤。

(1) 打包：将应用程序文件打包为一个或多个可以展开到选定位置的.cab 文件。.cab 文件是一种经过压缩的、很适合通过磁盘或 Internet 进行发布的文件。

(2) 展开：将打好包的应用程序放到适当的位置，以使用户可以从该位置安装应用程序。既可以将软件包复制到软盘、U 盘、本地和网络驱动器上，也可以将该软件包复制到一个 Web 站点。

现在以“文档编辑器”程序为例，介绍使用打包和展开向导实现打包和发布应用程序的步骤。

说明：在运行打包和展开向导之前，应首先保存并编译该工程，否则向导会提示保存和编译工程。

1. 启动打包和展开向导

选择 Windows 的“开始”|“程序”|“Microsoft Visual Basic 6.0 中文版”|“Microsoft Visual Basic 6.0 中文版工具”|“Package & Deployment 向导”命令，即启动了打包和展开向导，如图 12-11 所示。

- “打包”：将工程中用到的所有文件进行打包压缩，存放在指定的文件夹中。
- “展开”：将打包的文件展开到软盘、U 盘和光盘等介质上。
- “管理脚本”：记录打包或展开过程中的设置，便于以后做同样的设置。
- “浏览”：用于选择要打包的工程文件。

单击“浏览”按钮选择文件 F:\Visual Basic\文档编辑器.vbp，然后单击“打包”按钮。

2. 打包脚本

单击图 12-11 中的“打包”按钮后，Visual Basic 6.0 即开始进行一系列处理工作。稍等片刻，系统显示“打包脚本”对话框。在该对话框中可以为当前的打包过程选择使用以前保存的打包脚本。如果不想使用已有的脚本，就选择“无”。当选择使用以前保存的打包脚本时，当前打包过程将应用以前创建这个脚本过程中的所有设置，这样就允许用户快速生成使用相近或相同选项的包。完成打包时，所做的设置可以作为一个新脚本保存。

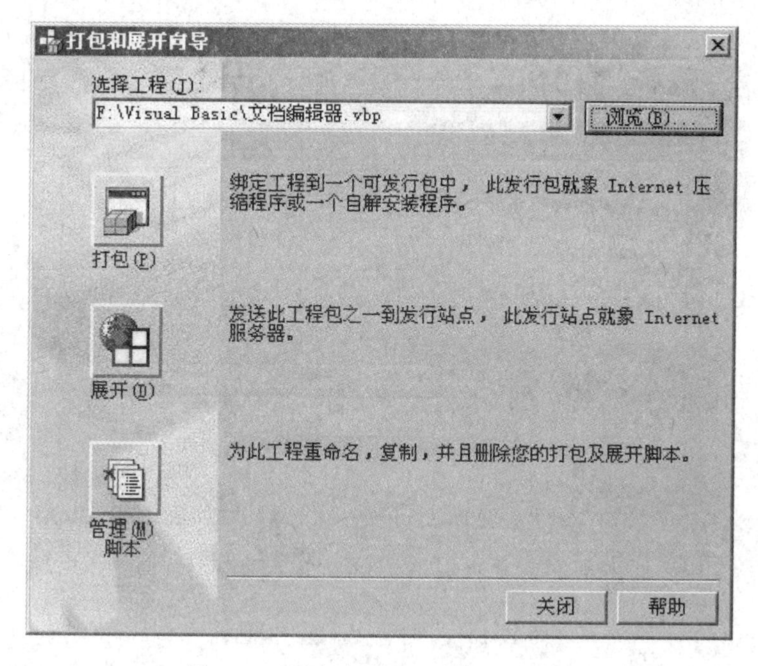

图 12-11　“打包和展开向导”对话框

说明：如果当前工程没有以前保存的打包脚本，将不会显示“打包脚本”对话框。

这里假设以前没有保存的打包脚本，则直接显示“包类型”对话框，如图 12-12 所示。

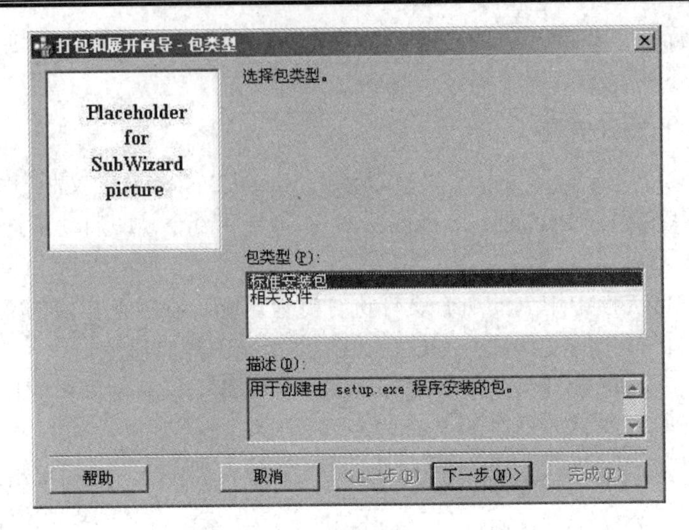

图 12-12　“包类型”对话框

3. 包类型

“包类型”对话框用于选定打包的类型，有如下两个选项：

(1) “标准安装包”创建应用程序的安装盘，它将以文件 setup.exe 作为安装程序。

(2) “相关文件”生成应用程序的从属文件。从属文件包含应用程序运行时必要的相关信息。

在本例中，选择“标准安装包”，单击“下一步”按钮，显示“打包文件夹”对话框，如图 12-13 所示。

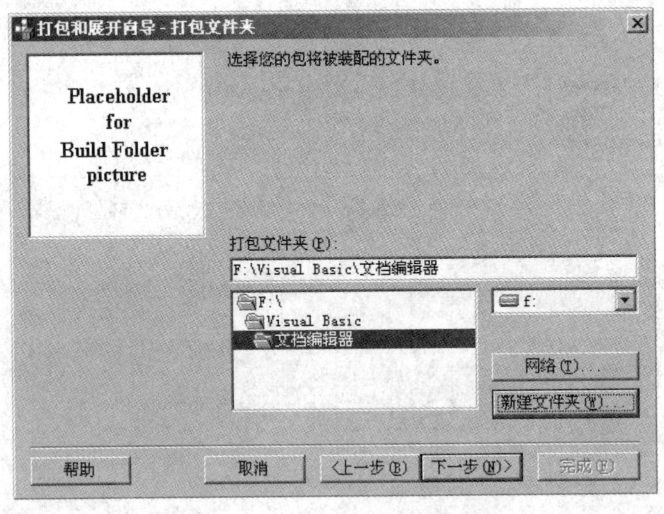

图 12-13　“打包文件夹”对话框

4. 打包文件夹

“打包文件夹”对话框用来指定存放安装软件包的文件夹。可以直接在“打包文件夹”文本框中输入文件夹的位置和名称，也可以在驱动器列表和文件夹列表中进行选择。单击“网络”按钮，可以从联网的计算机上选择文件夹。单击“新建文件夹”按钮，可以在当前文件夹下创建新文件夹。

本例在当前文件夹下新建一个“文本编辑器”文件夹，单击“下一步”按钮，显示“包含文件”对话框，如图 12-14 所示。

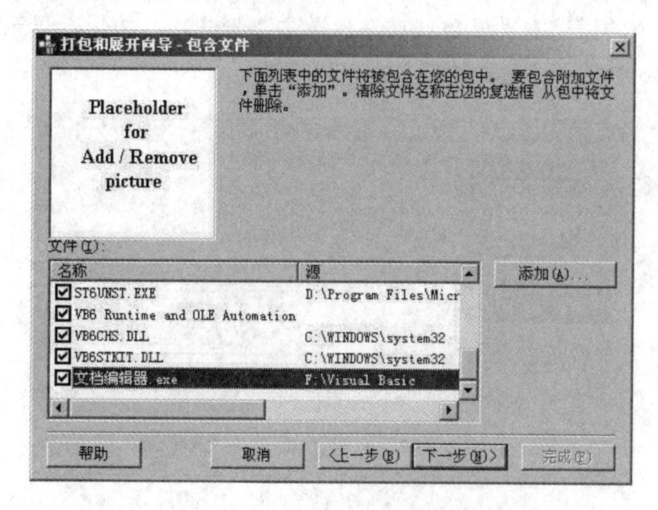

图 12-14　“包含文件”对话框

5．包含文件

“包含文件”对话框用来确定哪些文件会被放入该应用程序的安装软件包，即被打包在内。可以浏览已列出的文件清单，若要移走某些文件，可单击该文件左面的复选框进行清除；若要添加某些文件到应用程序的软件包中，可单击“添加”按钮，打开“添加文件”对话框进行添加。

单击“下一步”按钮，显示“压缩文件选项”对话框，如图 12-15 所示。

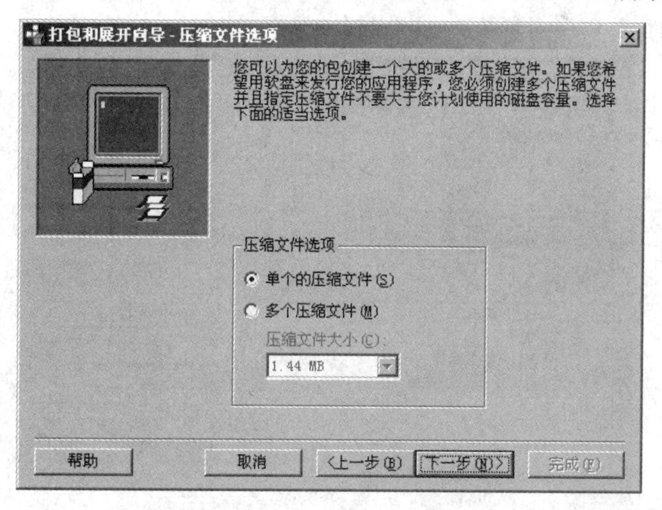

图 12-15　“压缩文件选项”对话框

6．压缩文件

“压缩文件选项”对话框用来决定应用程序的发布方法，有如下两个单选按钮：

- “单个的压缩文件”单选按钮，将安装应用程序时所需要的文件复制到.cab 文件中。
- “多个压缩文件”单选按钮，将应用程序文件复制到多个指定大小的.cab 文件中。

若打算通过软盘发布应用程序，则必须选择该单选按钮，并需要进一步选定软盘的容量，向导将据此决定软盘上文件的布局。

本例选中“单个的压缩文件”单选按钮，单击“下一步”按钮，显示“安装程序标题”对话框，如图 12-16 所示。

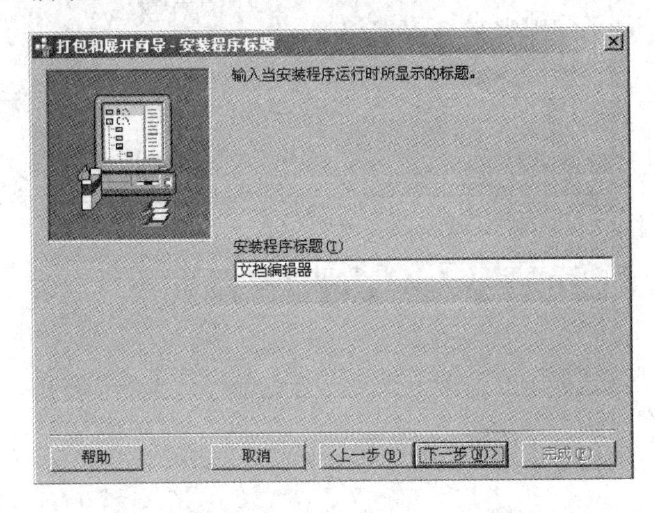

图 12-16　“安装程序标题”对话框

7．安装标题

“安装程序标题”对话框用于为安装程序指定在 setup 安装程序执行时所显示的应用程序的标题。

本例在“安装程序标题”文本框中输入“文档编辑器”作为标题，单击“下一步”按钮，显示“启动菜单项”对话框，如图 12-17 所示。

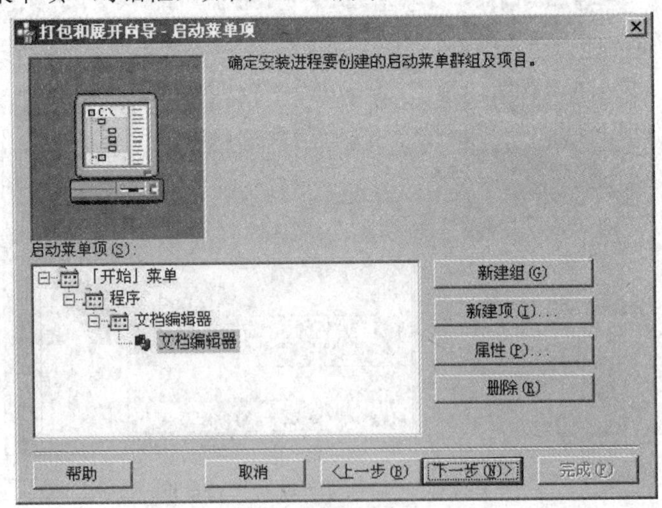

图 12-17　“启动菜单项”对话框

8．启动菜单项

“启动菜单项”对话框用于决定安装程序执行时在 Windows 的“开始”菜单或其子菜单中的菜单组和菜单项。

除了可以创建新的菜单组和菜单项之外，还可以编辑已有菜单项的属性，或者删除菜单组和菜单项。

单击“下一步”按钮，显示“安装位置”对话框，如图 12-18 所示。

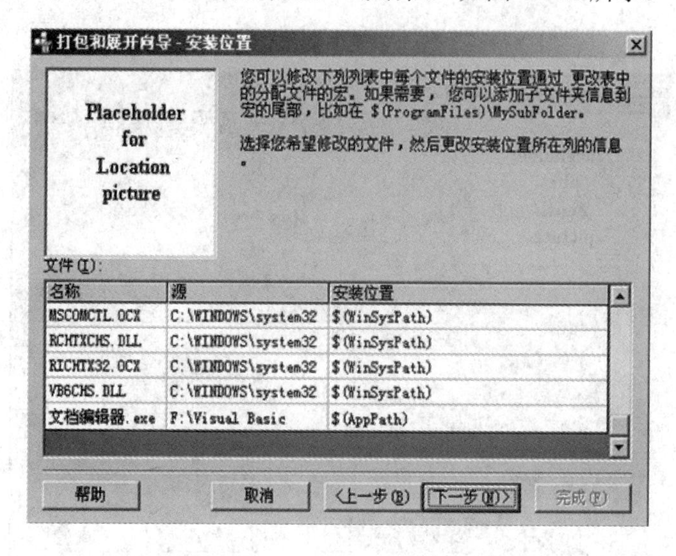

图 12-18　“安装位置”对话框

9. 安装位置

“安装位置”对话框允许更改所列出文件的安装位置。

“文件”列表中显示了包中每个文件的名称和当前位置，以及要安装文件的位置。选择表中的一个文件，然后在“安装位置”列表中指定一个文件的安装位置。

单击“下一步”按钮，显示“共享文件”对话框，如图 12-19 所示。

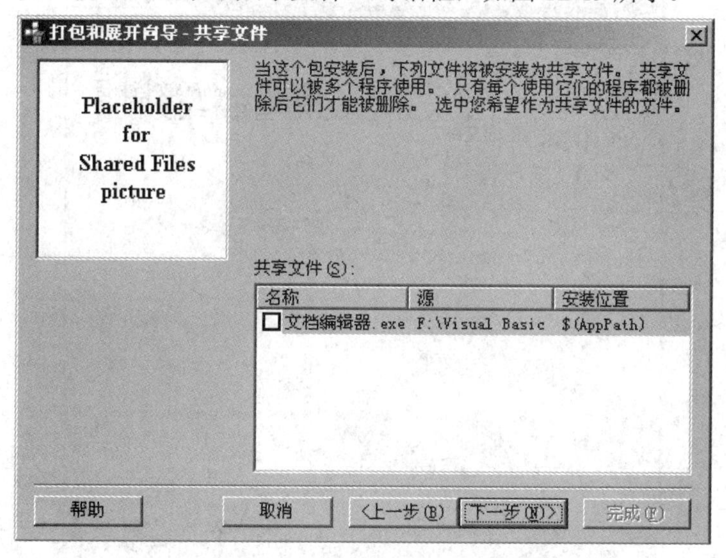

图 12-19　“共享文件”对话框

10. 共享文件

“共享文件”对话框用于确定哪些文件作为共享方式安装。

“共享文件”列表显示任何能够被共享的文件的名称、在计算机上的源位置以及安装位置。通过单击每个文件名左边的复选框可以选择想要作为共享文件安装的文件。

本例不设置共享文件，单击“下一步”按钮，显示“已完成”对话框，如图 12-20 所示。

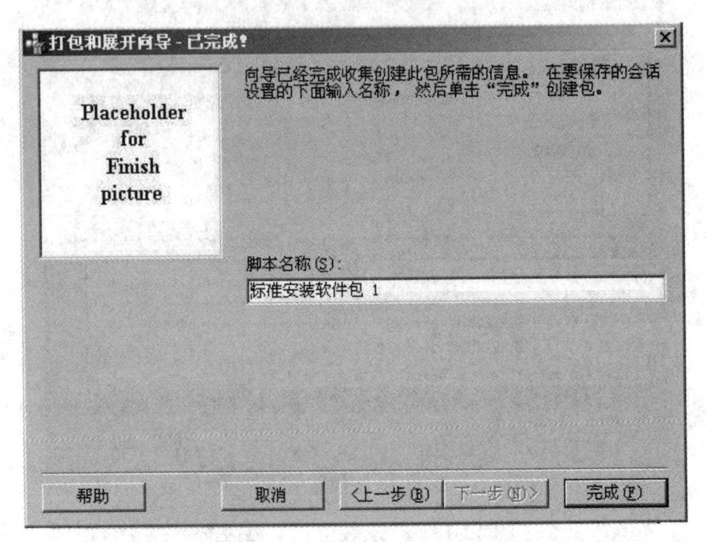

图 12-20　“已完成”对话框

11．完成

在如图 12-20 所示的“已完成”对话框中设置脚本名称，单击“完成”按钮，Visual Basic 将自动生成一份打包报告，如图 12-21 所示，单击“保存报告”按钮将保存该报告。

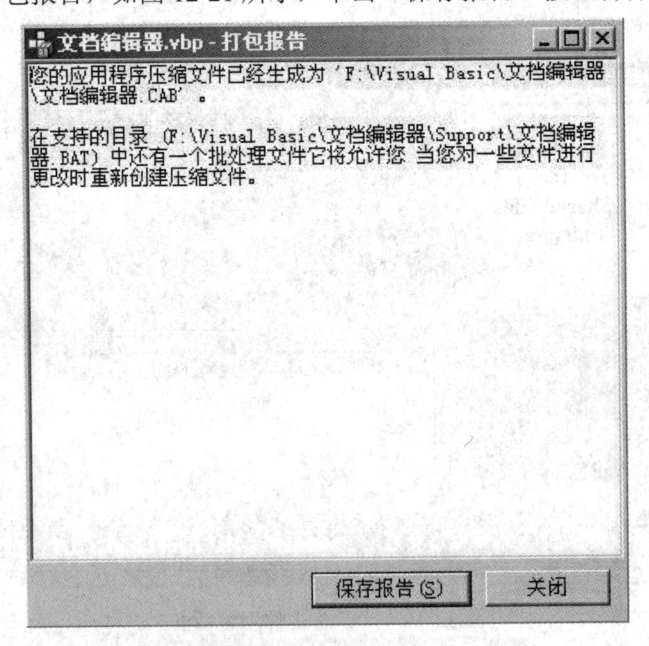

图 12-21　“打包报告”窗口

至此，已经为“文档编辑器”创建了安装程序，打包产生的文件如图 12-22 所示。

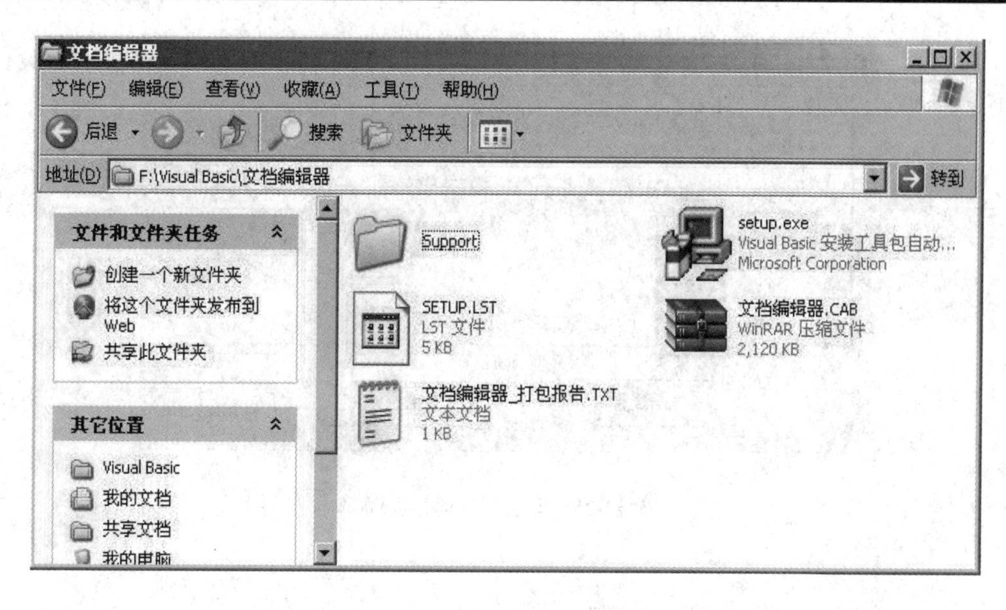

图 12-22　打包产生的文件

12．展开应用程序

通过软盘或 Web 发布应用程序时，如果直接复制打包文件夹，可能会出现问题。应该通过“展开”将打包结果复制一份到指定的展开文件夹。再次打开如图 12-11 所示的“打包和展开向导”对话框，单击“展开”按钮，在随后的对话框中依次选择打包的脚本名、展开的方法(如图 12-23 所示)、存放展开的文件夹(如图 12-24 所示)并设置展开脚本名。展开后同样会生成一份展开报告，其中显示有关展开时复制文件的信息。

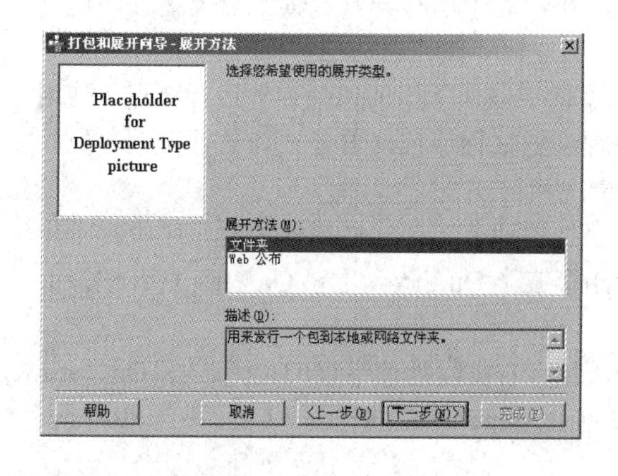

图 12-23　“展开方法”对话框

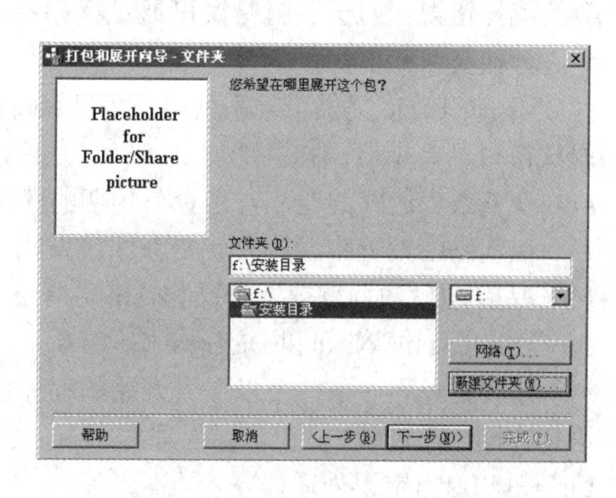

图 12-24　“文件夹”对话框

如果在打包过程中选择“单个的压缩文件”(见图 12-15)完成打包，则展开方法就只有“文件夹”和“Web 公布”两种。如果选择“多个压缩文件”完成打包，则会自动增加“软盘”展开方法。

双击展开文件夹中的 Setup.exe 文件即可开始安装程序，如图 12-25 所示。

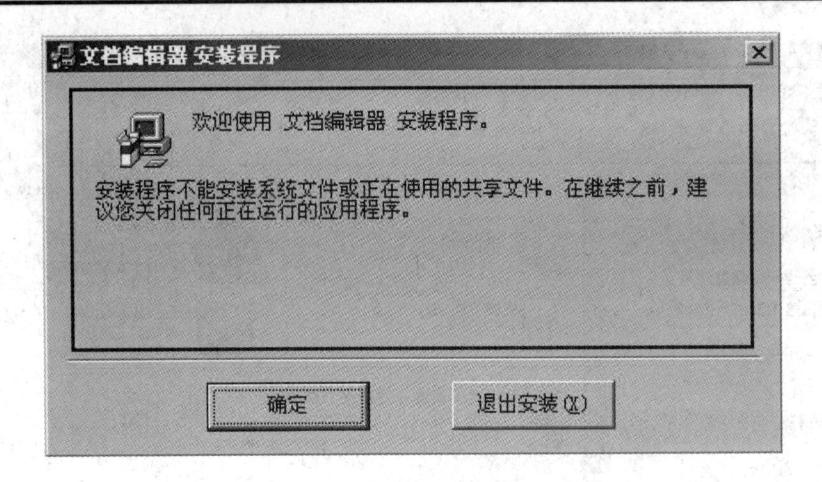

图 12-25　安装程序运行界面

本章小结

本章着重介绍了 Visual Basic 程序设计中程序调试的各种方法和工具，程序设计中常见的三种错误类型以及程序中错误的捕获和处理方法，最后详细介绍了一个应用程序的发布过程。

程序中出现的错误可以分为三类：编译错误、逻辑错误和运行异常错误。允许 Visual Basic 进行自动语法检测、设置或使用 Option Explicit 语句强制进行变量的显式声明，可避免大多数的编译错误；对于逻辑错误可通过程序调试解决；对于运行异常错误则需要在程序运行中进行捕获并处理。

Visual Basic 提供了一系列用于程序调试的有效手段，常用的包括设置运行断点、使用调试窗口、单步调试和跳跃调试等。通过跟踪程序的执行流程，看是否与预期流程一致；监视变量或表达式的值，看是否与预期的变化情况相符。

在代码中设置错误捕获就是在系统发出错误之前截获错误，在错误处理程序中提示用户采取措施(解决问题或取消操作)。错误捕获使用了三个 On Error 语句：On Error GoTo Line、On Error Resume Next 和 On Error GoTo 0。

错误处理程序是一个以标号开始的程序段，包含着实际处理错误的代码，与 On Error 语句在同一个过程中。在错误处理程序内，可使用 Resume 语句、Resume Next 语句、Resume Line 语句退出错误处理程序。

错误处理程序针对错误的类型向用户提供解决的方法，然后根据用户的选择进行相应的处理。一般可以利用 Err 对象的 Number 属性和 Description 属性的值编制错误处理程序。

用 Visual Basic 所写的程序，如果需要制作安装程序，可以使用 Visual Basic 所附的“打包和展开向导”工具，其中打包即指将一个 Visual Basic 工程制作成安装程序。

习　题　12

一、选择题

1．程序中断后在(　)中可以显示出指定的变量、属性或运行的过程。

A．立即窗口　　B．本地窗口　　C．监视窗口　　D．堆栈窗口

2．遇到错误不予处理的语句是(　)。

A．On Error　　B．On Error GoTo 行标记

C．On Error GoTo 0　　D．On Error Resume Next

3．遇到运行错误时，可用(　)语句指定一个错误处理程序。

A．On Error　　B．On Error GoTo 行标记

C．On Error GoTo 0　　D．On Error Resume Next

4．下列不属于程序调试窗口的是(　)。

A．立即窗口　　B．本地窗口　　C．监视窗口　　D．堆栈窗口

5．如果在立即窗口中执行如下操作(<CR>是回车键):

A=5<CR>

B=9<CR>

Print A>B<CR>

则输出结果是(　)。

A．−1　　B．0　　C．False　　D．True

二、填空题

1．Visual Basic 程序中的错误类型有 (1) 、 (2) 和 (3) 。

2．在 Visual Basic 中，每个程序都处于 (4) 、 (5) 和 (6) 三种工作模式中的一种，可以通过 Visual Basic 程序中的 (7) 提示来判断当前的程序处于哪种工作模式。

3．Visual Basic 中的调试窗口有 (8) 、 (9) 和 (10) 。

4．使用 (11) 语句可以设置陷阱，捕获错误。

5．打包是指将应用程序文件打包为一个或多个可以展开到选定位置的 (12) 文件。

三、简答题

1．简要描述 Resume 和 Resume Next 的区别。

2．逐语句调试和逐过程调试有什么区别？

3．编写一段错误处理程序，对数据溢出错误进行处理。

4．编写一段错误处理程序，对除数为零错误进行处理。

附　　录

附录 1　对象的命名前缀及默认属性

类型名	前缀	默认属性	类型名	前缀	默认属性
CheckBox	chk	Value	Label	lbl	Caption
ComboBox	cbo	Text	Line	lin	Visible
CommandButton	cmd	Caption	ListBox	lst	Text
Data	dat		Menu	mnu	Caption
DirListBox	dir	Path	OptionButton	opt	Value
DrvListBox	drv	Drive	PictureBox	pic	Picture
FileListBox	fil	Path	Shape	shp	Shape
Form	frm		TextBox	txt	Text
Frame	fra	Caption	Timer	tmr	Interval
HScrollBar	hsb	Value	VScrollBar	vsb	Value
Image	img	Picture			

附录 2　变量的命名前缀

类型	前缀	类型	前缀
Boolean	bln	Long	lng
Byte	byt	Object	obj
Collection	col	Single	sng
Currency	cur	String	str
Date	dtm	User-Defined Type	udt
Double	dbl	Variant	vnt
Integer	int		

附录3　键　代　码

附录3.1　特　殊　键

常　量	键 码	键	常　量	键 码	键
vbKeyLButton	1	鼠标左键	vbKeyPageDown	34	PageDown
vbKeyRButton	2	鼠标右键	vbKeyEnd	35	End
vbKeyCancel	3	Cancel	vbKeyHome	36	Home
vbKeyMButton	4	鼠标中键	vbKeyLeft	37	←
vbKeyBack	8	BackSpace	vbKeyUp	38	↑
vbKeyTab	9	Tab	vbKeyRight	39	→
vbKeyClear	12	Clear	vbKeyDown	40	↓
vbKeyRetuin	13	Enter	vbKeySelect	41	Select
vbKeyShift	16	Shift	vbKeyPrint	42	PrintScreen
vbKeyControl	17	Ctrl	vbKeyExecute	43	Execute
vbKeyMenu	18	Menu	vbKeySnapshot	44	Snapshot
vbKeyPause	19	Pause	vbKeyInsert	45	Insert
vbKeyCapital	20	CapsLock	vbKeyDelete	46	Delete
vbKeyEscape	27	Esc	vbKeyHelp	47	Help
vbKeySpace	32	SpaceBar	vbKeyNumLock	144	NumLock
vbKeyPageUp	33	PageUp			

附录3.2　字　母　键

常　量	键 码	键	常　量	键 码	键
vbKeyA	65	A	vbKeyN	78	N
vbKeyB	66	B	vbKeyO	79	O
vbKeyC	67	C	vbKeyP	80	P
vbKeyD	68	D	vbKeyQ	81	Q
vbKeyE	69	E	vbKeyR	82	R
vbKeyF	70	F	vbKeyS	83	S
vbKeyG	71	G	vbKeyT	84	T
vbKeyH	72	H	vbKeyU	85	U
vbKeyI	73	I	vbKeyV	86	V
vbKeyJ	74	J	vbKeyW	87	W
vbKeyK	75	K	vbKeyX	88	X
vbKeyL	76	L	vbKeyY	89	Y
vbKeyM	77	M	vbKeyZ	90	Z

附录 3.3　数　字　键

常　量	键 码	键	常　量	键 码	键
vbKey0	48	0	vbKey5	53	5
vbKey1	49	1	vbKey6	54	6
vbKey2	50	2	vbKey7	55	7
vbKey3	51	3	vbKey8	56	8
vbKey4	52	4	vbKey9	57	9

附录 3.4　小键盘上的键

常　量	键 码	键	常　量	键 码	键
vbKeyNumpad0	96	0	vbKeyNumpad8	104	8
vbKeyNumpad1	97	1	vbKeyNumpad9	105	9
vbKeyNumpad2	98	2	vbKeyMultiply	106	*
vbKeyNumpad3	99	3	vbKeyAdd	107	+
vbKeyNumpad4	100	4	vbKeySeparator	108	Enter
vbKeyNumpad5	101	5	vbKeySubtract	109	–
vbKeyNumpad6	102	6	vbKeyDecimal	110	.
vbKeyNumpad7	103	7	vbKeyDivide	111	/

附录 3.5　功　能　键

常　量	键 码	键	常　量	键 码	键
vbKeyF1	112	F1	vbKeyF9	120	F9
vbKeyF2	113	F2	vbKeyF10	121	F10
vbKeyF3	114	F3	vbKeyF11	122	F11
vbKeyF4	115	F4	vbKeyF12	123	F12
vbKeyF5	116	F5	vbKeyF13	124	F13
vbKeyF6	117	F6	vbKeyF14	125	F14
vbKeyF7	118	F7	vbKeyF15	126	F15
vbKeyF8	119	F8	vbKeyF16	127	F16

附录 4　可捕获的错误

代码	信　息	代码	信　息
3	没有Return的GoSub	71	磁盘尚未就绪
5	无效的过程调用	74	不能用其他磁盘机重命名
6	溢出	75	路径/文件访问错误
7	内存不足	76	找不到路径
9	数组索引超出范围	91	尚未设置对象变量或Win区块变量
10	此数组为固定的或暂时锁定	92	For循环没有被初始化
11	除以零	93	无效的模式字符串
13	类型不符合	94	Null的使用无效
14	字符串空间不足	97	不能在对象上调用Friend过程
16	表达式太复杂	298	系统DLL不能被加载
17	不能完成所要求的操作	320	在指定的文件中不能使用字符设备名
18	发生用户中断	321	无效的文件格式
20	没有恢复的错误	322	不能建立必要的临时文件
28	堆栈空间不足	325	源文件中有无效的格式
35	没有定义子程序、函数或属性	327	未找到命名的数据值
47	DLL应用程序的客户端过多	328	非法参数，不能写入数组
48	装入DLL时发生错误	335	不能访问系统注册表
49	DLL调用规格错误	336	ActiveX控件不能正确注册
51	内部错误	337	未找到ActiveX控件
52	错误的文件名或数目	338	ActiveX控件不能正确运行
53	文件找不到	360	对象已经加载
54	错误的文件方式	361	不能加载或卸载该对象
55	文件已打开	363	未找到指定的ActiveX控件
57	I/O设备错误	364	对象未卸载
58	文件已经存在	365	在该上下文中不能卸载
59	记录的长度错误	368	指定文件过时
61	磁盘已满	371	指定的对象不能用作显示的所有者窗体
62	输入已超过文件结尾	380	属性值无效
63	记录的个数错误	381	无效的属性数组索引
67	文件过多	382	属性设置不能在运行时完成
68	设备不可用	383	属性设置不能用于只读属性
70	没有访问权限	385	需要属性数组索引

续表

代码	信　息	代码	信　息
387	属性设置不允许	455	代码源锁定错误
393	属性的取得不能在运行时完成	457	此键已经与集合对象中的某元素相关
394	属性的取得不能用于只写属性	458	变量使用的型态是Visual Basic不支持的
400	窗体已经显示，不能显示为模式窗体	459	此部件不支持事件
402	代码必须先关闭顶端模式窗体	460	剪贴板格式无效
419	允许使用否定的对象	461	未找到方法或数据成员
422	找不到属性	462	远程服务器机器不存在或不可用
423	找不到属性或方法	463	类未在本地机器上注册
424	需要对象	480	不能创建AutoRedraw图像
425	无效的对象使用	481	图片无效
429	ActiveX控件不能建立对象	482	打印机错误
430	类不支持自动操作	483	打印驱动不支持指定的属性
432	在自动操作时找不到文件或类名	484	从系统得到打印机信息时出错
438	对象不支持此属性或方法	485	无效的图片类型
440	自动操作错误	486	不能用这种类型的打印机打印窗体图像
442	连接至型态程序库或对象程序库的远程处理已经丢失	520	不能清空剪贴板
443	自动操作对象没有默认值	521	不能打开剪贴板
445	对象不支持此动作	735	不能将文件保存至TEMP目录
446	对象不支持指定参数	744	找不到要搜寻的文本
447	对象不支持当前的位置设置	746	取代数据过长
448	找不到指定参数	31001	内存溢出
449	参数无选择性或无效的属性设置	31004	无对象
450	参数个数错误或无效的属性设置	31018	未设置类
451	对象不是集合对象	31027	不能激活对象
452	序数无效	31032	不能创建内嵌对象
453	找不到指定的DLL函数	31036	存储到文件时出错
454	找不到源代码	31037	从文件读出时出错

参 考 文 献

[1] 刘炳文，杨明福，陈定中. 二级教程：Visual Basic 语言程序设计. 2 版. 北京：高等教育出版社，2001
[2] 亓莱滨. Visual Basic 程序设计. 北京：清华大学出版社，2005
[3] 罗朝盛，郑玲利. Visual Basic 6.0 程序设计实用教程. 北京：清华大学出版社，2004
[4] 谭浩强，刘炳文. Visual Basic 程序设计例题汇编. 北京：清华大学出版社，2006
[5] 蒋加伏，张林峰. Visual Basic 6.0 程序设计教程. 北京：北京邮电大学出版社，2004
[6] 张得太，丁源明. Visual Basic 程序设计. 兰州：甘肃科学技术出版社，2007
[7] 周霭如，官士鸿，林伟健. Visual Basic 程序设计. 北京：电子工业出版社，2003
[8] 邹先霞，梁文健. Visual Basic 程序设计教程. 北京：冶金工业出版社，2006
[9] 陆汉权，冯晓霞，方红光. Visual Basic 程序设计教程. 杭州：浙江大学出版社，2006
[10] 丁爱萍. Visual Basic 程序设计. 西安：西安电子科技大学出版社，2004